生命简史

从尘埃到智人

朱钦士

著

清华大学出版社

北京

图书在版编目（CIP）数据

生命简史：从尘埃到智人 / 朱钦士著.— 北京：清华大学出版社，2023.2
ISBN 978-7-302-61818-8

Ⅰ.①生… Ⅱ.①朱… Ⅲ.①分子生物学—普及读物 Ⅳ.①Q7-49

中国版本图书馆CIP数据核字（2022）第166475号

责任编辑：胡洪涛 王 华
封面设计：傅瑞学
责任校对：赵丽敏
责任印制：杨 艳

出版发行：清华大学出版社
　　　　　网　　址：http://www.tup.com.cn, http://www.wqbook.com
　　　　　地　　址：北京清华大学学研大厦A座　　　　　邮　　编：100084
　　　　　社 总 机：010-83470000　　　　　　　　　　邮　　购：010-62786544
　　　　　投稿与读者服务：010-62776969, c-service@tup.tsinghua.edu.cn
　　　　　质量反馈：010-62772015, zhiliang@tup.tsinghua.edu.cn
印 装 者：小森印刷霸州有限公司
经　　销：全国新华书店
开　　本：165mm×235mm　　　印　　张：24.75　　　字　　数：428千字
版　　次：2023年3月第1版　　　　　　　　　　　　印　　次：2023年3月第1次印刷
定　　价：118.00元

产品编号：088796-01

自 序

生命史有两种写法。第一种是按照时间顺序，写出生物自产生到现在所经历的主要宏观事件。由于生命的形成和发展依赖于地球上的环境，生命活动又反过来改变这些环境，生命史就始终与地球史紧密交织。读这样的生命史，犹如坐上时间飞船，回到地球遥远的过去，目睹地球形成，地球表面冷凝为地壳，海洋和大陆出现，板块运动，大陆漂移，造山运动，火山爆发，陨石撞击。在这些环境条件下产生原核生物（细胞中没有细胞核的生物），原核生物变为真核生物（细胞中有细胞核的生物），单细胞生物发展为多细胞生物，植物和动物分道扬镳，生物登陆，植物从苔藓植物发展到蕨类植物再到种子植物直至开花植物，动物从无脊椎动物发展到脊椎动物，再发展到两栖动物、爬行动物、鸟类和哺乳类动物，直到人类出现。在 40 亿年左右的时间内，生命经历过漫长的缓慢发展阶段，又迎来过爆发式发展的时期；生命有过大繁荣，也遭遇过多次大规模的灭绝。地球上的生物就是在这样的和风细雨和惊涛骇浪交替出现的环境中，顽强地生存下来，并且从最初的共同祖先发展成为目前的数百万种生物。

这样的生命史动人心弦，读之犹如看一场精彩的科普电影，使人心潮澎湃。然而，这样的生命史提供的只是宏观历史事件，而没有生物产生和发展的内部机制。生物是由分子组成的，这些分子从哪里来？它们又如何聚集在一起，产生最初的生命？细胞如何分裂？原核细胞又是怎样变成真核细胞的？单细胞生物怎样发展为多细胞生物？多细胞生物中不同类型的细胞如何形成？是什么分子使细胞发展出吞食能力，导致动物的诞生？这种吞食能力又如何导致植物的诞生？各种巧夺天工的生物结构是如何形成的？生物怎样发展出雄性和雌性？生物如何防卫自己？生物自带的"钟表"怎样工作？感觉是怎样产生的？是什么分子的变化使人类从灵长类中脱颖而出？这些问题都不能从第一种生命史中得到答案。

在过去的几十年中，生命科学有了爆炸式的发展，特别是对基因和蛋白质的研究，使人们在分子水平上对生命现象有了深刻的理解。基因控制着生物的性状，生命的演化其实就是基因的演化，通过它们编码的蛋白质得以实现。基因的变化存留在各种生物的遗传物质脱氧核糖核酸（deoxyribonucleic acid，DNA）中，有清晰的脉络，成为生命演化的分子化石。就像生物的化石记录能够让人写出第一种生命史，存留在 DNA 中的分子化石也使我们可以写出另一种生命史。第一种生命史是在宏观规模上，从外部来观察生物演化的历史，是生命的外史；第二种生命史则是在分子水平上，从内部来看生物演化的过程，是生命的内史。

本着这个想法，我自 2011 年起，在"科学网"上发表了一系列科普文章，受到读者的广泛欢迎。2013 年，应北京师范大学郑光美院士的邀请，我开始在《生物学通报》的"生物探秘"专栏内定期发表文章。2014 年，清华大学出版社的胡洪涛老师提议将我发表于"科学网"上的部分文章集书出版；几乎在同时，北京大学出版社的王立刚老师建议在这些文章的基础上加以扩展，全面系统地在分子水平上介绍各种生物功能的形成原理和发展过程。这两个建议都已经付诸实施。2015 年 4 月，清华大学出版社出版了《上帝造人有多难——生命的密钥》，此书随即被中国图书评论学会评为 2015 年 7 月"中国好书"。由北京大学出版社出版的《生命通史》耗时 5 年，于 2019 年 6 月出版，此书被《南方都市报》评为 2019 年"中国十大好书"之一。2019 年，经郑光美院士提议，我在《生物学通报》上发表的部分文章被汇集成书，由科学出版社出版，书名为《纷乱中的秩序——主宰生命的奥秘》。

《生命通史》一书近 80 万字，在分子水平上系统地叙述了生物所有主要功能产生和发展的历史。此书以科普的形式写成，但是仍然有一定程度的专业性，适合有生物化学基础的人阅读。为了让更广大的读者也能够了解这方面的知识，经与胡洪涛老师商定，我决定另写一本规模小一些、中学文化程度的读者即可看懂的书，名为《生命简史：从尘埃到智人》。此书不仅包含了《生命通史》中原有的内容，还新增了植物叶和花形成的机制、生物的寿命、人类演化等内容，所以这本书并不完全是《生命通史》的简化版。在此我对胡洪涛老师及其同仁长期以来的支持和帮助表示衷心的感谢。

像以往一样，在本书写作的过程中，得到了郝杆林女士的大力协助，除了让我能够集中精力写作，她还仔细阅读书稿，提出许多很好的建议。在本书面世时，我也要向她表达感激之情。

朱钦士

2021 年 9 月 25 日

目 录

引言 生物演化和基因

地球是生命的大家园，在这里生活着几百万种生物。茂密的森林、广阔的草原、飞翔的鸟儿、遨游的鱼群，使我们的世界充满生机。人类更是地球生物中最杰出的代表，我们不仅被这个世界所产生，还能够反过来研究和理解这个世界。

生命是如此美妙，人们自然想知道生命是从哪里来的。在科学不发达、对生物的认识还很肤浅的古代，关于生物起源的故事常常充满神话色彩。宋代的百科全书《太平御览》中说，女娲于正月初一创造出鸡，初二创造出狗，初三创造出猪，初四创造出羊，初五创造出牛，初六创造出马，初七创造出人。《圣经》的《创世纪》中说，上帝在第一日将水分为上下两部分，在中间创造出空气，第二日创造青草、菜蔬、树木等植物，第三日分昼夜，第四日创造鱼鸟等动物，第五日创造牲畜、昆虫、野兽，第六日创造人。在这些故事中，创造生命被认为是一件比较容易的事情。上帝"用地上的尘土造出了一个人，往他的鼻孔里吹了一口气，有了灵，人就活了，能说话，能行走"。而女娲造人时，也是往泥做的人胚的鼻孔里"吹一口气，有了灵，人就活了"。

既然生命如此容易形成，也有人认为生命不是通过神之手，而是由其他物质在一定条件下自然产生的，即所谓的生命自然发生说。例如，成书于汉代的《礼记·月令》篇中就说"季夏之月……腐草化萤"，也就是萤火虫可以由腐烂的草变出来。类似的说法还有"腐肉生蛆"。有趣的是，西方也有人认为蛆是腐肉变来的，而且还认为脏衣服和尘土会生出虱子，脏水可以生出蚊子。在微生物被发现后，人们又发现肉汤里也可以生出微生物，而且煮沸过的肉汤过一段时间仍然会长出微生物。由于当时人们已经有了高温可以杀死生物的概念，这个结果也使人们相信，微生物可以在肉汤中自然产生。

然而科学实验的结果却否定了生命自然发生说。1755 年，意大利生物学家拉扎罗·斯帕兰札尼（Lazzaro Spallanzani）发现，虽然玻璃瓶中被煮沸过的肉汤也会长出微生物，但是如果在肉汤被煮沸后把瓶口塞住，肉汤就不会腐败。1860 年，法国微生物学家路易斯·巴斯德（Louis Pasteur）把玻璃瓶口变成细长的 S 形管子，虽然肉汤仍然与空气相通，但由于空气中带有微生物的灰尘难以通过弯曲的细管，肉汤仍然不会腐败（图0-1）。这些实验证明，使肉汤腐败的微生物其实来自空气中的尘埃，而不是肉汤自己产生的。"腐草生萤""腐肉生蛆"，只不过是因为萤火虫和苍蝇产卵的过程很难被观察到而已。这些实验表明，生命只能来自现成的生命，不能自然地快速产生。

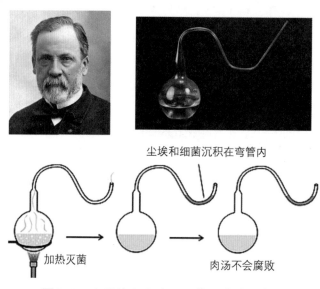

图0-1　巴斯德和他的 S 形管口玻璃瓶实验

不过生物之间差异极大，孔雀和菊花、蝴蝶和菠菜之间，从表面上就看不出有任何共同性。如果生命只能来自生命，那么数百万种彼此不同的生命似乎就应该有各自的起源，因为难以想象孔雀和菊花还会有共同的祖先。

人的生命一般只有几十年，绝大多数人的生活范围又有限，很难察觉到生物的物种还会改变。人老的时候看到的燕子麻雀和小时候看到的并无不同，小时候吃的萝卜白菜到自己老时还是那个样子。即使在人类有记录的几千年历史中，也看不出有物种变化的迹象。鸟兽虫鱼、花草树木，包括人自己，古代和现代好像也没有什么差别。这种情形很容易使人产生物种不变的概念：无论是神造的，还是自然发生的，各种生物自产生之日就是那个样子，不会改变。

既然物种不会改变，世界上又有那么多物种，要谈所有物种的起源就很困难。即使是主张"腐肉生蛆"的自然发生说，也很难想象什么东西腐败后会生出一只鸡，更不要说生出人了。所以在中世纪的欧洲，人们普遍认为所有的生物物种都是上帝创造的。东方的佛教则回避了这个问题，认为这个世界是没有起始也没有结束的，只有因果循环，生命也是这样，"一切世间如众生、诸法等皆无有始"（见《佛光大辞典》），所以根本没有"生命如何产生"的问题。

这种观点随着人们视野的扩大而开始改变了，其中最关键的是英国地质学家和生物学家查尔斯·达尔文（Charles Darwin）的一次环球旅行（图0-2）。1831年，年轻的达尔文随海军探测船贝格尔号（HMS Beagle）进行远洋航行，考察地质、植物和动物。考察船从英国出发，驶过大西洋到达南美洲，访问了许多地方，然后横渡太平洋，经过澳大利亚，越过印度洋，绕过非洲的好望角，于1836年回到英国。

达尔文

加拉帕戈斯群岛上的学舌鸟

贝格尔号

图0-2 达尔文的环球考察

考察船到达的第一站是位于大西洋中部的岛国佛得角（Cape Verde），在那里达尔文发现火山岩的上面有一层白色的岩石，里面居然有贝壳！这说明这些岩石曾经在海底，是地层上升把它们带到了现在的位置。在安第斯山（Andes）的高处，他又发现了贝壳，说明这里的地层也是在漫长的时期中上升到现在的高度的。在智利，他还经历了一次地震，亲身感受到大地的震动，这更使他认识到地层不是稳定不变的，而是会随着地质活动而改变，包括抬升高度。

在南美洲西北部的厄瓜多尔附近，有个加拉帕戈斯群岛（Galapagos Islands）。岛屿之间的距离长达几十千米，因此这些岛屿上的动物基本上是彼此隔绝的。达尔文发现，不同岛上的陆龟，尽管彼此非常相似，但是在大小和形状上又各有特点，当地人一眼就可以分辨出是哪个岛上的陆龟。这使达尔文想到，陆龟这个物种是可变的，是地理上的隔绝使他们各自发展出来的差异得以保存，并且积累到容易辨识的程度。这些岛上还居住着学舌鸟（Mockingbird，能够模仿别的鸟，甚至能模仿昆虫的叫声），它们与南美大陆上的学舌鸟相似，但是喙的大小和形状又有差别，有的短而强壮，有的却比较细长（图 0-2 右）。达尔文发现，这是为了适应这些岛上不同的食物来源：短而强壮的喙适于啄开坚果，而细长的喙则适合啄食岩缝中的食物。是岛屿之间的分隔和岛上食物来源的不同使学舌鸟喙的形状向不同的方向变化，以适应岛上的这些环境。

在阿根廷阿尔塔角（Panta Alta）的一处山岩上，达尔文发现了巨型地懒（Megatherium）的化石，旁边还有许多现代类型的贝壳，说明这种生物是最近才灭绝的。这个发现使达尔文认识到，物种不但可以产生，也可以灭绝。

在环球旅行途中，达尔文还见到过不少土著居民，他发现这些人幽默而且相处愉快。这时他已经确信，所有的人种都是彼此相关的，有共同的祖先；人和动物之间也没有不可逾越的鸿沟。

在对大量生物及其化石观察和研究的基础上，达尔文于 1859 年正式提出了生物演化的观点。在其著名的《物种原始》（The Origin of Species）一书中，他认为地球上的生物是由少数共同祖先经过变异和自然选择而来的。物种能够变化，能够适应环境的物种就存活下来并且得到发展，不能适应环境变化的物种则被淘汰，是环境的多样性和不断变化造就了众多的生物物种。在达尔文的年代，人们对生物的认识多限于外部观察，对生物的内部结构和工作原理还很少了解，在这种情况下他能够提出这样的思想和观点，是极具洞察力的，从此他把对生物发展的研究置于科学的基础上，其观点至今仍是生物演化理论的核心内容。

其实早在达尔文之前，生物演化导致的不同物种之间的亲缘关系就已经被人注意到了。地球上的生物尽管千差万别，但并不是杂乱无章、彼此毫不相关的，而是一些生物具有某些共同特征，另一些生物又具有其他一些共同特征，这样就可以按照共同特征对生物进行分类，大类里面还可以分小类。公元前 300 多年，希腊思想家亚里士多德（Aristotle）就将生物分为植物和动物两大类，其中动物又被分为胎生动物、四脚动物、无血动物、有血动物，有血动物还被分为冷血动物和温血动物。在中国，文字里面很早就有"禽""兽""草""木""虫"等字，说明我们的祖先也早就有生物分类的概念。在完成于 1578 年的《本草纲目》中，明朝医药学家李时珍就将生物药材进行了分类，例如，他将动物分为虫、鳞、介、禽、兽等部，植物分为草、谷、菜、果、木等部，其中草又被分为山草、芳草、醒草、毒草、水草、蔓草、石草等类。

1735 年，瑞典植物分类学家卡尔·林奈（Carl Linnaeus）发表了《自然系统》（*Natural System*）的第一版，将分类方法系统化，提出了界、纲、目、属、种的概念，并且创立了双名命名法，即属名加种名。这就把各种生物归并到不同的类别中，每种生物都有自己特定的位置，可以一眼看出生物之间的远近关系。

在林奈的分类系统中，界是最大的类别，如植物界和动物界，它们之间的差异最大，仅仅是同为生物而已。到了纲这一级，共同性就多一些，如林奈的 6 个动物纲（哺乳类、鸟类、两栖类、鱼类、昆虫、蠕虫）中，鱼之间彼此相似，鸟之间也彼此相似，但是鱼和鸟有显著不同。越是靠近分类的末端，生物之间的共同性就越多，如在哺乳类中，不同种的马之间非常相似，不同种的牛之间也非常相似，但是牛和马之间的差别就要大一些。把这种分类的情形画成图，就非常像树干分枝，大枝分为中枝，中枝分为小枝，其中最大的枝为界，最小的枝为种（图 0-3）。

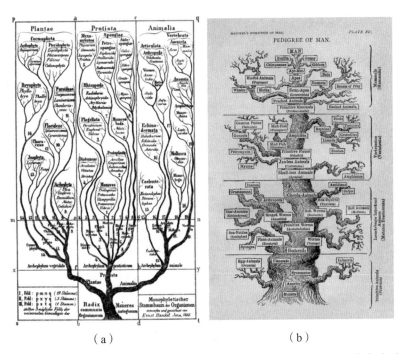

（a）　　　　　　　　　　　（b）

图0-3　19世纪60年代德国科学家汉克尔（Hankel）画的生物演化树（a）和人类演化途径（b）

这种分类树实际上已经在暗示，所有的生物都来自共同的祖先，就像树木上所有的小枝都来自种子发芽时的那根主干。可惜林奈认为物种是不变的，因而也意识不到分类树所包含的深意。直到124年后达尔文的生物演化学说出来，人们才恍然大悟，原来分类树其实就是生命演化树，并且开始从生物演化的角度来研究物种及其变化。

既然分类树就是演化树，人们除了对现有的生物进行分类外，还对生物的过去进行研究，以了解生物演化的历史过程，这就是对化石的研究。化石是过去的生物死亡后留下的物质或者痕迹，早已被人类注意到。亚里士多德就发现岩石中的贝壳化石与海滩上的贝壳很相似，认识到化石是过去的生物遗留下来的。18世纪初，首先用显微镜观察到微生物的英国科学家罗伯特·胡克（Robert Hooke）观察了已经灭绝的菊石（软体动物如乌贼和章鱼带外壳的祖先）的化石，认识到这是以前生活过的生物遗留下来的。19世纪初，英国的古生物学家玛丽·安宁（Mary Anning）发现了相当完整的鱼龙和蛇颈龙这两种恐龙的化石，更证明有许多生物曾经在以前生活过，但是后来消失了。

在安宁发现恐龙化石的同时，准确测定岩石年龄的方法也出现了，这就是对放射性同位素的应用。放射性同位素是能够放出射线的化学元素，而且在放出射线后还会变成另一种化学元素，这个过程叫作衰变。每种放射性同位素衰变的速率是固定的，与温度和化学状态无关，因而可以用来测定岩石的年龄。例如，铀能够衰变为铅，岩石中的铅越多，铀越少，岩石形成的年代就越久远。测定岩石中铀和铅的相对数量，就可以计算出岩石的年龄。除了铀，还有多种放射性同位素可以用来测定岩石的年龄。

用这种方法，科学家计算出地球的年龄为45.4亿年。各种生物出现的时间也符合达尔文的预期，即地球上的生物是从简单的祖先演化而来的：40亿年前只有单细胞的细菌；最早的多细胞动物海绵出现在约6亿年前；脊椎动物（身体中有脊柱的生物）出现在约4亿年前；哺乳动物出现的时间还不到2亿年；而人类最古老的化石则只有几百万年的历史。最早的陆上植物(苔藓)出现在大约4.7亿年前，能够结种子的植物出现在大约3.5亿年前，而开花植物要到大约1.3亿年前才出现。

除了化石，科学家也对地球过去的各个历史时期做了大量的研究，发现在40多亿年的时间内，地球发生过许多重大变化。大陆并不是固定不动的，而是在不断漂移，不同的大陆之间分分合合，相撞时形成高原山脉，分开时形成新的海洋。火山爆发喷出的气体会造成气候变化，地球表面温度也剧烈变化过多次，最热时海水温度曾经达到 40 摄氏度，最冷时整个地球都被冰雪包裹。再加上地震和陨石撞击，地球上的生物经历过一场又一场的浩劫。环境适合时生物大繁荣，蕨类植物长到 40 多米高，蜻蜓的翅展达到过 65 厘米，恐龙统治地球，而灾难来临时又有成批的物种灭绝。据估计，在地球上曾经存在过的物种中，超过 99% 已经灭绝。大量原有的物种消失，新的物种不断出现，这才是地球上生物发展的情形。将这个过程写出来，就是第一种生命史。

生物的细胞结构也支持达尔文关于地球上所有的生物都来自少数共同祖先的观点，不过细胞很小，只有一微米到几十微米，而在近距离观察时，人眼的分辨率在 100 微米左右，自然看不见细胞。显微镜的发明使人能够看见人眼不能直接看到的东西，包括生物的细胞结构。1837 年，德国的生理学家西奥多·施旺（Theodor Schwan）和植物学家马蒂亚斯·施莱登（Matthias Schleiden），在他们各自对生物结构观察的基础上，共同发表了生物结构的细胞学说（图 0-4）。这个学说认为，地球上所有的生物，无论是动物还是植物，也无论大小形状、简单还是复杂，都是由细胞组成的，而且细胞只能来自细胞，即新的细胞只能由已有的细胞分裂而来。如果各种生物都有自己的祖先，那么所有这些祖先也就必须不约而同地发展出类似的细胞结构，而这种可能性是非常小的，因此地球上的各种生物应该来自共同的、细胞形式的祖先。

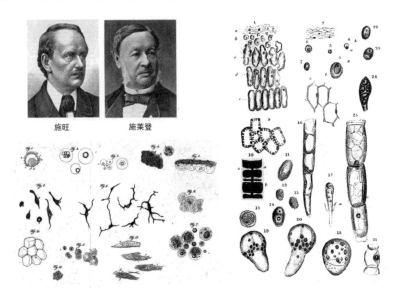

施旺　　　　施莱登

图 0-4　施旺、施莱登和他们观察到的细胞

所有这些资料都支持达尔文的物种可变、自然选择的观点，但是有一个重要问题没有回答，就是这种现象背后的机制：是什么原因使物种发生变化，而变化一旦发生，又能够在相当长的时期内保持这些性状，形成相对稳定的物种，以至于在短期之内会被人们认为是不变的？换句话说，要理解达尔文提出的生物演化现象，就必须解释生物在大时间尺度上的变化和在小时间尺度上的稳定。要了解这个机制，仅凭观察已经不够了，必须进行科学实验。而关于这个机制的第一条线索，是由与达尔文同时代的奥地利生物学家格雷戈尔·孟德尔（Gregor Mendel）提供的。

孟德尔出生于一个农民家庭，从小就在家里的农庄中干活，对植物栽培非常熟悉，后来又在大学里接受过物理学、数学和生物学的教育，所以也是受过训练的科学家。在当时，许多农民已经懂得用杂交来改善作物的性状，但是缺乏理论研究。孟德尔决定利用自己的科学知识，对杂交进行系统的研究。他发现，同为豌豆，不同品种之间却在许多性状上有明显差别。他选择了 7 种容易鉴别的差异来进行研究，分别是植株的高矮、种子的形状、花的颜色、种皮颜色、豆荚的形状、未成熟豆荚的颜色，以及花在植株中的位置。其中植株的高和矮、花色的红和白、种子形状的圆和皱最为人所知，其实用其他性状所做实验的结论也是相同的。

例如，他把开红花和开白花的豌豆进行杂交，产生的杂交种（杂交第一代）都开红花，好像控制开白花的机制消失了。但是当他用这些杂交种培育下一代（杂交第二代）时，却有一些植株开出白花，说明控制开白花的机制并未消失，只是被暂时掩藏起来了。然而在杂交第二代中，开红花的植株数是开白花的植株数的 3 倍，这个现象又该如何解释呢（图 0-5）？

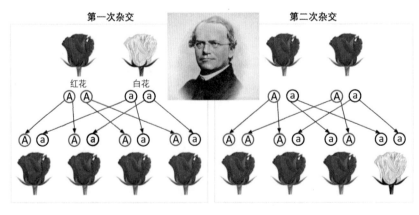

图0-5 孟德尔的豌豆遗传实验

经过思考，孟德尔认为，控制豌豆这些性状的是某种物质单位，这些单位可以把生物的性状传递给后代，所以又叫作遗传单位。每种豌豆都有双份遗传单位，一份来自父本植物，一份来自母本植物。豌豆繁殖时，花粉（能够提供精子）和胚珠（含有卵）都只含一份遗传单位，二者结合（受精），又形成含有两份遗传物质的细胞，进而发育成为植株。

如果把控制开红花的遗传单位用 A 表示，控制开白花的遗传单位用 a 表示，杂交第一代遗传单位的组成就是 Aa、aA。由于当时还不知道的原因，A 能够发挥作用，开出红花，叫作显性的，a 在 A 存在时不能发挥作用，被称为是隐性的，所以杂交第一代都开红花。

在从杂交第一代繁殖出第二代时，A 和 a 彼此分开，分别进入精子和卵，并且在受精时再结合，这样就有 4 种结合方式，AA、Aa、aA 和 aa。由于 A 和 a 进入精子和卵的过程，以及不同精子与不同卵结合的过程都是随机的，每种结合方式的概率应该相同。但由于 A 是显性，a 是隐性，AA、Aa 和 aA 都开红花，只有 aa 没有 A 的掩盖作用，所以开白花，红花植株和白花植株的数目比应该是 3∶1，这就完美地解释了豌豆杂交的实验结果。无论是用 6 种性状中的哪一种做实验，结果都一样。

这是极为重要的结果，表明生物的性状是被由物质组成的单位控制的，而且这些单位还能够传给后代。而且从这样的实验结果，孟德尔能推断出豌豆有两份遗传物质(现在所说的二倍体)，精子和卵只有一份遗传物质(现在所说的单倍体)。

1865 年，孟德尔在自然史学术会议上报告了他的研究成果，题目是《植物的杂交实验》。由于题目过于普通，这些结果并没有立即引起科学界的重视，但是在不久之后就有人认识到这些结果的重要性，并且用各种方式重复孟德尔的实验，其中最成功的就是美国遗传学家和生物学家托马斯·摩尔根（Thomas Morgan）的实验。

1908 年，摩尔根用实验来检验孟德尔结论的正确性，不过他没有重复豌豆杂交实验，而是采用果蝇这种主要靠腐烂的水果为食的昆虫。但是果蝇的体形比较小，性状不好观察，于是摩尔根用多种方法来使果蝇产生容易观察的变种，包括强光和黑暗、加温和降温、用 X 射线照射，甚至用离心机来增加重力等，但是在两年的时间内一无所获。直到 1910 年，摩尔根的实验室终于产生一只白眼睛的雄果蝇，而正常果蝇的眼睛是红色的。用这只白眼的雄果蝇与红眼的雌果蝇交配，产生的杂交第一代全是红眼睛。当用这些杂交第一代的雌果蝇与正常的红眼雄果蝇交配，产生杂交第二代果蝇时，白眼果蝇又出现了，而且红眼果蝇与白眼果蝇的比例也是 3：1，和孟德尔豌豆杂交实验的结果完全一致（图0-6）。

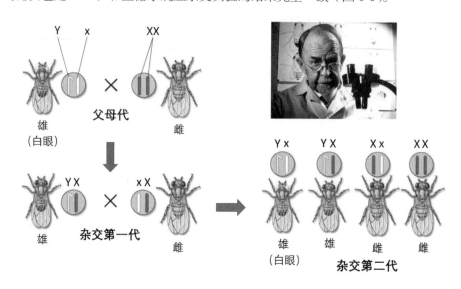

图0-6　摩尔根和他的果蝇杂交实验

　　不仅如此，杂交第二代中的 782 只白眼果蝇还全都是雄性的。在当时，细胞中的染色体已经被发现，因为它易于被染料染色而被看见。果蝇有 4 对染色体，其中 3 对彼此相同，而第 4 对在不同性别的果蝇中不同。在雌性果蝇中这两条染色体的长度和结构都相同，叫作 XX 染色体对；而在雄性果蝇中，这一对染色体大小形状不同，其中的一条和雌性果蝇中的 X 染色体相同，另一条只存在于雄性果蝇中，叫作 Y 染色体，因此 X 和 Y 是和果蝇性别有关的染色体，叫性染色体。杂交第二代的白眼果蝇全部为雄性，说明控制红眼生成的遗传单位与性染色体有关。

　　摩尔根的解释是，控制红眼生成的遗传单位在 X 染色体上。在最初的白眼雄果蝇中，这个遗传单位的变化（现在看来很可能是由 X 射线照射引起的）使生成红眼的功能丧失。由于雄果蝇只有一条 X 染色体，这条染色体中该遗传单位的改变使这只雄果蝇丧失正常的生成红眼的遗传单位，只能生成白色的眼睛。当这只雄果蝇与正常的雌果蝇交配时，在杂交第一代中，雌性的两条 X 染色体中的一条来自白眼雄果蝇，不能生成红眼，但是另一条 X 染色体却来自正常的雌果蝇，遗传单位没有变化，所以仍然可以产生红眼。而雄性果蝇的 X 染色体只能来自正常雌果蝇，因此眼睛应该是红色的。如果用 X 表示能够正常产生红眼的 X 染色体，用 x 表示不能产生红眼的 X 染色体，在雌性中就有 X1 和 X2，在白眼雄性中就是 x 和 Y。分别含 X1 和 X2 的卵与分别含 x 和 Y 的精子结合，就有 X1x、X2x、X1Y、X2Y 这 4 种结合方式，它们都含有 X，因此杂交第一代都是红眼睛的。在这里 X 就相当于豌豆实验中的显性，x 相当于隐性。

杂交第一代的雌果蝇产生分别带 X 和 x 的卵（这里的 X 是 X1 还是 X2，效果都一样），而正常雄果蝇产生分别含有 X 和 Y 的精子，它们之间的随机结合也有 4 种方式，XX、XY、xX 和 xY。其中 XX、XY、xX 都含有 X，因此是红眼睛，只有 xY 表现出白眼睛，红眼睛果蝇的数量与白眼睛果蝇的数量比也是 3∶1。

摩尔根的实验结果不仅证实了孟德尔的遗传单位理论，还证明遗传单位存在于染色体上，这是另一个重要的进展。摩尔根采用了当时已经提出的"基因"（gene）这个名称，来取代孟德尔的遗传单位，而且把基因的改变称为突变（mutation），这两个名称后来就成为分子生物学中的标准术语。

尽管在当时还没有人知道基因具体是什么，突变又是什么，但是基因和突变的概念，已经可以解释达尔文的物种变化理论。基因控制生物的性状，基因不变，物种的性状也不会改变，这就解释了平时我们看到的物种稳定。基因的突变又能改变生物的性状，这就为达尔文提出的物种变化理论提供了物质基础，即物种变化是由基因的变化引起的。这种变化的频率不高，因此在平时不容易被发觉，但是在大的时间尺度上可以被发现。

1928 年，英国细菌学家弗雷德里克·格里菲斯（Frederick Griffith）发现，往小鼠体内单独注射不致病的肺炎双球菌，或者注射被加热杀死的致病性肺炎双球菌，小鼠都不会患病，然而把不致病的肺炎双球菌和被热杀死的致病性肺炎双球菌一起注射到小鼠体内，小鼠就会患肺炎而亡。从死亡的小鼠身上提取出来的肺炎双球菌也是致病的，说明在被热杀死的致病性肺炎双球菌中含有某种物质，能够把不致病的肺炎双球菌转化成为致病的（图 0-7）。由于这种物质改变了不致病肺炎双球菌的性状（从不致病到致病，从细菌表面没有荚膜到长出荚膜），所以它应该含有基因。但是这种物质到底是什么，仍然是个谜。

以上这些宏观规模的实验为基因研究提供了重要的物质线索和思想框架，同时也到了它们能力的极限。要真正了解基因究竟是什么，就必须在分子水平上对生物进行研究，具体了解生物体中有哪些分子，它们的结构是什么，什么样的分子可以成为基因。基因要把生物众多的性状传给后代，一定是比较复杂的分子，这样才能包含每一种性状的信息。就像人类用文字来记录信息，基因也可能是由某种"单词"写成的"文字"。由于基因还必须把信息传递给后代，所以基因还必须能够复制自己。

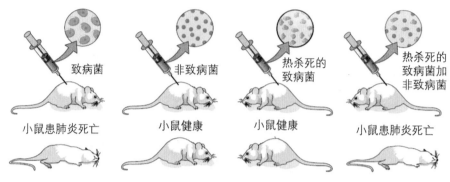

致病菌　　　　非致病菌　　　　热杀死的　　　　热杀死的
　　　　　　　　　　　　　　致病菌　　　　致病菌加
　　　　　　　　　　　　　　　　　　　　非致病菌

小鼠患肺炎死亡　　小鼠健康　　　小鼠健康　　　小鼠患肺炎死亡

图0-7　格里菲斯的肺炎菌实验

幸运的是，在这个时期，生物化学已经登场了，并且发现了两类可能与基因有关的大分子：核酸和蛋白质。脱氧核糖核酸（DNA）就是一种核酸，由 4 种脱氧核苷酸相连而成；蛋白质则是由不同的氨基酸相连而成。这些组成单位就像字母，可以拼写出"单词"，进而组成"句子"，可以储存信息，因此基因既可能是核酸，也有可能是蛋白质。

1944 年，美国科学家奥斯瓦尔德·埃弗雷（Oswald Avery）及其同事发表了他们对格里菲斯实验研究的新成果。他们分离了致病性肺炎链球菌的各种成分，并且测试这些成分把不致病的肺炎链球菌转化为致病性肺炎链球菌的能力，发现只有 DNA 具有这种能力，说明基因是由 DNA 组成的。细胞中的 DNA 几乎全部存在于染色体内，也与摩尔根发现的基因存在于染色体中的实验结果相符。

1953 年，美国生物学家詹姆斯·沃森（James Watson）和英国生物学家弗兰西斯·克里克（Francis Crick）发表了著名的 DNA 双螺旋结构模型。4 种脱氧核苷酸线性相连，成为长链，两条这样的链再彼此交缠，形成像麻花一样的形状（图0-8）。这 4 种脱氧核苷酸分别用 A、G、C、T 这 4 个字母代表。在两条链的接触处，A 和 T、C 和 G 由于形状互补匹配，就像拼图中相邻的两片，能够彼此配对，这样就把两条链结合到一起了。一条链上的 A 对应另一条链上的 T，一条链上的 C 对应另一条链上的 G，因此两条链的序列是互补的，可以作为对方序列的模板。DNA 要复制自己时，两条链分开，分别合成与自己互补的另一条链，就可以形成两个与原来相同的 DNA 分子，这样就解决了遗传物质在生物繁殖时复制自己的问题。可是 DNA 很少参与细胞的生命活动，如果基因存在于 DNA 中，它们又是如何控制生物性状的呢？

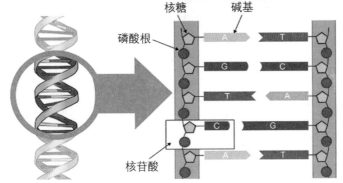

图0-8　沃森（左）和克里克（右）与他们的 DNA 双螺旋模型
核苷酸由 3 个部分组成：碱基、核糖和磷酸根。碱基 A 和 T、C 和 G 通过形状配对。

蛋白质是细胞中最丰富的物质之一，每个细胞都含有数千种蛋白质，而且几乎所有的生命活动都是由蛋白质来执行的，包括催化（即帮助和加速）生命活动所需要的数千种化学反应，所以蛋白质直接控制生物的性状。蛋白质是由 20 种氨基酸相连而成的，相当于有 20 个字母，按理说蛋白质"书写文字"的能力比 DNA 强得多，但是它却不能组成基因，因为蛋白质有一项致命缺陷，就是无法复制自己。氨基酸之间没有 DNA 中"字母"所具有的那种对应关系，因此蛋白质无法成为复制自己的模板。

DNA 上面的基因不能直接参与生物性状的控制，而直接控制生物性状的蛋白质又不能成为基因，基因又如何实现对生物性状的控制呢？从逻辑上推断，应该是 DNA 中的基因控制蛋白质的生成，即 DNA 链中 A、G、C、T 这 4 个字母排列的顺序（专业名称叫作序列）储存了蛋白质分子中氨基酸序列的信息。

这个推断完全正确，世界上的多个实验室用不同的方式证明了这一点。例如，科学家发现，无论何种细胞，蛋白质的合成都是在细胞质中的一种叫作核糖体的颗粒上进行的。把核糖体提取出来，放在试管中，加入各种氨基酸，也可以合成蛋白质，但同时还需要细胞中的另一类物质，这类物质也是核酸，但是与 DNA 稍有不同，叫作 RNA，是核糖核酸（ribonucleic acid）英文名称的缩写。与 DNA 类似，RNA 是由 4 种叫作核苷酸的单位相连组成的，组成 RNA 的核苷酸与组成 DNA 的脱氧核苷酸极为相似，只是在分子中多一个氧原子（脱氧核苷酸中"脱氧"两个字就由此而来），这些核苷酸也可以用 A、C、G 这样的字母来代表，只是对应于 DNA 中 T 的核苷酸，除了分子中多一个氧原子外，在其他部分还有一些不同，改用字母 U 代表。虽然有这些不同，U 还是与 T 一样，可以和 A 配对。问题是，这些 RNA 分子是从哪里来的？它们和 DNA 的关系是什么？

把核糖体合成所需的 RNA 和 DNA 分子放在一起加热，使 DNA 中的两条链彼此分开，再缓慢冷却，发现 RNA 可以像 DNA 中两条链彼此结合那样，与其中一条 DNA 链结合。这说明 RNA 中核苷酸的序列与 DNA 中的一部分序列是互补的，也和另一条 DNA 链上对应的序列相同，因此这些 RNA 的序列必然来自 DNA。DNA 先以自身为模板，合成 RNA 分子，RNA 分子再进入核糖体，指导蛋白质分子的合成。

用人工合成的全由 U 组成的 RNA，也可以在核糖体中指导蛋白合成，这样合成出来的蛋白质全由苯丙氨酸（氨基酸中的一种）组成，说明由 U 这个"字母"拼成的"词"代表苯丙氨酸。进一步的研究表明，3 个字母即可代表一种氨基酸，叫作三联码，例如，上面说的完全由 U 组成的三联码 UUU 代表苯丙氨酸，而 UCU 则代表丝氨酸，GAA 又代表谷氨酸等（图 0-9）。用这种方式，DNA 的序列就可以为蛋白中氨基酸的序列编码。每一种蛋白质都有自己特殊的氨基酸序列，也就需要不同的 DNA 区段为它们编码，这些 DNA 区段就是被它们编码的蛋白质的基因，基因的实质和工作方式，也终于被揭露出来。

基因规定了蛋白中氨基酸的序列，决定由它编码的是哪种蛋白质。基因不变，蛋白质就不会改变。而 DNA 是非常稳定的分子，在几万年前灭绝的尼安德特人遗留下来的骨头化石中，DNA 仍然基本完整，这就解释了为什么各种生物能够在相当长的时间内保持稳定，形成似乎不改变的物种。但在同时，DNA 序列又是可以改变的，每次 DNA 复制都不是 100% 准确的，而是会有一些误差；DNA 也会由于各种原因而受到损伤，如紫外线照射、X 射线照射、一些化学物质的攻击等。生物虽然都有修复受损 DNA 的机制，但这些修复过程也不全是完美的。基因中 DNA 序列的改变就有可能导致蛋白质中氨基酸序列的变化，从而改变它们的功能，导致物种性状的改变。这种过程发生的速度一般很慢，常常需要成千上万年的时间。这样，生物在较短时期内的稳定和在较长时期中的改变，都可以从基因的角度得到解释。

第二个字母

第一个字母	U	C	A	G	第三个字母
U	UUU 苯丙	UCU 丝	UAU 酪	UGU 半胱	U
U	UUC 苯丙	UCC 丝	UAC 酪	UGC 半胱	C
U	UUA 亮	UCA 丝	UAA 终止	UGA 终止	A
U	UUG 亮	UCG 丝	UAG 终止	UGG 色	G
C	CUU 亮	CCU 脯	CAU 组	CGU 精	U
C	CUC 亮	CCC 脯	CAC 组	CGC 精	C
C	CUA 亮	CCA 脯	CAA 谷酰	CGA 精	A
C	CUG 亮	CCG 脯	CAG 谷酰	CGG 精	G
A	AUU 异亮	ACU 苏	AAU 天酰	AGU 丝	U
A	AUC 异亮	ACC 苏	AAC 天酰	AGC 丝	C
A	AUA 异亮	ACA 苏	AAA 赖	AGA 精	A
A	AUG 蛋	ACG 苏	AAG 赖	AGG 精	G
G	GUU 缬	GCU 丙	GAU 天冬	GGU 甘	U
G	GUC 缬	GCC 丙	GAC 天冬	GGC 甘	C
G	GUA 缬	GCA 丙	GAA 谷	GGA 甘	A
G	GUG 缬	GCG 丙	GAG 谷	GGG 甘	G

图0-9　RNA 分子中核苷酸序列为蛋白质分子中氨基酸序列编码的“三联码”

其中氨基酸名称中的“基酸”二字略去。AUG 代表转译开始的第一个氨基酸（蛋氨酸），UAA、UAG 和 UGA 不为氨基酸编码，而是转译终止的信号。由于三联码有 64 种组合方式，而蛋白质分子中的氨基酸只有 20 种，所以多数氨基酸被多个三联码编码。

对各种生物的研究发现，无论是微生物、植物还是动物，遗传物质都是 DNA，这些 DNA 都用 A、G、C、T 这 4 种脱氧核苷酸组成，都用 DNA 中的基因为蛋白质编码，编码所使用的三联码也彼此相同，都用 RNA 传递信息，在核糖体中指导蛋白质的合成，蛋白质也都由同样的 20 种氨基酸组成，这是地球上所有的生物都来自同一个祖先最强有力的证据，支持达尔文关于生物由少数祖先演化而来的观点。无论孔雀与菊花看上去有多么不同，它们在分子水平上却是高度一致的，也真的有共同的祖先。

在生物演化的过程中，新基因不断出现，单个基因还可以增殖出多份复制品并且进行分化，成为基因家族。基因之间可以发生融合，在不需要的时候又可以失效，变为伪基因。这些变化存留于生物的 DNA 中，成为生物演化的分子化石。比较各种生物的 DNA 和其中的基因，就可以看出生物之间的传承关系和不同生物之间的亲缘关系。就像用化石资料可以建造出生物演化的宏观历史，用分子化石的资料也可以构建出生物的分子演化树。

在这些知识的基础上，我们已经可以写出与第一种生命史视角不同的第二种生命史，即通过基因演化和基因所编码的蛋白质在各种生物功能中作用的变化，叙述地球上生命发展的整个历程，从简单细胞到复杂细胞，再由复杂细胞演变为动物、植物、真菌等不同门类的生物，每一类生物又不断演化，形成地球上千千万万的物种。

由于生命是由化学元素组成的，为了寻根溯源，我们从宇宙诞生谈起，依次叙述组成生命的化学元素的产生，生命前期分子在太空环境中的形成，原初生命的出现，各种生物功能的产生和发展及在此基础上各种类型生物的出现，直至我们人类的诞生。

第一章　生命的前期准备

第一节　宇宙诞生和化学元素形成

说到生命的历史，好像只和地球有关，因为生命是在地球上产生的。但是组成生命的物质，却不是地球能够制造出来的，也不是我们的太阳系能够制造出来的。要知道组成生命的物质的最初来源，就要追溯到太阳系出现之前遥远的过去，那就是宇宙的起源。

在20世纪20年代之前，人们认为宇宙是静止的，就连科学巨匠爱因斯坦都这样想。但是在1922年，美国天文学家埃德温·哈勃（Edwin Hubble）却发现，宇宙其实是在膨胀的，其他星系正在离我们而去，而且离我们越远的星系，飞离我们的速度越快（图1-1）。如果把这个过程反推回去，宇宙最初就应该是一个点。

图1-1　哈勃和他在美国威尔逊天文台使用的望远镜

在过去的几十年中，科学家对物质在极高温度和极大压力下的状态也已经有了很好的了解，因而能够从理论上把宇宙膨胀的过程倒推回去，得出我们的宇宙来自137亿年前的一场大爆炸的结论，并且能够描述出大爆炸后千亿分之一秒直到现在的100多亿年中，宇宙发展演变的整个过程，包括组成生命的物质的形成。

宇宙大爆炸是从一个密度和温度都极高的奇点开始的。爆炸瞬间产生多种基本粒子，如夸克。由这些粒子组成的高温高压的"粥"迅速扩张，温度也开始降低。大约1微秒后，温度降到约1000亿摄氏度，基本粒子结合，形成电子、质子和中子。质子带一个单位的正电，电子带一个单位的负电，中子不带电。质子和中子的质量差不多，而电子的质量只有质子的1/1840。

电子、质子和中子的产生，意义极其重大。夸克那样的基本粒子只能在极端条件下（如宇宙大爆炸的瞬间和实验室的对撞实验中）游离存在，而电子、质子和中子却可以在从1000亿摄氏度的高温到绝对零度（−273摄氏度）的温度范围内稳定存在，是组成现今世界上各种物质的粒子。它们的尺寸都很小，像质子和中子的直径只有1.7飞米（1飞米是1厘米的1/（$1×10^{13}$）），电子的尺寸可能还要小一些，但是总算是在可以想象的尺寸范围内了。就是这三种微小的粒子，组成了现今多姿多彩的世界，包括几千亿个星系，比地球上沙粒数量还多的恒星，我们的太阳系、地球以及地球上的几百万种生物。

这看上去好像有点不可思议：区区三种粒子怎么能够变出这么多花样来啊？在两千多年前，中国思想家老子在《道德经》中就说："道生一，一生二，二生三，三生万物"，道出了宇宙发展的总规律。现在我们就来看看这三种粒子是怎么生出"万物"的。

质子虽然带正电，彼此排斥，但是宇宙间却有一种力，叫强作用力，可以把质子在中子存在的情况下结合在一起，形成由质子和中子组成的粒子团。在这里中子是绝对必要的，质子之间的排斥力太强，没有中子的掺和，单纯由质子是不能形成粒子团。在所有的粒子团中，中子数都不能少于质子数，而且质子的数量超过20时，还需要越来越多的中子才能"冲淡"质子之间的排斥作用，使粒子团稳定。例如，质子数为20时，中子数也为20；质子数为40时，中子数为51；质子数为60时，中子数为84；质子数为80时，中子数高达120。质子数超过94时，它们之间的排斥力是如此强大，以至于再多的中子也不能使粒子团稳定了。质子数更多的粒子团可以在实验室中被人工创造出来，但是它们都不稳定，会很快分解。所以在稳定的粒子团中，质子数只能从1增加到94，如果把1也算是"团"的一种特殊情况的话。

强作用力虽然很强大，但是作用距离非常短，只有在质子和中子相当靠近时才能起作用，所以只能在大爆炸后压力和温度都极高的时候发生。但这时宇宙正在迅速膨胀，温度很快降低，质子和中子能够结合为粒子团的时间很短，不过十来分钟，在匆匆忙忙中只形成了含两个质子和三个质子的粒子团，以及大量没有结合、仍然是单个的质子。

38万年之后，温度降低到几千摄氏度，这时又发生了另外一个意义重大的事件，就是带负电的电子开始围绕带正电的质子（或者由质子和中子组成的粒子团）不停地旋转，形成原子，这些质子和粒子团也就成为原子核。原子中电子的数目等于质子的数目，所以原子整体不带电。一个电子围绕一个质子旋转，就形成氢原子，两个电子围绕含两个质子的原子核旋转，就形成氦原子，而三个电子围绕含三个质子的原子核旋转，则形成锂原子（图1-2）。由这些原子核形成的原子叫作化学元素，简称元素，意思是组成物质的基本因素，在性质上特别是在化学性质上彼此不同。

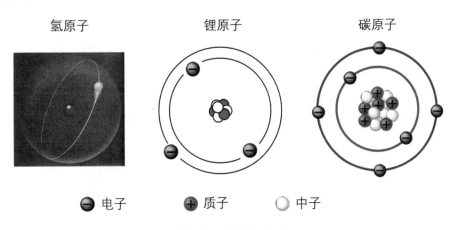

氢原子　　　　　锂原子　　　　　碳原子

●电子　　＋质子　　○中子

图1-2　原子的构造
可以看见电子的轨道是分层的。

原子的性质是由原子核外面电子的数量决定的，而电子的数量又是由原子核中质子的数量决定的，与原子核里面中子的数量无关，所以是原子核中质子的数量决定原子属于什么元素，例如，氢、氦、锂这三种元素的原子核中分别含有一个、两个、三个质子，它们的性质也不同：氢和氦都是气体，但是氢能够燃烧，氦不能燃烧，而锂是金属。原子核中的中子数稍多一点或者稍少一点，对元素的性质基本上没有影响。例如，锂的原子核可以含有三个中子或者四个中子，但是由于质子数都是三个，这样形成的原子都是锂原子。含有相同质子数和不同中子数的原子属于同一元素，在元素排序时排在同一位置，所以叫作同位素。

在这个时候，宇宙里最多的化学元素是氢，其次是氦，它们之间的质量比约为 3：1，原子数比为 12：1，此外还有微量的锂。组成我们身体的元素如氧、碳、氮、硫、磷等，此时还完全不见踪影。在这样的宇宙中，生命是不可能产生的。

幸运的是，宇宙中物质的分布不是绝对均匀的，而是有微小的浓度差异。由于重力的作用，浓度稍高地方的气体就会把周围的气体吸引过来，使自己的质量增大，从而吸引更多的气体，使这些地方的气体浓度越来越大，最后凝聚成星球。这个过程需要很长的时间，所以第一批星球是在大爆炸之后 2 亿年左右才形成的。

在这些星球内部，重力作用形成巨大的压力，气体压缩也会产生高温。高温使电子脱离原子，让原子核重新裸露出来，而高温高压又使原子核能够彼此接近到强作用力能够发挥作用的距离范围内，因而能够再次发生融合，形成含有更多质子的原子核，这就是第二次造元素运动，这个过程也被称为核聚变。与大爆炸刚发生时短暂的造元素过程不同，这次造元素的过程是在星球内部发生的，没有宇宙膨胀带来的温度和压力降低的问题，而且原子核融合时还会放热，维持星球内部的温度和压力，因此造元素运动能够长期进行下去。不过能够进行到什么程度，还要看星球的大小。

星球的质量越大，内部的温度和压力越高，就越能够克服带正电的原子核之间的排斥力，使它们融合，形成更重元素的原子核。星球质量小于三个太阳质量时，只能发生质子融合成氦核的反应，所以太阳是造不出氦以外的其他元素的。如果星球的质量大于三个太阳质量，就可以形成铍和碳的原子核；星球的质量大于 8 个太阳质量时，就会形成氧、氖、镁、硅等元素的原子核；如果星球的质量大于 11 个太阳质量，还会形成硫、氩、钙、钛、铬、铁、镍等元素的原子核。所以质量巨大的星球就相当于是太上老君的炼丹炉，组成我们身体的元素就是在这些炼丹炉中生产出来的。

当星球内部的燃料耗尽时，核聚变停止，温度和压力降低，不能够再抵抗星球外层向内的压力，这时星球会猛然向内坍缩，坍缩时释放的能量使星球爆炸，将这些新合成的原子核喷洒到太空中，而且在爆炸时的剧烈条件下，还会形成更重元素的原子核。由于星球外层的氢并不参与内部的核聚变反应，喷洒出去的物质主要还是氢，可以再次凝聚形成星球，太阳就是这样的第二代或第三代星球。

因此，组成生物体的主要元素如碳、氧、氮、硫、磷、钙等，都不是太阳系产生的，是过去比太阳大得多的星球死亡时，将这些元素同氢一起喷洒到太空中，再形成太阳系，包括地球。这些元素中的一些在后来形成了地球上的生物，所以地球上生物真正的老祖先是已经死亡的巨型星球。而且太阳系里面尘埃的组成和年龄并不相同，可能来自不止一个星球，所以我们多半还有不止一个祖先。不过它们在爆炸之后余下的部分已经变为中子星甚至是黑洞，很难观察到，即使我们想祭拜它们，也很难找到。

第二节　组成物质的基本单位——分子的诞生

通过星球内部的第二次造元素运动，宇宙中就有了近百种元素，但只实现了"三生百"，还不是"三生万物"。如果每个原子中的电子只围绕自己的原子核旋转，原子之间不发生关系，世界上就只能有这一百来种原子，无法造出千千万万种物质，包括与生命有关的物质。

幸运的是，在多数元素的原子中，最外面的电子并不安分，而是会和其他原子相互作用，后果就是把原子结合到一起。金属元素（如钠元素）最外层的电子容易逃离，而一些非金属元素（如氯元素）又容易获得电子。当钠遇到氯时，钠原子便会给氯原子一个电子，钠原子失去一个电子，带正电，叫钠离子，氯原子得到一个电子，带负电，叫氯离子，在这里离子就是通过失去或者得到电子而带电的原子。带正电子的钠离子和带负电的氯离子相互吸引，结合在一起，形成氯化钠，就是我们每天都要吃的食盐（图1-3）。有些金属元素如钠和钾，只能失去一个电子，叫作一价元素，另一些金属元素如钙和镁，可以失去两个电子，叫作二价元素。价在这里就表示一种原子和其他原子相互作用时涉及的电子数量。

另一种把原子结合到一起的途径不是电子的得失，而是共享电子。原子表层的电子不仅能够围绕自己的原子核旋转，还能够同时围绕其他原子的原子核旋转，这样就把原子绑在一起了。有的原子只能用一个电子与其他原子共享，叫作一价原子，如两个氢原子各出一个电子进行共享，结合在一起。有的原子能够用两个电子与其他原子共享，叫作二价原子，如氧原子可以用两个电子分别与两个氢原子共享。氮原子可以用三个电子分别与三个氢原子共享，是三价原子，而碳原子可以用四个电子分别与四个氢原子共享，是四价原子。这种情形就像用牙签把塑料球穿在一起，塑料球就是原子，牙签就是共价键。氢原子是一价的，上面只能插一根牙签；氧原子是二价的，上面可以插两根牙签；氮原子上可以插三根；而碳原子上可以插四根，等等（图1-4）。

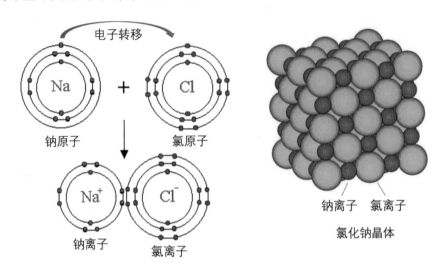

图1-3 钠原子和氯原子反应生成氯化钠

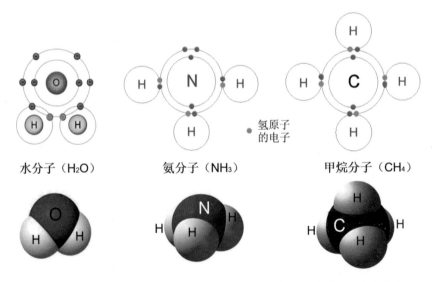

图1-4 氧原子、氮原子、碳原子分别与两个、三个、四个氢原子共享电子，形成水分子、氨分子和甲烷分子

由于原子之间电子共享，这些原子也部分融合。

原子之间的这些联系叫作化学键，"键"在这里就是连接的意思。通过离子的电荷相互吸引形成的化学键叫作离子键，如钠离子和氯离子之间的化学键；通过电子共享形成的化学键叫作共价键，如把两个氢原子连在一起的化学键。化学键可以形成，使原子结合，也可以断裂，使原子分开。原子之间结合和分离的过程叫作化学反应，化学就是研究原子结合和分离的科学。

原子通过化学键特别是共价键连在一起，就可以形成由多个原子组成的分子。分子由原子通过化学反应结合而成，所以又叫化合物。原子在形成分子后，由于最外面的电子需求得到满足，就变得安生了，分子也可以稳定存在。我们这个世界上的物质，多数是由分子组成，而不是由原子直接组成的。

为了把分子中原子的组成即分子式写出来，元素用英文字母代表，叫作元素符号。读者只要知道与生命密切相关的几种元素的元素符号就基本够用了：O（氧）、H（氢）、C（碳）、N（氮）、P（磷）、S（硫）、K（钾）、Na（钠）。这些元素符号在多数情况下是元素英文名称的第一个字母，如 O 就是氧的英文名称 oxygen 的第一个字母。

在写分子式时，分子中各种元素原子的数目用下标的阿拉伯数字表示。例如，两个氢原子彼此相连形成的氢分子的分子式是 H_2；由一个氧原子和两个氢原子组成的水分子的分子式是 H_2O。

为了写出一个分子中原子之间具体的连接方式，可以用短线代表化学键，这样写出来的是分子的具体结构，叫作分子的结构式。例如，两个氢原子彼此相连形成的氢分子用 H-H 表示；由一个氧原子和两个氢原子组成的水分子是 H—O—H；由一个碳原子和两个氧原子组成的二氧化碳是 O＝C＝O（氧为二价，碳为四价）；等等。这种写法对简单分子来说好像意义不大，但是对于复杂分子却完全必要。在写复杂分子的结构式时，为了看上去更简洁，有时会把碳原子的符号略去，化学键相交的地方就代表碳原子（参见图 1-5）。

由于分子中可以有多种原子，每种原子的数量可以有多个，这些原子又能够以各种方式彼此连接，所以能够形成的分子的种类也是无限的，就像插有不同数目牙签的塑料球彼此相连，可以形成无限种结构，这就实现了"三生万物"，从电子、质子和中子这三种粒子，先生成近百种元素的原子，再由这些原子生成千千万万种分子。

千千万万种分子，就会组成千千万万种不同的物质。分子是物质分割到最小、性质仍然不改变的单位。例如，水在蒸发时变成单个水分子，分散到空气中，眼睛看不见了，但是仍然以水分子的形式存在。温度降低时，这些分子就凝聚出来，重新变回液态水，包括雨水和露水；蔗糖溶化在水中时，蔗糖成为单个分子，分散在水中，眼睛看不见了，但是仍然以蔗糖分子的形式存在，把水蒸发干后，蔗糖又结晶出来。但是如果我们用电解的方法把水分子分得更小，或者在我们的消化道中把蔗糖分子消化为两半（葡萄糖和果糖），就不再是水分子和蔗糖分子了。

原子在组成分子时，共用电子在分子中的分布情形和电子在原来各自原子中的情形不同，所以分子的性质并不是原来原子性质的混合或者叠加，而是会出现完全不同的性质。例如，氢和氧在常温下都是气体，但是由氢和氧组成的水在常温下却是液体；氯是绿色的剧毒气体，钠是银白色的金属，但是氯和钠形成的氯化钠不仅没有毒，还是我们每天都需要的调味品食盐；碳、氢、氧都是没有味道的，但是由这三种元素的原子组成的葡萄糖却是甜的。所以千千万万种分子就有千千万万种性质。

有了这些知识，我们就可以来看看生命所需要的分子是如何形成的了。

第三节　生命所需要的分子能够在太空中自然形成

组成生命的分子如葡萄糖、氨基酸、脂肪酸，看上去都非常复杂（图 1-5），就算化学家在实验室里制造它们，也得花费不少力气，在生物出现之前，这些分子又是从哪里来的呢？其实这些分子不仅可以在自然条件下形成，而且还相当容易形成。

星球耗尽内部的燃料爆炸后，喷洒到空中的气体温度降低，电子和原子核结合，生成各种元素的原子。原子在形成之后又会发生化学反应，彼此连接到一起，形成分子。除了几种惰性元素（氦、氖、氩、氪、氙、氡）外，绝大多数元素的原子都会和其他原子组成分子，而不会以单原子的形式存在。

氢是宇宙中最丰富的元素，两个氢原子彼此结合，就组成氢分子（H_2）；氢还会和氧发生反应生成水（H_2O），和氮反应生成氨（NH_3），和碳反应生成甲烷（CH_4），和硫反应生成硫化氢（H_2S）；碳和氧反应生成一氧化碳（CO）和二氧化碳（CO_2），硫和氧反应生成二氧化硫（SO_2）；氢还可以与碳和氮一起，形成氰化氢（HCN）；等等。除了水容易形成液体外，这些物质基本上都是气体（图 1-5 左）。

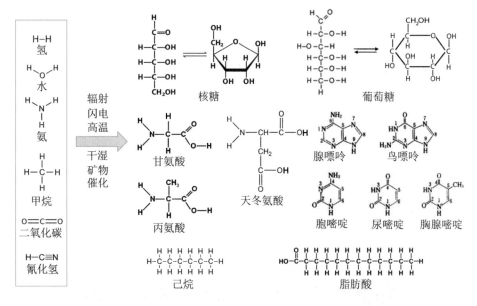

图1-5　生命所需要的分子能够在太空中自然形成

左边框中的简单分子能够在太空条件下自然形成右边的各种复杂分子，其中的核糖和葡萄糖可以在链形和环形之间来回转换。

有些化学反应生成的物质却可以在太空环境中形成固体，如二氧化硅（SiO_2，沙子的主要成分）和其他矿物质（硅酸盐、硫酸盐和硝酸盐等）。这些分子聚集在一起，形成太空中的宇宙尘埃。尘埃还可以聚集，形成陨石。

尘埃和陨石表面都能够吸附水分子，而潮湿的表面又可以溶解和吸附前面所说的那些气体分子，包括氨、甲烷、硫化氢、一氧化碳、二氧化碳、二氧化硫、氰化氢等，这就大大提高了这些分子的浓度，并且将它们聚到一起。

来自星球的辐射如紫外线，具有很高的能量，能够打断这些分子中的化学键，让各种原子有机会重新组合。水也会活跃地参与这些反应，尘埃和陨石的表面对化学反应还有催化（即帮助和加速）作用。在这些环境条件下，简单分子就会变为比较复杂的分子，包括组成蛋白质的氨基酸、组成脂肪的脂肪酸等（图1-5右）。

在引言中讲过，RNA的组成单位是A、G、C、U四种核苷酸，其实核苷酸本身又是由三种分子相连而成的，分别是碱基、核糖和磷酸。碱基是含氮的环状化合物，因为在水中呈碱性而被称为碱基。核苷酸里面的碱基有两种，分别叫嘌呤和嘧啶，这两个奇怪的名称是它们英文名称（purine 和 pyrimidine）的音译，其中嘌呤又分为腺嘌呤（用A代表，注意在这里字母不再代表元素）和鸟嘌呤（用

G 代表）；嘧啶又分为胞嘧啶（用 C 代表）和尿嘧啶（用 U 代表），四种核苷酸也以它们所含碱基的符号作为自己的符号。这些嘌呤和嘧啶以及核糖，也可以在宇宙环境中生成。

例如，在 1969 年 9 月 28 日，一颗陨石降落在澳大利亚的默奇森地区，被命名为默奇森陨石（图 1-6 左）。这颗陨石上面有 15 种氨基酸，包括组成蛋白质的甘氨酸、丙氨酸和谷氨酸。在从陨石中取样时最容易被污染的丝氨酸和苏氨酸没有被检出，说明这些氨基酸确实来自太空。除氨基酸以外，默奇森陨石还含有嘌呤和嘧啶、核糖，以及大量的芳香化合物（由碳原子和氢原子组成的环状化合物）、直链型碳氢化合物（由碳原子连成长链，上面再连上氢原子）、醇类（含有羟基（—OH）的碳氢化合物）、羧酸（含有羧基（—COOH）的碳氢化合物）等。默奇森陨石的例子证明，构成生命的分子确实可以在太空中自然形成。

图 1-6　默奇森陨石和斯坦利·米勒

除了宇宙尘埃和陨石，地球早期的表面也可以形成生命所需的分子。地球表面有岩石、水、大气（包围地球的气体），有来自太阳的辐射、闪电，还有火山爆发带来的高温，这些因素也能够使简单分子中的原子重新组合，形成新的、更加复杂的分子。

1953 年，美国科学家斯坦利·米勒（Stanley Miller）（图 1-6 右）混合甲烷、氨、氢、水这些地球早期大气中的分子，再对这个混合物放电，以模拟闪电。一个星期后，水变成了黄绿色。米勒在水中检测到有氨基酸形成，如甘氨酸、丙氨酸、天冬氨酸。1972 年，米勒重复了这个实验，但是用了更灵敏的方法来检查实验产物，结果发现了 33 种氨基酸，其中 10 种是生物体所使用的。

1964 年，美国科学家思德利·福克斯（Sidney Fox）用了和米勒不同的方法来模拟地球早期的状况。他把甲烷和氨的混合气体通过加热到 1000 摄氏度的沙子，以模拟火山熔岩，再把气体吸收到冷冻的液态氨中，结果生成了蛋白质中使用的 12 种氨基酸，包括甘氨酸、丙氨酸、缬氨酸、亮氨酸、异亮氨酸、谷氨酸、天冬氨酸、丝氨酸、苏氨酸、脯氨酸、酪氨酸和苯丙氨酸。

这些结果说明，利用星球爆炸后形成的简单分子，如氢、氨、甲烷和水，在尘埃表面或者地球表面，可以生成许多生命所需要的分子。氨基酸既可以在太空中形成（如默奇森陨石中的氨基酸），也可以在米勒和福克斯各自模拟的地球表面的条件下生成，说明氨基酸在自然界中形成并不是一件难事，而且还可以通过多种途径生成。嘌呤分子看似复杂，其实不过是由 5 个氰化氢分子聚合而成。这些分子就可以成为生命的起始材料。

检查氨基酸、脂肪酸、葡萄糖的分子结构，发现它们有一个共同特点，即都是以碳为骨架的。这是因为碳原子是四价的，不仅能够彼此相连成为长链或者环形结构，还可以在骨架上连上其他原子或者基团（如氨基、羟基、羧基等），因此地球上的生命是以碳为基础的。这个事实许多人都体验过：米饭煮煳了，肉和蔬菜烧焦了，都会变为黑色，那就是食物分子被高温分解后残留下来的碳。

由于和生命有关的复杂分子都含有碳，在化学上就把含有碳的分子叫作有机分子（一氧化碳和二氧化碳等简单的含碳分子除外），从生物的另一个名称有机体（organism）这个词而来，原意是来自生命的分子。由有机分子组成的物质叫作有机物。

这些生物的起始材料可以在地球上生成，在太空中形成的这些材料也可以被陨石和尘埃带到地球上。当地球上积累了越来越多的这些分子时，又一个意义极其重大的事件发生了，这就是生命的诞生。

第四节　最初的生命是核糖核酸（RNA）的世界

地球表面很早就有水，氨基酸、嘌呤、嘧啶、核糖这些分子都可以溶解在水中，开始它们创造生命的历程。浅滩里的水蒸发时，跑到空气中的主要是水分子，氨基酸、脂肪酸、嘌呤、嘧啶、核糖等分子是不会蒸发的，而是留在剩余的水中，浓度也会随着水的蒸发而大大增加。高浓度使分子之间靠近，有利于它们之间发生化学反应，形成更复杂的分子。例如，前面提到的科学家福克斯，在合成氨基酸的基础上，又把氨基酸的溶液在温暖无氧的环境中让水自然蒸发干，结果发现，在这个干燥过程中，氨基酸会连在一起，形成长链，类似于现在的蛋白质。

在浅滩里面的水蒸发干，形成较复杂的分子后，降雨或者浪花又可以带来水，使这些分子溶化在水中。在再次干燥的过程中，又会形成更加复杂的分子。这样反复地干燥 - 溶化，就会形成越来越复杂的分子。2019 年，由德国、英国和日本科学家组成的团队表明，反复的干 - 湿循环不仅可以从简单分子形成嘌呤和嘧啶，还可以形成与核糖相连的嘌呤和嘧啶，这就是核苷（苷是与糖分子相连而形成的化合物）。在有磷酸盐存在的情况下，核苷中的核糖还可以和磷酸相连，形成核苷酸。在溶液干燥的过程中，核苷酸也可以彼此相连，形成长链，这就是核糖核酸，即 RNA（图 1-7）。

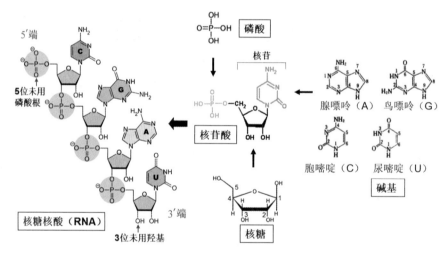

图 1-7　RNA 分子的构成

蛋白质和 RNA 都是非常复杂的分子，有了这样的分子，就已经走到生命的门槛边了，但是由复杂分子组成的东西还不是生命。生命是一个能够自我维持的动态系统，而不是一个静态结构。生物与非生物的一个重大区别，就是生物能够进行新陈代谢，即不断地合成新的分子以取代老的分子，实现自我更新。刚刚死亡的动物身体构造和死前一样复杂，但是新陈代谢停止，动态变成静态，也就失去了生命。

新陈代谢需要不断生产出新的生命分子，但是像蛋白质和 RNA 这样高度复杂的分子在自然环境中形成的速度是非常缓慢的，如果有一种分子能够加速自己的生成，这个分子就有了主动性。幸运的是，RNA 分子就具有这种能力，所以 RNA 分子形成后，就逐渐摆脱自然形成的缓慢过程，而开始自己制造自己，形成的速度大大增加了。被动的自然形成过程不是生命现象，而主动制造就是最初的生命活动。

一个分子要复制自己，需要有两种能力，一种能力是能够结合组成自己的"零件"，把它们的位置固定，相当于是一个工作台，而 RNA 分子就有这样的能力。RNA 是由 A、G、C、U 这 4 种核糖核苷酸相连组成的，由于它们中的碱基能够分别与 T、C、G、A 脱氧核苷酸中的碱基配对而结合（见"引言"），RNA 分子就可以与溶液中的脱氧核苷酸 T、C、G、A 配对，这样就把溶液中合成新 RNA 分子的"零件"固定在 RNA 分子附近。

"零件"固定后，还需要把它们连接在一起。在自然状态下，这个过程是非常缓慢的，但是 RNA 分子还有一种能力，可以加快这个过程，这就是催化。第一种 RNA 分子结合固定核苷酸"零件"后，另一种 RNA 可以将这些核苷酸连接起来，成为新的 RNA 分子。这个过程已经被科学家用实验证实，例如，具有催化能力的 RNA 分子 tc19Z，就能够以核苷酸为"零件"，以其他 RNA 为模板，在 24 小时内合成有 95 个核苷酸单位长的新 RNA。

新合成的 RNA 分子和模板 RNA 分子在序列上是互补的（见"引言"中 DNA 双螺旋部分），如原来的 A 变成了 U，原来的 C 变成了 G。但是新的 RNA 又可以被当作模板，合成第三代 RNA 分子。在第三代 RNA 分子中，U 又变回 A，C 又变回 G，序列就和原来模板 RNA 分子的序列一致，相当于把模板 RNA 分子复制了。担任催化作用的 RNA 分子，也可以用同样的方式被其他有催化功能的 RNA 分子复制，这就相当于所有的 RNA 分子都能够被复制。

蛋白质分子虽然功能强大，在现今的生物体内，几乎所有的生命活动都是由蛋白质来执行的，但是蛋白质分子中的氨基酸却没有和其他氨基酸配对的能力，不能像 RNA 分子那样固定组成自己的"零件"，蛋白质分子也就不能复制自己。早期生命中可以没有蛋白质，但是不能没有 RNA，所以早期的生命，很可能是 RNA 的世界。

第五节　生命以细胞的形式出现

有了能够自我复制的 RNA 分子，就有了生命的萌芽，但是要形成生命，还缺少一样重要的东西，这就是"墙壁"。RNA 复制自己的系统一旦形成，就需要有"墙壁"将其与外界环境分开，否则遇上下雨，或者浪头打来，这团溶液就被打散稀释，这个系统也就荡然无存了。

"墙壁"就可以将含有 RNA 复制系统的水溶液包裹起来，形成小囊。小囊可以将大的分子如 RNA 保持在小囊内，不被环境稀释，又能够让小的分子包括核苷酸，进入小囊，使 RNA 有复制自己的材料。由墙壁围成的小囊叫作细胞，墙壁就是细胞膜，地球上的生命也因此是以细胞的形式出现的。

要想知道分子如何在水中形成"墙壁"，就需要知道分子之间如何相互作用，这就关系到共价键的性质了。

共价键是原子之间共享电子形成的（见本章第二节），但是电子在两个原子之间的分配不一定均等。有些原子如氧原子和氮原子，吸引电子的能力比较强，在和别的原子如氢原子共享电子时，会多吃多占，让电子偏向自己一边。多得一些电子的氧原子或氮原子就带一些负电，少得电子的氢原子就带一些正电。这样的共价键就叫作极性键，即键的两端带不同的电荷。极性键会使分子中形成带负电的区域和带正电的区域。

例如，水分子是由一个氧原子和两个氢原子组成的，这三个原子又不排在一条直线上，而是两个氢原子偏向一边，这样就在氧原子那侧带一些负电，在两个氢原子这侧带一些正电，使水分子成为极性分子。一个水分子上的氧原子和其他水分子上的氢原子由于电荷不同而相互吸引，这样就把水分子拉到一起。除了氧原子，氮原子和氢原子之间也可以形成类似的联系。这些联系都和带部分正电的氢原子有关，所以叫作氢键。氢键不是共价键，因为参与氢键的两个原子之间没有电子共享，只是正负电荷的吸引，氢键的强度也弱于离子键，因为只是部分电荷之间的相互吸引，但是氢键在分子的相互作用中起非常重要的作用。

例如，水分子很小，只含有一个氧原子和两个氢原子，但是由于水分子之间能够形成氢键，彼此"抓"得很牢，不容易离开其他水分子而飞到空中去（即所谓的蒸发），所以水的沸点很高，要到 100 摄氏度才沸腾。前面说的嘌呤和嘧啶之间能够配对结合，除了形状匹配以外，还因为它们之间能够形成氢键（图 1-8）。

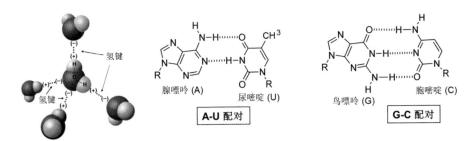

图1-8　水分子之间的氢键和碱基之间的氢键

氢键用虚线表示。

与氧原子和氮原子不同，碳原子和氢原子之间形成共价键时，电子并不偏向任何一方，碳原子和氢原子都不带电，这样的共价键叫作非极性键，由碳原子和氢原子组成的分子也是非极性分子。非极性分子之间不能形成氢键，相互吸引力很弱，所以甲烷分子虽然和水分子差不多大，甲烷的沸点却低到 −161.5 摄氏度，在室温下是气体。

极性分子遇到水，由于双方都局部带电，彼此之间可以形成氢键，所以极性分子很容易分散到水中，也就是溶解。在葡萄糖分子（$C_6H_{12}O_6$）中，有好几个羟基（见图 1-5 右上），氢原子是与氧原子相连的，带一些正电，葡萄糖就很容易溶解在水中，像葡萄糖这样的分子就是亲水的。汽油是碳链上连上氢原子组成的碳氢化合物，其分子是典型的非极性分子（见图 1-5 下中的己烷），因为不能和水分子之间形成氢键，要分散到水分子之间时还需要打破水分子之间的氢键，相当于要挤入彼此拉着手的人群，实际上很难做到，所以汽油不溶于水，是憎水的。

如果某种分子的一部分是极性的，另一部分是非极性的，这样的分子就叫作双性分子。双性分子遇到水时，亲水的部分会和水接触，包在外面，憎水的部分被水"赶出来"，彼此聚在一起，躲在内部。这样就会在水中形成小球，这就是结构的形成。

如果憎水的部分呈长条形，像火柴的杆，亲水的部分在其一端，像火柴头，这样的"火柴"在放入水中时，火柴杆会躲开水，排列起来，形成膜状物，火柴头在膜的一面，与水接触。为了避免膜的另一面（即没有火柴头的那一面）与水接触，两张膜可以通过脚对脚的方式贴在一起，形成双层膜，这样的膜内面是两层火柴杆，膜的两边都是火柴头，就可以把火柴杆和水隔开。

这样的安排在很大程度上解决了分子的憎水部分与水接触的问题，但是在膜的边缘，火柴杆仍然能够和水接触。为了把火柴杆完全包裹起来，不让它们与水接触，膜可以卷起来，形成一个封闭的球面，这样膜就没有边缘了，这正是细胞膜形成的原理。生物的细胞膜，就是封闭的双层膜。

　　脂肪酸可能就是最初形成细胞膜的分子。它有一条长长的尾巴，相当于是火柴杆。这条尾巴由十几个碳原子连成链，链上再连上氢原子。由于这条尾巴完全由碳原子和氢原子组成，所以是憎水的。脂肪酸的头部是一个羧基（其中两个氧原子都和碳原子直接相连），是亲水的。"羧"是化学家造的字，由"氧"字中的"羊"和"酸"字的右半边组成，意思是含氧的酸性基团（图1-9）。

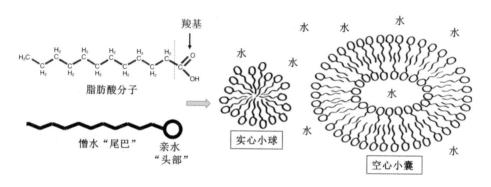

图1-9　脂肪酸分子在水中形成的结构

由于碳原子上的4根共价键伸向不同方向（图1-4），由碳原子组成的链是弯曲的。

　　脂肪酸在陨石和宇宙尘埃上就可以形成，所以可以为早期的细胞提供细胞膜。除了脂肪酸，其他两性分子也有可能参与细胞膜的建造。为了证明在宇宙中产生的物质真的能够形成细胞膜，科学家混合了水、甲醇（CH_3OH）、氨和一氧化碳，在类似星际空间的温度下用紫外线照射这个混合物。当被照射过的混合物的温度升到室温时，有一些油状物出现。当把这些油状物与水混合时，它们形成了囊泡，直径10~50微米，与生物中细胞的大小相仿。这个结果说明，在太空中形成的物质中就有两性分子，可以自动在水中形成囊泡结构，这就使原始的细胞得以生成（图1-10）。

　　有了能够自我复制的RNA分子，又有了包裹这个化学系统的膜，就有了最原始的细胞。随着细胞长大，还可以通过机械力的作用如浪花的激荡，分为多个小细胞，这就是最初的繁殖。

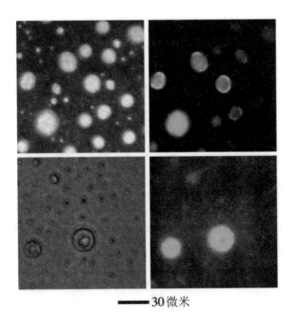

━━━30微米

图1-10　模仿太空条件生成的物质在水中形成的囊泡

　　原始的细胞形成后，竞争也就开始，含有最能够复制自己的 RNA 的细胞就会比其他细胞更有优势，使自己的功能越来越强，包括帮助蛋白质的合成，而蛋白质的合成又进一步增强细胞的生活能力。这样发展下去，就导致真正的生命在地球上产生，这就是原核生物。

第二章　原核生物是地球上生命的开创者

原核生物是地球上最早出现的生命，也是最简单的生命形式。在这里原核的意思不是有原始的细胞核，而是在有细胞核之前，也就是没有细胞核，DNA 和蛋白质都同在细胞膜包裹的那团叫细胞质的溶液中。只有到了真核生物，DNA 被膜包裹起来，和细胞质分开，那个将 DNA 包裹起来的结构才是细胞核（见第三章和图 3-1）。

第一节　原核生物可能在 40 亿年前就在地球上出现

生命是什么时候在地球上出现的？这个问题初看上去好像很难回答，因为最初的生命非常简单，不过是细胞膜包裹的一团水溶液，本身不容易形成化石。但在实际上，科学家还是可以发现它们在远古存在的证据，那就是通过它们留下的痕迹。

2017 年，科学家研究了加拿大西北部的一处海洋沉积岩，形成年代的范围从 37.7 亿年前 ~42.8 亿年前，平均为 40 亿年前。在这个海洋沉积岩中，有一些细小的管状结构，直径 16~30 微米，长几百微米，从一个中心向四周发出，管内有赤铁矿的细丝（图 2-1）。现在能够把铁氧化为赤铁矿的细菌也是管状的，从一个中心向四周发出，细胞内也有赤铁矿细丝，说明这些管状物可能是早期能够将铁氧化的细菌（氧化的含义见本章第七节）。

为了进一步证明这些结构是生物形成的，而不是某些地质因素的结果，科学家们测定了这些管状物中碳同位素的组成。碳原子核含有 6 个质子，但是可以有 6~8 个中子，所以原子量（原子的质量，大致相当于质子数加中子数）分别为 12、13 和 14，写为碳 -12、碳 -13 和碳 -14。生物在进行新陈代谢时，对这些碳同位素并不是一视同仁的，而是偏爱最轻的碳－12。这样，在生物体内含碳的化合物中，碳－13/碳－12 的比例就会比自然环境中低。研究表明，管状物中碳－13/碳－12 的比例确实比环境中低，证明这些结构是生物来源的。

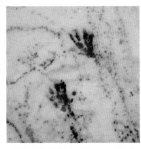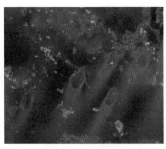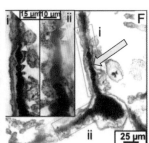

管状结构从一个中心发出　　　　　　管状结构复原图　　　　　管内的赤铁矿细丝（箭头）

图2-1　40 亿年前氧化铁的细菌

　　蓝细菌过去被称为蓝绿藻，其实是一种细菌，属于原核生物，而藻类是真核生物（见第四章第七节）。蓝细菌可以在浅水处聚集，形成菌膜。被菌膜黏附的沙子可以免受水流的冲刷，形成和菌膜形状一致的结构。菌膜被水流掀起时，沙子也会和菌膜一起卷成筒状结构，菌膜被沙掩盖，上面又可以长出新的菌膜。这样长期反复沉积，就会形成具有多层结构的叠层石。如果我们在古代的沉积岩中也发现类似的结构，就表明生命曾经在这些沉积岩中存在。

　　带着这个想法，科学家在澳大利亚西部有 35 亿年历史的皮尔巴拉沉积岩中发现了叠层石（图 2-2）。叠层石中碳－13/碳－12 的比例也比自然环境中低，证明它们也是由生命过程形成的。蓝细菌能够进行光合作用，是比较复杂的细菌，形成的时间比氧化铁的细菌要晚，但也在 35 亿年前就出现了。

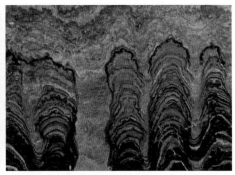

图2-2　35 亿年前蓝细菌在澳大利亚西部形成的叠层石

将铁氧化的细菌和蓝细菌都已经是真正的生物。对这些细菌的研究表明，原核生物与最初的 RNA 世界相比，已经有了多项重大发展。这些发展不仅使原核生物能够有效地生存，在几十亿年后的今天仍然在地球上繁衍，而且奠定了地球上更高级生命发展的基础。

第二节　蛋白质变成生命活动的执行者

原核生物最大的贡献，就是把生命从 RNA 唱主角的世界转变为蛋白质唱主角的世界。这个转变的意义极为重大，导致了地球上后来所有生命形式的出现。它发生的方式也非常精彩，值得用稍微多一点的篇幅来叙述这个过程。

蛋白质分子的强大功能

RNA 是唯一能够自己复制自己的分子，在分子之间的配合还很缺乏，各种分子必须单独作战时，只能由 RNA 来担当创始生命先锋的角色。但是仅由细胞膜和 RNA 组成的生命还过于简单，甚至还不能正式被称为生命。这主要是因为 RNA 虽然能够催化自己的形成，但是催化其他化学反应的能力却有限，不能合成即使是原核生物这类最简单的生物所需要的各种分子，例如，组成核苷酸的嘌呤、嘧啶和核糖，以及组成最初细胞膜的脂肪酸，这些分子的供给还必须依靠缓慢的自然形成过程。在这种情况下，无论是 RNA 自身的增殖还是新细胞膜的形成，都会受到极大的限制，更不要说拥有后来原核生物多姿多彩的生活。

之所以 RNA 的催化能力有限，是因为 RNA 只是由 4 种核苷酸组成的分子，虽然能够通过碱基配对结合核苷酸，但是结合其他分子的能力就比较弱，也就是难以形成加工其他分子的"工作台"。4 种碱基能够参与的化学反应也有限，相当于对其他分子进行加工的工具也不多。

但是由 20 种氨基酸组成的蛋白质分子可就不一样了。氨基酸，顾名思义，是含有氨基（—NH_2）的酸性分子，因为它们同时还含有一个带酸性的羧基。在生物使用的氨基酸中，氨基和羧基都连在氨基酸分子中的同一个碳原子（阿尔法碳原子）上。一个氨基酸分子上氨基的氢原子和另一个氨基酸分子上羧基的羟基结合，脱离下来形成水分子，羧基和氨基余下的部分相连，形成肽键，就可以把许多氨基酸分子串联起来，形成肽链，其展开时的形状像一根长绳子。肽链中具有未用氨基的一端叫作氨基端，具有未用羧基的一端叫作羧基端（图 2-3）。

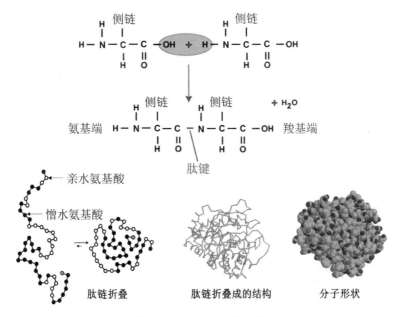

图2-3　肽链形成和折叠。

　　除了氨基和羧基，阿尔法碳原子上还连有另一个原子团，叫作侧链（唯一的例外是甘氨酸，它的侧链只是一个氢原子）。氨基酸连成肽链的长绳子时，这些侧链就向外伸出，像长绳子上横向伸出的短绳子。不同的氨基酸所含的侧链结构各异，性质也不同，有的亲水，有的憎水，有的带正电，有的带负电（图 2-4），好戏就从这里开场了。

　　肽链可以弯曲，绕成各种形状。憎水的侧链由于受到水分子的排斥，彼此聚到一起，而亲水的侧链由于能够与水分子亲密接触，从外面包裹聚在一起的憎水侧链，这样就把肽链卷成一个球形，成为有生理功能的分子，叫作蛋白质。由于有 20 种侧链，而且在不同的蛋白质分子中，氨基酸的数目和排列情况都不同，蛋白质分子就可以卷成千千万万种形状（图 2-3 下）。

　　有了千千万万种形状，就可以在蛋白质分子表面形成各种形状的凹坑和沟槽，结合（即固定）各式各样的分子。除了形状配对外，蛋白质还能够进行电荷匹配：其他分子上带正电的地方，蛋白质分子在对应的地方就带负电，其他分子上带负电的地方，蛋白质分子上对应的地方就带正电，或者不带电，但是不能有电荷冲突。通过形状和电荷匹配，尽管细胞里面有成千上万种分子，每种蛋白也都能找到专门与自己结合的分子，相当于能够为其他分子准备工作台。

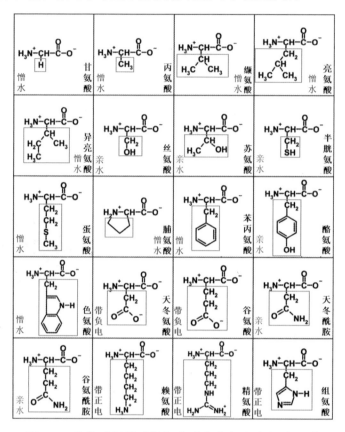

图2-4　氨基酸侧链（绿框中的部分）和它们的性质
在生理环境中，羧基带负电，氨基带正电。

蛋白质不仅能够特异结合其他分子，在蛋白质的 20 种氨基酸的侧链中，又有许多能够参与催化过程，相当于工作台上还自带有多种加工工具，因此蛋白质对其他分子进行加工的本领非常强，也就是能够催化生命活动需要的几乎所有化学反应，合成生命所需要的几乎所有分子。RNA 分子不能催化形成的嘌呤、嘧啶、核糖和脂肪酸，蛋白质都能轻松地合成。

不仅如此，蛋白的催化效率也比 RNA 高得多。例如，前面谈到的 RNA 分子 tc19Z，在合成其他 RNA 分子时，24 小时才能把 94 个核苷酸连接起来。而由蛋白质组成的 RNA 聚合酶，每秒钟就能把数千个核苷酸连接起来，催化效率比 RNA 高几百万倍！有了蛋白质的催化，生命活动才能活跃地进行，具有催化作用的蛋白质也就被单独取了一个名字，叫作酶。

除了催化化学反应，蛋白质还能被用作"建筑材料"（如指甲和毛发），接收和传递信息（见第六章和第十二章），搬运"货物"（见第三章第五节），防御外敌（见第十章），甚至组成生物的"钟表"（见第七章），因此说蛋白质是生命活动的执行者，一点儿都不过分。生命要进一步发展，就必须改用蛋白质来执行各种生命活动。

但问题是，蛋白质虽然可以催化几乎任何分子的形成，但唯独不能复制自己，也不能生产其他蛋白质分子，也就是蛋白质不能生产蛋白质。这看上去有点奇怪：蛋白质不是能合成千千万万种分子吗？怎么就不能把氨基酸也连接起来，形成蛋白质呢？

蛋白质分子不能复制自己

蛋白质确实能结合氨基酸，也能把氨基酸连接起来。例如，在我们的细胞中，有一种重要的分子叫谷胱甘肽，由谷氨酸、半胱氨酸和甘氨酸这三个氨基酸相连而成，这种分子就是由蛋白质催化合成的。蛋白质先结合半胱氨酸和谷氨酸，将它们连在一起，形成半胱氨酸-谷氨酸。另一个蛋白质结合半胱氨酸-谷氨酸和甘氨酸，再将它们连在一起，就形成谷胱甘肽。在这两步反应中，蛋白质的工作方式是一样的，即同时结合两个分子，再将它们连在一起。

但是在这里，蛋白质合成谷胱甘肽的方式与 RNA 分子复制自己的方式不同。RNA 分子复制自己时，嘌呤和嘧啶一对一地结合，所以结合的核苷酸的顺序就对应 RNA 自己核苷酸的顺序。但是蛋白质结合氨基酸时，并没有将它的某个氨基酸和要固定的氨基酸一对一地结合，而是通过其空间结构来结合氨基酸，涉及多个氨基酸。这些与结合有关的氨基酸通常也并不相邻，是肽链卷曲时才把它们带到一起的。由于这个原因，结合每个特定的分子都需要专门的蛋白质。

如果我们用数字代表依次加上的氨基酸，在合成的第一步中，酶需要同时结合氨基酸 1 和 2，将它们连成 1-2。在第二步，再加氨基酸 3 时，酶需要同时结合 1-2 和 3，这时在第一步中结合 1 和 2 的酶就不适用了，而需要另外一种酶。在往 1-2-3 上面加氨基酸 4 时，又需要第三种酶。而蛋白质通常是由几百个氨基酸相连而成的，合成一个由 400 个氨基酸组成的蛋白质就需要 399 种不同的酶。我们的细胞内有数万种蛋白质，如果每种蛋白质都需要成百上千的酶来合成，就需要几百万到几千万种酶，而且合成其他蛋白分子的酶自己也是蛋白质，它们又由谁来合成呢？所以用合成谷胱甘肽的方法来合成蛋白质是不可能的。

RNA 能复制自己，但是催化功能有限；蛋白质催化功能强大，又不能复制自己。如果不能在 RNA 和蛋白质之间建立联系，现在地球上我们看到的生命就不可能产生。

RNA 能够为蛋白质编码并且催化蛋白质的合成

幸运的是，RNA 还真的和蛋白质建立了联系。RNA 分子中的嘌呤和嘧啶，除了能与分子外的嘌呤和嘧啶结合外，还能和分子内的嘌呤和嘧啶结合，导致分子内的碱基配对，将 RNA 分子的长链折回来，相互结合成为各种形状，其中一些空间形状就能结合氨基酸，类似于蛋白质用三维结构来结合别的分子。

核苷酸在组成 RNA 分子时，第一个核苷酸中核糖上第三位碳原子上的羟基与第二个核苷酸上的磷酸根相连，第二个核苷酸中核糖上第三位碳原子上的羟基又与第三个核苷酸上的磷酸根相连，这样就将多个核苷酸连在了一起。在这样形成的 RNA 链中，第一个核苷酸上的磷酸根未被使用，又由于这个磷酸根是连在核糖第五位的碳原子上的，所以第一个核苷酸所在的一端叫作 5′ 端。最后一个核苷酸中核糖上第三位碳原子上的羟基没有被使用，所以最后一个核苷酸所在的端叫作 3′ 端。由于这个原因，RNA 链是有方向的（参看图 1-7）。

一种小分子 RNA 的链回折，形成双头发卡样的结构时，就能结合氨基酸。在这个结构中，RNA 的两端之间有一段距离，对应这个空当的，是三个没有配对的核苷酸。这三个核苷酸不同的序列就可以结合不同氨基酸的侧链，例如，AAU 可以结合异亮氨酸的侧链，CCA 可以结合色氨酸的侧链，CCU 可以结合精氨酸的侧链等（图 2-5）。

不仅如此，在这样一个结构中，5′ 端的核苷酸还能活化氨基酸上的羧基，使它与 3′ 端核苷酸中的核糖相连，这样就把氨基酸连在这个小 RNA 分子上了。然后 RNA 分子重新折叠，使与 RNA 分子结合的氨基酸位于分子的一端，三个未配对的核苷酸位于分子的另一端（图 2-5 右上）。由于这三个核苷酸是未配对的，它们就可以和另一个 RNA 分子上对应的三个核苷酸配对，将氨基酸分子带到另一个 RNA 分子附近。

由于两条 RNA 链彼此结合时，链的方向是相反的，所以配对的三个核苷酸序列也必须反过来读，例如上面说的小分子 RNA 中的 AAU 就可以和 RNA 分子上的 AUU 配对，CCA 和 UGG 配对，CCU 和 AGG 配对等。这样，另一个 RNA 分子上的三个核苷酸就可以与小分子 RNA 上的氨基酸相对应，也就是编码，叫作三联码，也叫密码子，而小 RNA 分子上与三联码配对的三个核苷酸的序列由于和三联码的序列方向相反而且碱基互补，叫作反密码子。因此是小 RNA 分子上与氨基酸侧链结合的三个核苷酸先产生了反密码子，使另一个 RNA 分子上与反密码子对应的三个核苷酸的序列成为密码子（图 2-5 右下）。

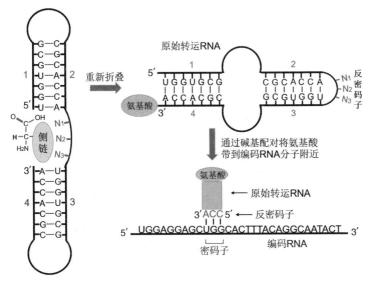

图2-5　小 RNA 分子结合氨基酸，并且活化这个氨基酸，使其连在自己的 3′ 端上，成为原始的转运 RNA

通过反密码子与三联码配对，小 RNA 分子就可以把与它相连的氨基酸带到编码 RNA 分子附近，固定"零件"的"工作台"就建立起来了。由于小 RNA 的任务是把氨基酸带到编码 RNA 附近，它们就被称为转运 RNA（tRNA，t 表示转运）。

有了"工作台"，氨基酸被固定到编码 RNA 分子附近后，还需要有分子将这些氨基酸连起来，形成蛋白质。这个工作是由另一个 RNA 分子来完成的。因此细胞中蛋白质合成的任务全部由 RNA 分子来进行：编码 RNA、转运 RNA 和催化 RNA。三种 RNA 分子彼此协同，实现编码 RNA 分子中三联码的序列转变为蛋白质中氨基酸的序列。功能有限的 RNA 分子彼此配合，合成功能强大的蛋白质分子，从此改变了生命的发展方式，不能不被认为是一个奇迹。我们今天能在这里，也全拜这个过程所赐。

就是到今天，生物体里面蛋白质的合成，也还是通过这个方式进行的，只不过蛋白质合成是在一种专门的结构叫核糖体的颗粒中进行的（图 2-6）。催化 RNA 就在核糖体内，是核糖体的固定成分，叫核糖体 RNA（rRNA，r 代表核糖体）。信使 RNA（mRNA，m 代表信使）进入核糖体，tRNA 把氨基酸带到 mRNA 附近，合成蛋白质。核糖体中除了 rRNA，还含有许多蛋白质分子，使核糖体合成蛋白质的过程更加高效，但是直接参与蛋白质合成过程的，仍然是 RNA 分子。

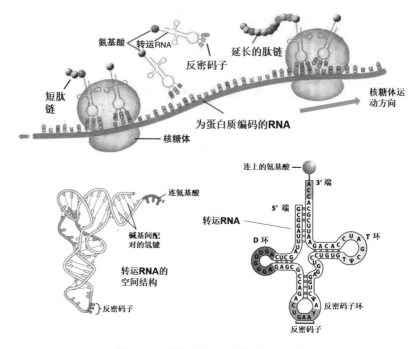

图2-6　原核生物合成蛋白质的过程

右下为现代的转运 RNA，结构与图 2-5 中的原始转运 RNA 大体相似，其中氨基酸连在转运 RNA 上的反应改用蛋白质来催化。左下为转运 RNA 分子的三维结构图。

随着蛋白质唱主角，RNA 也逐渐退出原来单打独斗的角色，其为蛋白质编码、储存遗传信息的功能也被 DNA 所取代。

第三节　DNA 取代 RNA 成为储存信息的物质

RNA 用三联码来储存蛋白质中氨基酸序列的信息，是生命发展过程中极为重要的一步。它不仅能用这个信息来指导蛋白质的合成，而且由于 RNA 能复制自己，还可以把这些信息传给下一代，也就是 RNA 还可以起到遗传物质的作用。

RNA 分子虽然可以储存信息，但是也有一个缺点，就是不太稳定，在水中会逐渐分解为组成自己的核苷酸。而作为储存信息和遗传物质的分子，却应该有高度的稳定性，所以RNA分子需要改进。之所以RNA分子在水中不很稳定，是因为在核苷酸的核糖中，在第二位碳原子上还有一个羟基，在核苷酸连成RNA分子时未被使用。这个羟基能够攻击RNA分子自己，让自己慢慢分解，相当于是咬碎RNA分子的牙齿。如果把这个牙齿敲掉，RNA分子就稳定了（图2-7）。

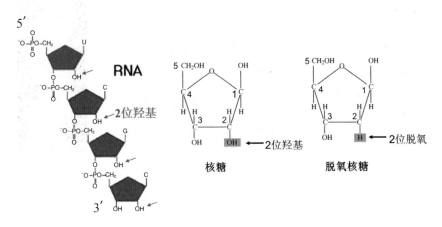

图2-7　RNA分子中核糖上第2位碳原子上的羟基

在生物演化的过程中，为RNA分子"敲牙齿"的酶还真的出现了，它可以把核糖二号位的羟基去掉，换为氢原子。从羟基变为氢原子（—H），相当于核糖失去了一个氧原子。由于这个原因，这个羟基被氢原子换掉了的核糖就叫作脱氧核糖，含有脱氧核糖的核苷酸叫脱氧核苷酸，由脱氧核苷酸组成核酸就叫脱氧核糖核酸，英文名字的缩写就是DNA，DNA这个名称就是这么来的。

通过这种方式，RNA就变为DNA了。RNA在变为DNA时，还有一个变化，就是核苷酸中的尿嘧啶（U）被胸腺嘧啶（T）取代（见图1-5右），但是同样可以和A配对。因此DNA是由A、G、C、T代表的4种脱氧核苷酸组成的，以别于RNA中由A、G、C、U代表的4种核苷酸（图2-8）。

DNA分子不但稳定，也失去了催化的能力，只能老老实实地做储存信息的分子。DNA分子有多稳定，可以从下面的例子看出来。人类有一个近亲，叫作尼安德特人，大约在三万年前灭绝了（见第十四章第三节）。从13万年前尼安德特人留下的一个脚趾的趾骨，科学家提取了DNA样品，并且从这个样品测定了尼安德特人的全部DNA序列。这说明经过13万年的时间，尼安德特人的DNA分子仍然基本完整。

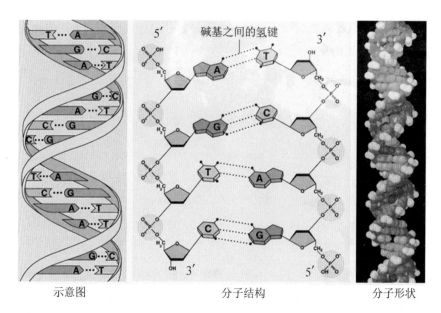

示意图　　　　　　　　　分子结构　　　　　　　　分子形状

图2-8　DNA 的分子结构

双螺旋中两条链的方向相反。

　　DNA 分子的稳定性除了与核糖上第二位的羟基被去除掉有关外，还和 DNA
双螺旋的结构有关。RNA 分子要执行各种生理功能，是以单链形式存在于细胞
中的，而 DNA 的作用只是储存信息，就没有必要再形成只有单链分子才能形成
的各种三维结构。在原核生物演化的过程中，出现了一种酶，叫 DNA 聚合酶，
它可以用单链 DNA 为模板，合成另一条 DNA 链（参见图 2-9）。新的 DNA 单
链被合成后，并不像新合成的 RNA 分子那样和模板分子分开，而是通过 A-T 和
C-G 碱基配对而和模板 DNA 链结合在一起，彼此缠绕成为 DNA 双螺旋结构。在
DNA 双螺旋结构中，两条 DNA 链的方向也像 RNA 链结合时那样是相反的。由
于 DNA 的结构是双螺旋，DNA 的长度就不再用单链时脱氧核苷酸的数量表示，
而是用彼此结合成对的核苷酸的数量来表示，叫作碱基对（base pair，bp），如两
条由 3000 个核苷酸长的 DNA 单链绕成的 DNA 双螺旋的长度就是 3000 个碱基对。

　　不过这样的 DNA 双螺旋也有一个问题，就是 DNA 的末端像由两股线编成的
绳子一样，容易散开。为了解决这个难题，原核生物把 DNA 连成环状，无始无终，
也就没有末端的问题了。

　　RNA 变成 DNA 还产生另一个问题：DNA 是双螺旋，所有的碱基已经用在两
条 DNA 链之间的碱基配对中了，没有剩余的三联码来与转移 RNA 上的反密码子

结合，又如何指导蛋白质分子的合成呢？解决方式是，直接指导蛋白质合成的角色还是由 RNA 来扮演。

第四节　RNA 分子改扮临时信息分子的角色

在原核生物出现之前，单链 RNA 分子指导蛋白分子合成。在 DNA 双螺旋出现后，如果把 DNA 分子中有关蛋白质分子的信息转移回 RNA 分子，就可以变回单链形式，再由 RNA 分子这个替身指导蛋白质的合成。信息从 DNA 分子转移到 RNA 分子的过程叫作转录，RNA 分子中三联码的序列被翻译为蛋白质中氨基酸序列的过程叫作转译。

在转录过程中，一种叫作 RNA 聚合酶的蛋白质结合在为蛋白编码的 DNA 区段上，并且把这一段 DNA 的双螺旋暂时分开成为单链，再以其中一条单链 DNA 为模板，合成 RNA 分子。DNA 中两条链的序列是互补的，含有为蛋白质编码序列的链叫作正链，和正链互补的那条链叫负链。在合成 RNA 分子时，是以负链为模板的，这样合成出来的 RNA 才有和正链相同的核苷酸序列（图 2-9）。

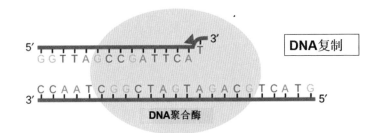

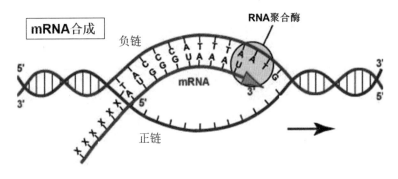

图2-9　DNA 复制（上）和 mRNA 合成（下）

由于 RNA 分子是传递 DNA 中的信息的，所以叫作信使 RNA（mRNA）。信息由 DNA 分子储存，经过 mRNA 分子转化为蛋白质中氨基酸的序列，这就是现代分子生物学中经典的 DNA-RNA- 蛋白质信息传递链。

有了功能强大的蛋白质来执行各种功能，生命活动的效能就大大提高了。生命的发展又使蛋白质的种类不断增多，功能也越来越丰富。这种情况发展下去，就出现了一种新的状况，就是在不同情况下细胞所需要的蛋白质种类不同，例如，生长期和繁殖期所需要的蛋白质就不同；食物来源不同时，利用这些食物的酶也应该不同。这就需要有一个控制机制，根据需要来生产某些蛋白质，而不是在任何时候都生产所有的蛋白质，这个控制机制就是基因调控。

第五节　基因和基因调控

DNA 含有所有蛋白质分子结构的信息，每种蛋白质在 DNA 分子中也都有为自己编码的区段。为了有选择性地只生产某些蛋白质，而不生产另一些蛋白质，DNA 为每个蛋白的编码区段都装上"开关"，只有当开关开启时，这部分编码区段才被转录为 mRNA。

这个"开关"，就是一些起控制作用的 DNA 序列，通常位于编码序列的前方(5′方向)。它们能够结合一些蛋白质分子，决定这部分的编码区段是否被转录，例如，序列 GGGCGGG 能够结合一种叫 SP1 的蛋白质，序列 AGTCACT 又能够结合一种叫 AP1 的蛋白质。控制序列一般含有多个蛋白结合点，这些被结合的蛋白质彼此协同，共同决定 RNA 聚合酶是否能结合到这段 DNA 上，开始转录。

这些具有调控功能的蛋白质由于与转录过程有关，被称为转录因子，上面说的 SP1 和 AP1 都是转录因子。有的转录因子可以使转录过程开始，相当于把基因"打开"，叫作激活因子；有的转录因子能阻止转录过程的开始，相当于把基因"关闭"，叫作阻遏因子。含有转录因子结合点的 DNA 区段控制转录过程是否启动，叫作启动子。为不同的蛋白质编码的 DNA 区段有不同的启动子，结合不同的转录因子，这些为蛋白质编码的 DNA 序列就可以选择性地被转录了。

编码区段加上它的"开关"，即启动子区段，就组成一个基因，所以基因就是带有开关的、为蛋白质编码的 DNA 区段。基因的"开关"被打开时，基因编码的蛋白质能被合成，叫作这个基因的表达，意思是基因中的信息被释放出来，被实现了。基因的开关被关闭，编码的蛋白质不能被合成，叫作基因的沉默。

在原核生物中，常常是几个功能相关的基因彼此相连，共用一个启动子，这样启动子就可以同时表达一组功能相关的基因。这种由一个启动子控制几个基因的 DNA 结构叫作操纵子，大肠杆菌的乳糖操纵子就是基因表达随食物种类变化的好例子。

大肠杆菌最喜欢的食物是葡萄糖，但它也能食用乳糖。大肠杆菌中有三个和利用乳糖有关的基因，它们依次相连，共用一个启动子，组成乳糖操纵子。在没有乳糖的情况下，一个阻遏因子结合在转录开始的地方（DNA 序列为TGGAATTGTGAGCGGATAACAATT，即阻遏序列），阻止 RNA 聚合酶的工作，这样利用乳糖的蛋白质就不能被合成，以免浪费资源去生产用不到的蛋白质。在有乳糖的情况下，乳糖变成的异乳糖能结合在阻遏因子上。异乳糖的结合使阻遏因子的形状改变，不能再结合在 DNA 上，这样 RNA 聚合酶就可以结合在 DNA 上面，开始转录，进而生产利用乳糖的蛋白质。当环境中乳糖消失时，阻遏因子又可以再结合在阻遏序列上，阻止利用乳糖的基因表达（图 2-10）。

基因调控机制的建立，是原核生物的伟大发明，地球上的生物因此才能根据需要合成自己需要的蛋白质分子，对外界环境的变化做出反应。

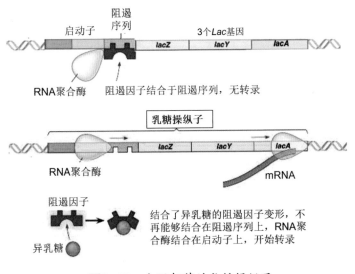

图2-10　大肠杆菌的乳糖操纵子

第六节　完善的细胞膜形成

在生命初期，由脂肪酸等比较简单的分子组成的细胞膜还不完善，作为细胞墙壁的阻隔作用还比较差，只能留住比较大的分子如蛋白质、RNA 和 DNA，但是对于尺寸很小的离子如钠离子和钾离子，是没有阻隔作用的，这些离子也就可以自由出入细胞。但是后来发生了一种情况，迫使细胞把"门户"关紧，不再让离子自由出入，这就是环境中离子的组成状况发生了不利于细胞的改变，从富含钾离子变为富含钠离子了。

在地球形成之初，组成地壳的主要是一种含富钾和磷的岩石，叫克里普岩（英文缩写为 KREEP）。这些岩石被风化以后，钾离子就溶于水中，形成富含钾的水溶液，而生命就是在这样的环境中产生的。检查生物中最古老的蛋白质，发现它们的功能需要钾离子，就连 rRNA 催化氨基酸连接成为蛋白质的反应，也需要钾离子，而钠离子有抑制作用。这些事实表明，最古老的蛋白质和具有催化作用的 RNA 都是在富含钾的水中产生的，它们的功能也都需要钾离子。

在大约 40 亿年前，克里普岩由于风化和地壳运动而基本从地球表面消失，新的岩石如花岗岩出现。虽然花岗岩中钾和钠的含量差不多，但是在花岗岩的风化过程中，钠比钾更容易溶出，使地球表面的水从富含钾变为富含钠。由于早期生物的细胞膜对各种离子是通透的，细胞内的钾离子浓度不断降低，而钠离子浓度不断升高，对生命活动越来越不利。但是在那个时候，蛋白质和 rRNA 对钾离子的依赖已经无法改变，如果没有一种办法来保持细胞内的钾离子浓度，同时防止钠离子进入细胞，生物就可能灭绝。

为了适应这种状况，有些生物改变了细胞膜的组成，从脂肪酸改为磷脂。磷脂分子有两条脂肪酸组成的尾巴，这两条尾巴连在一个甘油分子上，甘油分子又和一个磷酸分子相连，磷酸分子再连上亲水的分子如丝氨酸和胆碱。这样组成的磷脂分子和脂肪酸一样，也是两性分子，即同时含有憎水部分和亲水部分，但是由磷脂组成的细胞膜的质量却高多了，既可以阻止钾离子逃离细胞，也可以阻止钠离子进入细胞（图 2-11）。

直到现在，所有生物细胞内钾离子的浓度都远高于钠离子的浓度；而细胞外的情形正好相反，是钠离子的浓度远高于钾离子的浓度。保持细胞内高的钾离子浓度，使生命活动能够有效进行，正是由磷脂组成的细胞膜的功劳，所以从原核生物中的细菌，到真核生物中的真菌、植物和动物，细胞膜都是由磷脂组成的，就连磷脂中脂肪酸的种类都差不多，主要为软脂酸、硬脂酸、油酸和亚油酸。

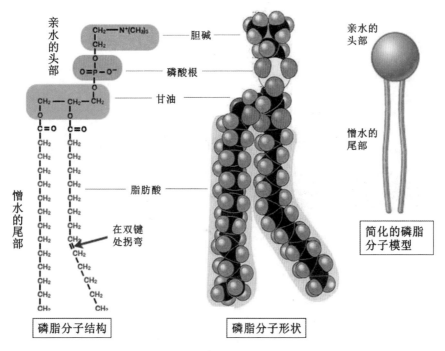

图2-11　磷脂分子的结构

　　不过生命毕竟是一个开放系统，必须不断地和外界进行物质交换，让营养物质进来，让废物垃圾出去，怎么解决这个问题呢？那就在膜上装上蛋白质，叫作膜蛋白，这些蛋白质分子穿过膜，中间有通道让物质进出，相当于在墙壁上装门和窗户。不同的通道让不同的物质进出，而且这些通道还可以根据需要打开和关闭，细胞就可以有控制地和外界交换物质了（图2-12）。

　　由磷脂组成的细胞膜虽然对钠离子和钾离子有很强的阻隔作用，但也不是严丝合缝的，钾离子还是会缓慢地泄漏出细胞，钠离子也会缓慢地溜进细胞。为了维持细胞内高的钾离子浓度和低的钠离子浓度，细胞膜上还出现了离子泵，这些泵也是蛋白质，可以不断将细胞内的钠离子泵出去，把细胞外的钾离子泵进来。

　　由磷脂组成的细胞膜的出现，不仅使细胞内钾多钠少的情形得以保持，使细胞的生理活动得以正常进行，磷脂膜对离子的阻挡作用还被细胞利用，以新的方式来转换能量，从而大大提高能量利用的效率。

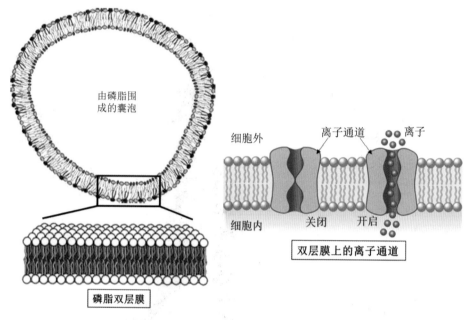

图2-12　磷脂双层膜和膜上的离子通道

第七节　生物的能量供应——氧化还原反应

　　生命活动是需要能量的。用"零件"组成更复杂的分子，如用氨基酸合成蛋白质，用核苷酸合成 RNA，都需要能量的驱动，这就像用砖头砌房子，是需要劳动和花力气的。反过来，复杂分子分解为它们的组成部分就不需要能量，如蛋白质分解为氨基酸、RNA 分解为核苷酸，就像年久失修的老房子自己就会垮塌。前面说的细胞把钠离子泵出去，把钾离子泵进来，都是把离子从浓度低的地方转移到浓度高的地方，相当于把水从低处泵到高处，也需要能量。因此在最初的生命形成后，也必须要有能量供应，许多生理活动才能够进行。

从焦磷酸到 ATP

　　最早给生物供应能量的分子可能是焦磷酸（$H_4P_2O_7$）。焦磷酸是两个磷酸分子（H_3PO_4）连在一起形成的（图2-13 右上）。把磷酸的溶液在太阳底下晒干，就可以生成焦磷酸。磷酸在水中时，里面的一些氢原子会放弃电子而净身出户，成为氢离子。由于氢原子只有一个电子，氢离子就是氢的原子核，也就是一个带正电的质子。氢离子使溶液带有酸性，酸其实就是氢离子的味道。磷酸分子失去氢离子后余下的部分叫磷酸根，因为保留有氢原子的电子而带负电（如 PO_4^{3-}，其中的 3- 表示三个负电荷）。两个磷酸根连在一起，负电之间会有排斥力，把它们强压在一起，就像弹簧被压缩，是储有能量的，连接两个磷酸分子的化学键也就成为高能磷酸键。当焦磷酸分解为两个磷酸分子时，就像弹簧弹开，高能磷酸键里面的能量就被释放出来，可以为其他生理活动所用。这种利用焦磷酸能量的做法至今仍为一些生物所保留，例如，在细菌和植物中，细胞仍然可以利用焦磷酸的能量，把氢离子泵到细胞外面去。

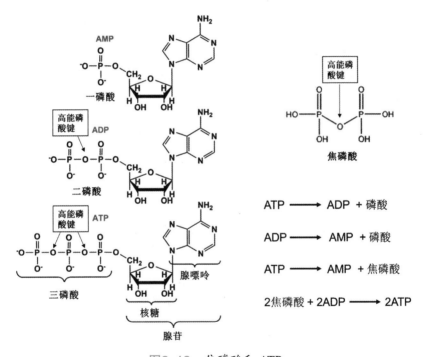

图2-13 焦磷酸和 ATP

不仅如此，焦磷酸的能量还可以转移到另一个分子上去，如腺苷酸，即碱基为腺嘌呤的核苷酸。腺苷酸是组成 RNA 的 4 种核苷酸之一，本来就在细胞中存在，它含有一个磷酸根，所以是一磷酸腺苷（adenosine monophosphate，AMP）。焦磷酸分解时，可以把产生的两个磷酸根中的一个转移到 AMP 分子中的磷酸根上，使两个磷酸根连在一起，又变成一个类似焦磷酸的结构，不过这次是与腺苷相连，这样形成的分子叫二磷酸腺苷（adenosine diphosphate，ADP）。用同样的方式，焦磷酸还可以在 ADP 再加一个磷酸根，使三个磷酸根相连，分子也就变成三磷酸腺苷（adenosine triphosphate，ATP）（图 2-13）。

在 ADP 分子中，有两个磷酸根相连，这个部分就相当于是焦磷酸。在 ATP 分子中，更是有三个磷酸根相连。出于和焦磷酸同样的原因，这些磷酸根之间的化学键也都是高能磷酸键，无论是 ATP 变为 ADP，还是 ADP 变为 AMP，还是 ATP 直接变为 AMP，都可以释放出能量。现在我们身体里面绝大多数需要能量的活动，如蛋白质合成、肌肉收缩、细胞把钠离子泵到细胞外，都是由 ATP 提供能量的。就像用货币可以买到各种商品，ATP 也被称为生物的能量通货，ATP 这个英文缩写也成为大家熟悉的名词，意味着能量。

焦磷酸提供的能量在早期形成的生物中起了重要的作用，但是焦磷酸的来源有限，生物要发展，就需要去寻找别的能量来源。

在生命的初期，生物还不能利用太阳能，只能依靠氧化还原反应来提供能量。就算在今天，所有的异养生物即依靠现成的有机物生活的生物，包括所有的动物，仍然依靠氧化还原反应来获取能量。要了解什么是氧化还原反应，就需要多知道一些原子中电子运动的知识。

氧化还原反应

氧化还原反应是电子从吸引电子能力弱的原子转移到吸引电子能力强的原子的过程，在这个过程中电子从高能级转移到低能级，类似于物体从高处落到低处，会释放出能量。可是在所有元素的原子中，都是带负电的电子围绕带正电的原子核旋转，电子数等于质子数，为什么有些元素的原子吸引电子的能力比较强，而另外一些元素的原子吸引电子的能力却比较弱呢？

这里说的原子对电子吸引力的强弱，不是原子核对原子中所有电子的吸引力，而是对最外层电子的吸引力。电子围绕原子核旋转的轨道，并不像人造卫星围绕地球转动的轨道高度是连续可变的，而是分层的（图 1-2）。只有最外层的电子才参与化学反应，我们上面说的电子转移，也只是外层电子的行为。

最外层轨道里面的电子离原子核最远，能级最高，就像高轨道上的人造卫星，要更大推力的火箭才能将其送入轨道。内层轨道离原子核较近，能级也较低。电子数目增加时，总是先去填能级最低的轨道，就像人群在入住一栋楼时，先住一楼的单元，一楼的单元住满了才住进二楼的单元，然后才住三楼的单元，以此类推。外层电子住几楼，就看原子核中有多少电子，而电子数又是由原子核中质子的数量决定的。

电子轨道分层，有两个因素会影响原子核对外层电子的吸引力。一是外层电子离原子核的距离，外层电子的层数越高，离原子核越远，原子核的吸引力就越弱。二是原子核中质子的数量。在外层电子的层数不变的情况下，原子核中质子的数量越多，也即正电荷越多，对外层电子的吸引力就越强。所以原子核中质子数的增加有两个相反的效果：如果质子数的增加导致新的外层出现，就会减弱原子核对外层电子的吸引，但是在外层电子的层数不变的情况下，质子数的增加又会增强对外层电子的吸引。

例如，钾原子比氯原子重，质子数比氯原子多两个，但是却极易失去电子，这是因为钾原子新增加的电子中，有一个住到四楼上去了，而氯原子的外层电子却还都住在三楼，钾原子的这个外层电子离原子核的距离比氯原子远，所以钾原子的原子核对这个外层电子的吸引力不如氯离子，钾原子的外层电子也很容易跑到氯原子上面去。

在电子层数不变的情况下，原子核中质子数量的增多就会增加对外层电子的吸引力。这种增强的吸引力还可以把外层电子的轨道拉低，使原子变小，外层电子更接近原子核。例如，钠原子和氯原子的外层电子都在第三层上，相当于都住在三楼，但是钠原子的外层只有一个电子，半径 0.08 纳米，也就是外层电子离原子核大约 0.08 纳米，而氯原子的外层有 7 个电子，半径反而缩小到 0.05 纳米。原子核中正电荷增多，外层电子又离原子核更近，这两个因素加起来，就使氯原子吸引外层电子的力量比钠离子强得多，很容易把钠原子的外层电子抢过来。

换一个说法就是：外层电子数越多，原子核对外层电子的吸引力就越强，而由于量子力学的规则，外层最多能够容纳 8 个电子，所以随着外层电子数的增加，原子也就从易于失去电子到易于得到电子。钠原子外层只有一个电子，很容易失去电子，而氯原子外层有 7 个电子，就很容易得到电子。

氧原子的外层有 6 个电子，抓电子的能力是相当强的，可以让多种元素原子的外层电子进入自己的轨道，生成氧化物，例如，氧和氢反应生成水（可以称为氧化氢），氧和铁反应生成氧化铁，氧和硅反应生成二氧化硅，氧和碳反应生成二氧化碳等，反应过程叫作这些原子被氧原子氧化。

由于氧无处不在，参与这类反应也最多，我们也就把氧作为抓电子能力强的元素的代表，把所有这些反应统统称为氧化反应，虽然不一定有氧参加。例如，电子从钠原子转移到氯原子，没有氧参加，仍然叫作钠原子被氯原子氧化。

铁原子抓外层电子的能力没有铜原子强，所以把铁丝放到硫酸铜溶液中，铁原子的外层电子就转移给铜离子，自己变成铁离子，进入溶液；铜离子得到电子成为铜原子，在铁丝表面形成一层铜。在这里铁原子也是被铜原子氧化的，虽然并没有氧参加。铜离子得到电子，被还原为没有被氧化的铜原子。一方被氧化就是另一方被还原，就像买和卖总是成对出现，涉及双方的反应也就合在一起，被称为氧化还原反应。

能够被氧化，或者说能够提供电子的原子或者分子就是还原性强，或者被称为还原性分子。氢原子只有一个电子，而且住一楼，按说离原子核很近了，但是氢的原子核只有一个质子，它对这个电子的吸引力也不强，容易给出电子，所以含氢原子多的分子也多是还原性分子，如氢气、甲烷、氨气、硫化氢。有机物如葡萄糖、脂肪酸、氨基酸也富含氢，所以也是还原性分子。这些还原性分子被氧化时都丢掉氢原子。

而容易得到电子的原子或者分子氧化性强，或者被称为氧化性分子。它们被还原时常常得到氢原子，例如，氧得到氢原子成为水分子，二氧化碳被氢还原时变为水和甲烷，所以被氧化常是丢掉氢原子，被还原常常是得到氢原子。这些说法是从不同的角度来描述氧化还原反应的，其实说的都是一个意思。

由于氧化还原反应能够释放出能量，也就有可能被生物所利用。在早期地球的大气中，有丰富的氢，还有火山喷发释放出的硫化氢，可以作为还原性的分子；大气中的二氧化碳和岩石中的硝酸盐则可以作为氧化性的分子。它们之间的氧化还原反应就可以为生物提供能量。在细胞膜还不完善、不能阻挡离子穿过细胞膜的情况下，生物利用这些能量的方式，是先在参与反应的分子中形成含有磷酸根的高能键，然后把这个磷酸根直接转移到 ADP 分子上，生成 ATP，类似于焦磷酸生成 ATP 的过程。

通过磷酸根的直接转移生产 ATP

氢气被二氧化碳氧化时，会把二氧化碳中的碳原子还原为甲基（—CH_3），甲基在矿物的催化下生成乙酰基（$CH_3CO—$），再经过中间步骤变为乙酰磷酸（$CH_3CO—Pi$，其中 Pi 代表磷酸根）。乙酰基和磷酸根之间的化学键就是高能键，可以把这个磷酸根转移到 ADP 分子上，形成 ATP。就是在今天，有一种甲烷菌仍然能够用这种方式来生产 ATP。这种菌出现在大约 40.1 亿年前，也就是生命刚刚出现的时候，说明早期的生命的确可以用这种方式生产 ATP。

这种用磷酸根转移来生成 ATP 的方式现在仍然为生物所使用，包括我们人类。例如，葡萄糖是所有生物的主要"燃料"分子，它的氧化可以给生物提供能量。一种利用葡萄糖能量的方式是将它部分氧化，即不是完全氧化成为二氧化碳和水，而是变成乳酸。在这个过程中也会形成含有磷酸根的高能键，再用磷酸根转移的方式产生 ATP。我们在高强度运动时，氧气供不上，细胞就用这种方式生产 ATP。我们在剧烈运动后感到肌肉酸痛，就是乳酸大量形成的缘故。

磷酸根直接转移的反应只在分子之间进行，不需要结构完善的细胞膜，是早期生命利用能量的主要方式。但是这种方式也有局限性，就是必须先生成带磷酸根的高能键，而这是许多氧化还原反应无法做到的。随着完整细胞膜的出现，另一种转换能量以生产 ATP 的方式出现了，这就是需要完善细胞膜的蓄水发电方式。

用蓄水发电的方式合成 ATP

氢除了可以被二氧化碳氧化外，还可以被硝酸盐氧化，形成亚硝酸盐和水。但是这个反应不能形成带磷酸根的高能键，反应释放出来的能量只能以热的形式放出，生物无法加以利用。在完善的细胞膜出现后，又出现了一个非常重要的分子，这就是醌（quinone）。醌分子的出现，再与完善的细胞膜配合，使生物可以利用氢被硝酸盐氧化所释放的能量，而且由此改变了生物利用能量的方式。

醌分子之所以有这么大的本事，和它的分子结构有密切关系。醌分子有一个能够进行氧化还原反应的头部，上面再连一条长尾巴。这条尾巴只含有碳原子和氢原子，是高度憎水的，它使醌分子能够溶解在细胞膜的油性内层中并且在膜内游动，其头部也就可以在细胞膜中摆来摆去，从细胞膜的一侧摆向另一侧，也能够接触细胞膜中不同的蛋白质（图 2-14）。

醌分了的头部是一个由碳原子组成的环状结构，其中彼此相对的两个碳原子上面各连有一个羟基。这两个羟基可以各失去一个氢原子，剩下的氧原子和与之相连的碳原子一起，变成两个羰基（$C=O$，"羰"也是化学家造的字，读音"汤"，意思是碳加氧形成的基团）。羰基得到氢原子，又可以变回羟基，因此醌分子可以反复得到和失去两个氢原子，可以作为氢原子的转运站。

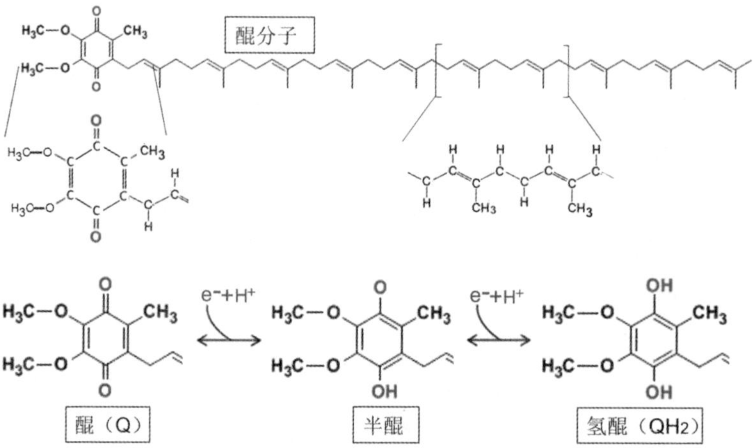

图2-14 醌分子的结构和氧化还原反应

上为醌分子的结构，其中用短线代表的含义在下面用原子之间的化学键加以说明。氢醌分子在失去一个电子(e⁻)和一个质子(H⁺)后变为半醌，半醌再失去一个电子和一个质子，就变成醌。一个电子和一个质子就相当于一个氢原子。

醌分子中的氧原子以羰基形式存在时，是失去了氢原子的，分子处于被氧化的状态，叫作醌，简称为 Q；醌分子中的氧原子以羟基的形式存在时，是得到了氢原子的，分子处于被还原的状态，叫作氢醌，简称为 QH₂。

醌分子的这个能力使它可以在氧化还原反应中扮演中间人的角色，例如，A 要还原 B 时，A 可以先把醌还原为氢醌，再由这样生成的氢醌还原 B。氢被硝酸盐氧化时（也就是氢还原硝酸盐时），氢原子先通过氢酶把醌还原为氢醌；氢醌在细胞膜内游动，到达膜中的硝酸盐还原酶，通过它再还原硝酸盐，醌的中间人作用就完成了。

经过醌这个中间人的好处是，氧化还原反应释放出的能量就能够为生物所用。硝酸盐还原酶在靠细胞膜外表面的地方氧化氢醌中的氢原子，夺取它们的电子，失去电子的氢原子变成氢离子，被释放到细胞膜的外侧。硝酸盐还原酶把这样获取的电子输送到细胞膜的内侧，再从细胞膜的内侧拿走两个氢离子，让电子和氢离子结合，变回氢原子，氢原子再把硝酸盐还原为亚硝酸盐。这相当于把两个氢离子从细胞膜的内侧转移到外侧。这个反应不断进行，细胞膜外侧的氢离子就会越来越多，而细胞膜内侧的氢离子则会越来越少，形成一个跨膜氢离子浓度梯度。这个氢离子的浓度梯度就是储存能量的一种方式，类似于水坝内面比外面高的水位具有能量，可以用来发电。在这里梯度就是差别的意思，类似于梯子上不同的梯级高低不同（图2-15）。

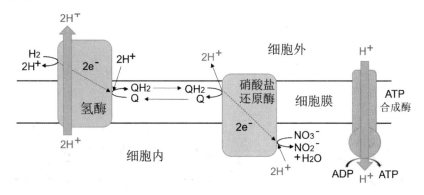

图2-15　醌分子在氧化还原反应中转换能量的作用

　　在膜两侧实现净转移的氢离子用红色表示。氢酶催化氢还原醌的反应，同时利用电子流过的能量将氢离子泵到细胞外面去。氢被氧化时释放出的氢离子在醌被还原时又被用掉，对氢离子的跨膜转移没有贡献。

　　硝酸盐还原酶在细胞膜外侧释放氢离子时，是需要消耗能量的，因为细胞膜外面氢离子多，带正电，在带正电的区域释放带正电的氢离子，是要受到排斥的，但是氢醌被氧化时释放的能量可以驱动这个过程。同样的，在细胞膜内侧拿走氢离子也是需要能量的，因为是从带负电的区域拿走带正电的氢离子，会受到负电的拉扯，但是硝酸盐被还原释放出的能量也可以驱动这个过程。这样，氢被硝酸盐氧化所释放的能量，就以跨膜氢离子浓度梯度的形式被储存起来了。

　　这真是一个非常聪明的转化能量的方法，而且用同样的方式，还可以让醌做其他氧化还原反应的中间人，实现能量转换。这样，细胞就可以用同一种方法来利用各种氧化还原反应所释放的能量了，所以醌分子实在是生物转换能量的大功臣。

　　为了进一步提高能量利用的效率，在氢醌和氧化性分子还原酶之间，还可以另外加上一个蛋白复合物，用它来氧化氢醌，再把电子传递给氧化性分子还原酶。这就像一级水电站还不能充分利用水力，中间再建一个水电站。这样的中间复合物叫bc1复合物，它除了能够氧化氢醌，跨膜转运氢离子外，还可以利用流过的电子的能量直接把氢离子泵到细胞膜外面去（图2-16）。

　　还原性分子一般都含有氢原子，氧化它们的主要方式是氧化它们的氢，所以氧化这些还原性分子，把醌还原为氢醌的酶都叫某种分子的脱氢酶，如乳酸脱氢酶，前面谈到的氢酶也是脱氢酶的一种。还原性分子被醌氧化时也是会释放出能量的，为了利用这些能量，生物也用电子流过一些（不是全部）脱氢酶时释放的能量直接把氢离子从细胞膜内泵到细胞膜外去，这样就在细胞膜上形成还原性分子——脱氢酶——Q/QH₂——bc1 复合物——氧化性分子还原酶——氧化性分子这样的电子传递链，能够最大限度地转换氧化还原反应释放出的能量。

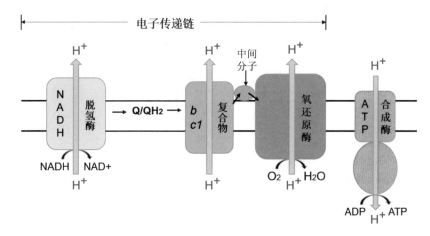

图2-16 电子传递链

图中的氧化性分子为氧，所以链末端的酶为氧还原酶。

从这个机制可以看出，要用蓄水的方式转换能量，对离子不通透的细胞膜是绝对必要的，生命初期那种对离子通透的细胞膜就像漏水的水坝，是无法建立跨膜氢离子浓度梯度的，因此这种转换能量的方式一定出现在细胞膜完善之后。

跨膜氢离子浓度梯度将能量储存起来，怎么用它来合成 ATP 呢？在用水库中的高水位发电时，水通过大坝，带动水轮机旋转，水轮机再带动发电机发出电来。细胞用跨膜氢离子浓度梯度合成 ATP 的过程与此非常相似，氢离子从细胞膜外侧流回细胞膜内侧时，会穿过膜上一个叫 ATP 合成酶的蛋白，让它旋转，旋转的力量把 ADP 和磷酸根捏在一起，就合成 ATP 了（图2-16右）。

用蓄水发电的方式利用氧化还原反应释放的能量合成 ATP，是原核生物的伟大发明，从此生物就有了高效利用能量的方式。这种机制一旦建立，能够利用的还原物和氧化物也就越来越多。除氢气外，甲烷和氨这样的还原性分子，以及除硝酸盐外，像硫酸盐这样的氧化性分子也都可以利用了。现在的大肠杆菌就可以利用 15 种还原性分子和 10 种氧化性分子。

所有的脱氢酶和氧化性分子的还原酶都参与氧化还原反应，都有电子流过它们，而蛋白质传递电子的能力不是很强。为了弥补这个短板，这些蛋白质分子都招募了一些能够参与氧化还原反应、同时又能传递电子的基团，作为蛋白质的辅基。辅基主要有两类：一类是由铁原子和硫原子组成的铁硫中心（Fe-S），另一类是血红素，在其中心部分结合有一个铁离子，可以传递电子（参看图 2-17 右下）。这类血红素和我们血液中携带氧的血红素是同一类分子，所以血红素最早的功能不是携带氧气，而是传递电子。含有血红素的蛋白质叫细胞色素，随血红素和蛋白结构的不同而分为多种，如细胞色素 a、细胞色素 b、细胞色素 c、细胞色素 c1、细胞色素 d 等。前面谈到的 bc1 复合物就含有两个细胞色素 b，一个细胞色素 c1 和一个铁硫中心。

这套系统被发明后，就被所有的生物采用，作为生物能量转换、合成 ATP 的主要系统。现在我们身体中 ATP 的合成，也主要是通过这套系统进行的。不仅如此，这套系统进一步发展，还能够利用太阳光中的能量，导致光合作用的出现。

第八节　生物的能量供应——光合作用

以醌分子为中心的氧化还原系统的建立，使生物可以高效地转换和利用能量，但是自然界中还原性分子的数量有限。地球形成初期的大气中虽然有大量的氢，但是氢是最轻的气体，容易逃逸到太空中去，再加上生物的消耗，大气中的氢就越来越少。火山喷发会释放出硫化氢，但是随着火山活动降低，加上生物不断地消耗，硫化氢也越来越少。作为主要氧化剂的硝酸盐的数量也有限，而且也有不断被生物消耗、数量减少的问题。

由于氧化还原反应的原料供应有限，靠这种反应生存的原核生物的生存和发展也只能保持在比较低的水平上。地球上的生物要大发展，就需要一种无处不在，而且在长时期内都不会枯竭的能源，这就是太阳光。地球轨道上太阳辐射的平均强度为 1369 瓦 / 平方米，地球从太阳辐射获得的总能量可以达到 1.7×10^{17} 瓦，地球在一小时内获得的太阳能，比人类一年使用的能量还要多。

在太阳光的能量中，紫外光贡献约 7%，可见光贡献约 50%，红外光贡献约 43%。紫外光的能级太高，容易造成化学键的断裂，而红外光的能级又太低，主要增加分子的热运动，都不适合作为生物的能源。能够作为生物有效能源的，主要是可见光和波长接近可见光波长的红外光。

要有效利用可见光，依靠蛋白质、核酸、糖类和脂肪都不行，因为它们对可见光没有吸收，而只能依靠色素。色素就是有颜色的物质，有颜色就说明色素分子吸收了可见光中的一部分波长，没有被吸收的部分在我们的眼睛里就会显现出颜色。

在氧化还原系统中就有色素存在，这就是上面说过的细胞色素中的血红素。它吸收可见光中的绿光，所以在我们眼中为红色。随着生物的演化，一些血红素分子的结构发生变化，结合的铁离子换成了镁离子，吸收的光从绿光变成了红光，所以在我们眼中变为绿色，我们也把这样改变了的血红素改称为叶绿素（见图 2-17 左下）。更重要的是，吸收的红光能够激发叶绿素中的电子，提高它的能量状态，使叶绿素容易给出电子。电子加上溶液中的氢离子，就变成氢原子，这样被光激发的叶绿素就成为还原性分子。

氧化还原系统中的血红素本来就能够和醌分子发生氧化还原反应，变成叶绿素后仍然如此，这样被光激发的叶绿素就可以代替还原性分子，把醌还原为氢醌，氢醌再通过和以前一样的方式被 bc1 类型的复合物氧化为醌，就可以建立跨膜氢离子浓度梯度，合成 ATP 了。在这里 bc1 复合物也发生一些改变，除了仍然含有细胞色素 b 和铁硫中心外，原来含有的细胞色素 c1 变成细胞色素 f，所以改称为"bf 复合物"。

还原性分子的问题解决了，氧化性分子的问题又如何解决呢？那就使用被光激发、射出了电子的叶绿素分子。叶绿素分子在失去一个电子后带正电，可以接收电子，使自己变为氧化性分子。只要 bf 复合物能够把从氢醌那里得到的电子送回这个带正电的叶绿素分子，叶绿素分子就恢复被激发之前的状态，可以再次被光激发，还原醌分子。这样就形成一个电子回路，仅用光就能驱动这个回路运转，合成 ATP。这就是光合作用的开端。

在原核生物中，紫细菌就使用了这样一个系统（图 2-17）。含有叶绿素的蛋白复合物叫作光系统，它含有两个叶绿素分子，分别靠近细胞膜的内侧和外侧。外侧的叶绿素分子被光激发，给内侧的叶绿素分子一个电子，这个叶绿素分子再把电子传递给醌分子。两次激发，醌分子就得到两个电子，再从细胞膜内侧获取两个氢离子，把醌还原为氢醌。氢醌在细胞膜的外侧被 bf 复合物氧化，在细胞膜外释放两个氢离子，bf 复合物得到的电子又传递给一个叫细胞色素 c2 的分子。这个分子不是膜蛋白，而是附在细胞膜外侧上的一个小蛋白，可以在膜表面上滑动。从 bf 复合物接收了电子的细胞色素 c2 离开 bf 复合物，滑向反应中心，在那里把电子交给失去了电子的叶绿素分子，就完成了一个循环。每个循环在细胞膜外侧释放两个氢离子，在细胞膜内侧拿走两个氢离子，电子流过 bf 复合物时还会把氢离子直接从细胞膜内泵到细胞膜外，总的结果就是将太阳光中的能量转换为跨膜氢离子浓度梯度，可以用来合成 ATP。

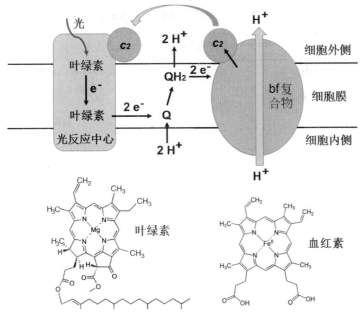

图2-17　紫细菌转换太阳光能量的系统

　　光系统解决了生物的能源问题，但是还没有解决生物合成有机物的问题。就像在第一章中所说的，生物分子都是以碳为骨架的，而碳最方便的来源就是空气中的二氧化碳。但是二氧化碳并不含氢原子，所以生物只能依靠现成的还原性分子（如氢气和硫化氢）来提供氢原子，而这些还原性分子的供应又是有限的。

　　为了解决这个问题，生物对光系统进行了改造，让它的还原能力更强，这样激活的叶绿素分子就不再把醌还原为氢醌，而是把一个叫 NADP+ 的分子还原为 NADPH。NADPH 就可以提供氢原子，把二氧化碳转变成有机物。这个新的光系统被称为光系统 I，而原来还原醌的光系统被称为光系统 II。其实光系统 I 是由光系统 II 变来的，它们的编号应该反过来才对，只不过还原 NADP+ 的光系统被发现在先，占了 I 的编号而已（图2-18）。

　　光系统 I 的出现也带来一个问题：由于叶绿素射出的电子被用于合成有机物，不再经过 bf 复合物回到叶绿素分子上，所以光系统 I 中给出电子的叶绿素分子必须另找电子来使自己还原。

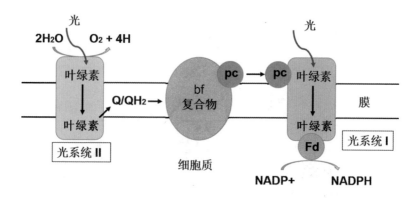

图2-18　蓝细菌的光合系统

在同时，原来还原醌分子的光系统（即光系统Ⅱ）也有变化，使失去电子的叶绿素分子氧化性更强，可以夺取水分子中氢原子的电子让自己还原。水分子中失去电子的氢原子变为氢离子，被释放到细胞膜外面，水分子中失去氢原子的氧原子结合成为氧分子，以氧气的形式放出。被激发的叶绿素分子仍然把醌还原为氢醌，氢醌也仍然被 bf 复合物氧化，建立跨膜氢离子浓度梯度，但是现在已经不再需要把电子传回光系统Ⅱ了，因为这样的电子已经由水分子提供，所以通过 bf 复合物的电子必须另找出路。而这时光系统Ⅰ又缺电子来源，于是 bf 复合物就把电子通过一个叫质体蓝素（pc）的小分子传递给光系统Ⅰ，用来还原失去电子的叶绿素分子，这样光系统Ⅰ缺电子来源和 bf 复合物电子无去处的问题都解决了。

通过这种方式，两个光系统就串联起来了，光系统Ⅱ负责建立跨膜氢离子浓度梯度，给出的电子经过 bf 复合物传给光系统Ⅰ，光系统Ⅰ再接力，将电子用于 NADP+ 的还原，为合成有机物提供氢原子，因此生物用二氧化碳合成有机物所需要的氢原子最终是由水分子提供的。

原核生物中的蓝细菌就是这样做的。蓝细菌拥有串联在一起的两个光系统，既可以利用太阳光的能量合成 ATP，又可以用二氧化碳制造有机物，这样就在能量供给上彻底摆脱了对还原性分子和氧化性分子的依赖，又在有机合成上摆脱了对现成有机物的依赖，成为海洋中进行光合作用的重要生物。

光合作用是原核生物的又一伟大发明，在有阳光和水的地方，生物在原则上都可以制造有机物。有机物大量生产，又为异养生物（依赖现成有机物生活的生物）的生存创造了条件。光合作用释放的氧气还可以取代硝酸盐，成为氧化还原系统使用的主要氧化性分子。由于氧无处不在，而且可以将有机物彻底氧化，最大限度地释放能量，这就为异养生物包括后来出现的动物在地球上的繁荣提供了能量保证。

第九节 原核细胞中做机械功的蛋白质

原核生物的生理活动不仅需要进行各种化学反应的分子，还需要一些能够产生机械力的分子，在细胞分裂、"货物运输"、细胞运动、细胞形状中发挥作用。

使原核细胞分裂的蛋白质 FtsZ

原核生物的细胞在分裂时，会在细胞中部形成由蛋白质组成的一个环，叫作分裂环。这个环不断收缩，就可以把细胞裂为两个（图2-19）。分裂环由十几种蛋白质组成，其中起关键作用的蛋白质叫分裂蛋白（FtsZ 蛋白）。FtsZ 蛋白在GTP（三磷酸鸟苷，也是高能化合物，类似三磷酸腺苷 ATP，只不过碱基不是腺嘌呤而是鸟嘧啶）的存在下可以聚汇成几十个单位长的直链，这些链互相重叠排列，形成一个绕细胞分裂面的环，类似棉纤维纺成的线。FtsZ 蛋白通过 FtsA 蛋白与细胞膜联系。与 FtsZ 蛋白结合的 GTP 水解时，直链会向一个方向弯曲，产生拉力，使分裂环收缩，将细胞一分为二。所有的原核生物都含有 FtsZ 蛋白。黄

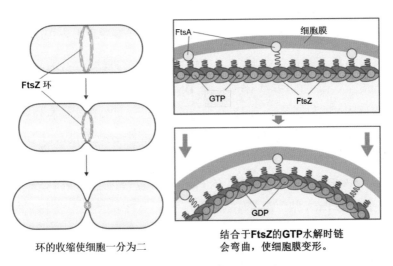

环的收缩使细胞一分为二

结合于**FtsZ**的**GTP**水解时链会弯曲，使细胞膜变形。

图2-19 使细菌分裂的 FtsZ 蛋白

连素能够与 FtsZ 蛋白紧密结合，抑制 FtsZ 环的形成，这就是黄连素具有广谱抗菌作用的原因之一，因为它能够阻止原核生物的细胞分裂。

将遗传物质分配到两个子细胞中去的缩分系统和推分系统

原核生物的细胞分裂前，DNA 被复制，生成两份 DNA。如果没有一种机制把这两份 DNA 分配到两个子细胞中去，就有可能在细胞分裂时，两份 DNA 都进入其中一个子细胞，而另一个子细胞又得不到 DNA。为了防止这种情况，原核生物发展出了一套系统，叫缩分蛋白系统，英文缩写为 ParABS，包括蛋白质 ParA、ParB 和 DNA 上的序列 ParS（图 2-20）。

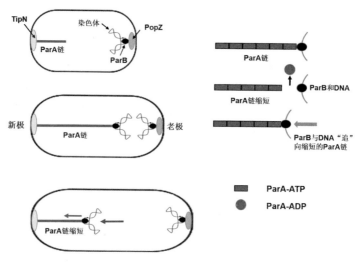

图2-20　使细菌复制后的两份 DNA 被分到两个子细胞中去的 ParABS 系统

ParA 在 ATP 存在时能够聚合成长链，而 ParB 可以结合在 DNA 复制起始点的序列 ParS 上。细胞的两端叫作极，在 DNA 复制前，结合 ParS 的 ParB 通过蛋白 PopZ 把 DNA 的复制起始点固定在细胞的老极上（即在上次细胞分裂时已经存在的极，细胞分裂新形成的极叫新极），而 ParA 的长链则通过蛋白 TipN 被固定在细胞的新极上。DNA 被复制后，原来的 DNA 仍然被固定在老极上，而新 DNA 的 ParS 也和 ParB 结合。当新 DNA 的 ParS-ParB 复合物遇到从新极发出的 ParA 长链时，就会与 ParA 结合，同时激活 ParA 水解 ATP 的活性。当末端 ParA 上面的 ATP 被水解为 ADP 后，这个 ParA 形状改变，从 ParA 链的末端脱落，使 ParA 链缩短一个单位，同时暴露出新的 ParA-ATP 末端。由于这个末端又可以和 ParS-ParB 复合物结合，ParS-ParB 复合物就向缩短了的 ParA 链方向前进一步。ParS-

ParB 复合物与新的 ParA-ATP 末端结合，又触发 ParA 水解 ATP 的活性，使又一个 ParA 分子从链端脱落。这样，ParA 链不断缩短，ParS-ParB 复合物也就一直追着不断退缩的 ParA 链走，直至它到达新极为止。由于原来的 DNA 一直被固定在老极上，新的 DNA 到达新极，就和原来的 DNA 分布在不同的子细胞中了。至于为什么 ParS-ParB 复合物能够追着缩短中的 ParA 链走，是因为细胞中的分子是在运动中的，而 ParS-ParB 复合物遇到 ParA 链时又能够与之结合（参见本章第十节）。

原核生物的细胞里面不但有主要的环状 DNA，还有主要 DNA 外的小环状 DNA 分子，叫作质粒。质粒上也有基因，如抵抗抗生素的基因。细胞分裂时，质粒也要被复制，然后被分配到两个子细胞中去。与主要 DNA 通过缩分蛋白系统来分配不同，质粒的分配是由推分蛋白系统来完成的，缩写为 ParMRC，包括蛋白 ParM、ParR 和 ParC（图 2-21）。

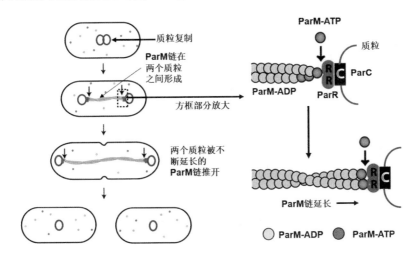

图2-21　把质粒分到两个子细胞中去的 ParMRC 系统

ParM 和 ParA 一样，在结合 ATP 后能够聚合成长链，而且新的 ParM-ATP 单位可以在链的两端同时加入。新加入的 ParM-ATP 会使链里面的 ParM-ATP 单位水解为 ParM-ADP。这样，ParM 链中间的部分就是由 ParM-ADP 单位组成的，两端戴有 ParM-ATP 的帽子，而这个帽子能够使链保持稳定。ParC 类似 ParB，可以结合在质粒 DNA 复制起始处的 DNA 序列；而 ParR 可以充当中间人，把 ParM 和 ParC 结合在一起。质粒复制后，两份质粒各有一个复制起始点，它们分别和 ParC-ParR 结合，这时 ParM 链在这两个 ParC-ParR 复合物之间形成。新的 ParM-ATP 单位在 ParM 与 ParR 结合处插入，使 ParM 链不断延长，推着两个质粒向细胞的两极运动。细胞分裂时，ParM 链也从中间被切断。由于 ParM 链主要是由 ParM-ADP 单位组成的，中间 ParM-ADP 单位的暴露会使 ParM 链迅速瓦解，两个质粒就分别留在两个细胞里面了。

使原核生物运动的鞭毛蛋白

有些原核生物还发展出了用于游动的鞭毛，使原核生物可以主动地向有利的生活环境移动，或者逃离不利的生活环境。原核生物的鞭毛是由鞭毛蛋白组成的，鞭毛的根部插在细胞膜上的一个"旋转轴承"上。这个"旋转轴承"由多个蛋白质分子组成，可以被从细胞外流向细胞内的氢离子流带着转动，类似于水轮机的工作原理。"轴承"的转动带着鞭毛转动，就可以推着原核生物的细胞前进（参见第六章图 6-4）。

在本章第七节中，我们谈到跨膜氢离子浓度梯度是细胞储存能量的一种方式，在这里，这种能量就被直接用来使鞭毛转动，而不是先合成 ATP，再用 ATP 来驱动鞭毛转动。

使原核细胞成为杆形的蛋白质

原核生物的细胞可以是球形，也可以是杆形，被分别称为球菌和杆菌。杆菌含有成杆蛋白（MreB），而球菌则没有这种蛋白质。MreB 分子在 ATP 存在时能聚合成类似弹簧的螺旋形长丝，紧贴细胞膜的内面，贯穿细胞的全长，好像从内面撑住塑料管的金属螺旋。MreB 螺旋还起到脚手架的作用，让合成细胞壁的酶沿着 MreB 螺旋的位置合成新的细胞壁，使细胞成为杆形（图 2-22 左）。

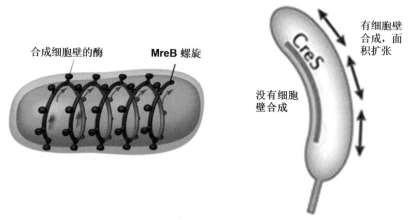

图2-22　成杆蛋白（MreB）和新月蛋白（CreS）

使原核细胞弯曲的成新月蛋白

如果杆状细胞弯曲，就可以形成新月状或螺旋状的细胞。这是由于一种成新月蛋白（CreS）的作用。Cres 蛋白分子自身就可以聚合成链，不需要 ATP 的存在。这些 CreS 链结合于细胞的一侧，妨碍细胞壁合成；细胞另一侧没有 CreS 链结合，细胞壁就可以正常合成，使细胞壁面积增大，让杆状的细胞弯曲，或者变为螺旋形（图 2-22 右）。

这些干机械活的蛋白质不仅在原核细胞中起重要作用，其中的分裂蛋白、成杆蛋白和成新月蛋白还被真核细胞继承，成为肌肉骨骼系统中的一部分（参见第三章第五节）。

第十节　纷乱中的秩序

有些原核生物能够借助鞭毛来游动，也有许多原核生物附着在其他物体表面，一动不动。但这只是表面现象，原核生物细胞里面的分子其实是在做非常激烈的运动的，否则就不会有原核生物的生命。

原核生物细胞里面分子的运动可以用喧嚣来形容。例如，在 25 摄氏度时，水分子的运动速度高达 640 米 / 秒，是波音飞机速度的两倍以上。大一些的分子运动速度要慢一些，但是仍然非常快，像葡萄糖分子的运动速度就是 202 米 / 秒，比人百米赛跑的世界纪录还快 20 倍左右。即使是巨大的蛋白质分子，每秒钟也能跑好几米，在直径 1 微米的原核细胞中，如果没有其他分子的阻挡，它一秒钟能跑上百万个来回。当然这些分子不是真的这样来回跑，细胞的内容物主要是液体，其中绝大多数是水分子，这些分子密密地挤在一起，它们的运动速度又是如此之快，所以每个分子都以极高的频率和其他的分了相互碰撞。

细胞中的分子为什么要做这么激烈的运动呢？这是因为只有这么激烈的运动，才能使分子能够以足够快的速度运动到所需要的位置。氧分子和二氧化碳分子从细胞外进入细胞内，再达到需要它们的位置；转录因子运动到基因的启动子上，启动基因表达；氨基酸运动到核糖体上，开始蛋白质的合成；核苷酸运动到 DNA 转录为 RNA 的地方，开始 mRNA 的合成；质粒被 ParM 链推着走，都需要分子移动位置。

在宏观世界，我们要移动一个物体，如搬一块砖，推一辆自行车，是需要花费力气的，要细胞里面的分子移动位置，谁来推它们呢？答案是谁也不需要，分子本身就在动，这就是分子的热运动。温度越高，分子动得越快，所以温度是分子运动激烈程度的量度。

我们平时用来衡量温度的尺度是摄氏温标，是把水沸腾的温度定为100摄氏度，水结冰的温度定为零摄氏度而得到的。但是在零摄氏度，分子仍然在运动，所以摄氏温标并不是衡量分子运动激烈程度的好指标，而把分子停止运动时的温度算作零度，才能更好地反映温度与分子运动激烈程度之间的关系。这样的温标叫作绝对温标，或者叫开氏温标，开氏温标的零度叫作绝对零度，相当于 −273.15摄氏度，这时分子的运动完全停止。而常温的25摄氏度，就相当于298.15开。在这样的温度下，分子的运动就会达到上面说的那样激烈的程度。

看到这里，你也许要问：细胞那么小，只有1微米左右，移动这点距离不过是瞬间的事情，需要分子跑那么快吗？就像前面说的，细胞里面并不是空的，而是充满了水，氧分子和葡萄糖分子要移动，就像我们要通过一条挤满了人的大街，这些分子必须通过与水分子不断地碰撞，才能曲曲折折地从浓度比较高的地方移动到浓度比较低的地方，而不能直接跑过去，这个过程叫作分子在水中的扩散。由于有大量水分子的阻挡，分子向某个特定方向净移动的速度是非常慢的。放一勺糖到一杯水中，如果不搅动，过了很长时间上层的水仍然不怎么甜，尽管糖已经完全溶化在下层的水中，说明糖分子在水中的扩散是非常慢的。水分子的尺寸大约是0.282纳米，在1微米的距离上可以排列3546个水分子。葡萄糖分子要在水中移动哪怕1微米的距离，也要面对至少3546个水分子的阻挡。只有在常温下，也就是接近300开，分子才能通过迅速的碰撞移位扩散那1微米左右的距离，满足生命活动的需要。

例如，大肠杆菌在适宜的条件下，每20分钟就可以繁殖一代。在细胞一分为二之前，它的遗传物质必须进行复制。大肠杆菌的DNA有4 639 221个碱基对，要在20分钟里复制这个DNA，每秒钟就要复制近4000个碱基对。就算DNA的复制是从一点开始，向两个方向同时进行的，每秒钟也要复制近2000个碱基对，也就是每秒钟必须有近2000个核苷酸通过扩散到达复制位置。由于有4种核苷酸，每次与DNA合成地点碰撞的核苷酸中，只有1/4的机会是正确的核苷酸，这就需要至少每秒8000次的碰撞。在每次碰撞中，分子的方向还是随机的，只有少数具有正确的方向，能够真正参与化学反应，所以核苷酸必须以比每秒8000

次高得多的频率去碰撞，才能满足大肠杆菌繁殖的需要。

与 DNA 的复制相比，蛋白质的合成速度受碰撞频率的影响更大。蛋白质是由 20 种氨基酸按一定顺序相连而成的。在每次氨基酸与合成中心碰撞时，只有 1/20 的机会到达的氨基酸是正确的，所以蛋白质的合成速度远比 DNA 的合成要慢。在大肠杆菌中，核糖体每秒钟只能添加 18 个氨基酸到新合成的肽链上。如果扩散速度和碰撞概率再低，生命活动就难以维持了。

神奇的是，尽管原核生物的细胞里面是一个喧嚣和纷乱的世界，但是每种分子又都能找到需要与自己结合的分子，并且进行特异的相互作用，一切生命活动也能有条不紊地进行。这主要是由蛋白质分子能辨识和特异结合其他分子而实现的（见本章第二节）。

第十一节　为什么原核生物细胞的大小是微米级的

原核生物的细胞都很小，一般只有 1 微米（1 毫米的 1/1000）大。之所以细胞会这么小，主要是因为分子在水中扩散速度非常慢，只有在微米的距离上，分子才能通过扩散及时到达所需要的地方。

另一个原因是几何因素。一个物体变大时，直径按线性增长，表面积按平方增长，而体积是按立方增长的。例如，一个圆球的直径增加为原来的两倍时，表面积增加为原来的 4 倍，而体积增加为原来的 8 倍。这样，随着细胞变大，单位体积所分到的表面积就会变小。而细胞是通过表面与外界交换物质的，细胞越大，表面积和体积的比例越小，对交换物质越不利。因此从物质交换的角度看，细胞越小越有利。

但是细胞也不能太小。蛋白质分子一般有十几纳米大，一个细胞里有几千种蛋白质，每种蛋白质还不止一个分子，只有细胞大到一定程度，才能容纳下这么多蛋白质分子，并且使它们有效地工作。1 微米左右的大小，是细胞化学系统的需要和分子扩散速度的限制相互平衡形成的最佳值。

第十二节　细菌和古菌

在演化过程中，原核生物逐渐分化为两大类：细菌和古菌。它们的大小差不多，都没有细胞核，DNA 都呈环状，细胞内都没有由膜包裹的、叫作细胞器的结构，都用 FtsZ 蛋白进行细胞分裂，因此古菌也曾经被归类于细菌。但是随着研究的进展，人们认识到古菌和细菌之间还有许多差别，是彼此不同的两大门类。

例如，细菌的细胞壁是由肽聚糖组成的，长长的糖链（由葡萄糖的变种相连而成）之间通过由几个氨基酸组成的短肽链彼此相连，形成网格那样的结构。古菌的细胞壁不含肽聚糖，而是由糖蛋白组成，即主体是蛋白质，上面连有糖基。

细菌 DNA 结合的蛋白比较小，例如 HU 蛋白和 H-NS 蛋白，古菌 DNA 结合的蛋白比较大，是组蛋白，与真核生物 DNA 结合的组蛋白类似。

细菌在合成 RNA 时所用的 RNA 聚合酶比较简单，一般只含有 4 个蛋白亚基（蛋白质复合物中的单个蛋白），而古菌的 RNA 聚合酶比较复杂，常常含有 10 个蛋白亚基，更像是真核生物的 RNA 聚合酶。

许多古菌还能够在非常严酷的环境中生活，如极高温（122 摄氏度）、极低温（-25 摄氏度）、高盐（30% 氯化钠，是海水盐浓度的 8.5 倍）、极酸（pH 为 0）、极碱（pH 为 12.8）、强辐射（比我们周围环境中的辐射强度高几十万倍）、极高压（如海沟深处的 1100 大气压），说明古菌的生存能力非常强。

细菌和古菌虽然有这些不同，但是它们之间的一次联合却导致了意义极其重大的事件，包括最后我们人类的出现，这就是真核生物的诞生。

第三章 真核生物把生命带向更高阶段

原核生物对最初的 RNA 世界进行了多种改造，已经是生命力强大的生物，能够在地球上几乎所有的角落繁衍。不过原核生物也有其局限性，就是构造相对简单，基因数量较少，难以有进一步的发展，即使是在 40 亿年后的今天，原核生物基本上还是 1 微米大小的单细胞生物。

但是大气中氧气的出现迫使原核生物做出改变，导致真核生物的诞生。

第一节 古菌和细菌的联合造就了真核生物

原核生物是在大气中没有氧气的还原性环境中产生的，最初也只适应这样的环境。在原核生物出现后的长时期内，地球上的环境也一直是还原性的，大气中有很少氧气。虽然光合作用很早就开始释放氧气，但是这些氧气很快就被地球上的还原物质如氢气、氨、甲烷，以及亚铁离子等所消耗，不能在大气中积累。在这种情况下，原核生物也就舒舒服服地生活了十几亿年。这是一段非常漫长、完全属于原核生物的时期。

但是在大约 22 亿年前，情况开始改变了。光合作用释放氧气的速度终于超过还原性物质消耗氧气的速度，氧气开始在大气中积累，称为大氧化事件，可以从多种指标如沉积岩成分的变化推断出来。氧气虽然对我们是须臾不离的必需品，但是对于习惯在还原性环境中生活的原核生物却是灾难，许多原核生物因此死亡。能够活下来的原核生物采取了两种手段，一种是躲，即退缩到仍然是还原性的环境中如地壳和海洋深处，成为厌氧菌。另一种是适应，主动利用大气中的氧气来进行氧化还原反应，即有氧呼吸。有氧呼吸可以将有机物彻底氧化成为水和二氧化碳，释放出更多的能量，而且由于氧存在于空气中，几乎无处不在，能够利用氧的原核生物就获得了新的生存优势。

在这种情况下，一件意义重大的事件发生了，这就是一个能够进行有氧呼吸的细菌进入了一个古菌细胞的内部。这个过程不是古菌吞进细菌，因为吞食是一个非常复杂的过程，需要细胞膜主动运动将食物颗粒包围，包围食物颗粒的细胞膜融合，才能将食物吞入细胞内（见本章第五节）。这需要能够让细胞膜运动的蛋白质，不是原核生物"干体力活"的蛋白质（如 FtsZ 蛋白）能够做到的，因此原核生物都没有吞食能力。可能是由于偶然的外部力量，如石头滚动，将古菌细胞压裂，但又不完全压碎，古菌细胞在恢复过程中，将附近的一个细菌也包裹进去了。

包裹进去的细菌也没有被古菌细胞杀死和消化，因为原核生物既然没有吞食功能，也就没有在细胞内消化外来食物颗粒的能力。细菌在古菌细胞内存活，却带来了意想不到的效果：细菌消耗氧气，使古菌能够更好地适应有氧环境的生活，细菌的有氧呼吸又能够为古菌提供大量的能量。古菌本来就生活能力强大，再与这样的细菌强强联合，就形成更有生存优势的细胞，这就是真核细胞的前身。

这个事件的遗迹至今存留在每一个真核生物的细胞中，包括我们人类的细胞。经过长时期的演化，进入古菌的细菌已经降格为古菌细胞的一个细胞器（细胞内执行某种特定功能的结构），专门为细胞提供能量，因其形状为线状或颗粒状而被称为线粒体（图 3-1），但是它仍然保留了细菌的一些特点。例如，它像许多细菌那样被两层膜包裹；有自己的 DNA，而且是细菌那样的环状 DNA；有自己的转录和转译系统，也就是能够以自己的 DNA 为模板，生产自己的蛋白质；氧化还原系统位于内膜上，相当于是在细菌的细胞膜上。线粒体也像细菌那样，通过分裂来繁殖，因此线粒体只能来自线粒体，古菌细胞是造不出线粒体的。

因此所有的真核细胞其实都是细胞套细胞。主人细胞是原来的古菌，而客细胞是原来的细菌。基因分析的结果表明，线粒体是由一种叫 α - 变形菌的细菌变化而来，而主人细胞是古菌中的洛基古菌。所有真核生物的线粒体都有共同的祖先，说明当初细菌进入古菌细胞的事件只发生了一次，但就是这次细菌与古菌的联合产生了真核细胞。

古菌细胞拥有线粒体后发福了，身体变大，而线粒体又可以自己分裂繁殖，所以每个真核细胞都可以拥有成百上千个线粒体，相当于拥有成百上千个动力工厂。有了丰富的能量供应，真核细胞就能够在原核生物的基础上进一步发展，包括细胞核的出现。

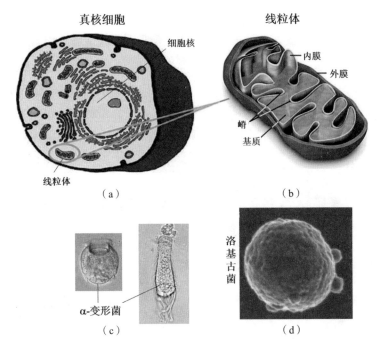

真核细胞　　　　　　　　　　线粒体

细胞核

内膜

外膜

嵴

基质

线粒体

（a）　　　　　　　　　　（b）

洛基古菌

α-变形菌

（c）　　　　　　　　　　（d）

图3-1　真核细胞（a）、线粒体（b）、α-变形菌（c）和洛基古菌（d）
变形菌因其形状多变而得名。

第二节　细胞核的功能

　　真核细胞一般有几十微米大，在光学显微镜（分辨率大约是 0.2 微米）下，真核细胞最明显的特征就是有一个细胞核，直径大约 6 微米。细胞核基本上就是由两层类似细胞膜的膜包裹着 DNA，这有什么必要性吗？原核生物的细胞没有细胞核，DNA 是裸露在细胞质中的，不是也活得好好的吗？要回答这个问题，就需要了解真核生物和原核生物在基因结构上的差别。

　　在原核生物的基因中，为蛋白质编码的区段是连续的，即三联码一个接一个，没有间断，转译为 mRNA 后这个编码区段仍然是连续的。当 mRNA 的生产还在进行中时，合成蛋白质的核糖体就可以结合在 mRNA 分子上，开始肽链的合成了。原核生物以快速繁殖取胜，将转录和转译合并一起进行，可以节省大量的时间，对原核生物的生存是有利的。

但是在真核生物的基因中，为蛋白质编码的区段却是不连续的，中间被不编码的 DNA 序列隔开（图 3-2）。如果用红线代表基因中为蛋白质编码的区段，用白线代表不编码的区段，在原核生物中每个基因的编码区域就是一条连续的红线，而在真核生物中这条红线却被分成几段，中间被白线隔开。在转录为 mRNA 分子后，这些白线部分被剪掉，红线片段被连在一起，这个过程叫作 mRNA 分子的剪接。剪接使编码区段在 mRNA 分子中重新变得连续，然后才在核糖体中指导蛋白质的合成。

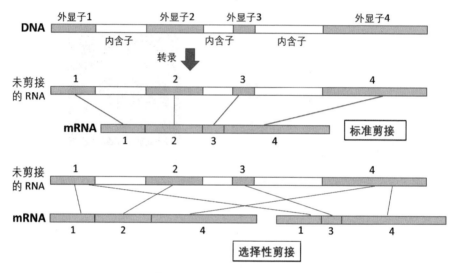

图3-2 基因的外显子、内含子和剪接方式

在标准剪接中，所有的外显子都被连在一起。在选择性剪接中，只有部分外显子被剪接在一起，形成不同的 mRNA。

红线部分由于被保留在剪接后的 mRNA 中，被转译为蛋白质，编码部分的信息被表达出来，所以叫作外显子。而白线部分由于位于基因的编码部分之间，在剪接过程中被剪掉，没有信息表达在蛋白质分子中，所以叫作内含子。

内含子出现的时间非常早，在 RNA 世界中就已经存在了。当时的 RNA 一身数任，又要复制自己，又要催化蛋白质的合成，还要用自己的核苷酸序列为蛋白质中氨基酸的序列编码。要让 RNA 中核苷酸序列编码出来的蛋白质正好具有生理功能，概率非常小，就像要让英文字母随机排列也能够排出有意义的句子。更可能的情形是 RNA 分子内有许多彼此分开的小区段，这些区段为蛋白质编码，把这些区段连接起来，就能够形成一个连续的、编码出来的蛋白质又具有生理功能的区域，而这些区段之间的部分已被删除掉。这就像随机排列的字母难以产生有意义的句子，但是选择性地去掉一些字母，就可以连成有意义的句子。

这些为蛋白编码的 RNA 区段，就是后来的外显子，而被去掉的 RNA 区段就是后来的内含子。RNA 分子具有自我剪接的能力，能够在合成蛋白质之前，自己把这些内含子除去。

在原核生物形成后，DNA 取代 RNA，成为储存信息的分子，这种情形就不是很理想了。细胞要合成蛋白质，DNA 分子中的信息必须先转录到 mRNA 分子上，而 mRNA 的合成是需要能量和资源的，把不含编码信息的内含子序列先转录到 mRNA 分子中，再将它们剪除，显然是一种浪费。细胞分裂时，DNA 要被复制，这些没用的内含子序列也要同时被复制，也是一种浪费。原核生物构造简单，能量供应有限，能够消除这种浪费的生物就具有竞争优势，逐渐取代仍然保留内含子的生物，这样经过长期的竞争和淘汰，原核生物基因中的内含子就基本上被清除掉了，使原核生物的基因中为蛋白质编码的区段基本上是连续的。

到了真核生物，能量供应不是问题了，就可以回过头来开发内含子的用处，那就是用同一个基因生产出多种蛋白质。既然真核生物的基因中为蛋白质编码的序列是由多个外显子拼接成的，如果改变拼接方法，只选择性地使用其中一些外显子，就可以拼接出不同的编码序列，生产出不同的蛋白质了。这种方法叫作选择性剪接，使同一个基因生产出多种蛋白质，基因的功能就大大扩张了。例如，人类只有 20 000 多个基因，比起大肠杆菌的 4000 多个基因，似乎不算多，但是通过选择性剪接，这 20 000 多个基因却可以产生 100 000 种以上的蛋白质。所以越是高级的生物，基因中内含子的数量越多，人类的每个基因就平均含有 8 个以上的内含子。

内含子使基因的编码序列分为数段，也产生了新的问题，就是在合成 mRNA 时，内含子的序列也和外显子一起被转录。如果用还没有剪接的 mRNA 来指导蛋白质合成，由于核糖体并不认识 mRNA 分子中哪些序列是外显子，哪些序列是内含子，势必会把内含子的序列也当作三联码进行转译，形成错误的蛋白质，所以真核生物必须要有一种方式，避免没有剪接好的 mRNA 与核糖体接触，而这正是细胞核的作用。

有了细胞核后，DNA 转译为 mRNA 的过程在细胞核中进行，而合成蛋白质的核糖体则在细胞核外的细胞质中，转录和转译就在空间上被分开了。包裹细胞核的膜叫核膜，上面有孔，叫作核孔，但是内径只有几纳米，只能允许比较小的分子通过，像核糖体这样巨大的复合物是进不了细胞核的，也就接触不到没有剪接完的 mRNA。只有等到 mRNA 剪接完成，变成成熟的 mRNA 后，才通过核孔出来，进入细胞质，在核糖体中指导蛋白质合成。所以细胞核的出现，是真核生物基因中含有内含子的必然结果。虽然这会延迟转译过程开始的时间，但是真核生物以质取胜，并不依靠快速繁殖来生存，而发挥内含子作用带来的好处远远超过推迟转译带来的坏处，所以真核生物的细胞都有细胞核。

不过内含子数量的增加也使 DNA 分子变得更长，而细胞核的出现又使 DNA 只能存在于细胞核的狭小空间内，这就迫使真核细胞根本改变对 DNA 的处理方式，DNA 不再以环的形式存在，而是分段，同时与包装蛋白结合，形成多条线性的染色体。

第三节　染色体、端粒和基因调控

原核生物 DNA 的长度虽然比不上真核生物的 DNA，但是也已经相当长了，在细胞有限的尺寸下，如何装下这么长的 DNA，已经是一个问题了。例如，大肠杆菌的环状 DNA 有 460 万个碱基对，周长 1.56 毫米，是大肠杆菌细胞周长的 500 倍。细菌采取的办法是让 DNA 绕麻花，即让 DNA 的双螺旋再绕成螺旋，成为麻花绕成的麻花，即超级螺旋，这样就可以将 DNA 紧缩成一团。这个过程需要 DNA 分子弯曲，而 DNA 分子中的磷酸根是带负电的，彼此排斥，趋向于使 DNA 变直。为了让 DNA 分子弯曲，大肠杆菌让 DNA 结合一些带正电的分子，如精胺（$C_{10}H_{26}N_4$）和 Ku 蛋白，以中和 DNA 上的负电荷，使其变得容易弯曲。

古菌采取的办法不是绕麻花，而是绕小球。一类带正电的蛋白质，叫作组蛋白的，聚合成为小球，DNA 绕在上面，每个小球绕大约 60 个碱基对的 DNA，形成核小体，这样也可以使 DNA 占据的长度大幅缩短。

到了真核生物，DNA 分子就更长了，例如，酵母菌的 DNA 有大约 1200 万个碱基对，长 4 毫米；变形虫的 DNA 有 3400 万个碱基对，长 11 毫米；人的 DNA 更是有 30 亿个碱基对，长 1 米。再用原核细胞装 DNA 的方式显然不行了。真核细胞的方法是先将 DNA 分段，例如，酵母菌将 DNA 分为 16~18 段，变形虫分为 6 段，人分为 23 段，这样每一段就比总长短得多。不过这些片段仍然相当长，还需要包装。

真核细胞是由主细胞古菌包含客细胞细菌形成的，所以也继承了古菌包装DNA 的方式，即让 DNA 缠绕在组蛋白的小球上，形成核小体，只不过真核细胞的组蛋白种类更多，形成的小球也更大，这样每个小球可以绕大约 146 个碱基对（图 3-3）。核小体之间有几十个碱基对长的 DNA，不与蛋白结合，所以 DNA 总体上看像一串念珠。这样的念珠串还可以绕成螺旋状，形成更粗的螺管线。到了细胞分裂期，螺管线还可以来回折叠，使 DNA 包装成短粗的形状，叫作染色体，可以被碱性染料染色而在显微镜下被看见。在平时，DNA 的包装不如在染色体中那么紧密，而是以螺管线或者念珠串的状态分散在细胞核中，叫作染色质。

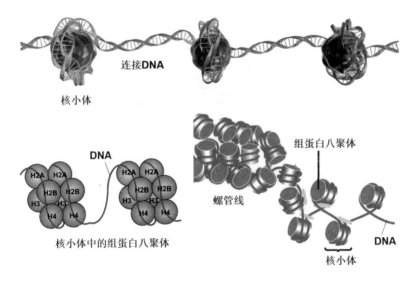

连接DNA

核小体

DNA

H2A H2A H2A H2A
H2B H2B H2B H2B
H3 H3 H3 H3
H4 H4 H4 H4

核小体中的组蛋白八聚体

组蛋白八聚体

螺管线

DNA

核小体

图3-3　DNA 的包装

包装的问题解决了，却又带来新的问题，就是每条染色体都有两端，这两端就像没有鞋带扣的鞋带，DNA 的两条链容易松开。为了防止这种状况，真核细胞在染色体的两端加上一些重复的 DNA 序列，并且用蛋白质将它们包裹起来，形成端粒（图 3-4）。端粒就像鞋带两端的鞋带扣，可以防止鞋带松开。由于 DNA 复制的机制，每复制一次，端粒 DNA 就会缩短一点，如果不加以修复，端粒就会越来越短，最后导致 DNA 不稳定，使细胞失去进一步分裂的能力。人的上皮细胞在体外培养的条件下分裂 50 次左右就不再分裂，进入老化状态，就是因为上皮细胞没有修复端粒的能力。因此对于需要无限次分裂的细胞如生殖细胞，细胞里面有专门修复端粒的端粒酶，它自身带着与端粒中重复 DNA 序列互补的

RNA，可以结合在端粒上，将端粒延长（参见第十一章第三节和图 11-8）。

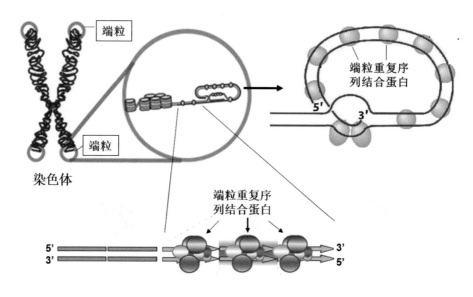

图3-4　端粒的结构

　　染色质形成带来的另一个问题是基因表达。在原核生物中，DNA 和与之结合的蛋白质的质量比大约是 10：1，所以 DNA 基本上是裸露的，转录因子可以比较容易地结合在启动子上。而在真核生物中，DNA 和与之结合的蛋白质的质量比大约是 1：1，还形成了核小体和螺管线这样的结构，所以 DNA 是被蛋白质屏蔽起来的，转录因子要结合在某个启动子上，进行基因调控，就必须先把这段染色质打开，让 DNA 暴露出来。

　　由于在核小体中，DNA 是通过自己的负电荷和组蛋白上的正电荷相互吸引而缠绕在组蛋白上的，如果减少组蛋白上面的正电荷，组蛋白和 DNA 的结合就不紧密了，DNA 就可以脱落下来。减少组蛋白正电荷的一种方法就是在组蛋白中氨基酸侧链的氨基上加上乙酰基，把氨基的正电荷屏蔽掉，叫作组蛋白的乙酰化，可以把染色质松开。

　　除了组蛋白的乙酰化，基因启动子的甲基化也是调控基因的一种手段。甲基化是在启动子中 CG 序列中的 C（胞嘧啶）上面加一个甲基，相当于给 C 戴了一个帽子，使转录因子不认识启动子上的结合点而不能与之结合，也就不能将基因的"开关"打开。

　　这些染色质结构的变化除了由蛋白质控制，还与许多 RNA 分子有关。这些 RNA 分子也转录自 DNA 序列，但是并不为蛋白质分子编码，所以既不是 mRNA，也不是 tRNA 和 rRNA，而是影响基因的表达，统称调控 RNA，包括参与染色质结构的变化，与 mRNA 分子结合以妨碍转译过程，或者影响 mRNA 的稳定性等，是又一种调节基因表达的方式。

所以在真核细胞中，基因调控的基本原理虽然和原核生物一样，也是通过转录因子与启动子之间的作用决定基因的"开"和"关"，但是真核生物的基因调控机制更加复杂，涉及 DNA 的包装状况，转录因子的种类也更多。真核生物也不像原核生物那样几个功能相关的基因共用一个"开关"，即操纵子（参见第二章第五节），而是每个基因都有自己的启动子，以进行更加精细的调控。

细胞核的出现需要有膜，而作为真核生物前身的原核生物并没有细胞核，真核细胞中包裹细胞核的膜即核膜，又是从哪里来的？这可以从少数原核生物中找到线索。

在一种叫隐球菌的细菌中，已经出现了细胞内的膜，这些膜甚至部分包裹 DNA，形成类似细胞核的结构，不过这些膜还没有在细胞内分隔出彼此隔绝的空间，因此还没有真正的细胞核。对这种细菌的研究表明，它已经具有一些蛋白质分子，能对细胞膜"动手术"，让细胞膜弯曲内突，最后和细胞膜脱离，成为细胞内的膜。真核细胞中核膜的出现，也是这些蛋白质分子工作的结果。

第四节　对细胞膜"动手术"的蛋白质

能够让细胞膜搬家的蛋白质叫作网格蛋白，由三条比较长的蛋白链（重链）和三条比较短的蛋白链（轻链）聚成三叉状（图 3-5）。这些三叉状的分子彼此相连，就能够形成一个笼子样的结构。足球是由五边形和六边形的皮片缝合在一起形成的，皮片之间的缝就是三叉形的，网格蛋白就像是组成足球缝的部分，能够形成中空的笼子。

几个网格蛋白先彼此相连成片，再通过转接蛋白与细胞膜相连。转接蛋白能识别细胞膜上的一些特殊的蛋白，决定哪部分细胞膜与网格蛋白相连。一旦网格蛋白的片与细胞膜结合，就会招募更多的网格蛋白，逐渐形成笼状，在这个过程中细胞膜也被拉进笼内，紧贴笼的内面。

这样形成的笼子向细胞内伸出，就像往细胞质里长出的蘑菇，与细胞膜之间通过"茎"相连。这时另一种叫发动蛋白的蛋白质，缠绕在茎上，利用GTP水解提供的能量收缩，将茎掐断，内面衬着细胞膜的笼子就脱离细胞膜，进入细胞内部了。

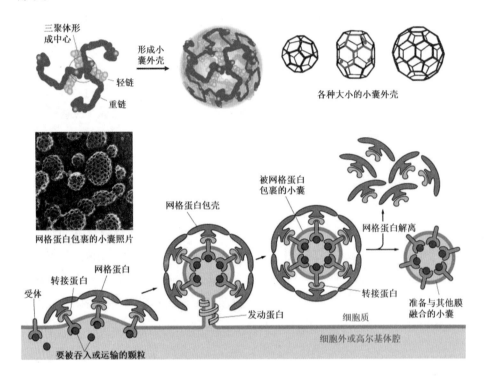

图3-5 网格蛋白运输细胞膜及其内容物

笼子进入细胞后，还需要将细胞膜解放出来。这时热激蛋白HSP70结合在网格蛋白上，用GTP水解释放的能量使网格蛋白从细胞膜上解离，留下的就是位于细胞内的由细胞膜包裹的小囊泡。

这些小囊泡可以通过膜融合蛋白融合在一起，形成更大的囊泡。膜融合蛋白有几种，彼此配合使细胞膜融合（图3-6）。一种膜融合蛋白有憎水的尾巴插入膜内，另一种膜融合蛋白能与这些蛋白在膜外的部分结合，结合的方式是从一端到另一端，类似拉链拉合，在这个过程中就把两个囊泡的细胞膜拉在一起，彼此融合。囊泡融合后，另一个蛋白结合在融合蛋白上，利用ATP水解时提供的能量让融合蛋白与囊泡膜分离。

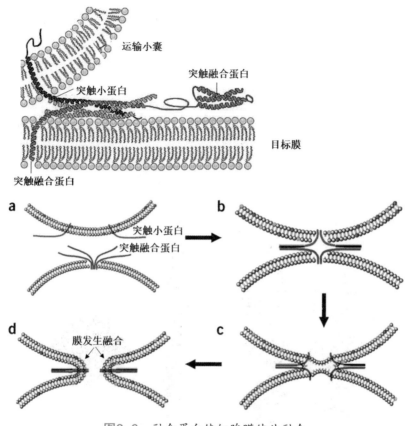

图3-6 融合蛋白使细胞膜彼此融合

除了对细胞膜"动手术"的蛋白质，真核细胞还发展出了更强大的动力系统，在细胞支撑、细胞内运输和细胞分裂上起重要作用。这就是真核细胞的"骨架"和"轨道运输系统"。

第五节 真核细胞的"骨架"和"轨道运输系统"

一些原核细胞就已经需要细胞骨架来支撑了，真核细胞远比原核细胞大，就更需要支撑了。真核细胞大了，蛋白质和细胞器的移动就不能完全依靠扩散，而需要主动运输，细胞分裂也是更艰巨的任务。真核生物继承了原核生物的成杆蛋白，新月蛋白，以及分裂蛋白，对它们加以改造，不仅可以起支撑作用，它们中的一些还可以作为真核细胞内"货物"运输的"轨道"。与此配套，真核细胞还发展出了能够在这些轨道上"行走"的"火车头",在细胞内运输各种"货物",在真核细胞的分裂中也起重要作用。

肌纤蛋白和肌球蛋白

肌纤蛋白是原核生物成杆蛋白 MreB 的后代,它和成杆蛋白一样,在 ATP 存在时能聚合成长丝,叫作微丝。微丝直径约 7 纳米,是真核生物的"细胞骨架"中最细的。微丝和成杆蛋白丝一样,也是双螺旋的,即由两根微丝互相缠绕组成,但是与 DNA 的双螺旋不同的是,DNA 双螺旋中的两根链是可以分开、单独存在的,而微丝的单链并不存在,一旦聚合就是双螺旋(图 3-7)。

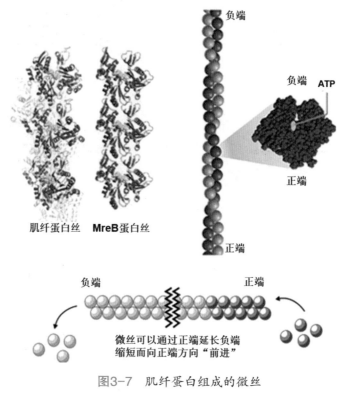

图3-7 肌纤蛋白组成的微丝

左上为肌纤蛋白微丝与 MreB 蛋白丝形状比较图。

肌纤蛋白分子上有一个凹槽,是结合 ATP 的地方。肌纤蛋白聚合成微丝时,所有的凹槽都朝着一个方向,所以微丝是有方向的,末端凹槽暴露的一端叫作负端,末端凹槽被埋在内部的一端叫作正端。

微丝在真核细胞的支撑上起重要的作用。例如,许多微丝从细胞核的核膜上发出，像人的头发；微丝再与细胞膜相连，相当于有无数只手从内部拉住细胞膜，真核细胞就结实多了。

微丝的长度是可变的，肌纤蛋白可以从两端加到微丝上去，也可以从两端脱落下来。如果肌纤蛋白的浓度很低，微丝上面的肌纤蛋白就会从两端解离下来，微丝缩短；反之，如果肌纤蛋白的浓度很高，微丝就会不断延长。微丝正端结合肌纤蛋白的能力比负端强，所以在某一个肌纤蛋白的浓度范围内，正端会不断添加新的肌纤蛋白而延长，而负端不断丧失肌纤蛋白而缩短，整条微丝好像是在向正端方向前进，尽管它的中段可以保持不动。

与微丝配合的蛋白质叫作肌球蛋白，它有一个头部和一条尾巴，形状像一根高尔夫球杆（图3-8）。它的头部通过"脖子"与尾巴相连，所以能低头和抬头。头部在低头状态时，能结合到微丝上，头部朝向微丝的正端方向。如果这个时候头部结合一个分子的ATP，它就会从微丝上脱落下来，同时ATP水解，提供能量使分子抬头，结合到微丝更前端的位置上。头部抬起就像弹簧拉伸，会产生张力，使其恢复低头状态。如果微丝的位置是固定的，这一低头就会使肌球蛋白向微丝的正端方向移动。反之，如果肌球蛋白不能移动，就会拉着微丝向负端方向移动。这样，微丝就可以成为肌球蛋白行走的"轨道"，肌球蛋白也就成为能在微丝轨道上行走的"火车头"。如果肌球蛋白的尾巴又能结合到细胞膜上或者细胞器上，就能拉着它们向微丝的正端方向走。这些功能非常有用，可以做许多事情。

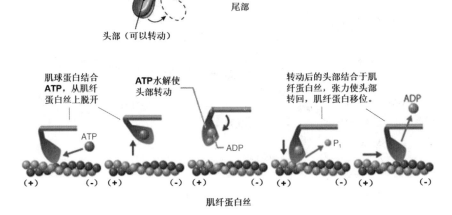

图3-8　肌球蛋白的结构和它在肌纤蛋白丝上"行走"的原理

例如，真核细胞在固体表面上爬行时，微丝在细胞的前端形成，正端朝着细胞爬行的方向，并且随着细胞膜的前移，正端不断伸长，这样就可以一直支撑着前进的细胞膜，防止它回缩。肌球蛋白的尾巴结合在细胞膜上，头部结合在微丝上，向微丝的正端"行走"，就可以拉着细胞膜往前走。在细胞的后端也有微丝，这些微丝的正端也朝着前进方向，因此是负端朝向细胞后部的细胞膜。微丝的负端不断缩短，与后端细胞膜结合的肌球蛋白也拉着细胞膜向微丝的正端行走，细胞的后端不断缩回，细胞就前进了。

将细胞爬行的工作方式稍加修改，还可以使真核细胞吞进食物颗粒，包括整个细菌（图3-9）。在细胞膜上的受体（也是蛋白质分子）探测到有细菌存在时，微丝在接触面周围形成，正端朝向食物方向。正端不断延长，推着细胞膜前进，而结合在微丝上的肌球蛋白则背着后面的细胞膜前进，这样就逐渐将食物颗粒包围，最后细胞膜融合，细菌就被细胞膜包裹，进入细胞内部，形成"内体"，内体与溶酶体融合，里面的食物就被消化了。

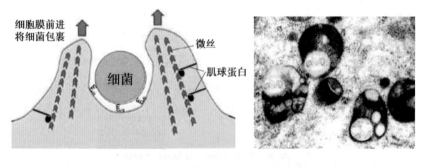

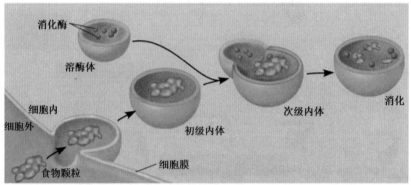

图3-9 微丝-肌球蛋白系统使真核细胞获得吞食能力
右上为内体与溶酶体融合的照片。

基于微丝的运输系统在现今的植物细胞中也继续存在，如绿藻细胞中有胞质流动，即细胞质和叶绿体一起沿着细胞边缘流动。这是因为微丝沿着细胞的内壁排列，形成轨道，肌球蛋白背着叶绿体在微丝上行走，就带着细胞质一起流动了。

微丝和肌球蛋白系统在真核细胞的分裂中也起重要作用（参见本章第六节），后来还在动物中发展成为肌肉（参见第四章第六节）。

中间纤维蛋白

中间纤维蛋白是原核生物 CreS 的后代。和 CreS 一样，中间纤维蛋白自己就可以聚合成长丝，不需要 ATP（图 3-10）。两个中间纤维蛋白先彼此交缠，形成二聚体，二聚体彼此结合，形成四聚体，四聚体再连成中间纤维的长丝。中间纤维直径约 10 纳米，比微丝粗一些，又比微管（见下文）细一些，所以叫作中间纤维。由于在四聚体中两个二聚体的方向相反，因此四聚体和由它形成的中间纤维都是没有方向的，也不能作为货物运输的轨道（火车头不知道往哪个方向跑），而只起支撑作用。

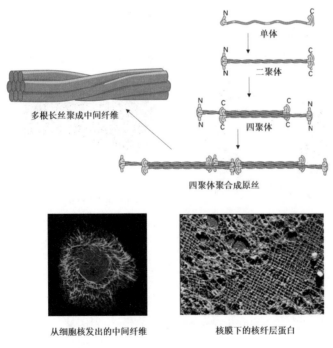

图3-10 中间纤维
其中的 N 代表氨基端，C 代表羧基端。

例如，中间纤维也像微丝一样，从核膜发出，与细胞膜连接，从内面拉住细胞核。在核膜的下面，还有一层由中间纤维组成的支撑结构，这些纤维彼此垂直相交，形成像纱布那样的网状物，从内面支撑核膜。

人皮肤的上皮细胞中含有大量的中间纤维，组成角蛋白。它们在上皮细胞死亡后仍然存在，形成我们皮肤表面的角质层，对皮肤起保护作用。我们的头发和指甲也主要是由角蛋白组成的。

微管蛋白、动力蛋白和驱动蛋白

原核生物 FtsZ 的后代是微管蛋白。和 FtsZ 一样，微管蛋白在结合 GTP 以后，也会聚合成长链，不过微管蛋白的聚合方式和 FtsZ 相比已经有很大的不同（图 3-11）。FtsZ 蛋白以单体聚合，而微管蛋白的分子分两种：α- 微管蛋白和 β- 微管蛋白。一个 α- 微管蛋白先和一个 β- 微管蛋白结合成二聚体，再以 αβ- 二聚体为单位聚合成长链。聚合时二聚体都朝着一个方向，所以聚合成的链是有方向的。末端 α- 微管蛋白暴露的为负端，末端 β- 微管蛋白暴露的为正端。不仅如此，13 条这种链还平行相连，组成中空的管，所以叫作微管。与 FtsZ 纤维的另一个不同之处是，FtsZ 纤维的两端都是开放的，而微管的负端总要连接在一个组织中心上，不能变化长度，所以微管只能通过 αβ- 二聚体在正端的加入或解聚而延长或者缩短。

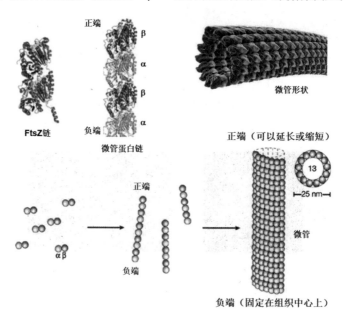

图 3-11　微管的结构
左上为微管蛋白链与 FtsZ 蛋白链结构比较图。

微管外径约 25 纳米，内径 12～13 纳米，比 7 纳米的微丝粗得多，机械强度也大得多，可以用来做更加费力的工作，而且有两种蛋白质可以在微管上行走，运动方向彼此相反，因此可以在微管上进行"双向运输"。向微管负端方向行走的是动力蛋白，向微管的正端方向行走的是驱动蛋白。这个双向运输系统在真核细胞中的"货物运输"中起重要作用，而且在鞭毛摆动、细胞分裂上也扮演不可缺少的角色（图 3-12）。

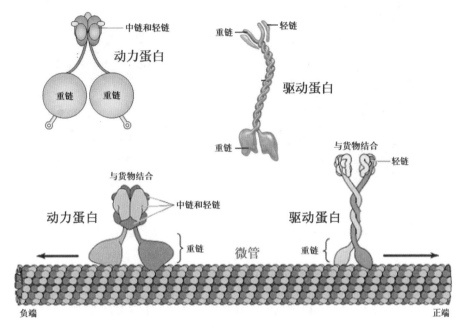

图 3-12　动力蛋白和驱动蛋白

真核细胞比原核细胞大得多，用于游动的鞭毛也粗得多，直径大约有 300 纳米，结构也和原核细胞的鞭毛不同（图 3-13）。原核细胞的鞭毛由鞭毛蛋白组成，外面没有包膜，而真核细胞的鞭毛外面有膜包裹，里面还有微管支撑。9 组微管排成一圈，每组含有两根彼此融合的微管，在鞭毛的中心还有两根微管，形成 9+2 的结构。这些微管以负端与位于细胞膜下的一个叫作基体的组织中心的结构相连，因此微管的正端朝向鞭毛末端的方向。

在鞭毛内，微管组之间有动力蛋白连接。动力蛋白用来走路的脚结合在一组微管上，而头结合在相邻的微管组上，动力蛋白要行走时，由于头部被固定不能移动，于是脚在微管上产生推力，使相邻的微管组之间彼此滑动，鞭毛就弯曲了。鞭毛两边的动力蛋白交替作用，鞭毛就来回摆动，产生推力，如精子前进就是靠后面的一根鞭毛驱动的。

　　微管运输系统的另一个重要作用，是参与真核细胞的分裂。

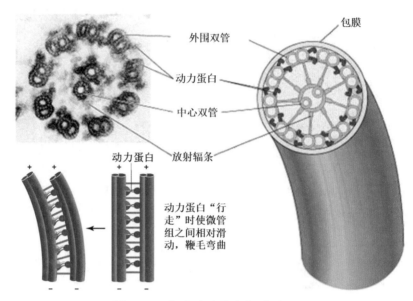

图3-13　鞭毛的结构和摆动原理

左上为鞭毛横切面照片，显示 9 + 2 的结构。

第六节　真核细胞的分裂——有丝分裂

　　比起 1 微米大的原核细胞，几十微米大的真核细胞就像巨人。巨大的细胞自然可以拥有更加复杂的构造和更多的功能，却也带来了难题，首先就是细胞分裂时，复制后的多条染色体如何被分配到两个子细胞中去。在这里，原核细胞的 ParABS 系统已经无能为力，真核细胞解决这个问题的方法是利用大量微管，再加上众多的动力蛋白和驱动蛋白分子，用多管齐下的方式来完成染色体分离的任务（图3-14）。

　　真核细胞分裂时，微管从位于细胞核两端的两个组织中心发出。由于微管是以负端连接到中心粒上的，发出的微管都正端朝外，即背离中心粒的方向。每个中心粒发出的微管都分为两大类，朝向细胞极（即细胞的两端）的和朝向对方中心粒的。朝向细胞极的微管叫星状微管，因为它们的走向像星星发出的光芒。朝向对方中心粒的微管叫纺锤体微管，因为两个中心粒向对方发出的微管组成一个纺锤的形状。

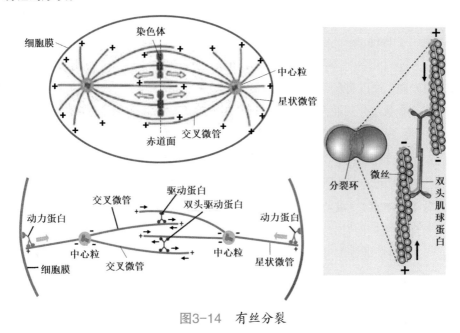

图3-14　有丝分裂

　　细胞两极的细胞膜上都结合有动力蛋白分子，它们在微管行走的脚会结合在星状微管上。这些动力蛋白向微管的负端即中心粒方向行走时，会把星状微管向细胞膜的方向拉，这样每个中心粒就被多根星状微管紧紧地拉在细胞的一极上（图3-14左下）。

　　向对方中心粒发出的微管又分为两类：一类和染色体上的着丝点相连，从两个中心粒发出的微管在和复制后仍然连在一起的一对染色体（叫姊妹染色体）分别相连后，微管收紧，将姊妹染色体拉至纺锤体的中间位置。这个位置类似地球赤道的位置，所以叫作赤道面，所有染色体复制后形成的姊妹染色体都先和微管相连，排列在赤道面上，然后微管通过正端解聚而缩短，将姊妹染色体分别拉向彼此相对的两个中心粒（图3-14左上）。

　　另一类纺锤体微管不和染色体相连，而是穿过赤道面，和对方也穿过赤道面的微管彼此交叉，叫作交叉微管，它的作用是把两个中心粒推开。驱动蛋白的头部结合在一个中心粒发出的交叉微管上，用于行走的脚部则结合在从另一个中心粒发出的交叉微管上，驱动蛋白向交叉微管的正端行走，就会产生推力，把两个中心粒推开。驱动蛋白也可以脚对脚结合，形成双头驱动蛋白。这两个头分别结合在从不同的中心粒发出的微管上，向这些微管的正端方向行走，也会产生将两个中心粒推开的力（图3-14左下）。

由于动用了微管这种丝，真核细胞的分裂也叫作有丝分裂。其实原核细胞的分裂也用了ParA蛋白丝来把复制后的DNA拉到两个子细胞中去，所以也是有丝分裂，只不过用的丝不同。由于ParA丝太细，在早期对原核细胞分裂的研究中没有被发现，所以有丝分裂这个名称就专指真核细胞的分裂。

在染色体被分到细胞的两端后，微丝在细胞中部形成分裂环，环中的微丝两种方向都有，即正端和负端方向相反的微丝平行排列（图3-14右）。两个肌球蛋白分子尾对尾结合，形成有两个头的二聚体。这两个头分别结合在方向相反的微丝上，向微丝的正端行走。由于两个肌球蛋白分子彼此拖住，自己不可能行走，在相反方向的微丝上施加的力就使微丝相对移动，使分裂环收缩，将细胞一分为二。

有丝分裂同时使用微管系统和微丝系统，通过缩（与姊妹染色体相连的微管）、拉（星状微管）、推（交叉微管）、勒（分裂环中的微丝）等多种方式共同来完成，是真核细胞的伟大发明，解决了真核生物繁殖后代的问题。不仅如此，将有丝分裂的过程加以修改，真核细胞还可以进行减数分裂，即将遗传物质的份数减半的细胞分裂，使真核生物可以进行有性生殖（参见第八章第三节和图8-3）。

第七节　真核细胞消化食物的"胃"——溶酶体

由微丝和肌球蛋白组成的系统使真核细胞获得了吞食能力，意义极为重大，使一些真核生物能够通过吃来生存。原核生物没有这套系统，因此没有吞食功能，在几十亿年的时期内，都没有细菌吃细菌的情形发生。即使是利用现成有机物生活的异养细菌，也只是分泌消化酶到细胞外，将食物消化，再吸收消化后的产物。

用体外消化获得营养的方式有效，但是也有缺点，就是消化后的产品是公共资源，其他生物也可以利用，而且容易被水流稀释带走。如果先把食物吞进细胞，再加以消化，就可以获得食物中的全部资源，是更有效的利用食物的方式。

当然在细胞内消化食物也有问题，消化外来蛋白质和核酸的酶也可以消化细胞自己的蛋白质和核酸。真核细胞采取的办法，是让这些食物继续留在囊泡中，再向囊泡内分泌消化酶。由于囊泡的膜来自细胞膜，囊泡的内部相当于细胞的外部，向囊泡内分泌消化酶就相当于向细胞外分泌消化酶，并不需要新的机制。食物被消化后，氨基酸和葡萄糖从囊泡内转移到细胞质的过程也和细胞吸收细胞外的分子相同，因此从细胞外消化吸收到细胞内消化吸收是一个比较容易的转变，只不过是把细胞外含有食物的那一部分空间转移到细胞内而已。

不过细胞内消化也有危险：万一囊泡破裂，消化酶被释放到细胞内，就会水解自己的蛋白质和核酸。为了避免这种情况，细胞向囊泡内注入氢离子，使囊泡的内部变酸，消化酶也变得只有在酸性环境中才有消化活性，这样即使囊泡破裂，释放出来的消化酶也因为环境中酸碱度的改变而失去活性，不会危害细胞自己了。细菌本来就有向细胞外泵氢离子的能力（参见第二章第七节和图 2-15），向囊泡中泵氢离子，就相当于向细胞外泵氢离子，也不需要新的机制。

这个内部变酸、含有消化酶的囊泡就变成了细胞的另一种细胞器，叫作溶酶体（参见图 3-9）。它和人向胃内分泌胃酸，在胃中消化食物的工作方式非常相似，因此溶酶体就相当于是细胞的"胃"。有了吞食功能和在细胞内消化食物的"胃"，真核细胞就可以高效地利用现成的有机物。

除了消化吞进的食物，溶酶体还可以消化细胞内受损的，或者用不着的蛋白质和细胞器，重新利用其中的成分，这个过程叫作细胞的自噬作用（参见第十一章第三节和图 11-9）。

有了细胞核这个"信息指挥中心"，线粒体这个"动力工厂"，溶酶体这个"胃"，细胞中的生理活动分在不同的"车间"中进行，效率就可以大大提高了。不过"车间"的出现又带来新的问题：不同的"车间"需要不同的蛋白质，如何保证新合成的蛋白质都去它们该去的"车间"，而不会"走错门"？真核细胞解决这个问题的办法，是发展出专门的"蛋白加工车间"，还让加工完毕的蛋白质带上自己的"路牌"，以走向正确的目的地。

第八节　蛋白质的"加工车间"和"路牌"

细胞合成的蛋白质分为两大类：一类是供细胞内部使用的，另一类是供细胞外部使用的。供细胞内部使用的蛋白质包括细胞质中的蛋白质、细胞核中的蛋白质，以及线粒体中的蛋白质，它们都和细胞外的环境无关。供细胞外部使用的蛋白质包括分泌到细胞外的蛋白质、细胞表面的蛋白质，以及溶酶体中的蛋白质。溶酶体虽然在细胞内，但是溶酶体的内部就相当于是细胞外部，溶酶体的内表面也相当于细胞的外表面，因此细胞也把与溶酶体有关的蛋白质都按照涉外蛋白处理。这两大类蛋白质性质不同，合成地点不同，到达目的地的方式也不同。

内部使用蛋白质的合成和它们的"路牌"

供细胞内部使用的蛋白质都处于细胞内部相对恒定的环境中，比较容易处于稳定状态，在合成后对它们的再加工也比较少，不需要专门的"再加工车间"，所以它们都是在细胞质中合成的。要解决的问题主要是让它们进入正确的目的地，或者留在细胞质中，或者进入细胞核，或者进入线粒体。

留在细胞质中的蛋白质

细胞质是进行新陈代谢的主要场所，蛋白质合成、葡萄糖代谢的糖酵解反应，以及脂肪酸、核糖、葡萄糖等的合成，都是在细胞质中进行的，催化这些反应的酶也都位于细胞质中。细胞质中有核糖体，可以合成这些蛋白质。这些蛋白质在被合成后，就地发挥作用，因此不需要"路牌"。

进入细胞核的蛋白质

细胞核内没有核糖体，也不能合成蛋白质，否则含有内含子的 mRNA 就会被转译，生产出错误的蛋白质。因此，细胞核里面所有的蛋白质，包括与 DNA 结合的组蛋白和各种转录因子，都只能在细胞质中合成，再进入细胞核。

细胞核的核膜上有核孔，可以供分子进出。核孔由多种蛋白质围成，内径几纳米，既是细胞核的"大门"，同时也是"门卫"，只有持有"路牌"的蛋白质才可以进入。这个"路牌"，就是蛋白质分子起始端的一串氨基酸。

核糖体合成蛋白质分子时，第一个氨基酸上的羧基与第二个氨基酸上的氨基相连，第二个氨基酸上的羧基又与第三个氨基酸上的氨基相连，直到蛋白质分子合成完成。这样，在蛋白质分子的起始端就有一个没有使用的氨基，叫作氨基端；蛋白质分子的终端又有一个没有使用的羧基，叫作羧基端（参见图2-3）。蛋白质进入细胞内各个位置的"路牌"，都位于氨基端。而位于氨基端的由 7 个氨基酸组成的信号段，里面多数氨基酸带正电（如赖氨酸和精氨酸），就是蛋白质分子进入细胞核的"路牌"。

不过，核孔并不认识这个"路牌"，还必须要有"护送员"。"护送员"也是蛋白质分子，分别为护送蛋白甲和护送蛋白乙（图3-15）。护送蛋白甲能够认识蛋白的路牌，与之结合，再结合护送蛋白乙。核孔是认识护送蛋白的，会让与护送蛋白结合的蛋白质分子进入细胞核。到了细胞核内部，一种结合了 GTP 的蛋白质（RanGTP）结合在护送蛋白上，使它们脱离被护送的蛋白，被护送的蛋白质分子就留在细胞核内了。与 RanGTP 结合的护送蛋白在另一个蛋白质的帮助下从细胞核出来，返回细胞质，在那里 GTP 被水解，释放出护送蛋白，又可以护送下一个蛋白质分子进入细胞核。

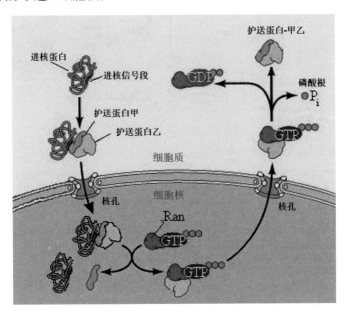

图3-15　蛋白质分子进入细胞核的过程

进入线粒体的蛋白质

线粒体虽然有自己的 DNA 和合成蛋白质的核糖体，也自己合成一些蛋白质，但是大部分为线粒体蛋白质编码的基因都已经转移到细胞核中，所以这些蛋白质也必须先在细胞质中合成，再进入线粒体。

要进入线粒体的蛋白质也有自己的"路牌"，这就是在氨基端上另外加上15~50 个氨基酸单位的信号段，其中带正电荷的氨基酸和憎水氨基酸交替出现。

与细胞核的核膜上有核孔不同，线粒体的两层膜上并没有孔，否则跨膜氢离子浓度梯度就无法建立和维持，也不能合成 ATP 了（参见第二章第七节），但是这两层膜上都有专门供蛋白进入的通道，在不泄漏氢离子的情况下让蛋白质进入（图 3-16）。线粒体的外膜和内膜本来是彼此分开的，但是在蛋白质进入的地方，内膜和外膜接触，它们上面的通道也彼此相连，这样蛋白质分子就可以一次通过两层膜上的通道，进入线粒体的内部。

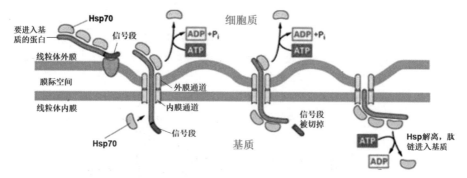

图3-16　蛋白质分子进入线粒体的过程

这些通道都非常狭窄，只能让蛋白质分子在伸展开的状态下像一条绳子一样通过，而不像蛋白质通过核孔时能够以卷曲成三维结构的状态通过。在通道识别蛋白质分子的"路牌"后，伴侣蛋白 HSP70（关于伴侣蛋白参见第十一章第三节）与蛋白质分子相互作用，把它的三维结构解开，让它以伸展状态通过通道。进入线粒体的蛋白质仍然处于伸展状态，为了防止它变性，又有伴侣蛋白与之结合，通过 ATP 水解提供的能量，让蛋白质分子与伴侣蛋白脱离，卷曲成为三维结构，发挥其生理功能。

涉外蛋白的合成和转运：内质网和高尔基体

细胞表面的蛋白质和分泌到细胞外面的蛋白质都要与细胞外的环境接触，而细胞外的环境远不如细胞内的环境对蛋白质有利。细胞内的环境保持了生命初期的环境条件，即还原性和富含钾离子，存在于这种环境中的蛋白质分子也感到比较舒服，容易处于稳定状态。而细胞外的环境则是氧化性的，钠离子的浓度也远高于钾离子的浓度，还会遇见细胞内没有的各种外界分子，对蛋白质的稳定性和功能都不利。为了应付这种情况，真核生物对涉外蛋白质进行了修改。

一种修改是利用细胞外氧化程度比较高的条件，使蛋白质分子中一些半胱氨酸侧链的巯基（—SH，巯是化学家造的字，由氢字的一部分和硫字的一部分组成）脱去氢原子而彼此相连，形成二硫键（—S—S—）。这是唯一的一种在蛋白质分子内部将链的不同区段彼此连在一起的共价键，相当于一根长绳子在绕成立体形状后，还在一处或几处用横线拴在一起，有利于维持蛋白质分子的空间结构。与此相反，留在细胞内的蛋白质由于处于还原环境中，基本上不形成二硫键。既然二硫键的形成需要比较高的氧化状态，要让涉外蛋白质在遇到外部环境之前就在分子内形成二硫键，就需要在细胞内创建一个氧化程度比较高的场所，那就必然是用膜围起来的，与细胞质隔绝的环境，这就是内质网（见下文）。

　　另一种修改就是在蛋白质分子上加上糖基，即由多个单糖分子彼此相连组成的功能基团（图3-17）。这些单糖分子多是含6个碳原子的糖如葡萄糖、甘露糖、半乳糖，也可以是它们的衍生物如乙酰葡萄糖胺、乙酰半乳糖胺。单糖的相连可以是线性的，也可以是分支的，而且分支上还可以再分支，形成像灌木丛那样的结构。糖基连在蛋白质分子上也有两种方式：连在丝氨酸和缬氨酸侧链羟基中氧原子上的叫氧连糖基，连在天冬酰胺侧链氨基中氮原子上的叫氮连糖基。

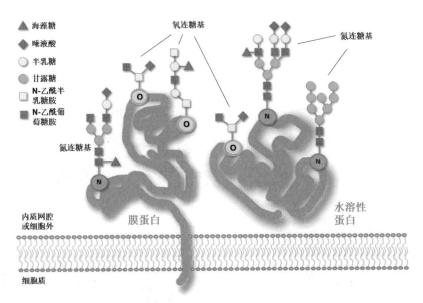

图3-17　蛋白质分子上的糖基

　　糖基是高度亲水的，可以提高蛋白质分子的水溶性和稳定性，更适合在外部环境中存在。细胞表面蛋白质分子上的糖基对细胞有保护作用，有些还参与细胞的识别和信息接收，所以无论是分泌到细胞外的蛋白质，还是在细胞表面的蛋白质，多是带有糖基的，和细胞内的蛋白质基本上不带糖基的状况不同。

　　原核生物就已经能够使自己的涉外蛋白基化。古菌和细菌的细胞膜上都有使分泌蛋白和细胞表面蛋白糖基化的酶。与蛋白质分子中氨基酸的序列可以被DNA编码不同，糖基的结构是无法编码的，只能通过各种糖基化酶依次把单糖分子加上去，这就需要对这些酶的空间位置有一个安排。这个任务对比较简单的原核生物来讲还可以在细胞膜上解决，但是在真核细胞中，糖基结构日趋复杂，再在细胞膜上安排糖基化酶就困难了，需要另外的方法。

为了解决在涉外蛋白质分子中形成二硫键和加上糖基的问题，真核细胞发展出了两个细胞内的膜系统，它们包裹出与细胞质分隔的空间，成为涉外蛋白质的"生产和加工车间"，这就是内质网和高尔基体。

内质网

内质网是由多层扁平囊平行排列组成的膜系统，扁平囊之间有膜相连，所以整个内质网的腔是相通的，而和细胞质彼此隔绝（图3-18）。内质网膜由细胞膜内折融合形成，类似溶酶体的形成，因此内质网膜的内表面就相当于是细胞膜的外表面，内质网腔就相当于是细胞外空间，只是内质网的功能不是消化而是加工蛋白质，相当于把原来细胞膜使蛋白质糖基化的功能转移到细胞内部。内质网腔内的氧化程度也比较高，进入内质网腔的蛋白质可以在这里形成分子内的二硫键。

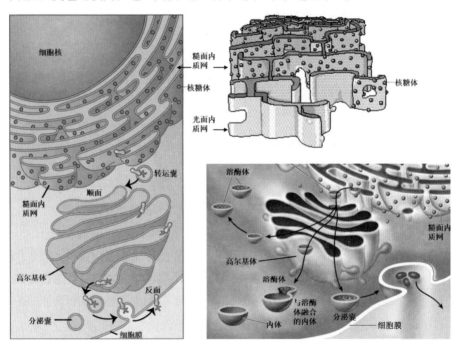

图3-18　内质网和高尔基体

没有结合核糖体的内质网膜表面光滑，叫"光面内质网"，结合有核糖体的内质网膜表面粗糙，叫"糙面内质网"。

分泌到细胞外的蛋白质和细胞表面的蛋白质都要先进入内质网，或者插在内质网的膜上。为此这些蛋白质在氨基端也有一个信号段，是一串憎水的氨基酸，前面再有一个或者几个带正电荷的氨基酸。这些蛋白质的合成和内部使用的蛋白质一样，也是从位于细胞质中的核糖体上开始的，但是随后的过程就不同了（图3-19）。由于蛋白质分子的合成是从氨基端开始的，这个信号段从核糖体上一伸出，就会被细胞质中的信号识别颗粒认识，并且结合在这个信号段上。结合了信号段的信号识别颗粒又会被内质网膜上的受体所认识，这样正在合成这个蛋白质的核糖体就附着在内质网膜上，继续合成蛋白质。在这种情况下，合成的蛋白质就不会被释放到细胞质中，而是穿过内质网膜，进入内质网腔，或者留在内质网膜上，位于内质网膜上的糖基化酶就可以对这些蛋白质进行糖基化反应了。

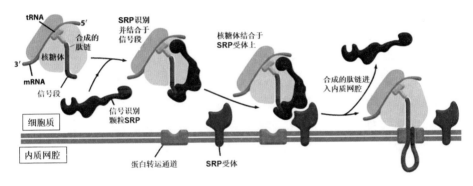

图3-19　蛋白质分子进入内质网的过程

信号识别颗粒在原核生物的细胞中就存在，所以涉外蛋白质进入内质网的机制和原核生物分泌蛋白质或者形成细胞膜上的蛋白质的机制相同，是从原核生物继承下来的，只是真核生物把这套系统搬到了细胞内。

涉外蛋白质在内质网中进行加工，包括二硫键形成和初步糖基化后，就被送到高尔基体内，进行精加工，然后才被分送到不同的目的地，包括溶酶体、细胞外或者进入细胞膜。

高尔基体

高尔基体也是细胞内的膜系统，位于内质网和细胞膜之间（图3-18）。高尔基体由数个平行排列的、圆盘状的小囊组成，但是与内质网的腔彼此相通不同，这些圆盘囊的腔都是封闭的，彼此不通，与内质网腔也不通。蛋白质从内质网进入高尔基体，从高尔基体的一个圆盘囊进入下一个圆盘囊，都要通过膜包裹的小囊运输。

之所以高尔基体要这样安排，是因为糖基的结构无法被编码，只能通过糖基化酶的依次作用形成不同结构的糖基。把高尔基体分成数个彼此不相通的圆盘囊，就是为了把不同的糖基化酶放在不同的圆盘囊中，这样蛋白质依次通过不同的圆盘囊时，就可以被不同的糖基化酶顺序加工，类似于在汽车装配厂中，每个车间顺序安装上不同的汽车零件。

经过高尔基体的精加工之后，蛋白质就可以被分配到不同的目的地。为了让这些蛋白质分子走向不同的目的地，这些蛋白质分子也被加上了"路牌"。

涉外蛋白质的"路牌"

在糖基中甘露糖的第 6 位加上磷酸根，形成 6- 磷酸甘露糖，就是蛋白质进入溶酶体的"路牌"。它被末端圆盘囊膜上的受体所认识，与受体结合，这一部分膜就形成小囊，包裹这些蛋白质，被运送到溶酶体，在那里小囊的膜与溶酶体的膜融合，这些蛋白质就进入溶酶体了。

要进入细胞膜的蛋白质除了有进入内质网的"路牌"外，还在路牌后面有一段由憎水氨基酸组成的信号段，这就是蛋白质进入细胞膜的"路牌"。这个信号段会使蛋白质一直插在膜上，在末端圆盘囊上形成小囊，被运输到细胞膜附近。小囊的膜与细胞膜融合，小囊膜上的蛋白质就变成细胞膜上的蛋白质了（图 3-18 左）。

如果到了末端圆盘囊时，蛋白质上既没有去溶酶体的路牌，又没有去细胞膜的路牌，这些蛋白质也被打包，由小囊运输到细胞膜附近，小囊膜与细胞膜融合，里面的蛋白质就被释放到细胞外面去，成为分泌出去的蛋白质（图 3-18 右下）。

由于内质网和高尔基体之间、高尔基体不同的圆盘囊之间都不相通，蛋白质要依次通过这些膜结构，都必须通过从这些膜结构长出的小囊来运输。在这里起作用的蛋白质的工作方式和前面谈到的网格蛋白相似，也是在结合膜后形成笼状结构，将膜拉入，最后形成小囊，但是在这里起作用的不是网格蛋白，而是包被蛋白。和网格蛋白是三叉形的不同，包被蛋白是十字形的，它们之间彼此相连，也能够形成笼状结构，类似于用四边形的皮片组成的足球的缝。

有了细胞核、线粒体、溶酶体、内质网、高尔基体这些细胞器，有了对膜"动手术"的蛋白质，有了细胞内的"轨道运输系统"，真核细胞各种生理功能的效率大大提升，也给真核生物的进一步发展准备了条件。特别重要的是，真核细胞还发展出了原核生物所不具备的吞食能力，而正是这个能力导致了动物和植物的诞生，不利用这个能力的真核生物则发展成为真菌。

第九节　动物、植物、真菌的起源

吞食功能使真核细胞获得有机物的方式从体外消化变为体内消化，因而可以占有吞进来的食物的全部资源，是利用现成有机物更有效的方式。一些真核生物也就往吞食方向发展，成为完全依靠吞食为生的真核生物，身体也大型化了，这就是动物。

动物能够高效地获取和利用有机物，但这只能加快现成有机物的消耗，而不能增加有机物的生成。在能够进行光合作用的真核生物出现之前，动物所消耗的有机物都直接或间接来自能够进行光合作用的原核生物，如蓝细菌。如果没有一种方式来大大增加地球上有机物的生产，动物的发展也会受到限制。

在大约15亿年前，改变这种状况的事件发生了，一个真核细胞吞进了一个蓝细菌，出于某种原因，这个被吞进的蓝细菌并没有像往常那样被当作食物消化掉，而是在真核细胞内存活下来，继续进行光合作用，变成真核细胞的另一个细胞器，叫作叶绿体。叶绿体使这些真核生物变为有机物的生产者。最初具有叶绿体的真核生物是生活在水里的，叫作藻类，藻类登陆，就变成植物。藻类和植物的出现极大地增加了地球上有机物的生产能力，也给其他异养生物的发展包括动物的发展，提供了强大的物质基础。

植物和动物都会死亡，留下大量有机物，也给依靠体外消化获得营养的真核生物提供了巨大的生存空间。有些真核生物也就延续原核生物体外消化的方式，既不进行光合作用，也不利用吞食功能，就依靠体外现成的有机物为生，而且也可以向大型化方向发展，这样的真核生物就是真菌。酵母、霉菌和蘑菇都是真菌。

之所以动物和真菌都能够以其他生物身上的有机物为食，是因为地球上所有的生物都来自同一个祖先，建造身体的基本零件如氨基酸、核苷酸、脂肪酸、葡萄糖都彼此相同，是通用零件，因此每种生物原则上都可以用别的生物身体中的"零件"来建造自己的身体，只要实际上办得到就行。例如，动物可以吃植物（草食动物如牛、羊、马）；动物也可以吃动物（肉食动物如狮、虎、狼）；动物还可以吃细菌（如线虫）。真菌可以吃死亡的生物（如蘑菇），也可以吃活的生物身上的有机物（如引起人类脚气和癣的真菌和引起玉米黑穗病的真菌）。有些植物可以吃植物（如菟丝子），有些植物甚至还可以吃动物（如捕蝇草）。细菌也可以吃人身上的有机物（如引起肺结核、化脓和败血病的细菌）。这些现象我们都已经习以为常，不觉得奇怪，其实根本原因还是地球上的所有生物都有共同的祖先，使用同样的"零件"来建造身体。外星人建造身体的"零件"很可能与地球上的生物不同，他们就不能以地球上的生物为食。

植物、动物和真菌组成了真核生物的三大门类。其中植物和动物的差别非常明显，但是真菌与植物和动物的关系却比较模糊。由于真菌像植物那样不运动，也从顶端生长，有类似根的结构，细胞具有细胞壁，细胞内有液泡，还像植物那样用孢子繁殖，真菌曾经被认为与植物的关系比较近。但是近年来的研究却表明，真菌其实和动物的关系更近，依据的是 DNA 中一些罕见的改变，这些改变就是生物演化的分子化石，可以用来追溯生物的演化路线。

例如，在原核生物中，有三个与碱基为嘧啶的核苷酸合成有关的酶，它们分别由自己的基因编码。但是在动物和真菌中，这三个基因却彼此融合，使生成的蛋白质同时具有三种酶的活性。而在藻类和植物中，这样的融合并未发生，这三个酶依然有各自的基因编码。由于三个基因合并为一个需要两次基因融合的步骤，是一个概率非常低的事件，这三个基因融合的状况表明，当初吞进蓝细菌、将其变为叶绿体的真核生物并没有发生这三个基因的融合，而发生了这种基因融合的真核生物后来演变出了动物和真菌。

这个结论也得到另一个基因融合事件的证明。在藻类和植物中，与胸腺嘧啶合成有关的两个酶融合成为一个酶，说明为它们编码的基因合并在一起，但是在动物和真菌中，这样的情形并未发生，这也说明动物和真菌有共同的祖先。

因此，在植物、动物和真菌产生前，真核生物就已经分化为有上述三个基因融合的生物和有上述两个基因融合的生物。前者中的一些继续发展吞食功能，逐渐演化为动物，没有使用吞食功能的就发展为真菌。后者中的一些吞入了蓝细菌，让它在自己体内进行光合作用，逐渐发展成为植物。

动物、植物和真菌这三大门类的真核生物生活方式不同，身体结构也按照各自生活方式的需要发展：动物的身体围绕捕食发展，植物的身体围绕光合作用发展，而真菌的身体围绕从身体表面吸收营养的需要发展，而且都向多细胞、大型化的方向发展，逐渐成为身体结构和功能都差异极大的三大类生物。

第四章　动物、植物、真菌身体的演化

最初的动物、植物和真菌都是单细胞的，如动物中的变形虫和草履虫，藻类中的衣藻，真菌中的酵母菌，但它们的身体已经比原核细胞大得多，构造更复杂，拥有更多的基因，它们不仅能够以单细胞的形式生活，还可以向大型化的方向发展。这样，动物就可以捕获更大的食物，也更不容易被其他动物吃掉；植物可以有更大的表面积来吸收太阳光，更有效地进行光合作用；真菌也可以有更大的表面积，更有效地消化和吸收体外的营养。

身体大型化可以采取两种方式，一种方式是细胞自己变大，但是整个生物体仍然由一个细胞组成。变形虫和草履虫就是单细胞动物中的巨无霸，身体有200~300微米大，远超过一般真核细胞的几十微米。即便如此，它们也只能吃微米级的食物。而且由于分子在水中扩散速度的限制和几何因素，细胞也不能变得太大（参见第二章第十一节）。

另一种方式是细胞不变大，而是多个细胞聚在一起，成为多细胞生物。通过这种方式，生物的身体也可以变大，但是细胞仍然是微米级的，而且细胞之间还可以进行分工，使生物的功能更多，生命力更强大。成为多细胞生物又有两种方式，一种是由不同生物的细胞聚集在一起，这些细胞拥有各自的 DNA；另一种是组成生物体的所有细胞都属于同一种生物，拥有同样的 DNA。这两种方式都被真核生物采用。

第一节　地衣是由不同种生物的细胞聚集成的多细胞生物

地衣和苔藓都是矮小的、附着在石头或树皮上生长的生物，都有小的叶片，都进行光合作用，它们好像是同类，其实是不同的生物：苔藓身体里面所有的细胞都有同样的 DNA（参见本章第九节）；而地衣身体里面的细胞有不同的 DNA，是不同生物的细胞聚集成的多细胞生物（图4-1）。

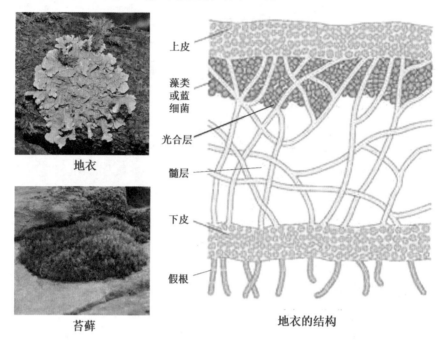

图4-1　地衣的构造
左为地衣和苔藓的比较。

地衣的叶片分 4 层。最上面的上皮和最下面的下皮由真菌细胞组成。上皮和下皮之间也有真菌的菌丝交织，但是在靠近下皮的地方菌丝比较少，有空间供空气流通，叫作髓层。在靠近上皮的地方，菌丝之间有许多能够进行光合作用的细胞，叫作光合层。

这些能够进行光合作用的细胞可以是绿藻（真核生物，参见本章第七节），也可以是蓝细菌（原核生物），或者二者兼有。真菌组成的叶片给光合生物提供比较稳定的环境，也帮助吸收水分和无机盐，而光合生物则以合成的有机物回馈给真菌，因此它们之间是一种共生关系，即彼此有利，共同生活。

由于不同的细胞担任不同的角色而且功能互补，地衣具有顽强的生命力，从滨海到高山，从极地冻原到干热的沙漠，都可以找到它们的踪影。据估计，地球表面 6% 的面积为地衣所覆盖。

但是地衣毕竟是由不同生物的细胞聚集而成的，细胞之间只有简单的共生关系，这些生物也都拥有自己的独立性，可以离开对方单独生活，因此难以有高度的协调统一，形成更高级的结构。所以地衣尽管生命力顽强，也只能以简单小型的形式存在，难以有进一步的发展。

更好的方式，是由同一个细胞繁殖出许多细胞，这些细胞不像单细胞生物那样在繁殖之后彼此分开，而是继续待在一起，形成多细胞生物，而且在多细胞生物的发育过程中，细胞之间还可以变得彼此不同，形成多种类型的细胞，担负不同的任务。由于所有的细胞都来自同一个细胞，含有相同的 DNA 和基因，还可以进行统一的控制，形成远比地衣复杂的生物体。出于这个原因，绝大多数的多细胞生物包括动物、植物和真菌，都用这种方式来形成自己的身体。

第二节　多细胞动物的祖先是领鞭毛虫

领鞭毛虫是单细胞动物，它有一根长在后方的、长长的鞭毛，通过其摆动推着细胞前进（图4-2）。在鞭毛的根部周围还有一圈短毛，这些短毛组成的结构像衣服上的高领，所以叫作领鞭毛虫，这一圈毛也叫作领毛。领毛也是由膜包裹的结构，但是里面起支撑作用的是由肌纤蛋白组成的微丝，与由微管支撑的鞭毛不同，叫作绒毛。领鞭毛虫以细菌为食，鞭毛的摆动带动水流，将细菌集中到领毛处，领毛之间有细丝相连，组成网状的过滤器，将细菌拦下，再加以吞食。

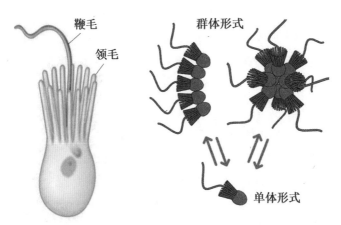

图4-2　领鞭毛虫及其单体和群体的生活形式

在单细胞吞食这一点上，领鞭毛虫与变形虫和草履虫并无区别，但是领鞭毛虫发展出来的一些基因，却使它成为多细胞动物的祖先。

例如，要形成多细胞动物，就需要细胞之间的粘连。在多细胞动物中，这种粘连主要是通过钙黏蛋白来实现的（参见第五章第六节和图5-8）。而钙黏蛋白的基因在领鞭毛虫中就已经发展出来，而且已经有由多个领鞭毛虫组成的群体，以一个单位生活，这就是向多细胞动物发展的开端。

多细胞动物的身体表面是由一层皮肤包裹的，其中的上皮细胞通过整联蛋白（integrin）与细胞基部的基质相连（参见第五章图5-9）。而在领鞭毛虫中，这个蛋白质的基因已经出现。

有些转录因子如p53、Myc、Sox/TCF等，过去被认为是多细胞动物所特有的，可是在领鞭毛虫中，这些基因也已经存在。更令人惊异的是，过去被认为是多细胞动物特有的信号传递链上的分子如蛋白质酪氨酸激酶（参见第六章第三节和图6-6），在领鞭毛虫中也被发现。

这些事实说明，领鞭毛虫已经具有多细胞动物所需要的一些基因，这些基因在其他单细胞动物中并没有发现，而只存在于领鞭毛虫中，这是领鞭毛虫作为多细胞动物祖先最强有力的证据。海绵就是由领鞭毛虫组成的多细胞动物，而丝盘虫是含有类似领鞭毛虫细胞的、最简单的能够移动身体的多细胞动物。

第三节　最简单的多细胞动物——海绵和丝盘虫

由领鞭毛虫最先形成的多细胞动物就是海绵（图4-3）。海绵生活在海底，身体中空，外形像烟囱或者花瓶，身体上有孔，供水进入，同时把食物颗粒带入。海绵身体的内面有一层细胞，每个细胞伸出一根鞭毛和一圈领毛，非常类似领鞭毛虫，叫作领细胞。鞭毛协同摆动，将水从小孔吸入，从顶部的开口排出。水中的食物颗粒被领毛阻挡，被领细胞吞入消化，类似于领鞭毛虫的捕食过程。因此海绵像领鞭毛虫一样，体内消化和细胞内消化同时进行。

除了身体内面的领细胞，海绵身体外面还有一层细胞，这些细胞不再具有鞭毛和领毛，形状扁平，叫作扁平细胞，形成海绵的外皮。两层细胞之间由胶质层连接，胶质层内还有一些变形虫样的游走细胞。因此海绵作为最简单的多细胞动物，已经含有不同的细胞类型，有了细胞分工。

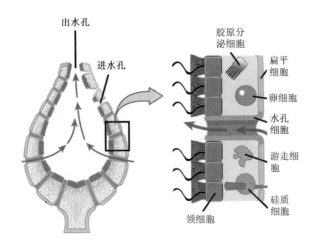

瓮安县海绵化石

瓮安县海绵复原图

图4-3　海绵结构及其化石

　　最早的海绵化石被发现在中国贵州省瓮安县陡山沱组的地层中，大约在5.8亿年前形成，说明多细胞动物至少已经有近6亿年的历史。

　　由于海绵不运动，虽然能够通过鞭毛摆动带动水流来获得食物，但是基本上是属于守株待兔型。要主动寻找食物，就要像绝大多数动物一样，自己移动位置。丝盘虫就是能够自己移动位置的、最简单的多细胞动物。

　　丝盘虫身体扁平，由上下两层细胞组成，边缘不固定，直径约1毫米（图4-4右上）。丝盘虫通过细胞上鞭毛的摆动在水底缓慢移动，在下层细胞遇到食物颗粒时，丝盘虫会形成凹进的小腔，将食物颗粒包围，组成小腔的细胞分泌消化酶，将食物消化，再吸收消化后的营养物，因此这个小腔就是丝盘虫临时的胃。由于这个小腔还未将食物完全包裹，食物颗粒仍然部分与外部接触，所以只是半体内消化，但已经是体内消化的开端。同样重要的是，消化已经开始在细胞外进行，与领鞭毛虫和海绵的细胞内消化不同。

　　与海绵类似，丝盘虫也已经有几种形态和功能都不同的细胞，其中下层细胞含有1根鞭毛和数根领毛，类似海绵的领细胞，但是鞭毛的作用只在身体的运动，不再起收集食物颗粒的作用，领毛也不形成阻拦食物颗粒的高领状结构（图4-4左）。

　　人类82%的内含子（基因中将为蛋白质编码的序列分隔为多段的非编码序列，见第三章第二节）在基因中的位置可以在丝盘虫的DNA中找到，丝盘虫基因在染色体中排列的顺序也和人类相似，说明丝盘虫很可能是领鞭毛虫之后、人类最早的多细胞动物祖先，也开始了以整个动物的身份，而不再是以单个细胞的身份吃东西的过程。

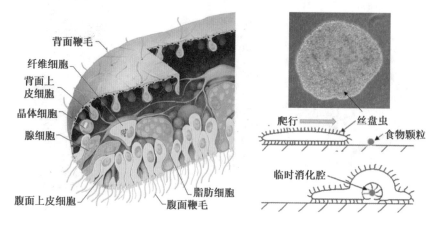

图4-4　丝盘虫的结构和进食方式

第四节　在体内消化食物的中心对称动物——水螅、水母、海葵和珊瑚虫

　　如果丝盘虫凹进的小腔变得更深，就会形成一个由两层细胞围成的管状物，这样的结构就很容易发展为水螅（图4-5）。水螅的身体就是由两层细胞围成的管状物，下端附着在水中的物体上，上端开放，成为口。口的周围有几根触手，也是两层细胞组成的管状物，只是细一些（参见图4-7）。触手可以捕获食物并将其送进口内。食物进入身体里面的空腔后，内层细胞分泌消化液，将吞进的食物消化，再吸收消化产物。

　　这个过程类似于丝盘虫的下层细胞分泌消化液，在细胞外消化食物的情形，但是已经完全在体内，从此开始了动物典型的体内消化加细胞外消化过程。我们人类消化食物，也是在体内（胃中）和细胞外（胃腔内）。不过水螅没有单独的肛门，食物残渣由口排出，因此口同时也是肛门。

　　水螅身体的对称轴在管子中央，因此是中心对称的动物。像水螅那样，也是中心对称的动物还有水母、海葵和珊瑚虫（形成珊瑚的动物）等（图4-5）。它们的身体也主要由两层细胞组成，消化道也只有一个开口。将口当作肛门是一种比较尴尬的状况，它使动物只能在把食物残渣排出后才能再次进食，以免将食物和粪便混在一起，这对水螅来说就需要几小时。

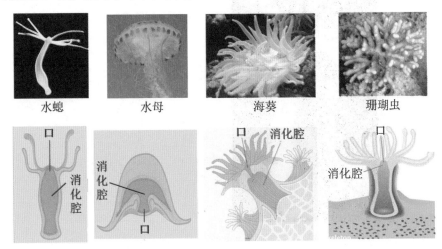

图4-5　水螅、水母、海葵、珊瑚虫的身体构造
它们的消化腔都只有一个出口。

　　中心对称的身体也不太适合游动。水螅、海葵和珊瑚虫都附着在水中的物体上，基本上不移动。水母虽然可以游动，但是身体的形状也不适合快速灵活地运动。要更好地运动，就需要改变中心对称的体型，这就是两侧对称动物。

第五节　两侧对称动物

　　两侧对称动物是通过动物身体的对称轴发生改变而形成的。一些海葵除了有中心对称轴，还发展出了与中心对称轴相垂直的水平对称轴，使其口咽部的结构不再是中心对称。这个水平对称轴进一步发展，导致了两侧对称动物的出现（图4-6）。

　　两侧对称动物有前端和后端、背面和腹面、左方和右方，更适于运动和进食。例如，前端发展为头，用于进食；感知食物的器官如眼睛和嗅觉结构也位于头上；后端发展成尾，帮助运动，也是肛门比较理想的地方；侧面发展出来的结构如肢，则可以用于运动。由于两侧对称的这些优点，以后发展出来的动物几乎完全是两侧对称的。

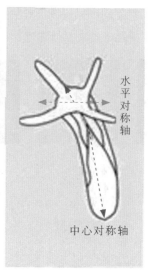

图4-6　海葵幼虫的第二根对称轴

除了原先的中心对称轴，一些海葵幼虫还发展出了水平方向的对称轴。

　　两侧对称动物除了身体构造与中心对称的动物不同外，还有一个重大的发展，就是在胚胎期发育出了第三层细胞。中心对称动物原来的外上皮细胞变为外胚层，内上皮细胞变为内胚层，这种新出现的第三层细胞位于外胚层和内胚层之间，叫作中胚层（图4-7右）。

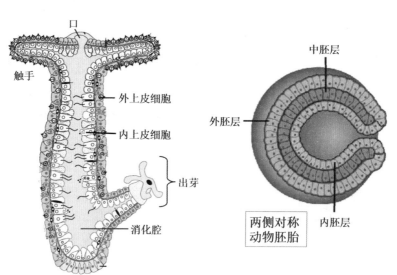

图4-7　两侧对称动物胚胎发育中的三个胚层

左为中心对称动物水螅，身体由两层细胞组成。

在动物的身体只有两层细胞时，这两层细胞都是与外部环境接触的。外上皮细胞直接与外界接触，内上皮细胞虽然在体内，却仍然通过管道与外界相通，位于动物的内表面上，所以都被称为上皮细胞。在两侧对称动物中，外胚层衍生出来的细胞仍然承担与外界直接接触的任务，例如，皮肤同时也衍生出了神经系统、牙和眼睛。内胚层衍生出来的细胞仍然担负内表面的任务，形成消化道，以及由消化道衍生出来的与消化有关的器官，如肝脏和胰脏。内胚层还演化出呼吸道、膀胱和尿道，它们都仍然通过管道与外界相通。

中胚层的出现，使生物能够真正有不与外界接触的身体内部的器官，包括肌肉、骨骼、心脏、血管、淋巴管、脾脏等。这些器官位于外上皮细胞和内上皮细胞之间形成的空腔，即体腔内。

在身体构造两侧对称、三胚层的共同的基础上，两侧对称动物又发展出了多种身体形式，其中最主要的有软体动物、节肢动物和脊椎动物，它们合起来占动物种类的约95%，再加上环节动物和线虫动物，涵盖了98%以上的已知动物物种。

软体动物身体柔软而不分节，常常有硬质的外壳保护自己，如蜗牛、蛞蝓（无壳蜗牛）、田螺、蚌、章鱼、乌贼等，总数超过10万种，占动物物种的大约8%，是第二大门类。其中章鱼和乌贼都曾经拥有外壳，后来外壳消失。

节肢动物是身体和腿都分节的动物，有100多万种，占动物物种的约80%，是地球上最大的动物门类。蜘蛛（8条腿）、虾、蟹（10条腿）、蜈蚣（多条腿）都是节肢动物。昆虫（6条腿）又占节肢动物的大多数，蜻蜓、蝴蝶、蛾子、蜜蜂、螳螂、蝗虫、苍蝇、蚊子、蚜虫等都是昆虫。

脊椎动物是身体中有脊柱的动物。所有体形比较大的动物，包括鱼类、由鱼类演化出来的两栖类（如蛙类、蟾蜍和蝾螈）、从两栖类演化出来的爬行类（如龟、蜥蜴、鳄鱼）、从爬行动物演化出来的鸟类（如麻雀、乌鸦、鸡）和哺乳类（如牛、马、狗、狮子、大象、犀牛以及人类），都是脊椎动物。脊椎动物共有约7万种，占动物物种的大约6%，是第三大门类。

除了这三大类两侧对称动物，还有软体动物的近亲——环节动物，它和软体动物都属于冠轮动物，在幼虫阶段身体上都有两圈纤毛，即冠轮。它们的身体虽然分节，但是与节肢动物关系较远。环节动物约有1.3万种，蚯蚓、蚂蟥、沙蚕都是环节动物。

节肢动物的近亲是线虫动物，它们都是蜕皮动物，即身体在生长的过程中必须经历蜕皮的过程。有记录的线虫动物大约有2.8万种，在土壤中生活的线虫以及寄生在动物体内的蛔虫、绦虫、钩虫都是线虫动物。

动物身体大了，又产生了各种新的需求，相应的器官系统也应运而生。

第六节　动物身体中各个系统的演化

动物身体中的各个系统是逐渐发展出来的，总的目的都是满足动物吃这一生活方式的需要。

动物的消化系统

海绵消化食物是在细胞内的溶酶体中进行的，类似于单细胞动物的消化过程。丝盘虫能够形成包围食物颗粒的临时胃，开始了体内消化的过程，并且变细胞内消化为细胞外消化，但是还没有专门的消化系统。

水螅、水母等中心对称动物已经有口和消化腔，已经能够进行完全的体内消化加细胞外消化。但是它们还没有肛门，口也是肛门。只有在食物残渣排出后，才能再次进食（图4-5）。

绝大多数两侧对称动物都发展出了肛门，这样食物就可以向一个方向移动，动物也可以连续进食了（图4-8）。从口到肛门，就形成消化道，由口、咽、胃、肠、肛门等部分组成。许多两侧对称动物还发展出了消化腺，分泌消化液进入消化道。为了更有效地进食，两侧对称动物在口部还发展出了帮助进食的结构，这些结构在各类两侧对称动物中彼此不同。

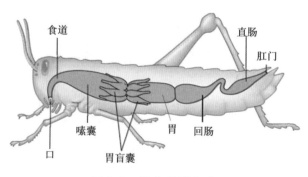

图4-8　昆虫的消化道

比较简单的两侧对称动物没有任何特别的进食结构，而是依靠口、咽部肌肉的蠕动将食物吸进口中，如以细菌为食的线虫，连同土壤一起吞下、再吸收里面的有机物的蚯蚓。这种方式难以吞食位置固定（如附着在岩石上的藻类）或者比较大块的食物。如果能够对食物进行机械加工如刮、咬、切，将食物从附着处刮下来，或者将其变成小的碎片，进食能力就可以大大提高了。

软体动物帮助进食的结构叫作齿舌，也就是带齿的舌头（图4-9）。例如，蜗牛的齿舌可以从口中伸出，将附着在固体表面的食物（如真菌和地衣）刮下来，也能够将树叶刮切成小片，以便吞食。章鱼和乌贼的身体比蜗牛大得多，但仍然用齿舌帮助进食，不过为了弥补齿舌功能的不足，它们还发展出了一对尖锐的喙，类似鹰的喙，可以咬住、穿刺和撕扯食物。

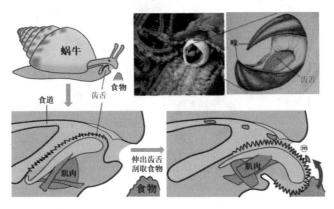

图4-9　软体动物进食用的齿舌
左上和下为蜗牛的齿舌，右上为乌贼的齿舌和喙。

节肢动物帮助进食的结构叫作口器（图4-10），口器一般含有上唇、下唇、大颚和小颚。大颚和小颚都能够横向（左右方向）开闭，其中大颚最强壮，常带锯齿和尖刺，用于戳刺、切割、撕扯和咀嚼食物，所以即使是尺寸很大的食物也很容易被分解为小块而被吞下；小颚则起协同大额的作用，有的还有味觉。蝗虫可以在短时间内吃掉整块地里的庄稼；螳螂能够迅速吃掉捕获的动物；蚂蚁能够咬碎比自己大得多的生物，就是其中突出的例子。有些节肢动物的口器还变化为能够穿刺和吸取其他生物汁液的器官，如蚊子吸血和蚜虫吸植物的汁液的口器。

原始的脊椎动物如七鳃鳗，口是圆筒形的，内面排列着许多牙齿，用于咬在别的动物身上，吸取动物的血液和体液。随着鱼类的演化，最前端两对支持和开闭鳃的鳃弓位置发生了变化，分别变为鱼的上颌和下颌（图4-11）。上颌和下颌能够开闭，可以用来咬住食物。上颌和下颌还可以长出牙齿，便于鱼类咬牢和撕扯食物。与节肢动物的口器横向开合不同，鱼类的颌是纵向（上下方向）开合的。由鱼类演化出来的两栖类动物、后来的爬行动物和哺乳动物都继承了鱼类上下开合的颌，包括我们人类。鸟类从已经灭绝的爬行动物恐龙演化而来，也有类似结构的颌，只不过上下颌变成了喙，原来的牙齿消失掉而已。

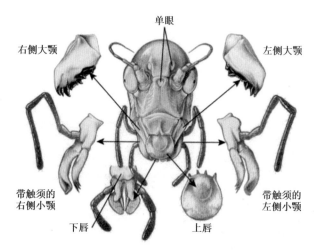

图4-10　蝗虫的口器

图4-11　腮弓变为颌骨的过程

动物的肌肉骨骼系统

动物依靠进食生存，而食物不会只在一处，要获得在不同位置上的食物，动物就得移动自己的身体，这就需要有产生机械力的结构。发现食物后，无论是口、咽部的蠕动、软体动物齿舌的刮动、节肢动物口器的开闭，还是脊椎动物颌的张合，都需要机械力的驱动。

单细胞的真核生物如领鞭毛虫移动时，靠的是由微管和动力蛋白组成的鞭毛的摆动（参见第三章图3-13），丝盘虫也依靠腹面细胞上鞭毛的摆动来移动身体。

但是当动物的身体变得更大，鞭毛的力量就显得太弱小了，动物也就改用由微丝和肌球蛋白组成的动力系统。这些系统在真核细胞的分裂及细胞内的物质运输上已经发挥重要作用（参见第三章第五节和第六节，以及图3-14右），在多细胞动物中就演变成为肌肉。

丝盘虫在遇到食物颗粒时，身体内凹，形成半包围食物的临时腔，靠的是微丝和肌球蛋白系统。微丝靠近细胞朝外一端的表面，肌球蛋白在微丝上的走动使方向相反的微丝相对移动，类似真核细胞分裂时分裂环的收缩，就可以使细胞的外端面积缩小，丝盘虫身体内凹。

这套系统如果聚在一起，形成一束，就可以形成能够收缩的肌纤维。水螅的外上皮细胞中有纵向（即与对称轴平行的方向）的肌纤维，它们收缩时会使水螅的身体变短变粗。内上皮细胞中有横向的肌纤维形成环形的肌纤维带，它们收缩时水螅的身体变细变长（图4-12）。类似的两种肌纤维也存在于触手中，使触手可以将食物送入口中。这套肌纤维系统还能使水螅用翻筋斗的方式移动，因此从水螅开始，动物的运动就完全依靠微丝和肌动蛋白系统了。

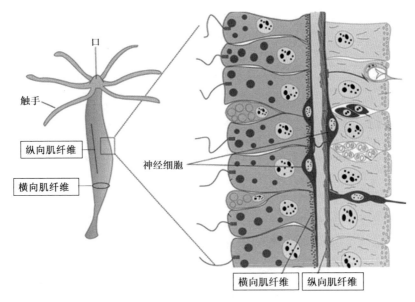

图4-12　水螅上皮细胞中的肌纤维

到了两侧对称动物，身体更大，而且生出了许多需要动作的身体部分，例如，进食用的齿舌、口器和颌，以及使身体移动位置的肢，内部还有需要运动的器官如胃、肠道、心脏等。在这些情况下，仅靠上皮细胞中的肌纤维就不够了，而需要身体水平上的动力系统。为了满足这种需要，肌纤维在一些细胞中大量集聚，成为细胞的主要部分，这些细胞也就变成专事收缩的肌肉细胞。肌肉细胞聚在一起，形成肌肉组织，肌肉组织再根据位置和功能需要形成多条肌肉，专门负责各种收缩任务。

例如，在与骨骼相连的肌肉细胞中，许多根微丝通过正端与小圆盘相连，负端游离，在圆盘两侧各形成一个像电动牙刷的牙刷头那样的结构（图4-13）。这样的"双面牙刷头"串联成丝，从相邻圆盘发出的微丝以负端彼此相对，中间有一段距离。肌球蛋白也以相反方向结合到一起，就像许多根高尔夫球杆尾对尾地绑在一起，形成双头狼牙棒形状的结构。这个双头狼牙棒插在两组彼此相对，因而方向相反的微丝之间。在头部要向微丝正端行走时，由于两个方向的肌球蛋白彼此拖住，不能真正行走，而是拉动微丝彼此靠近，同时拉动小圆盘彼此靠近，肌肉就收缩了。

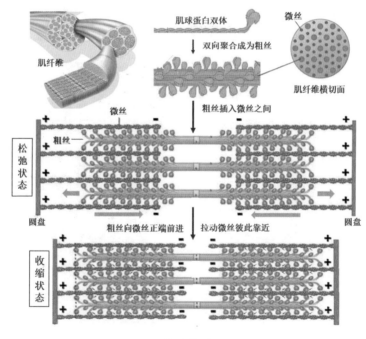

图4-13　肌纤维的构造和收缩原理

在这样形成的肌肉中，微丝和圆盘是整齐排列的，在显微镜下呈现明显的节段，因此这样的肌肉叫作横纹肌。横纹肌的收缩速度比较快，主要用于需要快速的运动，如心脏跳动、软体动物齿舌的运动、节肢动物口器和身体的运动，以及脊椎动物颌的开合和肢体运动等。

如果微丝和类似圆盘的结构不整齐排列，在显微镜下也看不出节段，就形成平滑肌。平滑肌的收缩速度比较慢，主要负责相对缓慢的运动，如胃、肠、膀胱、输尿管、血管、子宫等的收缩蠕动。

除了产生拉力的肌肉，大一点的动物还需要身体的保护和支撑，以及让肌肉附着以传递机械力的结构，这就是骨骼。软体动物、节肢动物和脊椎动物这三大类动物的骨骼不同，肌肉和骨骼的关系也不同。

软体动物身体柔软，常有外壳保护，如蜗牛、螺和贝类的壳，这些壳主要由碳酸钙组成，也可以看成是软体动物的外骨骼。它只起保护作用，与行走无关，但是与动物身体一部分的运动有关。例如，蜗牛伸出的头在遇到危险时会缩进壳内，这是通过与壳相连的肌肉收缩而实现的。

节肢动物的身体由几丁质组成的外骨骼包裹。几丁质的结构类似由葡萄糖聚合成的纤维素，只是在每个葡萄糖单位上加了一个乙酰氨基，所以几丁质是乙酰氨基葡萄糖的聚合物。几丁质有相当的硬度，节肢动物的口器、软体动物齿舌上的齿、乌贼和章鱼用来咬食物的喙，也都由几丁质构成。

节肢动物的肌肉是附着在外骨骼上的，与软体动物完全是刚性的碳酸钙外壳不同，几丁质既有一定的硬度，又有一些柔韧性，在肢体节段的交接处可以弯曲，形成关节。在节肢动物的每一关节处，都有一对横纹肌与关节两边的节段相连，它们收缩时分别使腿伸开和弯曲，或者使翅膀上下扑动（图4-14）。

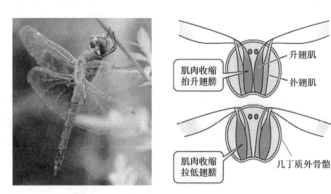

图4-14　使蜻蜓翅膀上下扑动的肌肉

外骨骼的一个缺点是不能随着动物的生长而变大，所以节肢动物必须蜕皮才能继续生长。而且由于外骨骼从外面包住身体，相对面积就比较大。当节肢动物身体变大时，表面积是按身长的平方增加，犹如穿了一身铠甲，会变得越来越沉重，因此只有在水中生活的节肢动物（如龙虾）能够长得比较大，而在陆地上生活的节肢动物，由于地球重力的因素，一般都比较小。如果把骨骼长在身体内部，相对质量就可以大大减轻，而且还不用蜕皮，这就是脊椎动物。

脊椎动物很可能是从一种非常原始的脊索动物——海鞘演化而来的（图4-15）。成体海鞘不运动，附着在海底，用过滤水中食物的方法进食。海鞘的幼虫却是能够游动的，到新的地方附着，再长出海鞘来。海鞘幼虫的身体像一个蝌蚪，而且尾巴内还出现了一根有一定机械强度的脊索，成为尾部肌肉的附着处，使幼虫能够通过摆动尾巴而前进。

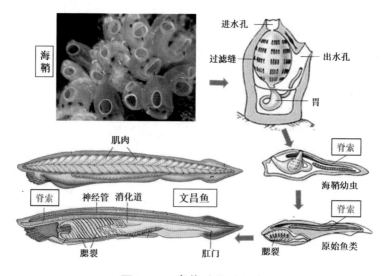

图4-15　脊椎动物的诞生

如果这样的动物一直保持脊索，就会发展成为鱼类。最早具有脊索、类似鱼的生物叫作皮卡虫，约4厘米长，已经在5.3亿年前灭绝。大小与结构类似于皮卡虫，现在仍然生存的脊索动物就是文昌鱼。文昌鱼的脊索是一根连续的杆状物，可以弯曲，但不能缩短，这样文昌鱼在游动时身体就不会由于肌肉的收缩而变短（图4-15左下）。

到了前面说过的无颌鱼类七鳃鳗，身体变大了，脊索仍然是连续的。到了鲨鱼，脊索开始分段，使其在机械强度增大的同时也能灵活地弯曲，脊索就变成脊柱，脊柱中的区段就是脊椎骨，有脊柱的动物也就叫作脊椎动物。鲨鱼的脊柱主要由软骨组成，其成分主要为胶原蛋白，这些鱼也被称为软骨鱼类。软骨钙化变硬，就成为硬骨，具有硬骨的鱼也变为硬骨鱼类，鲤鱼和鲫鱼就是硬骨鱼。

与软体动物的外壳使用碳酸钙不同，脊椎动物的骨头使用磷酸钙。动物剧烈运动时，会产生大量乳酸，使体内环境变得更酸，而磷酸钙在偏酸的环境中比碳酸钙稳定。

脊柱中脊椎骨数量的增多，还使头部和胸部的距离增大，在它们之间形成颈部，也就是脖子。颈部的出现使动物能够转动头部，在不转动整个身体的情况下就可以看到各个方向的情形，对动物的觅食更加有利。从一些两栖动物如蝾螈开始，动物就具有颈部，后来的爬行类、鸟类和哺乳类动物都有颈部。

鱼类除了通过摆动身体游泳，还发展出辅助游动的鳍。其中前后两对鳍后来就变为四足动物的四肢，鳍里面用于支撑的鳍条也变为四肢里面的骨头。肌肉通常成对附着在骨头上，它们的分别收缩使骨头向相反的方向运动。

脊椎动物所有这些骨骼都位于体内，是内骨骼。脊椎动物用于肢体运动的肌肉都是横纹肌，这些肌肉多附着在骨骼上，所以又叫骨骼肌。而内脏的蠕动则使用平滑肌，这些肌肉不附着在骨骼上。横纹肌可以由动物主动控制，叫作随意肌，例如，举手抬脚、弯腰摆头、咀嚼和吞咽食物，都可以由动物主动控制。而胃和肠道的蠕动则不受主观意愿控制，叫不随意肌。

肌肉骨骼系统加上消化系统，已经使动物具备捕食和消化的手段。但是要运动，要捕食，还需发现食物，再根据捕食的需要对肌肉的收缩有精确的控制，使身体能够接近和获取食物，获取食物以后，还要进食，这就需要控制口部肌肉的收缩。也就是说，身体里面的肌肉不能都在收缩，而只能是在需要的时候才让与任务有关的肌肉收缩，这就需要控制肌肉收缩的神经系统了。

动物的神经系统

神经系统就是动物收集和处理信息，然后发出指令的系统，包括控制肌肉收缩。为了收集信息，动物有各种感受器感知猎物的存在，如猎物的位置和运动情形（视觉）、发出的气味（嗅觉）、发出的声音（听觉）等。这些感受器将信息传递给神经系统，神经系统对这些信息进行分析，决定需要采取的行动。因此根据功能，神经系统中的神经细胞可以被分为三大类：收集信息的、分析信息的以及根据信息分析的结果发出指令的。关于信息的收集，在第十二章中还有详细的介绍。

海绵并不主动发现食物，更不追逐食物，而是用领细胞的鞭毛摆动带动水流，将食物带到领细胞附近，再由领毛拦截，加以吞食，所以海绵不需要神经系统，也没有发展出神经系统。

丝盘虫能向有食物的方向爬行，因此腹面细胞上的鞭毛必须协同摆动。不过丝盘虫的身体构造过于简单，还没有发展出神经系统，而是用细胞分泌的多肽（由少数氨基酸线性相连组成的分子）来传递信息，协调它们的行动。多肽分子在更复杂的动物体内也被用来传递信息，包括人类（参见第六章第三节和第四节）。

水螅捕食的过程更加复杂，需要感知猎物存在，需要触手卷曲，将食物送入张开的口中，食物消化后，残渣还必须排出，由此水螅也发展出了神经系统。在外上皮细胞和中胶层之间、内上皮细胞和中胶层之间都有神经细胞（参见图4-12）。有些神经细胞的一部分还伸出身体表面，与周围环境接触，是感知信息的神经细胞（参见第五章图5-2左上）。处理信息的神经细胞连接成为网状，同时与上皮细胞接触，传递动作指令，中胶层内部和外部的神经网络分别控制外上皮细胞和内上皮细胞中的肌纤维收缩（图4-16）。

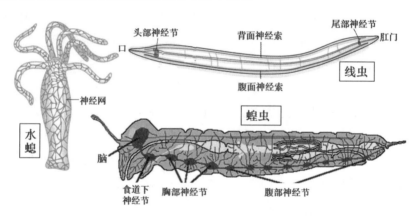

图4-16　水螅、线虫和蝗虫的神经系统

这些神经系统从网状发展到神经节再到脑的出现。水螅有内外两层神经网，参见图4-12。

在触手上的神经细胞感知食物存在时，会使内上皮细胞和外上皮细胞中的肌纤维协调收缩，使触手弯曲，将食物送入口内。在食物被消化吸收后，内神经网收到信息，让内上皮细胞收缩，消化腔被压缩，将食物残渣挤出体外。在水螅感知危险时，外神经网络让外上皮细胞收缩，使水螅身体变短，缩为球状，以避免伤害。因此从水螅开始，动物的动作就已经是由神经系统根据收到的信息控制的。

到了两侧对称动物，身体更加复杂，要处理的信息更多，处理信息的神经细胞数量也增加。捕食细菌的线虫身体由 959 个细胞组成，其中多达 302 个为神经细胞，说明神经细胞在控制线虫身体活动中的重要性。在这 302 个神经细胞中，83 个为感觉神经细胞，111 个处理信息，另外 108 个传递神经系统的指令到肌肉细胞。处理信息的神经细胞在头部和尾部分别聚集为神经节，中间由神经细胞组成的神经索连接（图 4-16 右上）。

神经节中神经细胞高度密集，更有利于彼此连接和处理信息。随着信息处理任务的进一步增加，神经节增大合并，变成脑，如软体动物中的章鱼就有脑，昆虫和脊椎动物也有脑（图 4-16 右下）。

信息处理完成后，所做出的决定由传达任务的神经细胞传递到肌肉细胞，开始肌肉的收缩。这是通过肌肉细胞的细胞质中钙离子浓度的增加而实现的。关于神经细胞的工作原理，参见第六章第四节和图 6-10。

有由神经系统控制的骨骼肌肉系统来捕食和进食，有完善的消化系统将食物消化，新的问题又产生了。随着动物身体变大，消化道与各种器官的距离也不断加大，再靠分子扩散来输送消化产物已经不够了，而需要专门输送营养的系统，这就是动物的循环系统。

动物的循环系统

体形小的简单动物是不需要循环系统的。海绵和水螅的身体只由两层细胞组成，内皮细胞通过消化获得的营养很容易通过扩散到达其他细胞。水母的身体较大，消化腔也随之变大，而且形状与钟形帽类似，因此所有的细胞都离消化腔很近，也可以通过扩散来获得营养（图 4-5）。

到了两侧对称动物，中胚层出现，动物有了内部器官，身体的许多部分也就远离消化道，难以获得营养。既然分子在水中的扩散速度很慢，解决这个问题的一个办法就是搅拌，通过液体本身的流动和混合将物质从浓度高的地方移动到浓度低的地方去。放一勺糖到一杯水中，上层的水在很长的时间后仍然不怎么甜，就是因为糖分子在水中扩散的速度很慢，但是如果我们搅动水，上层的水很快就甜了。

两侧对称动物已经有体腔，里面可以装液体，这些动物又已经有肌肉细胞，只要在体腔内某个地方有肌肉进行节律性的收缩，就可以起到搅拌液体的作用。

这个方法在节肢动物和许多软体动物中就被使用了。这些动物的体腔内充满液体，将各个器官包括肠道，都浸泡在液体中。体腔内还有能节律性收缩的管道，而且管道的两端是开启的，液体可以进入管道内。管道收缩时，液体从管道挤出，管道舒张时，液体又进入管道。通过这种方式，液体就持续被搅拌，将肠道吸收的营养输送到全身去。

管道中的液体既可以看成是血液，也可以看成是细胞之间的液体，相当于脊椎动物中的组织液和淋巴液，因此这样的液体叫作血淋巴，收缩性管道也起到心脏的作用。如果管道内出现瓣膜，管道收缩时，液体就只能向一个方向流动，搅拌的效果会更好，这样发展下去，就会形成真正的心脏。在这个系统中，由于管道是开放的，这样的循环系统也被称为开放式循环系统（图4-17）。例如在蝗虫的开放式循环系统中，收缩管通过开口的小管将血淋巴泵出，血淋巴再通过管上的小孔流回管内。在蜗牛的开放式循环系统中，血淋巴从收缩管的一端流出，从另一端流回。

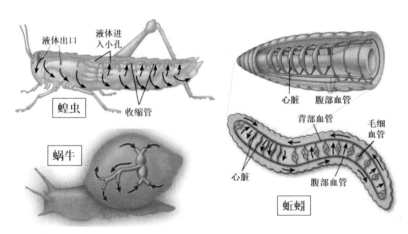

图4-17　蝗虫和蜗牛的开放式循环系统和蚯蚓的封闭式循环系统

在开放式循环系统中，收缩性管道还可以延长和分支，到达各个器官和组织，液体的流向就有更好的控制。如果分支在到达器官和组织后又逐渐汇聚成大的管道，将液体送回心脏，这样液体就不再进入体腔，而是完全在管道内运行，形成封闭式循环系统（图4-17右），其中收缩性管道演变为心脏，管道分支演变为血管，液体也就被称为血液。输出心脏泵出的血液的血管叫作动脉，将血液送回心脏的血管叫作静脉。例如，在蚯蚓的封闭式循环系统中，体侧有一排平行的心脏。心脏收缩时，血液被泵入腹侧的血管内，通过毛细血管回到背侧的血管内，再流回心脏。血管最细的分支叫毛细血管，在这里血管与细胞之间有很大的接触面，可以有效地进行物质交换。同时，血液中的一些液体也渗出血管，直接进入细胞之间，更好地进行物质交换。这些液体再通过管道回到心脏，叫作淋巴液。

在封闭式循环系统中，血管网包围消化道，获得消化道吸收的营养，再通过血管输送到全身，这就比开放式系统通过搅拌血淋巴输送营养的方式有效，更加适合体形大的动物。环节动物中的蚯蚓，软体动物中的乌贼和章鱼，以及所有的脊椎动物，都使用封闭式循环系统。

循环系统的出现使动物在身体变大的同时，身体的各个部分仍然能够获得消化系统吸收的营养。同时，循环系统还可以起到输送氧气到全身、同时排出二氧化碳的作用，导致呼吸系统的出现。

动物的呼吸系统

将消化得到的营养输送到各个器官的细胞中后，动物还有一个任务，就是充分利用这些营养物质，包括用营养物质（如氨基酸和脂肪酸）来建造自己的身体，以及将其中一些营养物质（如葡萄糖和脂肪酸）氧化来提供能量。后一个过程需要有充分的氧供给，人类停止呼吸几分钟就有生命危险，就可以证明这一点。

可是氧气和食物分子一样，在水中的扩散速度也是很慢的。氧气要进入身体各个部分的细胞，也会面临和肠道吸收的营养物质到达全身细胞同样的问题。对于简单的动物如海绵、水螅和水母，身体的两层细胞都直接与水接触，水中的氧可以通过扩散进入这些细胞。到了两侧对称动物，身体变大，身体内部的细胞与外部环境的距离也变远。除了距离增大，软体动物的外壳、节肢动物的外骨骼、鱼类和蜥蜴身体表面的鳞片、鸟类的羽毛、哺乳动物身体外面带角质层的皮肤，都会影响氧气的进入。为了保证身体各处的细胞都能获得氧气，发展出呼吸系统，即将氧气输送到全身的系统，是非常必要的。

除了氧气供应外，食物分子的氧化还会产生二氧化碳，需要不断地被排出体外，否则二氧化碳就会在体内累积，造成致命的后果。

既然循环系统能将肠道吸收的营养物质送到全身，也就能够将溶解在血淋巴或者血液中的氧输送到全身，同时收集全身产生的二氧化碳，将其排出体外，需要的只是与外界（水或者空气）相接触的表面积，在这些地方，血管密集，外界的氧气通过扩散进入血淋巴或者血液，血淋巴或血液中的二氧化碳也通过扩散排出体外，这个过程就叫作呼吸。

在水中生活的动物可以利用与水接触的表面进行呼吸，如贝类动物的外套膜、蝌蚪的皮肤等。不过这样的表面积比较小，需要有更大表面积的结构，这就是鳃。鳃高度分支，形成片状或羽状的结构，极大地增加了与水的接触面，而且鳃中还密布血管，使水中的氧可以迅速进入血淋巴或者血液，再被输送到全身，这些液体收集的二氧化碳也可以通过鳃被排出。软体动物中的蚌类、海螺、乌贼和章鱼，节肢动物中的虾和蟹、脊椎动物中的鱼，都用鳃呼吸。

　　在陆上生活的动物使用肺来呼吸（图4-18）。肺通过气管与外界空气相通，而且肺像鳃一样，也用分支、分片或形成凹坑的办法来增大表面积。蜘蛛和蝎子的肺分片像书的书页，叫作书肺（图4-18左上），蜗牛使用气囊，气囊内有许多凹坑以增大表面积。两栖动物青蛙在蝌蚪阶段用鳃呼吸，长成青蛙后改用肺呼吸，肺里面也有凹坑和分隔（图4-18上中）。到了爬行动物如蜥蜴，肺内的凹坑更深，分隔更多（图4-18右上）。到哺乳动物，凹坑就变为细小的叫作肺泡的空气囊，进一步增加气体交换的面积（图4-18右下）。人皮肤的面积不到2平方米，而肺泡的总面积高达75平方米，是皮肤面积的40倍。

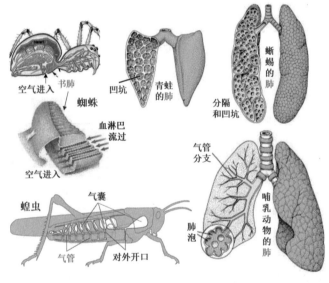

图4-18　动物的呼吸器官

　　有了巨大的表面积来交换气体，动物还面临一个问题，就是血淋巴或者血液携带氧气的能力。血淋巴和血液主要是由水组成的，而氧在水中的溶解度比较低，如在室温25摄氏度，1升水只能溶解6毫升氧气。如果血液中有能结合氧气的物质，输送氧气的能力就可以大大提高了。

血淋巴和血液中有许多蛋白质，但是蛋白质结合氧的能力也不强，然而与蛋白质结合的金属离子结合氧的能力却要高得多。动物主要使用两种金属离子，一种是结合在蛋白质上的两个铜离子，另一种是与血红蛋白结合的铁离子。

结合有两个铜离子的蛋白质叫作血蓝蛋白（hemocyanin），它在不结合氧时无色，结合氧后变为蓝色。软体动物如蜗牛、乌贼、章鱼，节肢动物中的虾、蟹、蜘蛛、蝎子，都使用血蓝蛋白。血蓝蛋白不存在于血细胞中，而是直接溶解在血淋巴或者血液中。结合有血红素的蛋白质叫作血红蛋白。环节动物中的蚯蚓、所有的脊椎动物都使用血红蛋白。血红蛋白并不直接溶解在血液中，而是存在于血细胞（红细胞）内。

血蓝蛋白和血红蛋白都能够有效地结合和携带氧气。例如，每升人的动脉血可以结合约 200 毫升氧，其中 98.5% 的氧都是结合在血红蛋白上的。有了这些结合氧的蛋白质，循环系统输送氧的能力就大大提高了。

二氧化碳在水中的溶解度比氧高得多，血液本身就能够有效地收集和携带二氧化碳，并且通过鳃或者肺排出，因此不需要有专门的蛋白质来结合和携带它。

有趣的是节肢动物中的昆虫。昆虫既没有鳃，也没有肺，而是使用气管系统进行气体交换（图 4-18 左下）。气管系统在外骨骼上开口，在体内不断分支，到达身体的每一部分，便于身体里面的细胞与空气进行气体交换。循环系统与呼吸无关，也不含血蓝蛋白或者血红蛋白。

动物的排泄系统

动物不仅要吃食物，还需要把食物中不能消化利用的，甚至有害的物质排泄出去。食物被代谢后，会产生废物，也需要排出。食物中不能被消化吸收的物质可以通过肛门排出体外；食物中的糖类和脂肪仅由碳、氢、氧三种元素组成，代谢的最终产物只是水和二氧化碳，其中的二氧化碳可以通过呼吸系统排出体外。

然而食物中含氮的化合物如氨基酸、核酸里面的嘌呤和嘧啶，代谢产物中含有氮，处理起来就比较麻烦。在水生动物中，含氮的废物以氨的形式排到水中：小的动物如水螅通过直接扩散，大的动物如鱼类通过鳃。但是对于在陆上生活的动物，释放氨到水中这条路走不通，含氮的废物就变成尿素和尿酸。尿素和尿酸进入血液，无法通过肛门或者呼吸系统排出，必须有另外的途径。

食物中的有害物质如植物性食物中的生物碱，在被肝脏解毒以后进入血液，也不能通过肛门或者呼吸系统排出。

食物中含有的无机盐如钠离子、钾离子、氯离子、硫酸根离子等，也会被动物吸收而进入血液。而动物体内这些离子必须保持一定的浓度和比例，多余的就必须被排出。

由于所有这些废物都在血液中，陆生动物也就发展出了专门清除血液中废物的排泄结构，这就是肾管。几乎所有的两侧对称动物，包括软体动物、节肢动物、环节动物、线虫动物、脊椎动物，都用这个结构来排出血淋巴或血液中的废物，因此都属于肾管动物。它们的工作机制差不多，都是用管子收集血淋巴或血液中的废物，回收能再利用的物质如葡萄糖、氨基酸和一些离子，最后以尿的形式排出体外。

肾管有多种形式（图4-19）。在进行开放式循环的低等动物中，肾管用带纤毛的漏斗状开口和体腔里面的相通，纤毛摆动，推动血淋巴，连同里面的废物一起进入肾管。在肾管中，还可以利用的物质被重新吸收，钠离子、钾离子、氯离子和水则根据需要重新吸收或不吸收，尿素、尿酸和其他不能被再利用的物质则不会被再吸收，这样肾管里面的液体就逐渐变成尿，通过肾孔排出体外（图4-19左）。

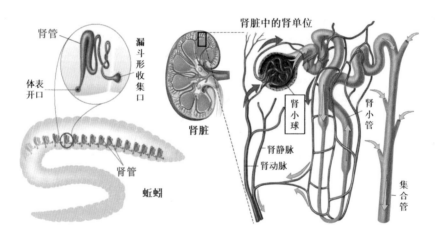

图4-19　动物的排泄系统

在循环系统变为封闭式的后，血液不能再直接进入肾管，于是肾管改为与血管密切接触以获取废物。毛细血管聚成小球，肾管分支形成肾小管，其终端形成凹陷状的结构，包住血管小球，这样形成的结构叫肾小体，大量肾小体聚在一起，就形成肾脏（图4-19右）。

在肾小体中，流过小球的血液除了血细胞和大分子蛋白质外，都被过滤到肾小管内。肾小管汇集为肾管，同时进行选择性再吸收，形成尿，尿再通过尿道排出体外。有些动物还形成膀胱，暂时储存尿。鸟类要飞行，体重越轻越好，因此鸟类没有膀胱，尿道开口于泄殖腔，和粪便一起排出。

有了以上这些系统，动物的进食、消化、吸收，营养转运、废物排泄都有了解决之道，动物也就成为有效的捕食者，即吃的专业户。但是要大规模地吃，首先要有东西可吃。能制造食物的真核生物的出现，才导致了动物的大繁荣，这就是进行光合作用的藻类和植物。

第七节　最先进行光合作用的真核生物——藻类

真核生物自己并没有发展出进行光合作用的机制和结构，所以在其形成后的几亿年间，一直是异养生物。由于真核细胞具有吞食能力，在一次偶然事件中，被吞进的、能够进行光合作用的蓝细菌出于某种原因没有被消化，而是存活下来，在真核细胞内继续进行光合作用，从此开创了真核生物进行光合作用的新纪元。这个被吞进的蓝细菌，就演变成为真核细胞的一个细胞器，叫作叶绿体（参见第五章图5-14）。

蓝细菌是在水中生活的，吞下蓝细菌，让它变为叶绿体的真核生物最初也是水生的，这样形成的真核生物就叫作藻类。藻类上岸，在陆地上生活，就变成植物。

检查所有藻类和植物中的叶绿体，发现它们都来自一个共同的祖先，所以都是当初被真核生物吞进、又被保留下来的那个蓝细菌的后代。据此推断，这样的事件只发生过一次，叫作叶绿体的原初获得事件。在加拿大北部索莫塞特岛上发现的多细胞的、类似红藻的化石已经有12亿年的历史。在印度中部的温德杨盆地，17亿年历史的沉积岩中有许多管状化石，这些管状物直径10~35微米，管内有横格把管分隔成为长度一致的小区段，类似多细胞的藻类（如水绵，在小溪中随水流摆动的绿色细丝），所以它们很可能是藻类的化石。这些化石中的藻类已经是多细胞的，说明更原始的、单细胞的藻类形成的时间应该更早。

由直接吞下蓝细菌的真核生物发展出来的藻类叫原生藻。同样是由于真核细胞的吞食能力，原生藻连同它里面的叶绿体，又可以被其他真核生物吞下，里面的叶绿体存活下来，继续进行光合作用，产生次生藻。

原生藻

原生藻是最初吞下蓝细菌的真核生物的直系后代，因此是藻类中的"嫡系部队"，其中的叶绿体是原装货，由两层膜包裹，而且这两层膜都来自蓝细菌。吞进蓝细菌时，包裹蓝细菌的真核细胞的细胞膜消失，这也许是当初吞进蓝细菌的囊泡没有和溶酶体融合，蓝细菌得以存活的原因。由于原生藻同时含有叶绿体和线粒体，因此是一个细胞套两种细胞，即当初的古菌套进了 α - 变形菌，变为真核细胞（参见第三章第一节），然后又套进了蓝细菌。原生藻主要包括灰藻、红藻和绿藻。

灰藻

在灰藻中，蓝细菌保留下来的成分最多，组成蓝细菌细胞壁的肽聚糖仍然存在。在吸收光能的色素中，除了保留了蓝细菌的叶绿素 a 外，灰藻还保留了蓝细菌的辅助色素藻胆素。

灰藻保留肽聚糖和藻胆素的事实说明，被吞进来的蓝细菌变化还不够大，还没有演变成为真正的叶绿体，只能被称为蓝小体（图 4-20 左上）。

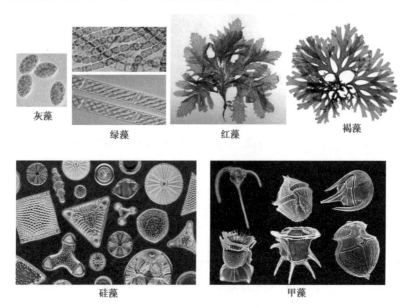

灰藻　　绿藻　　红藻　　褐藻

硅藻　　甲藻

图 4-20　藻类生物

红藻

红藻中的叶绿体不再含有肽聚糖，说明红藻对蓝细菌进行了比较多的改造。但是红藻仍然保留了藻胆素，可以吸收较多波段的光，以适应不同水深中的生活（图 4-20 上中）。

红藻的生活范围非常广泛，有 7000 多种，而且多数红藻已经发展成为多细胞的生物。红藻大部分生活在海洋中，呈丝状、片状和枝状，形成所谓的海草，我们吃的紫菜就是一种红藻。红藻储存的养分为红藻淀粉，它和植物中的淀粉一样，也是由葡萄糖分子聚合而成，但是葡萄糖分子之间的连接方式与淀粉不同。

绿藻

绿藻不再保留藻胆素，主要在淡水中生活，常常附着在水中的石头和树枝上。除了保留蓝细菌的叶绿素a之外，绿藻还发展出了叶绿素 b，以便更好地吸收红光。由于不再含有藻胆素，又增加了叶绿素 b，绿藻的颜色主要为绿色（图 4-20 上左）。

绿藻至少有 22 000 种，可以是单细胞的，如衣藻；也可以是多细胞球状的，如团藻；可以是丝状的，如水绵；也可以是分支的，如轮藻。

次生藻

次生藻是原生藻被其他真核生物吞下形成的，即真核生物吞进真核生物，附带获得被吞真核生物里面的叶绿体，使这些真核生物间接获得进行光合作用的能力。这些叶绿体不是从直接吞进的蓝细菌变来的，而是跟着原生藻进来的，因此是二手货，次生藻也就不是藻类的嫡系部队，而且多种多样，是杂牌军。

次生藻的叶绿体常常被 4 层膜包裹，其中最内的两层来自蓝细菌，第三层是原生藻的细胞膜，而最外层来自吞食原生藻的真核细胞的膜。在第三层膜和内面的两层膜之间，有时还有原生藻的细胞核残留，叫作共生核，说明原生藻的细胞形态还基本保留，也更容易抵抗消化过程，因此吞进原生藻形成次生藻的过程远比原生藻的形成容易。次生藻主要有褐藻、硅藻和甲藻。

褐藻是主要的海生藻类之一，有 1500~2000 种，全部为多细胞生物，我们食用的海带就是一种褐藻（图 4-20 上右）。海带可以长到 60 米长，形成巨大的海底森林，给许多其他生物提供生存环境。

硅藻拥有最多的种类，有 200 多个属，10 万多种，多为单细胞，也可以聚集成链状或放射状（图 4-20 左下）。硅藻贡献光合生物所产生的氧气中的约 40%，其所含的有机物更占海洋中总有机物量的一半，是许多动物的食物。

甲藻的种类也比较多，有超过 2000 种甲藻在海洋中生活，超过 200 种生活在淡水中。甲藻多数以单细胞的形态生活，有少数聚集为群体（图 4-20 下右）。甲藻可以在海水中大量繁殖，成为许多动物的食物，死亡后的甲藻沉于海底，对石油的生成起重要作用。

藻类中的绿藻上岸，到陆上生活，就变成植物。

第八节　植物的祖先是绿藻中的双星藻

植物是在陆上生活的、能够进行光合作用的真核生物。广泛一些的定义把植物的祖先——绿藻也包括在内，所以植物就是含有原生叶绿体的真核生物。更广泛的定义把次生藻（如红藻）也包括进去，意思是含有叶绿体、能够进行光合作用的真核生物。在本书中，我们采用最严格的定义，以与主要是在水中生活的藻类相区别。虽然植物和藻类都是真核生物，都进行光合作用，但由于生活环境不同，它们在生理活动和身体结构上又有巨大差异。

比较植物和各种藻类的一些特性，可以知道植物是从绿藻登陆演化而来的。例如，植物和绿藻的细胞壁都由纤维素组成，而红藻的细胞壁除了纤维素，还含有硫酸化藻胶，褐藻的细胞壁除了纤维素，还含藻胶。植物和绿藻都以淀粉作为储存的食物，而红藻储存红藻淀粉，褐藻储存海藻多糖。虽然红藻淀粉和海藻多糖也是葡萄糖的聚合物，但是其中葡萄糖连接的方式与淀粉不同。

绿藻主要分为两纲，绿藻纲和轮藻纲。比较植物与这两类绿藻中叶绿体的基因结构，发现植物与轮藻的共同性比较多，说明轮藻纲中的一些藻类是植物的祖先。

轮藻纲的绿藻又分 6 个目：对鞭毛藻目、绿叠球藻目、克里藻目、轮藻目、鞘毛藻目和双星藻目。从形态上看，轮藻目的藻类结构较复杂，与植物相近，曾经被认为是植物的祖先，但是在 2014 年，多国科学家合作，比较了植物和这 6 个目绿藻中 842 个基因的序列，发现双星藻目的基因与植物的基因最相似，因此双星藻应该是植物的祖先（图 4-21）。

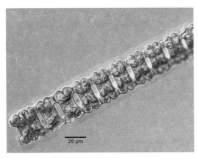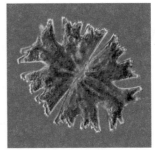

图4-21　双星藻

第九节　植物的演化

植物是绿藻登陆以后形成的，而陆上的环境与水中有极大的不同。植物在地面以上虽然容易获得阳光以进行光合作用，但是也很容易失水死亡；地面以下倒是有利于保水，但是又不容易获得阳光，因此进行光合作用的单细胞真核生物很难在陆地上立足。如果变为多细胞的生物，一部分在地面以上以获得阳光，另一部分在地面以下以获取水分，在陆上生存的机会就提高了。因此在陆上生活的植物几乎全是多细胞的。

植物在地上的部分要接受太阳光，最好的办法是用尽可能少的材料形成尽可能大的受光面积，这就是薄而面积大的叶片。支撑叶片，将其保持在空中的结构就是茎。植物的地上部分由于表面积很大，在风中会受到很大的力，地下部分的一个作用就是将植物固定，不被风吹走，另一个作用是深入土层以吸收水分。满足这些要求最好的形态就是反复分支，最后形成细丝样的结构，这就是根。在结构更复杂的植物中，茎还通过管道沟通叶片和根，把从地下吸收的水分输送到叶，又把叶制造的营养输送到不能进行光合作用的根。因此植物最基本的构造叶、茎、根，是围绕光合作用这个核心任务而发展出来的，与围绕吃任务的动物身体构造完全不同。

植物对陆地上环境的适应也是逐步实现的。最初的植物结构还不完善，只能生活在离水近、阴暗潮湿的地方，这就是苔藓植物。输送水分结构的出现使植物可以在离水远一些的地方生活，但是繁殖过程还离不开水，这就是蕨类植物。繁殖过程摆脱了对水环境的依赖，种子取代孢子作为传播手段后，植物就可以向更干旱的地方发展，这就是种子植物。种子变为果实，利用动物来传播种子，在陆地上生活的能力就更强，这就是被子植物。

苔藓植物

苔藓植物是最先在陆上进行光合作用的真核生物，可以分为苔类植物和藓类植物（图4-22）。苔类植物有匍匐在地上的、扁平的叶状结构，可以有数厘米大，下面有根状结构。藓类植物有细小的叶片长在茎上，下面也有根状结构。这些根状结构中没有输送水的管道，主要起固定的作用，叫作假根。

苔类植物　　　　　　　　　　　　苔类植物化石

藓类植物　　　　　　　　　　　单层细胞的叶片

图4-22　苔藓植物

苔藓植物虽然已经登陆，但是还没有完全适应陆上的环境。它们缺乏输送水的管道，水分和无机盐仍然要靠身体表面直接吸收。大部分细胞自己进行光合作用，制造养料，所以也没有输送有机物的管道，根状结构通过扩散得到营养。由于这些原因，苔藓植物都是很矮小的，一般不超过几厘米。

苔藓植物用于繁殖的精子具有鞭毛，通过身体表面的水膜游到卵子处，所以苔藓植物的繁殖还不能离开液态水的环境，也只能生活在阴暗潮湿的地方。

苔藓植物出现在大约4.7亿年前。在阿根廷发现的化石孢子和现代苔类植物的孢子在构造上很相似，而且孢子壁也含有陆上植物才有的孢子花粉素，说明这些孢子能够耐受陆上干燥的环境，而不是水生藻类的孢子。孢子的数量随着离海岸的距离增大而减少，说明它们是由离海岸近的原始陆生植物产生的。

蕨类植物

蕨类植物在茎的中央有专门输送水分的管道，由管胞组成（图4-23左）。管胞是细胞死亡后留下的细胞壁围成的空管，上下相连，以细孔相通，把水分和无机盐从根部输送到身体的各个部分去。除了输送水分，由纤维素和木质素组成的管胞机械强度大，还有支撑作用，组成植物的木质部。有了管胞输送水分和提供机械支持，蕨类植物就可以长得比苔藓植物高得多。在泥炭纪时期，蕨类植物曾经高达20~30米甚至40米，形成蕨类植物的森林。

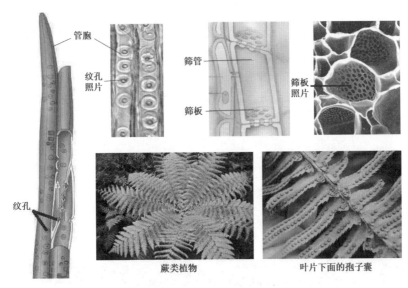

图4-23　蕨类植物

植物长高了，叶片制造的有机物还需要输送到茎和根部去，这是通过包围在管胞周围的筛管来完成的（图4-23上右）。筛管是管状的活细胞，通过它们的两端彼此相连，相连部分的细胞壁上有孔，方便有机物通过，使这部分细胞壁像筛子，所以这些细胞叫作筛管。筛管的细胞壁中没有木质素，比较柔软，由筛管组成的组织叫作韧皮部，与木质部一起合称维管组织。具有维管组织的植物叫维管植物，以和没有维管组织的苔藓植物相区别，所以蕨类植物是最初的维管植物。维管组织也使植物拥有真叶和真根，即具有维管组织的叶和根。

蕨类植物的化石出现在3.6亿年前的晚期泥盆纪地层中，在苔藓植物出现在陆地上之后也许还不到1亿年。

蕨类植物虽然有维管系统，也可以长得更高大，但是精子仍然必须靠身体表面的一层水膜才能游到卵子所在的地方，使蕨类植物在繁殖阶段还离不开水环境。如果把精子改为花粉，通过空气传播到卵子处，就可以摆脱对水环境的依赖。

蕨类植物和苔藓植物一样，卵细胞受精后，分裂变成单细胞的孢子来传播生命（图4-23下右）。如果将孢子变为多细胞的、含有新植物胚胎的种子，在陆上的生存能力会更强。这两个变化就要等待种子植物出现了。

种子植物

为了克服苔藓植物和蕨类植物精子传播对水膜的依赖，种子植物改用空气来传播精子。而要让一个精子在空气中存活，到达卵子后还能够与卵子结合，难度非常高。种子植物采取的方法，是让精子带着几个营养细胞，和精子一起打包，变成花粉，相当于精子还带着几个仆从和外衣，在空气中存活的概率就增高了。到达卵子附近后，花粉还能长出花粉管，将精子护送到卵子处，整个过程就不再需要水环境了。

例如，松树在进行繁殖时，先长出由多个鳞片组成的圆锥形结构，叫作松果（图4-24）。松果其实不是果，而是松树的繁殖器官。松果分雌、雄两种，雌松果较大，长在松树较高的枝上，每个鳞片基部长有胚珠，里面有卵子；雄松果较小，比较细长，长在松树靠下的枝上，产生花粉。花粉从雄松果释出，经空气到达胚珠，使卵细胞受精。

用于繁殖的"松果"

松树带翅膀的种子

裸子植物松树

被子植物桃树

桃树开花

种子

果实

图4-24　种子植物

种子植物的受精卵也分裂产生孢子，但是并不把孢子直接释放出去，而是让它们就在母株上萌发并且发育成为带有新植株雏形的胚胎，附加一些营养，再打包放出，这就是种子，其生存能力和发育成新植株的能力都远强于孢子。由于一开始种子是裸露的，这些早期的种子植物也叫作裸子植物。裸子植物出现在石炭纪晚期，大约3.5亿年前，现在大约有1000种。松树、柏树、苏铁都是裸子植物。

不过比起孢子，种子也有缺点，就是比孢子重得多，不容易被传播到比较远的地方。为了解决这个问题，有些植物给种子加上翅膀，使它们更容易被风刮到比较远的地方，如松树的种子就是带翅膀的（图4-24中左）。不过总的来说，裸子植物的种子都传播不了多远，因此它们大多就近繁殖，形成森林，如山区大片的松树林（图4-24左）。

更好的办法，是让能够到处移动的动物来传播种子，为此植物给种子发展出了包被。包被富于营养，不过这些营养不是为种子自己使用的，而是供动物吃的。动物吃了包被后，也顺便将种子传播到更远的地方。这种加了包被供动物食用的种子就叫作果实。产生果实的植物也被称为被子植物。

给种子加包被的过程是在植物的一种新的结构叫作花的内部完成的，多数花既产生花粉，也产生含有卵子的胚珠，还在胚珠外面加上包被，形成子房。卵子受精后，子房就发育成为果实。因此产生果实的植物除了叫被子植物外，还被称为开花植物（图4-24右）。

被子植物出现在大约1.3亿年前。由于对陆地上的环境能高度适应，被子植物也就成为陆地上占主导地位的植物，有大约1.3万属，30万种。几乎所有的农作物都是被子植物。

植物每年将大约560亿吨碳合成为有机物。海洋中的藻类合成的有机物量与植物相近，含有约490亿吨碳。这些有机物可以成为许多动物（如草食动物）的食物，而草食动物又是肉食动物的食物，给地球上动物的繁荣提供了物质基础。

植物和动物又都会死亡，留下大量的有机物，给另一大类真核生物的生存提供了机会，这就是真菌。

第十节　真菌的演化

真菌既不进行光合作用，自己合成有机物，也不像动物那样依靠吞食有机物来生活，而是消化体外现成的有机物，再加以吸收。这种获得体外营养的方式和异养的原核生物并无本质区别，但是由于真菌是真核生物，身型比原核生物大得多，成为地球上最大的清道夫。真菌让死亡的动物和植物迅速消失，给新的生命腾出空间。如果没有真菌，地球表面恐怕早就被动物和植物的尸体堆满了。

真菌不仅可以消化已经死亡的动物和植物，也可以侵害活的动物和植物。癣和脚气就是真菌侵害人类的例子。在植物中，玉米的黑穗病、小麦锈病、红薯软腐病、月季的黑斑病等，都是由真菌感染造成的。

要消化体外的有机物再加以吸收，最好的办法就是尽量扩大与有机物的接触面。除了以单细胞的形式与食物接触，如酵母菌，真菌还发展出了多细胞的菌丝。菌丝的直径只有几微米到十几微米，也具有巨大的表面积和体积之比，可以有效地通过扩散吸收营养。菌丝通过顶端生长，可以迅速地包围和穿入有机物，最大限度地获取营养，因此大多数真菌都采用菌丝的结构。菌丝还可以分支，可以被隔膜分隔为多个细胞，也可以在一段菌丝中含有多个细胞核。

在一个地方的有机物被利用完之后，真菌还必须到新的地方获得有机物。在距离比较大的情况下，通过菌丝生长就不够了，必须有新的移动方式，这就是通过真菌的孢子。孢子是单细胞的，非常轻巧，可以随风传播到很远的地方，遇到合适的有机物，孢子又可以萌发成为菌丝，开始新的获取有机物的过程。放在屋子里的水果时间长了会长霉，说明真菌的孢子无处不在。

为了最大限度地利用风力来传播孢子，真菌总是尽可能地把生成孢子的结构伸到空中。例如，使面包发霉的面包霉属于结合菌，菌丝可以在顶端长出孢子囊，像一个大头针的头部，里面的细胞通过有丝分裂形成数千个孢子（图4-25右）。

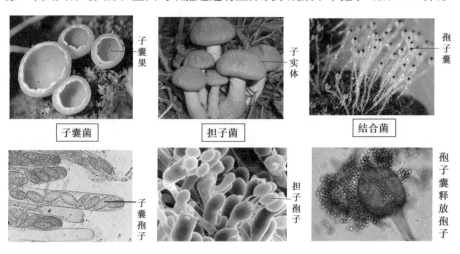

图4-25　真菌和它们形成的孢子

另一种方式是形成突出地面的多细胞结构，叫作子实体。子实体在地面以上比较高的地方形成孢子，更利于被风传播。根据子实体的结构，真菌基本上可以分为子囊菌和担子菌。

子囊菌的子实体叫子囊果，可以是球形、瓶形、杯形、盘形等，如红白毛杯菌的子实体就是杯状的（图4-25左）。这些结构里面的菌丝在末端形成子囊，里面的细胞分裂形成一串孢子，然后分离脱落。

担子菌的子实体就是我们常见的蘑菇。在要形成孢子时，菌丝聚集，形成蘑菇。蘑菇的伞盖下有许多片状结构，在这些结构的表面菌丝长出棒状凸起，叫作担子。每个担子里面有一对细胞核，在那里它们彼此融合，经过分裂，形成孢子（图4-25中）。

现在已知的真菌大约有15万种，实际数量可能要大得多，其中绝大多数生活在陆地上。比较无争议的真菌化石出现在泥盆纪的早期。在苏格兰的莱尼埃村附近有4.1亿年历史的碎石层中，有许多生物的化石，其中有真菌菌丝伸入植物组织的情形。

真菌在降解动植物尸体中的作用还可以从历史事件中观察到。大约6500万年前，一颗巨大的陨石撞击到墨西哥的尤卡坦半岛，形成直径180千米的陨石坑。撞击导致地球表面状况剧烈改变，使大量的动物和植物死亡，并且使恐龙全部消失。与此同时，真菌的数量却大量上升，说明是动物和植物的大规模死亡给真菌的繁殖提供了条件。

动物、植物、真菌这三大类真核生物，生活方式不同，围绕生活方式而发展出来的身体构造也不同，使每一种生活方式都可以有效地进行。现在的问题是，这些身体结构是如何形成的？这就是生物演化创造出来的奇迹。

第五章 多细胞生物身体形成的机制

同一种生物的身体构造都高度相似。例如，同窝的蚂蚁，看上去几乎完全一样，好像是工厂生产出来的产品；同窝的蜜蜂也彼此高度相似，但是又和蚂蚁明显不同；同一块地中的麦子模样都差不多，但又和旁边地里的玉米很不一样。这种情形很容易使人想到，生物的身体结构是不是也像工厂里面的产品那样，按照设计图生产出来的？如果是这样，那么生物身体的设计图又在哪里呢？

从第二章第三节可以知道，DNA 是把生物的性状包括身体结构传递给下一代的物质，所以 DNA 一定携带有每种生物身体构造的信息。现在许多生物的全部 DNA 序列（叫作基因组）都已经被测定，按理说我们就可以在里面发现各种生物身体结构的设计图了，包括我们人类身体的设计图。

但是当我们在 DNA 中去寻找我们身体的设计图时，却只发现为蛋白质编码的序列，以及控制基因表达的序列，仅此而已。在人的 DNA 序列中，根本找不到建造两只手以及两条腿的指令，也找不到规定人的每只手有 5 根手指的信息。是什么 DNA 序列规定了舌头和牙齿长在嘴里、鼻子有两个鼻孔、眉毛长在眼睛之上？是什么 DNA 序列规定我们的心脏有两个心房、两个心室、血管分静脉和动脉？是什么 DNA 序列能够决定人有多少根头发，长在什么地方？实际上，所有这些有关身体结构的信息，在 DNA 的序列中都是找不到的。

从生物结构的复杂程度来看，要直接把这些信息全部"写"进 DNA 序列也是不可能的。人只有两万多个基因，而人的头发就有约 12 万根。就算一根头发位置的信息只需要一个基因来记录，那也是远远不够的，更不要提我们的身体里有 $6×10^5$ 亿个细胞，它们的结构和功能各异，位置不同，要靠区区两万多个基因来记录所有这些信息，可以说是毫无希望的。这些事实说明，生物身体的"设计图"和工厂产品的设计图，工作原理是不一样的。

工厂生产某种产品时，是分别生产各种零件，再将它们组装在一起，而几乎所有多细胞生物的身体（地衣除外，参见第四章第一节），却都是从受精卵这一个细胞变出来的。由此，我们可以把生物的身体形成归纳为两个问题：第一，受精卵是如何变出生物体中不同类型的细胞的？第二，这些细胞被变出来之后，又是如何被组装成为结构复杂的生物体的？科学研究的结果已经给这两个问题提供了答案。

第一节 选择性的基因表达使同样的 DNA 产生不同类型的细胞

多细胞生物的身体由不同类型的细胞组成，例如，人体中就有皮肤细胞、肌肉细胞、肝细胞、神经细胞等；植物身体中也有表皮细胞、导管细胞、筛管细胞、叶片中进行光合作用的细胞、根上的根毛细胞等。在多数情况下，这些细胞都是从同一个受精卵分裂产生的，细胞里面的 DNA 都一样。这看上去有点奇怪：生物的性状不是由 DNA 决定的吗？牛和马的身体构造不一样，就是因为它们的 DNA 不同，所以用牛的 DNA 克隆出来的还是牛，不会是马，身体里面的细胞既然含有同样的 DNA，怎么会成为不同类型的细胞呢？

其实看一下单细胞生物的生活周期，就可以发现同一个细胞可以有不同的形态，尽管 DNA 的序列并没有发生变化。例如，绿藻中的衣藻就有营养期和分裂期的区别（图 5-1 左）：在营养期，衣藻新陈代谢旺盛，具有鞭毛，能够游泳，但是细胞核完整，不能分裂；而分裂期的衣藻新陈代谢速率降低，细胞收缩变圆，鞭毛和细胞核消失，不能游泳，但是能够分裂。

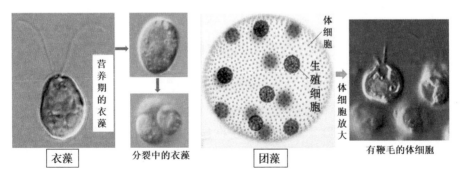

图5-1 细胞的不同时期和分工

造成这种现象的原因，是衣藻本来就同时拥有营养期和分裂期所需要的基因，只是在不同时期分别表达这些基因，这样由同样的DNA就可以产生出不同结构的细胞来了。这就像一个公司有生产各种产品的设计图，只要选择性地使用其中某些设计图，就可以成立专门生产某些产品的分公司。

这个机制也被用来在多细胞生物中形成不同类型的细胞。受精卵除了维持自身的状态外，不会表达与各种特定细胞功能有关的基因，例如，动物的受精卵就不会表达与肝细胞和肌肉细胞功能有关的基因，植物的受精卵也不会表达与开花有关的基因。受精卵分裂，发育成生物的身体时，向不同功能发展的细胞就开始表达与该功能有关的基因，形成不同类型的细胞。这个过程叫作细胞的分化。分化完成的细胞就是组成身体的细胞，叫作体细胞。受精卵还没有分化成为身体中各种有特殊功能的细胞，所以是在未分化状态。

一开始，多细胞生物的细胞类型还不多，例如，由类似衣藻的细胞组成的团藻就只有两种细胞，外层的细胞有数百个，具有鞭毛，但是不能分裂；内部有数量较少的细胞，没有鞭毛，但是可以分裂，生成新的团藻（图5-1右）。这相当于把衣藻的营养期结构和分裂期结构固定到两种细胞上，分别变成体细胞（组成身体的、分化完成的细胞）和生殖细胞（不参与生物平时的生理活动，只负责繁殖的细胞），这就是最早的细胞分化。

但是随着身体里面细胞种类的增多，直接从受精卵生成各种类型细胞就很困难了。例如，水螅就有外上皮细胞、内上皮细胞、分泌消化液的腺细胞、用于捕获猎物的刺细胞、用于感觉和协调肌纤维收缩的神经细胞、进行有性生殖的精子和卵细胞（参见图5-2左上）。一个受精卵，怎么能够同时产生这么多种类型的细胞？这就要通过干细胞的作用。

第二节　干细胞在多细胞生物身体发育中的作用

水螅产生各种体细胞的方法，不是一步到位，直接从受精卵变为各种体细胞的，而是分步进行，每次细胞分裂只产生两种不同类型的细胞，产生的细胞又通过分裂再产生不同类型的细胞，最后形成所有类型的细胞。例如，水螅的受精卵在分裂时，先产生能够形成上皮细胞的细胞，以及能够产生所有其他细胞的细胞。前者分裂，产生能够分别形成外上皮细胞和内上皮细胞的细胞；后者分裂，形成能够产生刺细胞的细胞，以及能够产生神经细胞和腺细胞的细胞。能够产生神经细胞和腺细胞的细胞再分裂，产生神经细胞和腺细胞（图 5-2 左下）。

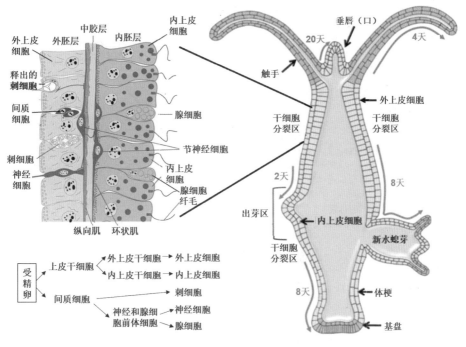

图5-2　水螅的细胞分化

　　这个过程就像大树分枝，受精卵是主树干，主树干分出大枝，大枝再分为小枝，最后形成的各个小枝就相当于完全分化的、不同类型的体细胞。尚未完全分化、处于不同分化状态的细胞相当于从总树干到分树干的各级分枝，因此被称为干细胞，是树干细胞的简称。除了上面谈到的水螅的例子，所有的多细胞生物包括动物、植物和真菌，都用这个途径来产生身体里面各种类型的细胞。

　　例如，人的身体由 200 多种不同类型的细胞组成，显然不能从受精卵直接生成，而是通过各级干细胞（图 5-3）。受精卵能够发育成为我们身体里面所有类型的细胞，相当于大树的主干，叫作全能干细胞。全能干细胞产生的次级干细胞能够产生多种体细胞，相当于大树中还能够再分枝的大枝，叫作多能干细胞，如造血干细胞就能够生成血液中所有类型的血细胞，包括红细胞和各种白细胞。到最后，干细胞只能生成一种体细胞，相当于是大树分枝的末端枝，叫作单能干细胞，如肌肉干细胞就只能生成肌肉细胞。

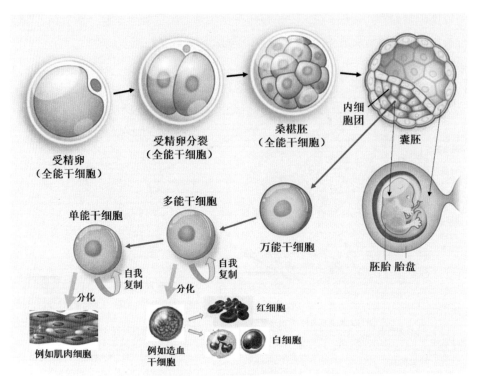

图5-3 人类的干细胞

植物的情形也一样。受精卵并不直接生成各种植物细胞，也是通过干细胞这条途径。受精卵分裂后，形成茎尖分生组织、根尖分生组织和侧生分生组织，其中茎尖分生组织形成茎、叶、花里面的各种细胞，根尖分生组织生成根里面的各种细胞，而侧生分生组织形成输送水分的导管细胞和输送养分的筛管细胞。

在生物的身体长成后，干细胞的任务还没有结束，还要继续存在，以替补老化和死亡的体细胞。在多细胞生物中，体细胞的寿命常常比生物的整体寿命短得多，如水螅的体细胞只能活几天到几十天。人也是一样，许多体细胞的寿命也很短。例如，我们皮肤的上皮细胞处在身体的最外面，随时要受到外界因素的伤害（磨损、紫外线辐射、各种有害物质的侵袭等），所以这些上皮细胞只能活27~28天。血液中的免疫细胞要不断地和外来的入侵者作战，寿命也不长，像白细胞一般只能活几天到十几天。工作条件最恶劣的是小肠绒毛细胞，它们负责从肠道中吸收营养，同时要经受肠蠕动带来的摩擦，又浸泡在消化液中，还要面对几百种肠道细菌和它们的代谢产物，所以它们的寿命极短，只能活两三天。

按照水桶理论，一个水桶如果是由长短不同的木条拼接成的，这个水桶能够装的水的量是由最短的那根木条的高度来决定的，所以如果没有替补机制，人体的寿命也应该和寿命最短的细胞一样，因为没有这些细胞，即使其他细胞还活着，人也不能生存。

为了替补这些细胞，生物会在身体形成的过程中，保留一些干细胞，在身体长成后继续存在，不断替补那些受损和死亡的细胞，叫作成体干细胞。

例如，水螅身体的中部有形成外上皮细胞和内上皮细胞的干细胞，它们能持续进行分裂，源源不断地形成新的外上皮细胞和内上皮细胞（图5-2右）。新形成的这些细胞会推着更早时形成的细胞向身体的两端前进，向下到达基盘，替换那里的细胞；向上到达口部和触手的顶端，更老的细胞则从这些顶端脱落。通过这种方式，水螅的身体和触手中的细胞就能够不断地被更新，水螅的总体寿命也可以达到4年以上。

人体也是一样，在皮肤中、造血的骨髓中、小肠绒毛中，都有一些持续不断分裂的细胞，它们分别生成新的上皮细胞、血细胞和小肠绒毛细胞，用以替换老的细胞。由于干细胞的替补作用，人就可以摆脱一些体细胞对寿命的限制，活到百岁左右。

在动物身体中，成体干细胞的替补作用主要是在细胞层面的。由于这些干细胞已经不是受精卵那样的全能干细胞，它们一般只能替补所在组织的细胞，而不能替换其他组织的细胞，例如，替补小肠绒毛的干细胞就不能替补肌肉细胞，类似于一个分枝上的干细胞不能替补另一个分枝上的细胞。干细胞技术就是要打破这种限制，在体外增加干细胞的分化能力，如用造血干细胞分化出神经细胞。

许多植物也保留有成体干细胞，甚至是全能干细胞，这样植物在受到啃食伤害后，还可以长出新的枝叶来，甚至发育成为新的植株，极大地延长了许多植物的寿命。

从受精卵到干细胞，分裂后形成的两个细胞通常彼此不同，表达不同的基因，这样才能使分裂形成的细胞逐渐分化成为各种体细胞，这种情况叫作细胞的不对称分裂。成体干细胞在替补体细胞时，也进行不对称分裂，生成的两个细胞中，只有一个继续分裂，并且在分裂的同时进行分化，最后变为成熟的体细胞，另一个则仍然是干细胞。通过这种方式，干细胞就能保持自己的真身，而不至于被用完。

同一个细胞分裂形成的两个细胞，怎么能够做到彼此不同呢？这就要依靠细胞的极化，即细胞两端的组成情况不同。

第三节　细胞的极化导致不对称分裂

要受精卵分裂时产生的两个细胞彼此不同，就需要受精卵在分裂前构造就是不对称的，即在不同的方向上，物质的分布情形不一样，例如，某些蛋白质只位于细胞的一端，其他蛋白质又只位于细胞的另一端，这样细胞在分裂时，两个子细胞就会继承不同的蛋白质，导致不同的命运。这种物质在细胞中分布不均匀的状况叫作细胞的极化，类似于地球有北极和南极，大陆在北半球和南半球的分布情形是不一样的。

但是细胞的极化似乎又是一个比较难以理解的现象。蛋白质在细胞中是可以向各个方向扩散的，细胞膜也是动态的，里面的磷脂和蛋白质也处于连续不断的流动和移位之中。这些随机的过程似乎只能使细胞的结构均匀化，就像糖分子在一杯水中最后会平均分布到水的所有部分一样，怎么会出现分子在细胞的各个方向上分布不均的情况呢？但是这种想法只是把细胞单独看待，没有考虑细胞周围的情况。实际上，有好几种机制可以建立细胞结构的不对称性。

卵细胞的环境就有可能是不对称的（图5-4下）。例如，果蝇的卵细胞形成后，在一侧有一些营养细胞，它们生成的一些 mRNA 分子从一端进入卵细胞，与微管结合，不能再扩散到卵细胞的其他地方去。卵细胞受精后，这些 mRNA 分子被就地转译为蛋白质，也位于受精卵的一端，使受精卵保持不对称状态。

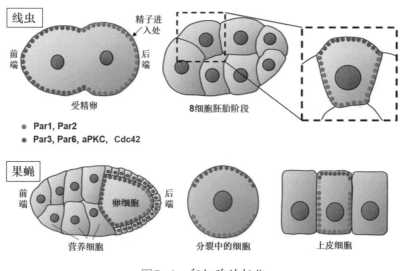

图5-4　卵细胞的极化

在受精过程中，由于精子只能从卵细胞的一个位置进入，这个进入点对于卵细胞来说也是不对称的。例如，线虫的卵细胞在受精时，精子带进的中心粒使卵细胞的微管运输系统的重新定向，导致蛋白质 Par3、Par6、aPKC 和 Cdc42 位于受精卵的顶端（与精子进入点相反的方向），而蛋白质 Par1 和 Par2 则位于受精卵的后端（精子进入的方向）（图 5-4 上，参见图 5-9）。

干细胞通常位于身体的一些微环境中，接收周围细胞发出的信号以维持干细胞的身份。干细胞分裂后，一个子细胞留在原来的环境中，继续接收周围细胞的信号，保留为干细胞；而另一个子细胞由于离开了原来的环境，不再接收维持干细胞身份的信号，于是分化为其他类型的细胞。

蛋白质之间的协同作用也能使细胞产生和维持极性。如上面说的 Par3、Par6 和 aPKC 这三种蛋白质能够聚在一起，形成蛋白复合物。每一种蛋白质都能通过这种方式从细胞质中招募其他两种蛋白质来到细胞顶端，使蛋白复合物能够稳定地在细胞顶端存在，这就是一种正反馈回路。Cdc42 能够与细胞膜联系，同时结合 Par 复合物中的 Par6，这又是一种正反馈回路，使受精卵的极性得以维持（参见图 5-9）。

蛋白复合物之间的拮抗也能导致细胞的极化。例如，上面谈到的 Par1 蛋白质是位于受精卵的后端的，如果它进入受精卵的顶端，那里的 aPKC 就能使它磷酸化。磷酸化后的 Par1 会与细胞质中的 Par5 结合，而不能停留在顶端（参见图 5-9）。

植物也利用精子进入卵细胞时带入的成分来建立受精卵的极性，例如，在模型植物拟南芥的卵细胞受精时，精子带入一种叫 SSP 蛋白的 mRNA。这个 mRNA 指导合成的 SSP 蛋白又通过一种叫作 YODA 的蛋白质影响受精卵的极性。这样在受精卵分裂时，就会产生两个不同的细胞，其中较小的顶细胞后来发育为植物的胚胎，而较大的基细胞则发育为胚柄。

除了细胞的不对称分裂，细胞之间的相互作用也能影响细胞的发展方向。

第四节　细胞之间的相互作用影响细胞命运

一旦受精卵分裂形成多个细胞，这些细胞之间就可以相互作用，从对方获得信息，以决定自己的分化方向。这既可以通过细胞之间的直接接触而实现，也可以通过细胞分泌的信号分子长程影响周围细胞的命运。

1914 年，科学家发现了一种果蝇的突变种，在其翅膀的边沿上有缺口，突变的基因也就被称为缺口基因，英文名称为 *Notch*，其产物就是 Notch 蛋白，它就能使相邻细胞的基因表达状况变得彼此不同，成为不同类型的细胞（图 5-5）。

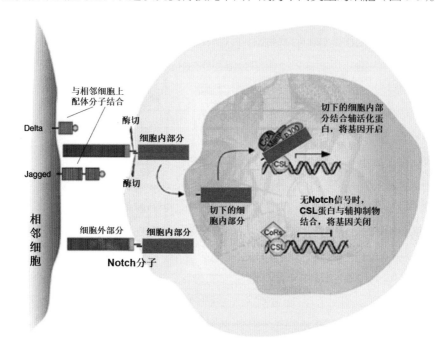

图5-5　Notch 蛋白使相邻细胞变化为不同类型的细胞

Notch 蛋白位于细胞膜上，其细胞外的部分能与另一个细胞上的蛋白质结合，接收那个蛋白质的信息，那个蛋白质也就叫作 Notch 蛋白的配体蛋白。Notch 蛋白与配体蛋白结合后，细胞膜内的一个蛋白酶会把 Notch 蛋白的细胞内部分切下来。这个被切下来的蛋白片段随后进入细胞核，在那里影响一些基因的表达，使表达 Notch 蛋白的细胞和表达配体蛋白的细胞基因表达状况不同，演变成为不同类型的细胞。

除了这种方式，细胞还能够分泌信号蛋白质，在细胞之间扩散比较长的距离，影响多个细胞的命运。这两种信息传递方式相互结合，就可以控制多种细胞类型的形成，一个很好的例子就是昆虫眼睛的形成。

昆虫的眼睛是复眼，整个眼睛由许多小眼组成（参见第十二章第一节和图 12-8）。每个小眼中有 8 个感光细胞，从 R1 到 R8，这些感光细胞的外面又被用于遮光的色素细胞所包裹。

R8 细胞首先形成，然后分泌一种叫 Spitz（简称 Spi）的信号蛋白，诱导周围的细胞也变成感光细胞。到所有 8 个感光细胞都形成后，外围的感光细胞就表达 Notch 的配体蛋白 Delta（简称 Dl），Dl 会和相邻细胞上的 Notch 分子结合，使它们不再能变为感光细胞，而是变成色素细胞。

感光细胞 R8 就控制了小眼所需的关键细胞的形成，相当于一个局部的指挥中心。而整个生物的形成过程，也是由高层到低层的多个指挥中心控制的。

第五节　动物身体形成过程中的指挥中心

昆虫控制小眼形成的 R8 感光细胞只是一个小的指挥中心，而动物更大的结构也是由更大的指挥中心控制形成的。在受精卵分裂形成的细胞中，会产生一些起控制作用的细胞，它们发出指令，控制其他细胞的分化过程，让它们变为各种结构所需的细胞，再由这些细胞自动组装成这些结构。

19 世纪初，德国生物学家汉斯·斯佩曼（Hans Spemann）做了一个有趣的实验。他把蝾螈（一种体形类似蜥蜴的两栖动物）囊胚期的胚胎分割成两半，如果每一半都含有一个叫原口背唇的部分，每一半就都能发育成一个完整的胚胎，只是比完整囊胚长成的胚胎小一点（图 5-6）。如果其中一半不含原口背唇，这一半就不能发育成为正常的胚胎。如果把部分原口背唇转移到腹面，则会形成两个头的胚胎。将鸭胚胎的原口背唇转移到鸡胚胎上，会形成另一个发育对称轴。这些结果说明，原口背唇部分的细胞具有控制胚胎结构形成的能力。

1918 年，美国科学家罗斯·哈瑞森（Ross Harrison）做了另一个有趣的实验。他把蝾螈胚胎要长前肢处的细胞团切下来，移植到另一个蝾螈胚胎的两侧，结果在移植细胞团的地方也长出了前肢，表明这些细胞团也能控制前肢的形成。这说明低一层的结构如前肢的形成，也是由指挥中心控制的。

随后的研究表明，指挥中心发出的指令，多数是一些蛋白质分子，它们被指挥中心的细胞分泌出来后，通过在细胞之间扩散，到达许多细胞，与这些细胞上的受体（结合外界信息分子的蛋白质分子）结合，受体分子再把信息传递到细胞核内，调控基因的表达，使这些细胞变成所需的类型。这些蛋白质分子控制身体结构的形成，所以又被称为成型素，像上一节中感光细胞 R8 分泌的 Spi 蛋白就是一种成型素。成型素的种类不多，但是通过它们之间的配合使用，却可以控制动物身体中所有类型细胞的形成，并且由这些细胞组装成为结构。这就像木匠的工具只有斧、锤、锯、刨、凿、钻等几种，但是通过它们的配合使用，却可以造出无数种木结构来。

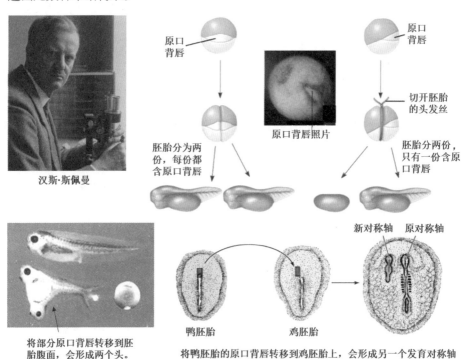

图5-6　汉斯·斯佩曼的蝾螈实验

动物的成型素

动物使用的成型素主要有以下几种，它们的名称多是由发现它们的过程而来。

无翅蛋白（Wnt）

这个蛋白的基因突变，会使发育出来的果蝇没有翅膀，因此被称为无翅蛋白（wingless 与小鼠体内一个致癌基因 intl 为同一基因，两个名称合并为 Wnt），从线虫、果蝇、斑马鱼、青蛙、小鼠到人类都含有这个基因，在动物胚胎的发育和器官形成中起重要作用。Wnt 有多种，用数字表示，如 Wnt1、Wnt2、Wnt3 等。

刺猬蛋白（Hh）

这个蛋白的基因突变，会使果蝇的胚胎变得短圆并有密集的刚毛，样子类似刺猬，所以叫作刺猬蛋白（hedgehog protein，Hh），在生物胚胎发育和组织器官形成上起重要的作用，其中的音刺猬蛋白（Shh）被研究得最详细。

成纤维细胞生长因子（FGF）

这种蛋白质促进成纤维细胞的增殖，所以叫作成纤维细胞生长因子（fibroblast grouth factor，FGF）。在胚胎发育过程中，它们诱导中胚层的发生、前后端结构的形成、肢体发育和神经系统的发育等。它还能够诱导上皮细胞形成管状结构，因此在血管生成上起重要作用。FGF 有多种，也用数字表示。

骨形态发生蛋白（BMP）

这种蛋白质能够诱导新骨的生成，因此叫作骨形态发生蛋白（bone morphogenetic protein，BMP），在身体各部分结构的形成中起不可缺少的作用。BMP 有多种，也用数字表示。

控制左右不对称的蛋白——Lefty 和 Nodal

动物的身体的左右两半不是完全对称的，例如，人的心脏位于身体的左边，肝脏位于右边。肺脏虽然在胸腔的左右两边都有，但是肺的叶数不同（右边三叶，左边两叶）。控制动物身体左右两边发育情况的分子也是成型素，分别叫作 Lefty 和 Nodal。如果 Lefty 的基因发生突变，动物内脏的左右位置就会发生混乱，而且发育不正常，特别是心脏和肺。

视黄酸（RA）

在成型素中，视黄酸（retinoic acid，RA）是一种非蛋白分子，从节索动物到脊椎动物，都需要它的诱导来形成身体中的组织和器官，如动物四肢的形成。用化学药物阻断动物合成视黄酸，就没有四肢形成。相反，把蝌蚪的尾巴切断，再浸泡在含有视黄酸的溶液中，在断处就会长出许多只脚来。

下面我们用小鼠前肢的形成过程为例，说明成型素是如何指导动物结构形成的。

小鼠四肢的形成

小鼠前肢的构造和人上肢的构造非常相似，都有三根方向轴（图 5-7）。第一根方向轴是近端 - 远端轴，它定义前肢各部分与躯干之间的相对位置。离躯干最近的为近端，是上臂的位置，离躯干最远的为远端，是脚趾的位置，中间是前臂的位置。前肢的结构在这根轴上是不对称的，例如，上臂只有一根骨头，相当于人类的肱骨，中段（前臂）有两根骨头，相当于人类的尺骨和桡骨，掌段则有掌骨和5根趾头的趾骨（图5-7右下）。第二根方向轴是前-后轴（图5-7左上）。小鼠头的方向为前，尾的方向为后。上肢结构在这条轴线上的结构也是不对称的，例如，5根脚趾（相当于人的拇指、食指、中指、无名指、小指）在前后轴方向上就不对称，拇指就不是小指的镜面结构（假设以中指为对称轴）。第三根方向轴是背-腹轴，相当于人的手心和手背，它们的皮肤结构是不一样的，手心无毛，而手背有毛（图5-7左下）。要成功地发育成一只完美的上肢，必须在这三个方向轴上都有指挥中心，用成型素分子告诉细胞它们在这三个方向上的位置，从而控制它们形成相应的结构，相当于定义一点在空间中的位置需要 X、Y、Z 三根彼此垂直的轴。

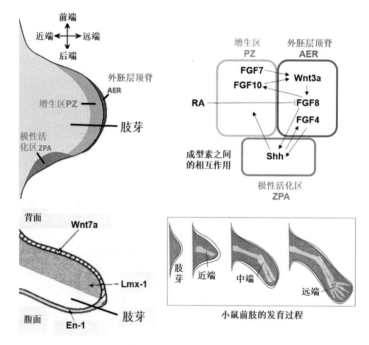

图5-7　小鼠前肢发育过程中的指挥中心和成型素

　　小鼠的前肢是从胚胎上的一个叫作肢芽的凸起结构开始的。控制近端-远端轴的指挥中心在肢芽的顶端，叫作外胚层顶脊，它对前肢体的发育非常重要。除去外胚层顶脊，前肢的发育就停止，而且除去外胚层顶脊的时间越早，则前肢缺失的程度越大，例如，只形成近段，而其他两部分（中段和掌段）缺失，说明外胚层顶脊发出的信号对前肢三个区段的形成都是必要的。

外胚层顶脊中的细胞分泌 FGF8。FGF8 扩散回外胚层顶脊下面大约 200 微米范围内的细胞之间，让这些细胞快速增生，形成一个增生区。增生区的细胞都按近 - 远端方向排列，使肢芽在近端 – 远端方向上延长，同时在增生区内分泌 FGF10。FGF10 反过来活化外胚层顶脊中的 Wnt3a，Wnt3a 又诱导 FGF8 的分泌，形成一个正反馈循环（图 5-7 上右）。

如果把早期增生区的细胞移植到发育较晚期的肢芽上，就会在已经形成的结构上重复形成同样的结构，如在已经形成的桡骨和尺骨的远端再形成另一套桡骨和尺骨。但是如果把较晚期的增生区细胞移植到较早的肢芽中，则会造成中间结构的缺失，如桡骨和尺骨缺失，趾头直接连在肱骨上。这说明在肢体发育过程的不同阶段中，增生区的细胞能形成不同的结构，而且一旦增生区的细胞确定了自己的前途，即使换一个地方，也会长出同样的结构。

控制肢体前后轴方向发育的，是位于肢芽后端（相当于人的下端）部位的一团细胞，叫作极性活化区。它分泌 Shh 作为扩散性的信号分子，在肢芽中形成从后到前、浓度不断降低的浓度梯度，控制上肢沿前 - 后轴结构的形成。

将一部分极性活化区移植到肢芽的前端，就会使肢芽有两个前 - 后轴方向的极性活化区。它们同时从前端和后端发出信号，结果就会形成以近端 - 远端轴为对称轴的镜面结构，例如，在掌段，从前端到后端，会在同一个掌段依次形成第 4、3、2、2、3、4 趾，原来离极性活化区最远，因而接收到最低 Shh 浓度的第 1 趾消失，第 5 趾也消失。

控制掌段背 - 腹轴分化的蛋白质是 Wnt7a，它表达于背面外胚层的细胞中（图 5-7 左下）。Wnt7a 从这些细胞分泌出来以后，扩散到背面的细胞之间，诱导这些细胞合成转录因子 Lmx1，让肢芽发展出背面的结构。敲除 *Lmx1* 基因会使小鼠掌段的背面变成腹面，这样掌段的两面都会长出腹面的皮肤，相当于人的手两面都是手心。另一个蛋白质 En-1 表达在肢芽腹面的外胚层细胞中，它能够抑制 Wnt7a 的作用，使背面结构不能在腹面发展，使腹面结构得以形成。

当然这只是一个粗略的介绍，实际的情形要复杂得多，但是使用的原理是一样的：指挥中心通过信号分子影响周围细胞的命运，这些信号分子还彼此相互作用，将作用范围控制在所需要的区域内，导致形成动物器官所需的所有细胞产生。

下一个问题是，在有了这些细胞后，结构又是如何形成的？这就和动物细胞之间的黏合和细胞的变形有关。

第六节　钙黏蛋白使动物细胞黏附在一起

要让动物的细胞形成各种结构，首先必须使这些细胞黏合在一起，钙黏蛋白就有这样的作用（图 5-8）。之所以叫钙黏蛋白是因为这种蛋白只有在钙离子存在下才能起黏附作用。

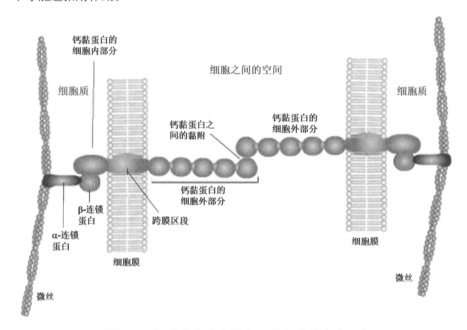

图5-8　钙黏蛋白彼此结合，将细胞黏合在一起

钙黏蛋白是一个膜蛋白，有一个跨膜区段，即穿过细胞膜的区段，同时还有细胞膜外的部分和细胞内的部分。钙黏蛋白有一个特殊的性质，就是它在细胞外的部分可以与另一个细胞上钙黏蛋白的细胞外部分结合，这样表达钙黏蛋白的细胞就可以通过这种蛋白彼此黏合在一起。钙黏蛋白在细胞内的部分还通过两种连锁蛋白与细胞里面的肌纤蛋白微丝相连，这样就不仅把结合力施加于细胞膜上，而且还把力延伸到细胞内的骨架上，把细胞牢牢地拴在一起。

钙黏蛋白的历史非常久远，在动物的祖先领鞭毛虫中就已经出现了（参见第四章第二节），领鞭毛虫已经可以通过它聚成链状或星状（参见图4-2）。这种钙黏蛋白后来被多细胞生物继承，如水螅和丝盘虫就已经使用钙黏蛋白将细胞黏附在一起。

经过长期的演化，动物已经有多种钙黏蛋白，由原来的钙黏蛋白基因复制和变化而成。不同类型的细胞表达不同的钙黏蛋白，如上皮细胞表达 E- 钙黏蛋白（E 表示上皮），神经细胞表达 N- 钙黏蛋白（N- 表示神经），胎盘细胞表达 P- 钙黏蛋白（P 表示胎盘），肾脏细胞表达 K- 钙黏蛋白（K 表示肾），维管上皮细胞表达 VE- 钙黏蛋白（VE- 表示维管），视网膜细胞表达 R- 钙黏蛋白（R 表示视网膜），等等。

新发展出来的钙黏蛋白也保持了原来的钙黏蛋白的特性，即只有同种的钙黏蛋白才能彼此结合。这样，E- 钙黏蛋白就只和 E- 钙黏蛋白结合，而不和 N- 钙黏蛋白结合。反过来，N- 钙黏蛋白也只和 N- 钙黏蛋白结合，而不和 E- 钙黏蛋白结合。这样，表达 E- 钙黏蛋白的上皮细胞就不会和表达 N- 钙黏蛋白的神经细胞结合。如果把表达不同钙黏蛋白的细胞混合在一起，它们就会按照细胞表面钙黏蛋白的类型自动分类，同种细胞彼此结合在一起。

随着动物身体复杂性和细胞种类的增加，钙黏蛋白的种类也不断增多。例如，无脊椎动物总共有不到 20 种钙黏蛋白，而脊椎动物的钙黏蛋白总数超过 100 种，光是人类就有 80 多种钙黏蛋白，成为人体各种组织中细胞自动分类聚集的基础。

钙黏蛋白虽然能够使细胞分类聚集，但是这样的聚集只能形成各种实心的细胞团，而不能形成片和管的结构。而在片和管中，细胞在各个方向上的连接情形是不同的，这个时候细胞的极性就派上用场了。

第七节　片状结构和管、腔的形成

如果细胞只在侧面表达钙黏蛋白，而上面和下面（分别称为顶面和底面）不表达，细胞就能够连成片状，而不再聚集成球状，因为顶面和底面的细胞膜无法彼此黏合（图 5-9）。如果底面的细胞膜上再有和细胞外的物质（叫作基质）结合的分子，片状结构中的细胞也都和通过底面和基质结合，这样顶面就成为唯一能够和外部空间接触的细胞面。生物体的上皮就是这样形成的，这种片状结构里面的细胞也被称为上皮细胞。动物的皮肤、气管和消化道的内壁等，都是由上皮细胞组成的。

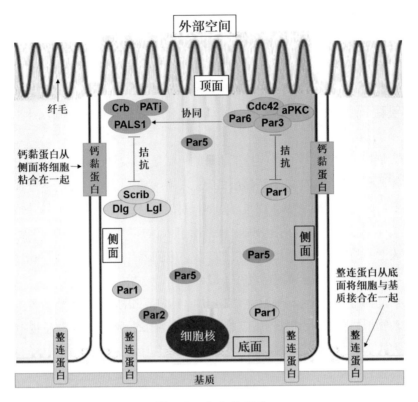

图5-9　上皮的形成

极化的蛋白复合物使细胞具有极性。钙黏蛋白只在侧面将细胞黏合，整连蛋白在底面将细胞与基质结合，形成片状的上皮。

　　在动物的上皮细胞中，前面谈到过的Cdc42蛋白和Par3/Par6/aPKC蛋白复合物位于细胞的顶面，同时在顶面的还有Crb-PALS1-PATj蛋白复合物，这些蛋白复合物相互作用，形成更强的正反馈回路。在细胞的侧面有Scrib-Dlg-Lgl蛋白复合物，它和位于顶面的蛋白复合物有拮抗关系，能够阻止对方出现在自己的范围内，使上皮细胞的极性更加稳定，并且使钙黏蛋白只在细胞的侧面表达。

　　但是动物不只需要片状结构，还需要管状结构，而且管还要分支，如血管和气管就是分支的管状结构。这时只靠细胞的极化就已经不够了，还需要细胞变形，而这又是真核细胞才拥有的微丝 - 肌球蛋白系统的作用（参见第三章第五节）。

　　使片状结构变形的机制在丝盘虫中就已经出现了。丝盘虫下层细胞的顶端（与外界接触的一端）有微丝和肌动蛋白。当遇到食物颗粒时，相反方向的微丝会由于肌动蛋白的作用而相对移动，带着细胞顶端收缩，面积变小，这样丝盘虫片状的身体就会凹进，形成包围食物颗粒的腔（参见第四章第三节和图4-4）。如果这样的过程继续，腔变得更深，就可以形成管状结构。

同样的原理也可以使上皮凹进形成管状结构。细胞的顶端通过微丝-肌动蛋白系统的作用而收缩时，细胞也会变尖，在上皮的一侧产生拉力，使原来是平面的结构卷曲凹进。凹进足够深时，就能形成管状结构（图5-10左）。

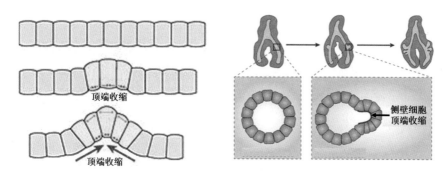

图5-10　上皮细胞顶端收缩形成管和分支

如果在管上的一些特定部位，上皮细胞的顶端再收缩，就可以在管上形成凸起，凸起加长，又形成管，这就是管的分支（图5-10右），例如，气管就这样分为支气管，支气管再不断分支，最后形成肺泡；血管也可以这样分支，最后形成毛细血管。所以通过细胞的侧面黏附和顶端收缩，就可以形成面、片、腔、管等结构。

并不是身体里面所有的细胞都是上皮细胞。身体里面还有另外一类细胞，它们没有明显的极性，彼此之间并不紧密结合，如血细胞、脂肪细胞、骨细胞、软骨细胞、神经系统中的神经细胞和胶质细胞等。这些细胞来自一类没有或很少极性、可以移动位置的细胞，叫作间质细胞。在动物胚胎的发育过程中，除了形成不移动的上皮细胞外，还常常需要能够移动位置的细胞，到新的地方形成组织和器官，在动物胚胎发育中发挥重要作用。例如，神经脊细胞就是可以移动的细胞，它们由胚胎的神经外胚层产生，移动到身体各处，形成神经细胞、胶质细胞、头面部的软骨细胞和骨细胞以及平滑肌细胞等。

在胚胎发育过程中，间质细胞和上皮细胞之间还可以相互转化，在器官的形成过程中也起重要作用。如组成肾脏的肾小球中的上皮细胞就是由生肾间质细胞转化而来的。

第八节　细胞的程序性死亡"雕刻"出动物结构

动物从受精卵发育成身体时，不仅要增加细胞的种类和数量，而且还要去除那些在发育过程中暂时需要、随后又必须消失的细胞。这个过程是动物用程序主动控制的，叫作程序性细胞死亡，和细胞受到急性损伤，被动死亡的情形不同，后者被称为细胞坏死。

细胞坏死时，细胞膜破裂，细胞的内容物包括各种水解酶，都被释放到周围的环境中，对其他细胞造成伤害，同时引起炎症反应。我们的皮肤被割伤或刺伤时，就会有大量的细胞受到急性损伤而坏死，造成伤口处红肿疼痛（图5-11下）。与此相反，细胞程序性死亡时，细胞膜并不破裂，DNA断裂，细胞核分裂成数块，每一块都有膜包裹，细胞皱缩，分裂为若干由膜包裹的小囊，这样在细胞解体时，细胞的内容物就不会被释放到周围的环境中产生炎症反应。这些由膜包裹的小囊泡也很快被周围的细胞吞食，消失于无形，所以对身体不会造成不利的影响（图5-11上）。在我们的身体里面，每天都有500亿~700亿老化或受损的细胞，也就是大约身体千分之一的细胞，通过程序性死亡而消失，我们也没有任何感觉。

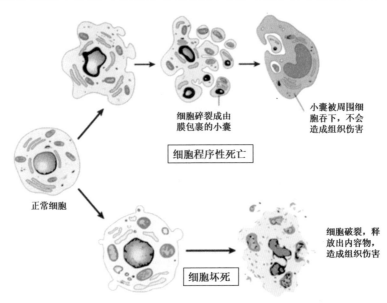

细胞碎裂成由
膜包裹的小囊

小囊被周围细
胞吞下，不会
造成组织伤害

细胞程序性死亡

正常细胞

细胞破裂，释
放出内容物，
造成组织伤害

细胞坏死

图5-11　细胞的程序性死亡和细胞坏死

细胞的程序性死亡在动物身体结构形成中也起到必不可少的作用，犹如雕刻师的雕刻刀，可以剔除那些不再需要的细胞，形成所需要的结构。

例如，青蛙在发育过程中，要经过蝌蚪的阶段，这个时候蝌蚪有用于游泳的尾巴。在蝌蚪变青蛙的过程中，四肢长出，尾巴却需要消失，这些尾巴上的细胞就通过程序性死亡而自我消失。许多昆虫如蝴蝶和苍蝇，在发育过程中都要经过幼体阶段（如蝴蝶的毛毛虫），这个时候昆虫是没有触须和翅膀的。而从幼虫变成虫时，幼虫身体里面的大部分细胞都要消失，而从其中的小部分细胞中长出头、胸、腹、触须、翅膀以及六条腿。这些需要消失的细胞也是通过程序性死亡而被去掉的。

人的手和脚在发育时，先是长出一个小圆瓣，手指和脚趾还没有彼此分开。小圆瓣长大时，预定要发育成手指和脚趾部分之间的细胞逐渐消失，手指和脚趾才得以形成。身体中的一些空洞，如耳道和内耳，也是细胞死亡"雕刻"出来的。老鼠刚出生时，上下眼皮是连在一起的，是结合处的细胞程序性死亡后，老鼠的眼睛才能睁开。

这些例子说明，细胞程序性死亡是动物身体发育中的正常过程。细胞增殖和细胞程序性死亡互相配合，才是形成动物身体结构的最佳途径。

第九节　重力对动物身体结构的影响

影响动物身体结构的，除了生理功能，还有一个重要的因素，就是重力。在水中生活的动物由于有水的浮力，对支撑的要求不高，但是对于在陆上生活的动物，支撑就是绝对必要的，否则动物的身体就会塌到地上，成为一摊。由于重力和支撑都是上下方向的，所以地球上动物的身体可以是水平方向上的辐射对称或者两侧对称，但是绝不可能是上下对称。

动物身体变小时，需要的支撑力会迅速减少，所以构造和身体大的动物是不一样的，例如，蜘蛛和蚂蚁用很细的腿就能够支撑身体，而大象就需要有很粗的腿才行。这是由于一个简单的几何原理，即物体的尺寸变化时，长度呈线性变化，面积按平方变化，而体积按立方变化。同样形状的物体，长度减小到 1/10 时，面积会减小到 1/100，而体积会减小到 1/1000。同样形状的物体，小的就比大的要轻得多。假设人的身长为 1.6 米，蚂蚁的身长为 6.4 毫米，蚂蚁的身长是人的1/250。再假设蚂蚁的身体结构和人一样，其体重就只会是人体重的 1/15 625 000

（1/250 的三次方）。

　　动物用于运动的肌肉构造都基本相同，单位横切面积的肌肉产生的拉力也基本相同。但是由于蚂蚁的身体小得多，相对质量也轻得多，蚂蚁就可以搬动比自己身体重 100 倍的物体，而人最多能够举起比自己重几倍的物体。由于人四肢的相对粗度比蚂蚁大得多，如果把人按比例缩小到蚂蚁那么大，人会变成比蚂蚁力量更大的超级大力士，能够轻易地举起比自己身体重 1000 倍的物体！反过来，如果把蚂蚁放大到人这么大，由于蚂蚁头和身体的比例比人大得多，头就会重得抬不起来（图 5-12）。

图5-12　蚂蚁和人身体比例图

　　在第二章第十一节中，我们谈到细胞的大小是微米级的，也是出于同一个几何原理。细胞越小，单位体积分到的表面积就越大，就更能够满足细胞与外界交换物质的需要。

　　其实不仅是对生物，这个几何原理对许多事物都有深远的影响。例如，灰尘是我们生活中的麻烦，不仅我们需要经常做清洁，擦去家具上的灰尘，PM2.5 还会深入肺部，影响我们身体的健康。这些灰尘颗粒能够随风飘扬，好像很轻，其实每粒灰尘都比同体积的空气重得多。一个大气压下空气的密度是 1.21~1.25 千克 / 立方米，也就是 1.21~1.25 毫克 / 立方厘米，而一般灰尘的密度都在 2~3 克 / 立方厘米，从衣服上脱落下来的棉纤维也有 1.5 克 / 立方厘米，都比同体积的空气重 1000 倍以上。之所以它们能够飘浮在空中，就是因为它们的尺寸很小，表面积和体积的比例变得很大，所以空气流过时产生的摩擦力就足以把它们带到空中。

　　物体小到一定程度就可以在空气里飞起来，如果大到一定程度呢？那就会逐渐变成球形（图 5-13），就像地球（平均半径 6364 千米）和月球（平均半径 1737 千米）都是球形。这个球不是谁做出来的，而是简单几何关系的后果，因为当物体大到一定程度时，体积（和质量成正比）和表面积的比例变得极大，单位表面积所受的重力也会变得非常大，而岩石的强度并不变化，所以任何过高的凸起都会自己坍塌下来，如地球上就只能有几千米高的山，而不可能有几十千米高的山。对于比较小的行星，几十千米高的凸起就是可能的，如小行星爱神星（Eros），虽然重达 7×10^{12} 吨，形状还是不规则的（13 千米 × 13 千米 × 33 千米）。而谷神星（Ceres）是太阳系内已知的最大的小行星，平均半径 471 千米，重 9×10^{17} 吨，形状就已经非常接近球形。

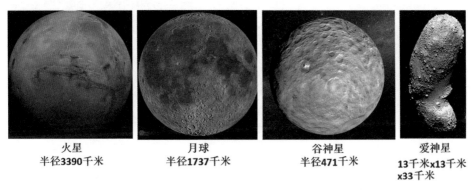

火星
半径3390千米

月球
半径1737千米

谷神星
半径471千米

爱神星
13千米x13千米
x33千米

图5-13　不同尺寸的星球表面比较

　　为了比较星球表面的特点，这些星球被调节到相似的大小。随着星球半径的减少，星球表面越来越粗糙，最后失去球形。

第十节　植物身体形成的原理

　　植物最重要的生命活动是进行光合作用，与动物以吞食为生有根本的不同，因此身体构造和形成过程也与动物有很大的差异。

　　植物与动物身体构造的一个重要区别是植物细胞有细胞壁而动物细胞没有。最早的单细胞动物为了吞食，都放弃了会妨碍吞食过程的细胞壁，细胞膜裸露。多细胞动物也继承了这一特点，细胞表面没有细胞壁，因而细胞之间可以通过细胞膜的直接接触来彼此粘连和传输信号（参见本章第四节和第六节）。而植物由于不吞食，所以也像原核生物的细胞那样保留有保护作用的细胞壁。由于这个原因，动物细胞用于黏附的钙黏蛋白，在植物中就派不上用场，植物也没有钙黏蛋白。将植物细胞黏附在一起的是细胞壁之间的果胶（由修改过的半乳糖连成的聚合物）（图 5-14）。植物也不具有需要细胞直接接触才能起作用的信号传输方式，如 Notch 信号系统。

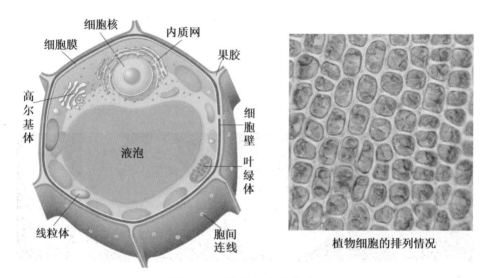

图5-14　植物细胞的构造

　　植物的生活方式是进行光合作用，其细胞种类和依靠进食为生的动物的细胞种类也完全不同。虽然植物也通过成型素来控制细胞分化和结构形成，但是这些成型素的种类与动物成型素的也不一样，例如，动物使用的成型素 Wnt、FGF、Hh、BMP 等，植物都不具有。动物所使用的，使细胞极化的蛋白如 Par 和 aKPC，植物也不具有。

　　植物最重要的成型素是生长素，化学名称为吲哚乙酸。它在细胞之间的传递需要细胞膜上的转运蛋白 PIN。PIN 在植物细胞上的分布不是均匀的，而是具有方向性，使生长素的转移也有方向性。生长素对 PIN 的位置又有正反馈的作用，使 PIN 在细胞中的位置朝向生长素浓度高的方向，因此生长素 -PIN 系统可以起到让细胞极化的作用。这种正反馈作用能使生长素向某一点汇聚，形成生长素浓度的高峰，使这里成为植物结构的生长点，如长出叶、叶脉、花、根等结构。

　　除了生长素外，植物的成型素还包括细胞激动素、赤霉素、芸薹素、茉莉酸、脱落酸、乙烯（一种气体）等。它们与生长素一起，共同控制植物的细胞分化和结构形成。

然而植物使细胞极化的蛋白质 ROP，却和动物的 Cdc42 类似。它位于花粉管（花粉伸向卵细胞，输送精子的管状结构）的顶端，在花粉管的定向生长上起重要作用。真菌也使用 Cdc42 类型的蛋白质来控制菌丝的顶端生长（参见本章第十二节），所以 Cdc42 可能是真核细胞最先使用的、使细胞极化的蛋白质，现在仍然为动物、植物和真菌所使用。

　　植物细胞由细胞壁包裹，再通过果胶组成的细胞间层粘连，因此植物体内没有游走的细胞，也不通过微丝 - 肌球蛋白系统的作用形成片、管、腔等结构。植物结构的形成，主要是依靠细胞的定向分裂和扩张，对已有的细胞进行推挤而达到的。生长素 -PIN 系统能使细胞极化，进而影响细胞分裂时纺锤体的方向，使植物细胞的分裂具有方向性。例如，根尖细胞的纵向分裂就会使根向下伸长，侧生分生组织细胞的轴向分裂会使茎和根加粗，叶片边缘的细胞定向分裂使叶片生长为薄片结构等。

　　植物细胞和动物细胞的另一个重要区别是许多植物细胞中有一个大的液泡，在支撑植物和细胞扩张上起重要作用（图 5-14 左）。液泡是由膜包裹的细胞器，体积可以占到细胞容积的 80%。液泡的内部为酸性，像动物的溶酶体一样含有消化酶，但又是重要的储存场所，里面有糖类、氨基酸、无机盐，以及新陈代谢的废物。植物没有动物那样的排泄系统，因此新陈代谢产生的废物只能由液泡暂时储存，最后通过落叶与叶子一起丢掉。

　　液泡中由于储存有高浓度的各种物质，这些物质又不能通过液泡膜渗透到液泡外面，就会产生所谓的渗透压，可以使液泡的压力高达 20 个标准大气压[①]。而植物细胞的细胞壁又使细胞在这样的压力下不被胀破，而是处于紧绷状态，是支撑植物、特别是草本植物的重要力量。植物缺水后会蔫萎，说明液泡的渗透压是支撑植物的重要力量。

　　生长素能使细胞壁松弛，使细胞能通过液泡的扩张而快速伸长。由于生长素会移动到茎背光的方向，这些地方细胞的膨胀会使茎变弯，使顶端朝向光线来的方向。生长素也会移动到水平方向的根朝上的一面，使这些地方的细胞扩张，根就会往下弯。液泡的收缩与扩张还会使一些细胞的形状改变，如控制气孔的开闭、叶片的转动等。

　　下面我们用叶和花的形成为例，具体说明植物的身体是如何形成的。

---

① 1 个标准大气压 =101.325 千帕

第十一节　叶和花的形成

叶片是植物进行光合作用的主要场所，既要提供尽量大的表面积来接收光线，又要尽可能地少使用材料，最佳的方案就是形成薄而轻的叶片。这是由茎尖分生组织生成的细胞在生长素等成型素的控制下形成的。花是植物吸引传粉动物的器官，由茎叶变形而成。

植物叶片的形成

形成叶片的细胞来自茎尖分生组织（shoot apical meristem，SAM）（图 5-15）。SAM 位于茎尖的中心部位，含有植物的干细胞。SAM 下面有一个组织中心，它分泌蛋白质 WUS，WUS 扩散到 SAM，维持干细胞的身份。在 SAM 中，WUS 也促使 CLA 蛋白的表达，CLA 蛋白被分泌出来后，又反过来抑制组织中心分泌 WUS，形成一个负反馈回路，控制 SAM 中干细胞的数量。

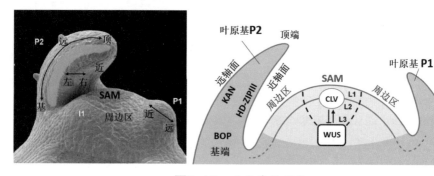

图5-15　叶原基的形成

SAM 的细胞分为三层，从上往下分别为 L1、L2、L3。L1 在最外面，细胞分裂总是沿着 L1 平面的方向，这样分裂后形成的细胞就会永远在最外面，形成植物的表皮，其中的一些以后变为叶片的表皮。L2 层细胞分裂也基本上是沿着平面方向的，它形成的一些细胞在以后变为叶片的叶肉细胞，即表皮之间进行光合作用的细胞。L3 层细胞分裂的方向比较多，变为叶和茎的内部组织如维管。

干细胞分裂产生的细胞围绕在 SAM 周围，形成周边区。在周边区中，生长素转运蛋白 PIN 通过定向转运将生长素汇聚在一个小的区域内，形成生长素的浓度高峰。在这个高峰处，细胞转化成为叶原基，叶片就从这个叶原基长出。用药物抑制生长素的定向转运，或者突变 PIN 蛋白的基因，就没有叶原基形成，在这些情况下，在周边区的某个位置外加生长素，在施加的位置又有叶原基形成，说明高浓度的生长素本身就可以在周边区诱导出叶原基来。

由于叶原基是在生长素浓度最高的地方形成的，在它的周围生长素的浓度就会比较低，防止新的叶原基在附近长出，高浓度生长素会在离第一个叶原基尽量远的地方。这样茎上长出的叶片就会分布到不同的方向（螺旋或者对生），避免叶片互相遮挡，以更好地接收太阳光。

叶原基形成后，来自 SAM 的信号又使叶原基分出朝向 SAM 的近轴面和背向 SAM 的远轴面，这就是叶片的近 - 远轴。近轴面以后发育成叶片的上面（向光的一面），远轴面以后发育成为叶片的下面（朝地的一面）。近轴面的基部还会形成新的 SAM，叫作叶腋分生组织，从这里可以长出分枝，或者长出花枝。

近轴面和远轴面细胞表达的基因是不一样的。近轴面的细胞表达蛋白质是 HD-ZIPIII，而远轴面的细胞表达蛋白质是 KAN。*HD-ZIPIII* 基因的突变会使近轴面变为远轴面，而 *KAN* 基因的突变又会使远轴面变为近轴面，叶腋分生组织的位置也会发生改变，说明这两个基因确实是维持远 - 近轴面区别的重要基因。

在叶原基生长的过程中，生长素会从叶原基的两侧向顶端汇聚，到达顶端后又从中间向内回流，在这个回流的路线上就会形成叶片的主叶脉（图 5-16），叶片也就有了两根新的方向轴：基端（靠近以后的叶柄）- 顶端（叶尖）轴和主叶脉两侧的左 - 右侧轴。基端和顶端部分表达的蛋白质也是不一样的，BOP 蛋白质就只表达在基端。由于叶片一般是以主叶脉为对称轴而左右对称的，因此左右两边基因的表达状况也相同。

这样，叶片的形成和小鼠前肢的形成一样，也有三根彼此垂直的方向轴，由不同的基因控制。叶片的近端 - 远端轴就相当于小鼠前肢的背 - 腹轴，叶片的基端 - 顶端轴就相当于小鼠前肢的近端 - 远端轴，叶片的左 - 右轴就相当于小鼠前肢的前 - 后轴，只不过小鼠在前后轴方向上的结构是不对称的，而叶片在左右方向上结构是对称的，相当于让小鼠的五趾以中趾为对称轴而对称。

叶原基中来自 SAM L1 层的细胞仍然沿着表皮面的方向分裂，形成叶片的表皮，而来自 L2 层的细胞在表皮之间，成为叶肉细胞。在上表皮和下表皮的交汇处，一些叶肉细胞表达和 WUS 蛋白类似的蛋白 WOX，维持叶片边缘一些干细胞的身份，形成叶缘分生组织。这些地方的干细胞形成叶肉细胞时，分裂方向是与叶脉中轴（也就是基端 - 远端轴）和近端 - 远端轴都垂直的，上下表皮也沿着这个方向扩张，就会形成薄的叶片。这个过程也是受近端 - 远端轴控制的，如果突变控

制近端 - 远端结构的基因，叶肉细胞就会向所有方向生长，形成手指头那样的结构，就不会有薄的叶片了。

生长素在叶的边缘也不是平均分布的，而是会形成局部的高浓度，再从这些高浓度区域向叶片的中轴方向回流，与从叶尖回流形成主叶脉的生长素流汇合，形成主叶脉上的支叶脉（图 5-16）。

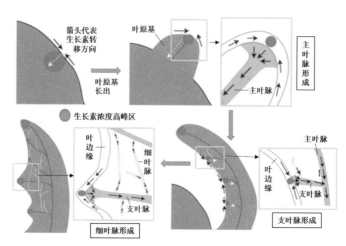

图5-16　叶脉的形成

生长素从汇聚点向叶片内回流的路径决定了叶脉形成的位置。

由此可见，植物叶片的形成与小鼠前肢的形成使用了同样的原理，即在不同的方向轴上使用不同的基因控制结构的形成，都通过细胞的不对称分裂和定向分裂来形成所需要的结构，只是具体使用的基因不同。

花的形成

花是被子植物（开花并且结果实的植物，参见第四章第九节）发展出来的，吸引动物帮助传粉的器官。裸子植物（不开花，结种子的植物）通过风来传播花粉，而风向是植物无法控制的，相当多的花粉不能传递到胚珠上。花则用蜜腺来吸引动物，蜜腺分泌蔗糖、葡萄糖和果糖等物质，许多动物如蜜蜂、蝴蝶、甲虫、蜂鸟，在吸取这些物质时，会附带把花粉粘在身上，到下一朵花吸取时，就会把花粉传到雌蕊上，相当于是定向传递，效率就比风传播高多了。除了蜜腺，花还可以用花瓣的形状、颜色和气味告诉动物哪里有花。我们看见的形状美丽、颜色鲜艳、具有香味的花朵，当初并不是为人准备的，而是植物自身繁殖的需要。

花也不是被子植物凭空发明的，而是利用植物原有的枝叶改造而成的。将叶片之间茎的长度加以压缩，就会使许多叶片密集地聚在一起，形成花的形状，因此花其实是压扁并被改造了的茎叶。新的基因（如 *AP1*、*AP3*、*PI*、*AG*）会使叶片变形，从外向内分别成为花萼（花最外面的萼片，形状类似叶片）、花瓣、雄蕊（产生花粉的地方）和雌蕊（产生含卵细胞的胚珠的地方）4 组结构（图 5-17 左）。敲除这些基因，花就变回叶片的模样。人为地表达这些基因，又可以使叶片变为花的部分，例如，表达 *AP1-PI-AP3-SEP3* 基因就会使叶片变为花瓣，表达 *PI-AP3-AG-SEP3* 基因会使叶片变为雄蕊，表达 *AG* 和 *SEP3* 基因会使叶片变为雌蕊等。

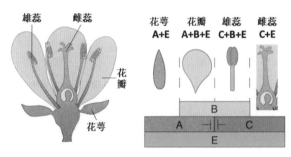

图5-17　花形成的基因控制

分别突变这些基因，再观察突变种花的变化，可以将它们分为 A、B、C 三类，其中 *AP1* 属于 A 类，*AP3* 和 *PI* 属于 B 类，而 *AG* 属于 C 类。突变 A 类基因，会使花萼变为雌蕊、花瓣变为雄蕊；突变 B 类基因，会使花瓣变为花萼、雄蕊变为雌蕊；突变 C 类基因，会使雄蕊变为花瓣、雌蕊变为花萼。

反过来，在辅助因子 SEP3 存在下，单独让 A 类基因表达只形成花萼；单独让 C 类基因表达只形成雌蕊；同时表达 A 类和 C 类基因只形成花萼和雌蕊；单独表达 B 类基因则只形成类似叶的结构，说明 B 类基因的作用是修改 A 类和 C 类型基因的作用。

在这些结果的基础上，科学家提出了控制开花的 ABC 基因模型。在辅助因子存在下，A 自身可以形成花萼，A 和 B 一起可以形成花瓣，C 和 B 一起可以形成雄蕊，而 C 自己可以形成雌蕊。因此，通过少数基因的作用，叶片就可以变为花里面的 4 种结构（图 5-17 右）。

开花是由一个叫作成花素（florigen，也称 FT）的蛋白质引起的（参见第七章第六节）。在植物受到合适的光照时，或者有适宜的温度时，叶片会产生成花素，通过筛管传输到 SAM，活化里面的 *AP1*、*SOC1* 等基因，将 SAM 转化成花序分生组织（inflorescence meristem，IM）。与生长素在 SAM 的周边区诱导出叶原基类似，生长素在 IM 周边的集聚也形成花原基（flower primordium，FM），里面表达 *AP1* 和 *LFY* 等基因。花原基也通过 *HD-ZIPIII* 基因和 *KAN* 基因来决定它的近轴面和远轴面，说明花形成的基本过程和叶片形成的基本过程是一样的，与花由叶片变化而来的理论相一致。

第十二节　真菌身体结构的形成

真菌的生活方式是利用体外现成的有机物，最适合这种生活方式的身体构造就是尽可能地扩大与有机物接触的面积。细长的菌丝不仅继承了单细胞真菌巨大的表面积和体积比，还能通过菌丝的不断生长，尽量覆盖有机物的表面，甚至穿入有机物的内部，因此菌丝是多细胞真菌采取的身体形式。

菌丝通过顶端生长（图 5-18）。Cdc42 是真菌使用的、形成细胞极性的主要蛋白质，不过真菌并不使用动物细胞中与 Cdc42 相互作用的 Par 蛋白和 aKPC，而是使用一个叫 Bem1 的蛋白质；Bem1 蛋白质又和影响 Cdc42 活性的蛋白质 Cdc24 相联系，这样就组成一个正反馈回路，使 Cdc42 位于菌丝的顶端。Cdc42 影响由微丝 - 肌球蛋白组成的运输系统和由微管 - 驱动蛋白组成的运输系统的方向性，使顶端生长所需要的材料（包括 Cdc42 蛋白自己），通过这些运输系统源源不绝地被输送到菌丝顶端，使菌丝能够从顶端生长。

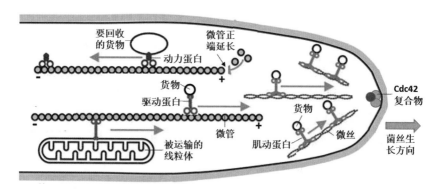

图5-18　真菌菌丝的生长

为了更好地覆盖有机物，菌丝还能分支。一种方式是顶端的生长点分裂为两个，另一个是在顶端后方的菌丝上长出新的菌丝。前者需要 Cdc42 复合物形成两个彼此相邻的生长点，后者需要运输系统方向的部分改变，例如，菌丝里面细胞核的分裂方向就能影响微管的方向，形成新的生长点。

真菌通过孢子进行繁殖，为了更好地传播孢子，真菌通常在伸起的部位形成孢子，以利于通过风力传播。除了菌丝顶端直接形成孢子外，许多真菌还形成子实体，如蘑菇（参见第四章第十节和图 4-25）。在蘑菇形成过程中，菌丝汇聚，平行生长，形成类似茎的结构。在茎的上部，外层细胞分裂，形成外皮，内面的细胞分裂，形成孢子层，里面的细胞分裂，形成孢子。这个过程是通过环磷酸腺苷（cyclic adenosine monophosphate，cAMP）信号通路控制的。干扰这个信号通路，就没有子实体形成。关于 cAMP 在信息传递中的作用，参见第六章第三节。

第六章　生物的信息传递

生物要在不断变化的环境中生存，就需要随时了解这些变化，并且做出相应的反应。例如，单细胞生物要根据光线的强弱做出趋光或避光反应，根据营养物质的分布向营养物浓度高的地方游动，根据食物种类调整自己的酶系统等。动物要寻找食物、躲避天敌、获得配偶、照顾子女，也需要随时了解外界的情况。植物需要感知光照和温度变化、水源供应、动物啃食、微生物感染等信息，以调节枝叶生长、开闭气孔、分泌化学物质以抵抗动物和微生物的侵袭等。

多细胞生物都由一个细胞分裂发育而来，在发育过程中必须对细胞的分裂和分化都有精确的控制。控制中心发出指令，细胞接收指令，调整基因的表达状况（参见第五章）。在身体长成后，动物还必须随时监测体内各种生理指标，例如，人体就要监测体温、血压、血糖、血液酸碱度、渗透压、入侵微生物等指标，并且做出相应的调整。

所有这些过程都要求生物有信息传递系统，其中起主要作用的是蛋白质分子。

第一节　蛋白质分子用"开"和"关"的方式来传递信息

之所以蛋白质是传递信息的主要分子，是因为蛋白质分子能够在"有功能"和"无功能"，或者"开"和"关"两种状态之间来回转换，这就使它具有接收和传输信号的功能，类似于计算机用 1 和 0 代表电路"通"和"不通"两种状态，并借此来传递信息。

蛋白质分子在接收到信息时，自身状态发生改变，从"关"到"开"，这个状态又使下游的蛋白质分子状态改变，信息就可以依次传递下去。由于蛋白质又是细胞中各种生理活动的执行者，自身状态的改变也同时改变其功能状态，从不执行某种功能到执行某种功能，或者停止执行以前在使用的功能，这些改变就相当于细胞对信息的反应。

蛋白质分子在"开"和"关"两种状态之间来回转换的本事，与蛋白质的分子结构有关。蛋白质是由许多氨基酸依次相连，再通过这些氨基酸之间的相互作用而折叠成的，具有三维结构的分子。由于氨基酸之间的化学键是可以旋转的，氨基酸之间的连接又有角度，即不在一条直线上，从理论上说同一种蛋白质可以折叠成无数种形状。这就像用牙签把塑料球穿成串，插在每个塑料球上的两根牙签又不在一条直线上，而且牙签还可以旋转，这根由塑料球穿成的链就可以被折叠成无数种形状（参见第二章第二节和图 2-3）。

不同折叠状态下的蛋白质，稳定性是不一样的。绝大多数结构的稳定性都比较差，从能量来说就是能量状态比较高，就像位于山顶上的石头，随时可以滚下坡，而处于最低能量状态的结构就像位于沟底的石头，不会自发滚动，是最稳定的状态。一般来讲，处于最低能量状态的结构就是蛋白质分子在细胞中的结构，也是其执行生理功能时的结构。

但是这种能量状态最低的结构又是可以改变的。如果蛋白质结合了另一个分子，由于这个分子里面也有原子和由它们组成的功能团，蛋白质分子中氨基酸之间原来的相互作用的情形就变了，原来的形状就不再是能量最低的状态，而要改变为另一种形状才更稳定。而蛋白质的功能是高度依赖于它的三维空间结构的，如酶的反应中心（直接参与催化反应的地方）就常常是由肽链的不同部分通过肽链折叠聚到一起形成的，蛋白质形状的改变通常会形成或者破坏这种结构，把原来没有功能的蛋白质分子变成有功能的，或者把原来有功能的蛋白质分子变成没有功能的。除去与之结合的分子，蛋白质的形状又恢复原样，这样蛋白质分子就可以在功能"开"和"关"两种状态之间来回转换。所以结合另一个分子就是改变蛋白质分子开关状态的一种重要手段（图 6-1 左下）。

如果信息是由某种分子传递的，结合这个分子，获得这个分子所传递信息的蛋白质就叫这个信息分子的受体，与受体结合的信息分子则叫作受体分子的配体。受体蛋白质分子可以在细胞表面上，也可以在细胞内，就看信息分子自己能不能进入细胞。例如，胰岛素是信息分子，不能进入细胞，胰岛素的受体位于细胞表面上；雌激素能够进入细胞，它的受体也在细胞内。

受体分子接收到信息后，又如何把信息传递下去呢？在这里细胞采取的是同样的策略，即把接收到的信号、并且改变了状态的受体分子作为信号传递链中下一级蛋白质分子的配体，下一级蛋白质分子就成为这个蛋白质分子的受体。改变了形状的下一级蛋白质分子又可以作为再下一级蛋白质分子的配体，信号就这样传递下去了，直到最后的效应分子。效应分子也是蛋白质，通过它的形状改变使其活性被激活，或者使原来的活性消失，就实现了对信号的反应（图6-1左上）。

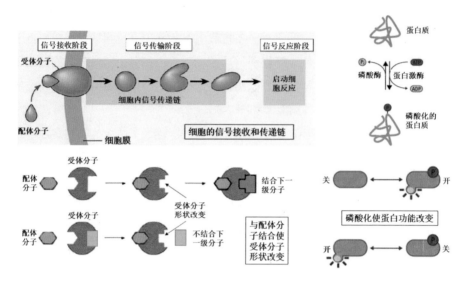

图6-1　蛋白质分子传递信息的机制

由蛋白质分子这样组成的信号传递链在许多情况下可以工作，但是也有缺点，就是配体分子和受体分子在信息传递下去之前不能分开，一旦配体分子离开，受体分子就会恢复到结合配体分子前的状态，所接收到的信息也就丧失了。要用这种方式把细胞外的信息传递到细胞核中去，就需要从细胞膜上的受体到细胞核里面做出反应的蛋白质分子之间建立一条持续不断的蛋白链，显然是难以做到的。

解决这个问题的一个办法就是给受体分子打上印记，使受体分子在配体分子离开以后还能继续保持变化了的状态。这个印记，就是对受体蛋白进行修改，如在氨基酸侧链上加上带电的基团。这些基团引入的电荷会改变蛋白质分子中原子之间的相互作用，形状和功能状态也就相应改变了，而且在配体分子离开后还能继续保持这个状态。这个修改还必须是可逆的，这样蛋白质分子才能够在"开"和"关"两种状态之间来回转换。

要使对蛋白质的修饰成为可逆的，生物最常用的办法是在蛋白质中一些氨基酸的侧链上加上磷酸基团。磷酸基团含有两个负电荷，把它引入蛋白质分子，就可以改变蛋白质的形状和功能。只要这个磷酸根还在那里，蛋白质改变了的状态就可以一直保存，而不再需要配体分子。如果这个磷酸根又可以很方便地除掉，蛋白质的形状和功能又恢复到以前的状态。以这种方式，蛋白质分子也可以在两种状态之间来回转化，从而起到开关的作用。

在蛋白质分子中加上磷酸基团的过程叫作蛋白质的磷酸化，催化这个反应的酶叫作蛋白激酶，它把 ATP 分子中末端的那个磷酸根转移到要被修饰的蛋白质中氨基酸的侧链上。去掉这个磷酸根的过程叫去磷酸化，催化这个反应的酶叫作磷酸酶。这两种酶互相配合，就能使蛋白质来回地"开"和"关"（图 6-1 右）。蛋白质分子中能够反复接受和失去磷酸基团的氨基酸有组氨酸、天冬氨酸、丝氨酸、苏氨酸以及酪氨酸。

蛋白质磷酸化的后果有两种：一种是磷酸化使蛋白质分子从原来没有功能的状态变为有功能的状态，即从"关"到"开"，如把原来被掩盖的酶活性解放出来。相反的情形也能够发生，即受体分子在没有被磷酸化时具有活性，磷酸化后反倒使活性消失，即从"开"到"关"。不管是哪种情形，都是蛋白质分子的磷酸化改变了蛋白质的功能状态，因而可以传递信息。

细胞的信息传递链也不一定完全由蛋白质组成，配体分子也不一定都是蛋白质。信息传递链中的某些蛋白质可以利用它们被激活的酶活性生产一些非蛋白质的信息分子，这些分子又作为配体分子，与下游的受体蛋白结合，改变其形状，把信息传递下去，如环腺苷酸。但是产生这些非蛋白质信息分子的，以及接收这些非蛋白质分子信息的，仍然是蛋白质。

最后的受体分子一般是具有某种功能的蛋白质，在与自己的配体分子（即上一级信号分子）结合或者同时被磷酸化后其功能被激活，就可以发挥效应分子的作用。无论是作为酶对化学反应进行催化，还是作为转录因子结合在 DNA 上调控基因表达，都可以实现细胞对信息的反应。

第二节　原核生物的信息传递

原核生物基本上是单细胞的，比起有内环境的多细胞生物，它们面临的环境变化更剧烈，需要随时感知这些变化并且做出反应。原核细胞虽然相对简单，它们的信号传输系统却巧妙有效。

单成分系统——一个蛋白包揽全过程

一些营养物（如氨基酸和糖类物质），可以经由细胞的主动运输（即通过细胞膜上的蛋白质分子转运）进入细胞内部，相当于信息已经在细胞内，这就减少了细胞信息传输的旅程。在这种情况下，原核细胞中一个蛋白质分子就可以完成从信号接收到做出反应的全过程，叫作信息传递和反应的单成分系统。

例如，许多细菌都自己合成色氨酸（组成蛋白质的 20 种氨基酸之一），所以能够生产合成色氨酸的酶。但是如果环境里已经有足够的色氨酸，细菌再生产合成色氨酸的酶就是一种浪费。细菌是怎样知道环境里已经有大量的色氨酸，从而把与合成色氨酸有关的基因"关掉"的呢？初看起来这个任务好像很复杂，其实完成这个任务的就只是一种蛋白质，叫 trp 抑制物（图 6-2）。在没有色氨酸进入细胞时，trp 抑制物上的两个 DNA 结合区段彼此靠得太近，使它不能结合在 DNA 分子上，即形状不匹配。而一旦有色氨酸分子进入细胞，就会结合到 trp 抑制物上，使 trp 抑制物的形状改变，两个 DNA 结合部分彼此分开，让它们正好能够伸进 DNA 分子上的沟槽内，与 DNA 分子结合。trp 分子上结合 DNA 的氨基酸序列决定了它们不能结合于任何 DNA 序列，而只能结合到有关酶的调控部分，即启动子的特殊 DNA 序列上。这种结合相当于给这个基因上了一把锁，让这个基因不能被"打开"，有关的酶就不能被合成了。

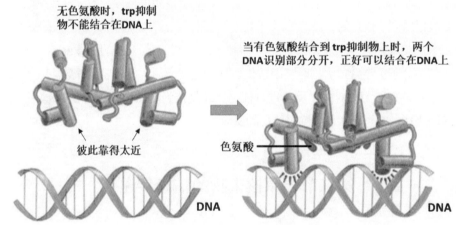

图6-2　色氨酸的存在关闭合成色氨酸酶的基因

在这里色氨酸就是信号（配体）分子，通过与 trp 抑制物结合把信号传出，告诉细胞"已经有色氨酸啦"。抑制物形状改变就是接收信号的过程，而通过形状改变，获得结合 DNA 的功能，结合在有关基因的启动子上，阻止细菌生产与色氨酸合成有关的酶，就相当于是对信号的反应。如果色氨酸缺乏了，trp 抑制物上没有色氨酸结合，又恢复到不能结合 DNA 的状态，抑制解除，合成色氨酸的酶又可以被生产了。一个看似复杂的问题，解决的方法就这么简单。

单成分系统占原核生物信号传输和反应系统的大部分，这些蛋白质多数通过与 DNA 结合或解离来发挥作用。由于要与 DNA 接触，单成分系统的蛋白质分子必须在细胞之内，因此也只能感知已经进入细胞的信号。为了接收细胞外的信息，原核生物还发展出了含有两个成分的信号传输和反应系统。

通过磷酸根转移来传输信号和做出反应的双成分系统

许多信息分子是不能进入细胞内部的，为了接收细胞外部的这些信号，细胞表面必须有由蛋白质分子组成的受体。这些蛋白质位于细胞膜上，其细胞膜外的部分可以和细胞外的信号分子结合，接收它们传来的信号；膜内部分则负责把信号传输到细胞内部去。由于它们位于细胞膜上，不能进入细胞与 DNA 结合，调控基因的表达，它们还需要细胞内的分子把信息传递到 DNA 分子上去。由于这个原因，这个系统至少需要两个蛋白质分子协同作用才能工作，叫作信号传输的双成分系统。

在这个系统中，细胞内的蛋白质在从受体分子得到信息后，还必须离开受体分子以将信息传递下去。为了在离开受体后还保有信息，细胞内的蛋白质分子是被磷酸化的。原核生物采取的方法，不是直接把细胞内的蛋白磷酸化，而是采取了一个迂回的办法，即通过两个蛋白质之间磷酸根的转移来使细胞内的蛋白质磷酸化。下面就是一个例子。

组氨酸和天冬氨酸之间的磷酸根转移

在这个双成分系统中，细胞膜上的受体分子本身就具有组氨酸激酶的活性，即给蛋白质中组氨酸的侧链上加上磷酸根的活性，只是被掩盖起来了。与细胞外的信号分子结合时，受体分子改变形状，组氨酸激酶的活性被释放，首先使自己磷酸化。可是激酶通常是使其他蛋白质分子磷酸化的，怎么使自己磷酸化啊？在这里，原核细胞采取了一个很聪明的方式，就是让受体分子以二聚体的形式存在，这样每个受体分子旁边就有一个与自己相同的蛋白质分子。在受体与配体结合后，被释放的组氨酸激酶活性就可以使二聚体中的两个受体分子彼此磷酸化，最后的效果与受体分子把自己磷酸化是一样的，所以这个过程也被称为自我磷酸化。以后在谈到其他受体分子自我磷酸化时，说的也是这个意思（图 6-3）。

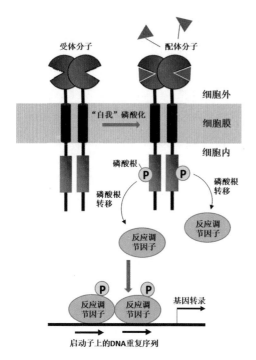

受体分子自我磷酸化后，在组氨酸侧链上形成的磷酸键是高能磷酸键，可以把这个磷酸根转移到细胞内接收信号的蛋白质分子上的一个天冬氨酸的侧链上，效果就相当于受体分子直接把这个天冬氨酸的侧链磷酸化。天冬氨酸的磷酸化给细胞内蛋白质增添了负电荷，使它的形状改变，彼此结合，从单体变为二聚体，这个二聚体就能够结合到 DNA 上，调控基因的表达。这个细胞内的蛋白质负责传递信息和做出反应，叫作反应调节因子。

图6-3　受体和反应调节因子之间的磷酸根转移传递配体分子的信息

在受体分子没有接收到信号时，它就不再具有组氨酸激酶的活性，而是具有磷酸酶的活性，把反应调节因子中天冬氨酸侧链上的磷酸根去掉，使其变回无功能的状态，以便供受体

下一次使用。所以受体分子既可以是组氨酸激酶，又可以是磷酸酶，就看有没有外部的信号分子与之结合。这种一身二任是原核细胞受体组氨酸激酶的特点，在真核细胞中，激酶和磷酸酶是不同的分子，以增加调节的灵活性。

原核生物双成分系统工作的例子

原核生物双成分系统工作的有趣例子是细菌的趋化性，即细菌能够主动游向营养物浓度高的地方，或者离开它不喜欢的化合物的地方。细菌没有眼睛，没有脑子来分析情况，它们是怎样做到这个聪明的反应的呢？这就是细菌双成分系统控制的巧妙过程。

细菌表面有多根鞭毛，每根鞭毛的根部连在一个位于细胞膜上的微型"马达"上。细胞膜外的氢离子流过这个"马达"进入细胞膜内时，就能够带动"马达"旋转，类似水流可以带动水轮机旋转（参见第二章第九节）。"马达"上还有一个蛋白质分子，可以控制"马达"旋转的方向是顺时针还是逆时针。由于鞭毛上有拐弯，旋转方向不同时效果也不一样。鞭毛逆时针旋转时，所有的鞭毛都聚集成

一束，协同摆动，推动细菌向一个方向前进。如果鞭毛顺时针旋转，这些鞭毛就彼此散开，伸向不同的方向，细菌就乱翻跟斗。在旋转方向再变为逆时针时，细菌一般会朝另外一个方向前进，因为翻跟斗是随机的过程，恢复原来前进方向的概率几乎是零，所以翻跟斗是细菌改变前进方向的机会。在没有外部刺激的情况下，鞭毛的旋转方向每几秒钟就变一次，这样细菌就在定向前进 - 翻跟斗 - 再向另一个方向前进的模式中，朝一切可能的方向运动。

细菌鞭毛转动的方向是由一个双成分系统中的反应调节因子 CheY 控制的。磷酸化的 CheY 能够使鞭毛向顺时针方向转动和使细菌翻跟斗。磷酸化的 CheY 越多，鞭毛顺时针转动的时间就越长，细菌翻跟斗的时间也越长。而 CheY 的磷酸化又是被具有组氨酸激酶活性的受体 CheA 的分子控制的（图6-4）。

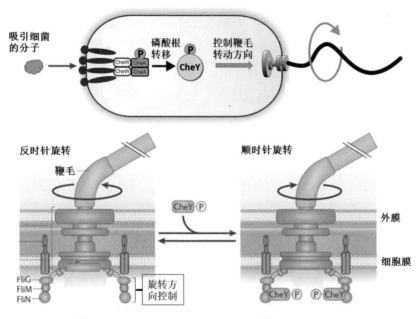

图6-4　CheA-CheY 系统控制细菌鞭毛旋转方向

如果细菌在向营养物浓度高的方向游动，就会有越来越多的营养物分子结合在受体上，使更多的 CheA 失去组氨酸激酶的活性，CheY 的磷酸化程度变小，让细菌用更多的时间保持在原来有利的前进方向上。相反，如果细菌是朝营养物浓度低的方向游动，就会有越来越少的营养物结合在受体上，使鞭毛顺时针转动的时间延长，翻跟斗更加频繁，终止原来在不利方向上的运动，增加细菌改变方向的机会。

第三节　动物细胞的信息传递

多数动物是多细胞生物，需要信息传递来协调身体中各种细胞的活动，如在发育过程中指挥中心分泌的成型素、卵巢分泌的雌激素、胰腺中胰岛细胞分泌的胰岛素、脑垂体分泌的生长激素等，因此动物的信息传递系统比原核生物复杂得多。不过不是动物所有的信号传递系统都复杂，能够用简单方式解决问题的，就不需要更复杂的系统，动物的单成分系统就是一个例子。

动物的单成分系统

动物的许多信息分子可以通过扩散穿越细胞膜，到达细胞内部，直接把信息传递给细胞内的受体分子。例如，雌激素、雄激素、黄体酮、糖皮质激素、盐皮质激素等都是以胆固醇为原料合成的信息分子，统称为类固醇类分子，可以自己穿越细胞膜进入细胞；此外，甲状腺素、维生素 A 和维生素 D、视黄酸等也可以自己穿越细胞膜，进入细胞内部。这样，动物细胞就可以像原核生物的单成分系统那样，一个分子就可以完成任务。

在细胞内部等着这些信息分子的，也是一类受体蛋白质分子，它们与这些信号分子结合后，就能作为转录因子，结合在 DNA 上，影响基因的表达。这类分子的基本结构相似，都以二聚体的形式与 DNA 结合，所以这些蛋白被归为一类，叫作核受体，意思是它们直接在细胞核中发挥作用。

核受体主要分为两类：第一类平时存在于细胞质中，与热休克蛋白（参见第十一章第三节）结合，这时它们没有生理活性。在与进入细胞的信号分子（配体分子）结合后，它们的形状发生改变，从热休克蛋白上脱落，形成二聚体。这时它们分子中所含的进入细胞核的信号段（参见第三章第八节）被暴露出来，被核膜上的核孔识别，被转运到细胞核内，以转录因子的身份调控有关基因的表达（图6-5）。这类受体包括雌激素受体、雄激素受体、孕激素受体等。

第二类核受体平时就已经在细胞核内。在没有信号分子时，它们与辅助抑制物结合，没有转录因子的活性。在与配体分子结合后，形状改变，与辅助抑制物分开，转而与辅助活化物结合，作为转录因子调控有关基因的表达。这类受体包括视黄酸受体、甲状腺素受体、维生素 D 受体等。

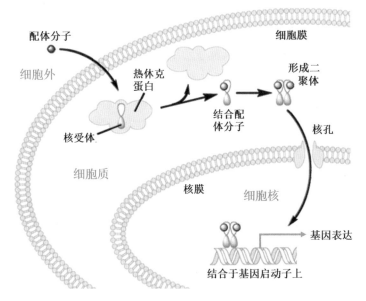

图6-5 细胞质中核受体的一种工作方式

动物的单成分系统和原核生物的单成分系统有许多相似之处，例如，都由一个分子构成，平时都位于细胞内，在与配体分子结合后改变形状，与 DNA 结合调控基因的表达。但是它们之间也有重大差别。在原核细胞的单成分系统中，蛋白质是以单体起作用的，如前面谈到的 trp 抑制物；而动物的核受体是以二聚体起作用，它们用于结合 DNA 的氨基酸序列也不同。因此动物的单成分系统和原核生物的单成分系统之间没有传承的关系，是动物根据自己的新情况新发明的。

动物的双成分系统

和原核细胞一样，动物细胞外的许多信息分子也不能用扩散的方法穿过细胞膜，进入细胞内部。特别是动物还用多种多肽分子（由少数氨基酸组成的肽链）和蛋白质分子作为信息分子，包括胰岛素、胰高血糖素、生长激素、催乳素、催产素、上皮生长因子等。在第五章中，和动物胚胎发育有关的一些信息分子，如无翅蛋白、刺猬蛋白、成纤维细胞生长因子、骨形态发生蛋白等也都是蛋白质分子。这些多肽分子和蛋白质分子是无法通过细胞膜进入细胞，传递所携带的信息的，必须在细胞表面有专门的受体蛋白来接收它们携带的信息，同时还需要有细胞内的分子把信息传递到细胞核中去，所以靠细胞表面受体接收信息的系统至少需要两个成分，这就是动物的双成分系统。

在动物细胞中，具有组氨酸激酶活性的受体已经被淘汰，取而代之的是具有酪氨酸激酶活性的细胞表面受体。这些受体一般也以二聚体的形式存在，在有配体分子结合时形状发生改变，激活酪氨酸激酶的活性而自我磷酸化，被磷酸化的氨基酸不是组氨酸，而是酪氨酸。

受体被磷酸化后，酪氨酸侧链上的磷酸根并不像原核生物那样被转移到细胞内的蛋白质分子上，而是利用受体被激活的激酶活性，直接将细胞内传递信息的蛋白质分子磷酸化。这一类具有酪氨酸激酶活性的受体叫作受体酪氨酸激酶，在动物细胞的信息传递中起重要作用。

受体酪氨酸激酶传递信息到细胞核的方式有多种，有些是非常复杂的，要经过多个中间分子。但是动物细胞也有快速通道，直接把信息从细胞膜传递进细胞核，这就是动物的双成分系统。见以下两个例子。

EGF 受体 –STAT 双成分系统

动物双成分系统的一个典型的例子就是上皮生长因子（epidermal growth factor，EGF）的一种传递信号的方式（图6-6）。位于细胞膜上的 EGF 受体在与 EGF 分子结合后，形成二聚体，自我磷酸化，再用已经激活的酪氨酸激酶活性，使细胞内的信息分子磷酸化。在这里细胞内的信息分子类似于原核细胞中的反应调节

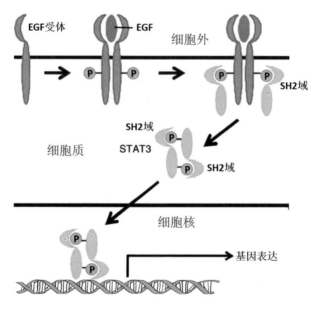

图6-6 EGF 受体 -STAT 双成分系统

因子，也是在被磷酸化后与 DNA 结合，影响基因的表达，叫作信号传输和转录活化因子（signal transduction and activator of transcription，STAT）。STAT 蛋白除了含有能被磷酸化的酪氨酸外，还有一个功能域（蛋白质分子内具有某种功能的区段）叫作 SH2 域，可以和磷酸化的酪氨酸结合。由于被磷酸化的 STAT 分子上既有被磷酸化的酪氨酸，又有能够结合磷酸化的酪氨酸的 SH2 域，两个这样的 STAT 分子就彼此结合，形成二聚体，进入细胞核和 DNA 结合，调控有关基因的表达。

TGF-Smad 双成分系统

转化生长因子（transforming growth factor，TGF）是动物细胞分泌的信号蛋白分子，它与细胞表面的受体结合后，信号通过细胞内叫作 Smad 的蛋白质分子传递到细胞核中（图 6-7）。

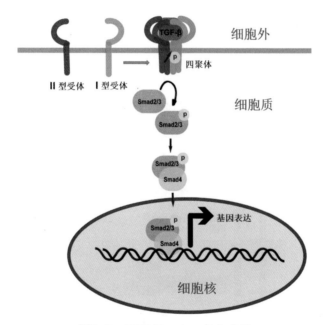

图6-7　TGF-Smad 双成分系统

细胞表面有两类受体分子（类型 I 和类型 II）可以结合 TGF，而且具有丝氨酸/苏氨酸蛋白激酶的活性，能够在下游蛋白质分子中丝氨酸或苏氨酸的侧链上加上磷酸基团。这两种受体都以二聚体的形式存在，在和配体分子结合后形成四聚体（包含两个 I 型受体和两个 II 型受体）。II 型受体会使四聚体中的 I 型受体磷酸化，使 I 型受体活化。活化的 I 型受体又会使细胞内 Smad 分子磷酸化，活化这些分子，将信号传递下去。

　　动物细胞的单成分系统和双成分系统虽然快捷有效，但是在这两种系统中，信号基本上是单线传递的，即一种信号对应一种反应物分子。而动物细胞是受大量外部信号分子控制的，如果每一种信号都单线传递，各自反应，彼此之间没有联系，没有细胞总体上的调节，是无法精确地控制动物细胞高度复杂的生理活动，对外界信号做出综合反应的。

　　如果将信号传输链分成许多段，每一段由不同的蛋白质负责，这些位于信号链中间的蛋白质就可以同时从几种信号传递链上获取信号，也可以把信号传输给不同的信号链，形成动物细胞中的信息传递网，综合平衡各种信号，做出最佳的反应。这就是动物传递信号的多成分系统。

动物的多成分系统

　　动物的多成分信息传递链有多条，下面只是最具代表性的两个例子。

激酶多米诺骨牌多成分系统

　　这条信息传递链由多个激酶组成，上一级激酶将下一级激酶磷酸化，将其激活，激活的下一级激酶又将更下级的激酶磷酸化而激活，这样的过程就像多米诺骨牌，前面激酶被活化（这里相当于倒下）会使后面的激酶依次被活化（倒下），将信息传递下去（图6-8）。

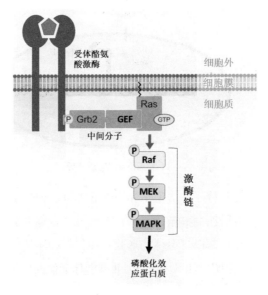

图6-8　"激酶多米诺骨牌"多成分系统

信息链的终端也是一个激酶，叫促分裂素原活化的蛋白激酶（mitogen-activated protein kinase，MAPK），所以这条信息通路也叫受体酪氨酸激酶-MAPK通路，由以下成分构成：

受体酪氨酸激酶——中间分子——Raf——MEK——MAPK——效应分子

MAPK是位于信息传递链终端的激酶，可以将许多蛋白质分子磷酸化，改变它们的性质，实现对信号的反应，例如，使转录因子Myc和CREB磷酸化，结合到DNA上，调控基因表达；也可以使核糖体中的S6蛋白磷酸化，增加核糖体合成蛋白质的效率。

G蛋白偶联的受体－蛋白激酶A系统

这个系统起始于细胞膜上的受体蛋白，它没有蛋白激酶的活性，而是能够改变与它的膜内部分结合的蛋白质，将其结合的GDP换成GTP而将其活化。GDP和GTP都是碱基为鸟嘌呤的核苷酸，只是前者结合有两个磷酸根，后者像ATP那样结合三个，这个结合GDP或者GTP的蛋白质也就叫作G蛋白，而受体则被称为G蛋白偶联受体（G protein-coupled receptor，GPCR）。

在受体没有结合配体分子而被活化时，G蛋白与另外两个蛋白质分子结合，形成异质三聚体，其中G蛋白叫作G_α，其他两个蛋白质分别叫作G_β和G_γ，组成的三聚体叫$G_{\alpha\beta\gamma}$。G_b和G_γ可以形成稳定的异质二聚体$G_{\beta\gamma}$，在没有G_α的时候也不会分开（图6-9）。

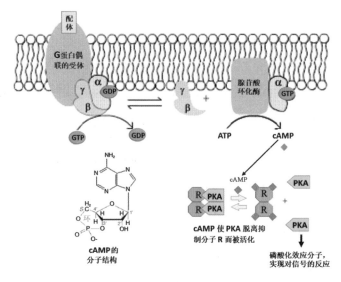

图6-9　G蛋白偶联的受体-蛋白激酶A系统

当受体分子结合配体分子而被活化时，G_α 蛋白上结合的 GDP 换为 GTP，相当于是状态从"关"变为"开"。活化了的 G_α 蛋白形状改变，与 $G_{\beta\gamma}$ 分开。

活化的 G_α 在脱离 $G_{\beta\gamma}$ 后，由于随身携带着使它活化的 GTP，所以仍然处于"开"的状态，可以把信息传下去。信息传递的下一站也是一个膜蛋白，叫作腺苷酸环化酶。它可以用 ATP 为原料，合成环磷酸腺苷（cAMP）。之所以名称里面有"环"字，是因为虽然它也是一种单磷酸腺苷 AMP，不过磷酸根用两条化学键与核糖相连，形成环形结构（图 6-9 左下）。

cAMP 是高度溶于水的分子，可以离开细胞膜，进入细胞质，将蛋白激酶 A（protein kiniaseA，PKA）活化，后者又使许多效应分子磷酸化，实现对信息的反应，因此这条信息通路是：

G 蛋白偶联的受体——G_α——腺苷酸环化酶——cAMP——PKA——效应分子

其中 PKA 的位置和作用相当于受体酪氨酸激酶系统中的 MAPK，是位于信号传递链末端的激酶，它直接控制各种效应分子对信号做出反应。

除了细胞内的信息传输，动物还需要在身体的各个部分之间快速传递信息，这是通过神经细胞来实现的。

第四节　动物传输信息的高速公路——神经细胞

动物作为一个整体，常常需要在身体各个部分之间快速传递信息。例如，我们的手被火烧到时，会立即缩回，如果反应稍慢，我们就会被烧伤。鹿看见老虎时，会立即逃跑；老虎在追逐鹿时，不但要在速度上赶上猎物，而且还能够根据猎物的躲避行为（如突然拐弯）迅速调整自己的追逐行动。在这里如果有瞬间的延误，后果对鹿来说就是死亡，对老虎来说就是捕猎失败。从眼睛发现信号到肌肉做出反应，信息传输的路径常会有数米之长，要在毫秒级的时间内把信息传过如此长的距离，绝不是上面说的那些信息传递机制能够承担得了的。由于这个原因，动物在长期的演化过程中，还发展出了快速传输信息的系统，这就是由神经细胞组成的信息通路。人的神经细胞传输信息的速度可以达到 100 米 / 秒，是短跑世界冠军的速度（用大约 10 秒跑完 100 米）的 10 倍。

神经细胞用膜电位连续翻转的方式传输信息

神经细胞要快速传递信号，不能通过化学物质的长距离移动，因为分子的扩散速度太慢。神经细胞传输的是电信号，但又不是电流的流动，而是膜电位的连续翻转，以接力的方式沿着神经纤维传递。

膜电位是指细胞膜两边的电位差，一般是细胞膜内为负，细胞膜外为正，大小约为 –70 毫伏（负号表示细胞膜内为负）。这个电位差看上去不大，但是如果考虑到细胞膜的厚度只有约 3.5 纳米，电位梯度（单位距离上电压的改变）就相当于 200 000 伏 / 厘米，是传输电流的高压线的电位梯度（约 200 000 伏 / 千米）的 10 万倍。

不仅是神经细胞，所有的动物细胞都有这样的膜电位，幅度大小也一般为负几十毫伏。为什么细胞膜内外会有这么高的电位差呢？这是因为细胞膜两边各种离子的浓度不同。细胞内钾离子浓度高而钠离子浓度低，细胞膜外相反，是钠离子浓度高而钾离子浓度低。除了这两种带正电的离子，还有带负电的离子（如氯离子），在细胞膜两边的浓度也很不一样。此外，细胞内还有高浓度的蛋白质，而蛋白质分子在细胞内的环境中主要是带负电的，这也影响细胞内外的电位差。我们可以把问题简单化，假设膜电位主要是由细胞膜外的高钠离子浓度（约 145 毫摩尔 / 升）和细胞内的低钠离子浓度（约 12 毫摩尔 / 升）造成的。这样做虽然略去了其他离子的作用，但总的效果却和考虑所有这些离子时的结果大体一致，理解起来却容易多了。

由于钠离子是带正电的，细胞外高的钠离子浓度就会使细胞膜外有更多的正电，形成跨细胞膜的电位差，即膜电位。这种细胞膜两边由于电荷分布不一致而形成跨膜电位的情形叫作细胞膜的极化，和前面谈到的细胞的极化不是一回事，细胞的极化是指细胞中物质的分布在各个方向上不一致（参见第五章第三节）。

细胞膜内外各种离子的浓度之所以不一致，是因为膜上有多种离子泵，可以把各种离子从细胞膜的一侧泵到另一侧。细胞膜上还有多种离子通道，在一定条件下可以被打开，让离子自然地从浓度高的一侧流向浓度低的一侧。这两种过程彼此配合，就可以把膜电位维持在一定的范围内。

但是仅有膜电位还不足以使神经细胞传输信号，还必须有一种特殊的机制能使膜电位在细胞膜的一个区域内发生变化，而且这个变化还能向一定的方向传递，这就是电压门控钠离子通道的作用。它能感觉膜电位幅度的降低而自动开启，让钠离子进入细胞，又能在开启后很快自动关闭。正是因为钠离子通道的这些特殊功能，才使神经细胞的出现成为可能。

典型的神经细胞由三部分组成，细胞体、树突（从细胞体上发出的树状分支）以及轴突（一根长长的纤维，也叫神经纤维）（图6-10）。轴突是神经细胞输出信号的结构，而树突是神经细胞接收信号的结构。当有信号到达树突时，会有一些钠离子进入细胞。由于钠离子是带正电的，它们的进入会抵消一部分膜内的负电，使膜电位的幅度减少。如果神经细胞在多处同时接收到这样的信号，这些膜电位的变化就有可能叠加起来，造成膜电位的幅度进一步减少。当膜电位的幅度减少约15毫伏，也就是其数值减少到约–55毫伏时（即所谓阈值时），细胞膜上电压门控钠离子通道就会感受到这个变化而开启，让细胞外的钠离子进入细胞，使膜电位进一步降低，这反过来又使更多的钠离子通道打开。这种正反馈产生的雪崩效应使这个区域内原来的外正内负的电位差完全消失，这种情况叫作细胞膜的去极化。

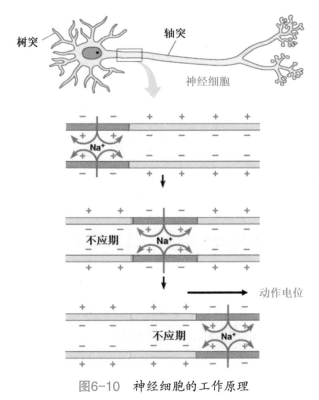

图6-10 神经细胞的工作原理

如果钠离子通道就这样一直开着，最后的结果就只能是细胞内外钠离子浓度达到平衡，神经细胞失去功能。这时钠离子通道的另一个本事就发挥作用了，就是在开启后又迅速自动关闭，而且暂时不会对膜电位的变化做出反应。已经进入细胞的钠离子会向各个方向扩散，改变邻近区域的膜电位，触发邻近区域钠离子通道的反应，让钠离子从邻近区域进入。从邻近区域进入的钠离子又会触发更远区域的钠离子通道开启。这样一级一级地触发，去极化的区域就会沿着神经纤维传递下去，这就是神经细胞的信息传递，即膜电位的连续翻转。这就像多米诺骨牌，第一张牌倒下后会使后面的牌依次倒下。由于最初被活化的钠离子通道还在不应期，这个电信号不能反向再传回去，而只能向前走，使神经纤维只能单向传递信号。

钠离子进入细胞后，通道在毫秒内就会关闭，使细胞外的钠离子不能再在这个地方进入细胞，而将钠离子泵出细胞的泵却仍然在起作用，使这部分细胞膜两边钠离子的浓度很快恢复到去极化之前的状态。随着这部分细胞膜的膜电位恢复，离子通道又恢复到去极化以前的状态，准备下一次神经信号的发出。

整个过程发生得非常快，只需要 1~2 毫秒的时间，记录在仪器的电压图上就是一个短暂的脉冲，因此神经纤维传递的信号也叫作神经脉冲。神经脉冲在到达别的细胞后，可以启动这些细胞的信号传递链，做出生理反应如肌肉收缩，所以神经脉冲也叫作动作电位。

神经细胞用绝缘层增加信号传输速度

上面谈到的过程已经可以使神经纤维发出脉冲，但是速度还不够快，这是因为紧靠神经细胞表面的溶液是与细胞之间的溶液相通的，细胞膜外离子浓度的变化也会通过离子向更远的地方扩散而减弱。由于神经细胞传递信号的方式本质上是电荷的变化，这种和细胞之间溶液相通的情况也类似神经细胞漏电，降低神经细胞的工作效率。

为了弥补这个缺点，有些神经细胞在神经纤维外包上绝缘层，叫作髓鞘。包有髓鞘的神经纤维叫作有鞘纤维，传输信号的速度比较快，没有包髓鞘的裸露的神经纤维叫作无鞘纤维，传输信号的速度比较慢（图 6-11）。

不过也不能将神经纤维完全包裹起来，还必须有地方让钠离子进来，这样神经脉冲才能传递下去。为了解决这个问题，髓鞘每隔几十微米就中断一次，让轴突和细胞外的液体接触，好像电线过一段就把绝缘层除去，让导电的金属裸露出来。这些髓鞘中断的地方就叫郎飞节，这里电压门控的钠离子通道高度密集，可以达到 2000 个 / 平方微米，使钠离子在这些地方可以大量进入神经纤维，为神经

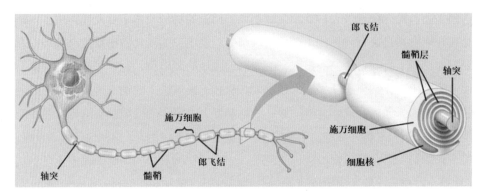

图6-11　神经细胞的髓鞘

施万细胞包裹轴突，形成绝缘层。

脉冲接力。这有点像输送石油的管线，每过一段距离就要再加压，使管内的石油一直前进。

轴突将信号传递到其他细胞

神经脉冲虽然传递得很快，但也只能传递到轴突的终端。无论是神经细胞要将信号传递给下一级的神经细胞，还是要传递给执行神经系统命令的细胞（如肌肉细胞），都需要和别的细胞建立联系。这种联系是一种特殊的结构，叫作突触（注意不要和轴突相混）。突触是轴突末端膨大的结构，贴在接收信号的细胞上，进行信息传输。根据传输信息的要求不同，突触传递信息的方式也分两种。

神经脉冲跨越细胞的直接通道——电突触

如果需要信息在细胞之间瞬间传递，如与动物生死攸关的逃跑指令的传输，最好的办法就是把神经脉冲不间断地直接传递到下一个细胞中去。例如，淡水龙虾在受惊吓时会猛烈收缩腹部，信号传输用的就是电突触（图6-12）。

在电突触处，两个细胞之间的距离只有2~4纳米，而且两个细胞的细胞质是通过一种特别的通道直接相通的，这样，一个细胞的钠离子就可以直接进入另一个细胞，继续神经脉冲的传递。这种通道叫作连接子。连接子由两个半段组成，每个细胞各出一半，对起来形成一个完整的通道。

电突触的优点是信号从一个细胞传递到另一个细胞几乎没有滞后时间。这不仅在逃跑反应中有重要意义，还可以使彼此以电突触相连的细胞电活动同步。例如，在人的中枢神经系统中，许多神经细胞就用电突触连接，它们的同步电活动能够产生脑电波（关于脑电波参见第十三章第九节）。

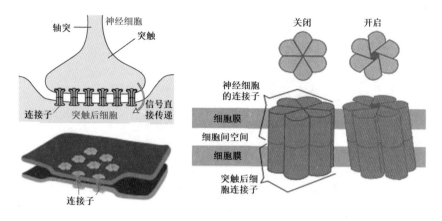

图6-12　电突触

电突触的缺点是传到第二个细胞里面的信号在性质上与第一个细胞里面的信号相同,无法进行更改,而且在强度上还有所减弱,类似水流过一个筛子。但是电突触的特殊优点使它在神经系统的活动中扮演着不可缺少的作用。

电信号转换成化学信号——化学突触

化学突触在外形上和电突触相似,也是轴突的膨大末端贴在另一个细胞的细胞膜上,但是与电突触不同的是,相邻的两个细胞之间,细胞质并没有经过通道彼此相连,而是彼此分隔的,这样两个细胞就可以各有各的信息传递方式。输出信息的神经细胞释放信息分子到突触处两个细胞之间的缝隙中,信息分子扩散到下一个细胞,和细胞膜上的受体结合,将信号传递下去。通过这种方式,电信号转变成为化学信号,信息分子就成为配体分子,与下一个细胞上接收信息的受体分子结合(参见本章第一节),启动下一个细胞的信息传递链(图6-13)。

神经细胞在化学突触处释放的、把信号传递给下一个细胞的分子叫作神经递质,如多巴胺、5-羟色胺(又叫血清素)、氨基丁酸、组胺、乙酰胆碱等。在发出信息的神经细胞的突触处,神经递质分子是被包裹在由膜形成的小囊里面的。在没有神经脉冲时,这些包了神经递质分子的小囊就停留在细胞膜内,当有神经脉冲到达时,电压门控的钙离子通道被打开,钙离子进入细胞,让小囊的膜和细胞膜彼此融合,小囊里面的神经递质分子就被释放到突触的缝隙中了。

为了让信息分子能在两个细胞之间扩散,两个细胞之间在突触处的距离比电突触要大一些。但是这个距离也不能太大,以免信息分子从一个细胞扩散到达另一个细胞的时间过长,同时也减少信息分子逃逸到突触以外的区域去,所以在化学突触处,两个细胞之间的距离是 20~40 纳米,大约是电突触的 10 倍。

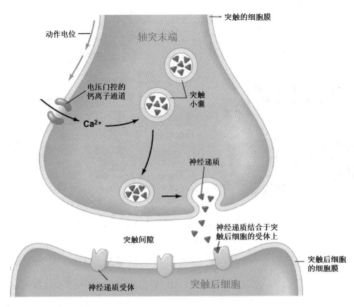

图6-13 化学突触

由于神经递质的种类很多，神经脉冲转换成的信号类型也就很多。而且化学突触能释放大量的信息分子，这些信息分子和接收信号的受体结合时，都能激起反应，这就能将原来电脉冲的信号强度放大。化学突触的这些优点使多数神经细胞使用化学突触来传递信息。

神经细胞的信号输入

神经细胞是通过树突来接收信号的，信号的来源主要有两个：感觉神经细胞和上一级的神经细胞，它们都通过轴突末端的突触与神经细胞的树突联系。来自上一级神经细胞的信息传递已经在前面叙述过，来自感觉神经细胞的信号输入在第十二章中再详细介绍。

第五节 植物的信息传递

植物的身体结构和动物完全不同，形成多细胞机体时所使用的信息分子也不一样，例如，植物就很少使用三聚体 G 蛋白系统，也很少使用具有酪氨酸激酶活性的细胞表面受体，而是继续使用原核细胞的受体组氨酸激酶。不过植物仍然用蛋白质分子来组成信息传递链，仍然使用蛋白质的磷酸化作为重要的信息传输手段，仍然通过基因调控对信号做出反应。下面是几个例子。

生长素的信号接收和反应

生长素是植物最重要的信息分子，在植物身体形成（包括叶和花的形成）中起重要作用（参见第五章第十节和第十一节）。

生长素可以自己穿过细胞膜，进入植物细胞，与细胞内一个叫 TIR1 的蛋白质结合。结合有生长素的 TIR1 又可以促进抑制蛋白 aux/IAA 的降解。Aux/IAA 被销毁，它们对转录因子 ARF 的抑制被解除，ARF 就可以启动一些基因的表达，对生长素的信号做出反应。

用磷酸根转移传递信息的系统——细胞分裂素的信息接收与反应

顾名思义，细胞分裂素是促进植物细胞分裂的信息分子，它和生长素配合，在植物身体形成中起重要作用。由于细胞分裂素不能像生长素那样通过扩散进入细胞内部，对细胞分裂素信息的接收必须依靠位于细胞表面的受体分子，再将信息传递到细胞内部。

在细胞表面接收细胞分裂素信息的受体具有组氨酸激酶的活性，能够自我磷酸化，在一个组氨酸侧链上加上磷酸根（图6-14）。这个磷酸根不是直接转移到反应调节分子的天冬氨酸上，而是先转移到受体自身的一个天冬氨酸的侧链上，再转移到磷酸根转移蛋白的组氨酸侧链上。磷酸根转移蛋白进入细胞核，将磷酸根转移到一类叫作 ARR 蛋白的天冬氨酸侧链上，磷酸化的 ARR 蛋白作为转录因子，调控基因表达，实现细胞对细胞分裂素的反应。

这个系统是从原核生物的受体组氨酸激酶系统（参见本章第二节）继承下来并且加以修改的，但是仍然保留了受体组氨酸激酶，反应调节分子的磷酸化也还是通过磷酸根转移。

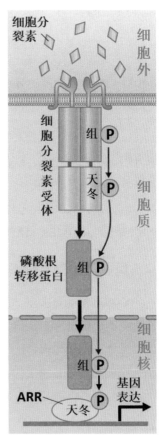

图6-14　细胞分裂素的信息接收与反应

被磷酸化的氨基酸标示在磷酸根旁边

植物的激酶多米诺骨牌多成分系统

在动物的激酶多米诺骨牌多成分系统中（参见本章第三节），Raf-MEK-MAPK 段是信号传输的核心段。在这个激酶链中，MAPK 是被 MEK 磷酸化而被活化的，因此 MEK 是 MAPK 的激酶，可以写为 MAPKK（K 表示激酶）。MEK 又是被 Raf 磷酸化而活化的，因此 Raf 是 MAPK 激酶的激酶，可以写作 MAPKKK。

这段激酶信息传递链在所有真核生物的信息传递中都存在，包括动物、植物和真菌。例如，模型植物拟南芥就有 80 种 MAPKKK、10 种 MAPKK 和 20 种 MAPK。它们从各种信息源接收信息，通过 MAPK 发挥作用，因此它们的作用范围非常广泛，参与生长素、细胞分裂素、乙烯、赤霉素等分子的信息传递，在细胞分裂、细胞分化、对外防御上都起重要作用。

第六节　真菌的信息传递

真菌的生活方式是利用体外现成的有机物，因此最佳的身体构造是形成分枝和相互融合的菌丝网，以便尽可能扩大与有机物的接触面。多细胞的真菌也是从单细胞的祖先发展而来的，控制身体形成的信息传递链也有自己的特点。像植物一样，真菌也继承和使用原核生物的组氨酸激酶信息传递系统，以及在所有的真核生物都使用的 Raf-MEK-MAPK 信息传递链，同时又像动物那样使用 G 蛋白信息通路。

真菌的组氨酸激酶系统

在单细胞的真菌出芽酵母中，有一种受体组氨酸激酶叫作 Sln1，是感觉细胞渗透压的蛋白质（图 6-15）。在正常的生长环境中，Sln1 是具有自我磷酸化的活性的，它把磷酸根传递给组氨酸磷酸根转移蛋白（Ypd1p），Ypd1p 再把磷酸根转移给一个叫作 Ssk1p 的反应调节因子。Ssk1p 被磷酸化以后，失去活性，下游调节渗透压的通路也被关闭。如果渗透压升高，Sln1 就失去活性，Ssk1p 失去磷酸根，获得活性，使下游调节渗透压的信号通路开启。

在多细胞的真菌粗糙脉胞菌中也有一种受体组氨酸激酶叫作 nik-1。它在自我磷酸化后，把磷酸根转移到自身的一个天冬氨酸侧链上，再转移给反应调节因子，类似于植物的细胞分裂素受体系统。

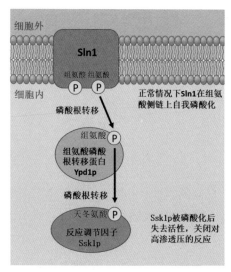

图6-15　酵母的组氨酸激酶系统控制对渗透压的反应

真菌的激酶多米诺骨牌系统

类似动物和植物，真菌也使用 MAPKKK——MAPKK——MAPK 激酶信号传递链。在出芽酵母中，就有 5 条这样的信号传递链，分别调节有性生殖、感染性生长、细胞膜的完整性、渗透压反应和孢子形成。例如，在出芽酵母的有性生殖中，就有一个叫作 Ste11p——Ste7p——Fus3p 的激酶传递链，在酵母细胞配对中起信号传递的作用。

在多细胞的粗糙脉孢菌中，孢子在萌发后，菌丝之间会彼此发出信号，导致菌丝交汇融合，形成菌丝网。接收信号并且做出反应的，也是这种激酶信号传递链，叫作 NRC-1——MEK-2——MAK-2 链。细胞表面受体 STE-20 接收菌丝之间的信号，使 NRC-1（相当于 MAPKKK）磷酸化，再通过 MEK-2（相当于 MAP-KK）使 MAK-2（相当于 MAPK）磷酸化而被活化。

真菌的 G 蛋白信息通路

真菌含有的 G 蛋白的数量比哺乳动物要少，但是这些 G 蛋白仍然在真菌的生理活动中扮演重要角色。例如，粗糙脉孢菌就含有 43 种与 G 蛋白偶连的受体，参与环境状况感知、有性生殖、孢子形成等生理活动。

除了以上这些信息传递，生物还有与时间有关的信息传递，这就是生物自带的计时器——生物钟。

第七章　生物自带的计时器
——生物钟

生物所在的地球是转动的，每 24 小时转一圈。由于地球对光是不透明的，因此地球上任何一点能被太阳光照射到的时间会以 24 小时为周期的变化。

太阳光是光合作用的能源，进行光合作用的生物也只能在白天进行这种活动。对于动物而言，光照能提供周围世界瞬时而精确的三维信息，所以白天对于动物的活动有利。白天温度较高，而且相对干燥多风，也有利于真菌孢子的传播。由于这些原因，地球上绝大多数生物都有以 24 小时为周期的生活节律，以适应光照的周期性变化。

由于地球自转轴的方向和公转面（地球围绕太阳旋转轨道所形成的平面）并不垂直，而是有 23.5 度的倾斜，地球上任何一点的光照状况除了有 24 小时的周期，还会有四季的分别。夏季光照时间最长，温度也最高；冬季光照时间最短，温度也最低。与此相适应的，许多植物在春季发芽，秋季落叶，果实也多在夏、秋两季成熟。动物的繁殖期也以春天比较有利，不仅温度适宜，可以避免新生的下一代遇上寒冬，而且夏、秋两季食物丰富。为了适应温度的季节变化，动物身上的皮毛也定期更新。候鸟还会在每年固定的时候南迁或北移，以继续待在适合自己的温度环境中。

为了使生理活动与昼夜和四季的变化同步，生物都发展出了控制生理活动节律的机制，这就是生物钟。以 24 小时为周期，对应外界昼夜变化的叫作昼夜生物钟，在年度上控制生理活动的叫作年度生理调节。

第一节　昼夜生物钟的构成原理

生物是由蛋白质、核酸、糖类、脂肪等分子组成的，难以想象这些材料还能做出钟表来。但是生物不仅做到了，而且这样的生物钟表还出人意料的巧妙和精密，这就是能周期性振荡的生理过程。

振荡过程可以通过负反馈来实现。如果一个过程的产物又反过来抑制这个过程，这个作用就叫作负反馈。如果这个负反馈又能被消除，让原来的过程重新进行，让负反馈再起作用，就会形成连续的振荡过程。厕所里的抽水马桶就是一个很好的例子：放水以后水箱开始进水，上升的水面不断抬高连在一根杠杆上的浮球，而杠杆又和进水阀门相连。当水面上升到一定高度时，进水阀就被杠杆关闭。在这里，水面上升为水面停止上升准备了条件，这就是一种负反馈。水被放掉时，浮球带着杠杆下降，抑制解除，水阀开启，水箱又能重新进水。如果水箱里面的水面高到将阀门关闭的时候又自动开始放水，就会使水箱里水面的高度周期性地振荡。水箱上水的时间和放水需要的时间加起来，就是振荡的周期。

细胞里面的许多化学反应都有自我抑制现象，即化学反应的产物反过来抑制这个反应，以防止反应的产物过多，是细胞调节生理活动的重要机制。将这个原理加以利用，就可以形成生物钟。

说到这里，生物钟构成的原理似乎很简单。但在实际上，要实现以 24 小时为周期的振荡，还要能根据环境的节律进行对表，即对生物钟运行的快慢根据外界的周期进行调节，由单个回路组成的生物钟是完成不了这个任务的，而是需要多条支路相互连接，有的支路具有正反馈功能，有的支路具有负反馈功能，共同实现生物钟的准确运行。

第二节　蓝细菌的昼夜生物钟

蓝细菌是地球上最古老的生物之一，能进行光合作用，放出氧气，还能将空气中的氮变为细胞能够利用的形式（固氮作用）。然而，蓝细菌的这两种重要的生理功能却是难以并存的，因为固氮作用所需要的酶对光合作用放出的氧气敏感，所以这两项活动必须在时间上分隔开。光合作用在白天进行，而固氮反应在光合作用停止、没有氧气放出的夜晚进行，这就需要蓝细菌有让这两个活动交替进行的机制。

蓝细菌的生物钟由三个蛋白质组成，即 KaiA、KaiB 和 KaiC，其中 KaiC 是主要的节律成分，以六聚体的形式存在（图 7-1）。KaiC 同时具有蛋白激酶（在氨基酸侧链上加上磷酸根）和磷酸酶（除去氨基酸侧链上的磷酸根）的活性，能使自己第 432 位上的苏氨酸和第 431 位上的丝氨酸磷酸化和去磷酸化。

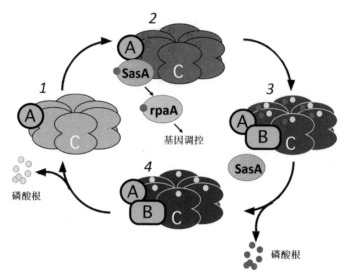

图7-1　蓝细菌的生物钟

　　但是仅靠 KaiC 自己还不能形成振荡系统，还需要 KaiA 和 KaiB 的协助。KaiA 结合 KaiC，活化 KaiC 蛋白激酶的活性，使 KaiC 自我磷酸化，先是第 432 位上的苏氨酸，然后是第 431 位上的丝氨酸。当第 431 位上的丝氨酸被磷酸化后，KaiC 分子的形状改变，使它可以结合 KaiB。KaiB 的结合使 KaiA 的活化作用消失，KaiC 开始用自己的磷酸酶活性使自己去磷酸化。KaiC 的去磷酸化又使它的形状改变，不再能结合 KaiB，于是 KaiB 抑制激酶活性的功能被解除，KaiA 又可以活化 KaiC 蛋白激酶的活性，再次开始自我磷酸化，开始另一个循环。

　　KaiC 与 KaiA 结合，使自己磷酸化的程度增加，而磷酸化程度的增加又创造了与 KaiB 结合的能力，导致自己的磷酸化程度减少，这就是一种负反馈机制。负反馈过程完成后，KaiC 的磷酸化状态消失，又能再结合 KaiA，开使磷酸化过程，造成 KaiC 磷酸化程度的高低振荡和与 KaiB 结合状态的振荡，即反复的结合与不结合，这就是蓝细菌的生物钟。

　　输出这个钟的节律的是一个叫 SasA 的蛋白。SasA 是一个组氨酸激酶，当它结合于 KaiC 分子上时，其激酶的活性被激活，使自己磷酸化。磷酸化的 SasA 能够把自己的那个磷酸根转移到效应分子 rpaA 上，使 rpaA 分子磷酸化。rpaA 是一个转录因子，它的磷酸化使它作为转录因子的功能被活化，影响大约 170 个基因的表达，相当于是生物钟信息的输出。在这里，SasA-rpaA 就像是原核细胞传递信息的双成分系统，也是组氨酸激酶自我磷酸化，再把磷酸根转移到效应分子上，完成信息的传递和对信息的反应（参见第六章第二节），只不过在这里，信息不是来自细胞外的分子，而是细胞内的生物钟。

但是 SasA 并不一直结合在 KaiC 上，如果是那样就不能传递生物钟振荡的信息了。SasA 在 KaiC 上的结合点是与 KaiB 在 KaiC 上的结合点相重叠的，因此只有 KaiB 不结合在 KaiC 上面时，SasA 才能结合在 KaiC 上。由于 KaiB 与 KaiC 的结合呈周期性的变化，SasA 与 KaiC 的结合也会呈周期性的变化，这样就可以把生物钟振荡的信息输出，使细胞的生理活动也呈周期性的变化。

这个生物钟里面的三个蛋白质还会影响彼此的表达，例如，KaiC 浓度升高会抑制 KaiC 自己和 KaiB 的表达，而 KaiA 浓度升高又会增加 KaiC 和 KaiB 的表达。这些正反馈和负反馈回路加在生物钟的核心回路上，进一步增加了系统的稳定性。

虽然这个生物钟能够产生振荡节律，但是这个系统也需要自然光照的节律来校正其周期，使它与光线的自然节律相吻合。黑暗的到来会引起细胞内一些成分的特征性变化，这些变化如果能够与生物钟的核心成分相互作用，就能够起到对表的作用。

一个变化是 ATP 与 ADP 的浓度比值。在黑暗中，光合作用中断，ATP 的合成速度降低，使 ADP 的相对浓度增高。由于生物钟的运行过程是依赖于 ATP 的（磷酸化就是把 ATP 分子上的一个磷酸根转移到氨基酸的侧链上），ATP 与 ADP 比值的降低会影响 KaiC 的磷酸化效率，从而影响其周期。

另一个外界信息的输入是醌分子的氧化状态。醌是光合系统电子传递链中的一个非蛋白成分，通过反复的氧化和还原将电子（以氢原子的形式）传递下去（参见第二章第七节和图 2-14）。在光合作用进行时，由光系统提供的源源不绝的电子使醌分子处于高度还原的状态，而光合作用一旦停止，电子来源断绝，醌分子又会处于被氧化的状态。氧化型的醌分子能使 KaiA 凝聚，失去活化 KaiC 蛋白激酶活性的作用，因而可以直接影响生物钟的周期。通过这些途径，外界光线以 24 小时为周期的变化就能调节生物钟的周期，使其与自己同步。

第三节　动物的昼夜生物钟

动物是真核生物，细胞里面有细胞核。mRNA 从细胞核移动到细胞质需要时间；mRNA 进入细胞质，在核糖体中指导蛋白质的合成，合成的蛋白质再进入细胞核，抑制一些基因的表达，也需要时间。这个时间差就被细胞用来形成振荡回路，使细胞中一些蛋白质的浓度周期性地变化。所有的真核细胞都有细胞核，他们的生物钟也都是利用这个原理形成的。

果蝇的生物钟

果蝇生物钟的核心振荡器就是利用负反馈回路和分子运动的时间差形成的（图 7-2）。转录因子 CLK 和 CYC 彼此结合，形成异质二聚体，结合于 *PER* 和 *TIM* 基因的启动子上，驱动这两个基因的转录。转录所产生的 PER mRNA 和 TIM mRNA 进入细胞质，在核糖体上指导 PER 和 TIM 蛋白的合成。PER 和 TIM 在细胞质中结合，形成 PER/TIM 异质二聚体，这个二聚体被蛋白激酶 CK-2 和 DBT 磷酸化，进入细胞核，在那里促使 CLK/CYC 的磷酸化。磷酸化的 CLK/CYC 形状改变，不能够再结合于 DNA 上，*PER* 基因和 *TIM* 基因的表达被抑制，形成一个负反馈机制。

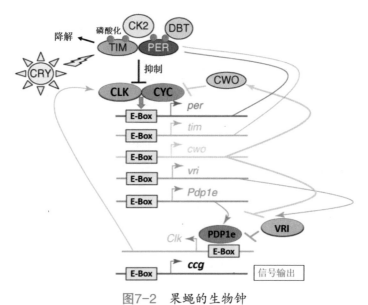

图7-2　果蝇的生物钟

E- 盒子（E-box）是 CLK/CYC 结合的基因启动子上的序列。

当 *PER* 基因和 *TIM* 基因的表达被完全抑制后，细胞质里面 PER mRNA 和 TIM mRNA 被降解消失，新的 PER 和 TIM 蛋白无法再被生成。细胞核里面的 PER 和 TIM 蛋白在被磷酸化后又被降解，它们对 CLK/CYC 的抑制解除，而磷酸化的 CLK/CYC 又被磷酸酶 PP1 和 PP2a 去磷酸化，恢复与 DNA 的结合，再次驱动 *PER* 基因和 *TIM* 基因的表达，开始新的循环。

除了这两个主要回路，果蝇还有其他反馈回路。CLK/CYC 可以驱动 *CWO* 基因的表达，其蛋白产物 CWO 能抑制 CLK/CYC 的驱动作用，也是一条负反馈回路。CLK/CYC 还驱动 *PDP1e* 基因和 *VRI* 基因的表达，而 PDP1e 蛋白能够驱动 *CLK* 基因的表达，是另一条正反馈回路。VRI 蛋白能与 PDP1e 竞争，抑制 *CLK* 基因的表达，是又一条负反馈回路。因此果蝇的生物钟是由多条反馈回路组成的。

果蝇生物钟信号的输出，是用 CLK/CYC 来驱动其他基因的表达。既然 CLK/CYC 驱动 *PER* 基因和 *TIM* 基因的表达状况是周期性振荡的，用 CLK/CYC 来驱动其他基因的表达也会是周期性振荡的，这就相当于将生物钟振荡的信息输出。

果蝇是有脑的，其生物钟主要在脑中大约 150 个神经细胞里面运行，再由这些细胞控制全身的节律。果蝇生物钟的对表是通过能接受光信号的蛋白质 CRY 实现的。CRY 上面结合有感光色素黄素，在被蓝光激发时，它能够结合于 TIM 蛋白上，促使它的降解，从而调整生物钟的周期。果蝇的身体很小，蓝光可以穿过身体，直接到达脑中的这些神经细胞上。

哺乳动物的生物钟

哺乳动物的生物钟与昆虫的生物钟在原理上非常相似，只是具体使用的蛋白质不同。转录因子 CLOCK 和 BMAL1 结合，形成异质二聚体，这个二聚体结合于 *PER* 基因和 *CRY* 基因的启动子上，驱动这些基因的表达（图 7-3）。转录形成的 PER mRNA 和 CRY mRNA 离开细胞核，进入细胞质，在核糖体上指导 PER 蛋白和 CRY 蛋白的合成。PER 和 CRY 结合形成异质二聚体，被蛋白激酶 CK1 和 CK2 磷酸化。磷酸化的 PER/CRY 二聚体进入细胞核，将 CLOCK/BMAL1 二聚体从启动子上挤开，即不让它们再结合于 DNA，消除它们驱动自己基因表达的活性，形成一个负反馈回路。

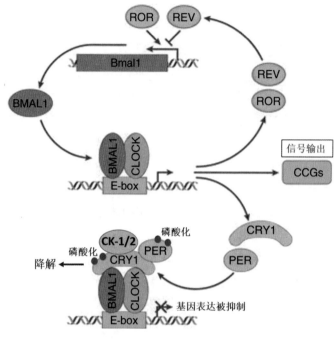

图7-3　哺乳动物的生物钟

　　细胞质里面 PER mRNA 和 CRY mRNA 被降解消失，新的 PER 和 TIM 蛋白无法再被生成。细胞核里面的 PER 蛋白和 CRY 蛋白在被磷酸化后又会被降解，它们对 CLOCK/BMAL1 的抑制被解除，CLOCK/BmAL1 又可以驱动 PER 基因和 CRY 基因的表达，开始另一个循环。

　　除了这个主要的反馈回路，CLOCK/BMAL1 还可以驱动另外两个基因 RORA 和 REV-ERB 的表达。生成的 RORA 蛋白促进 BMAL1 的生成（正反馈），而生成的 REV-ERB 蛋白则抑制 BMAL1 的生成（负反馈）。这些作用相反的反馈回路可以控制和调节 BMAL1 蛋白的浓度，影响核心回路的运作情形。

　　哺乳动物（包括人）脑中的生物钟位于视交叉上核（suprachiasmatic nucleus，SCN），即位于视神经交叉处上方的一对细胞团（图 7-4）。虽然 SCN 只有米粒般大小，却控制着哺乳动物的昼夜节律。动物试验表明，破坏 SCN，动物的昼夜节律就完全消失，说明 SCN 是控制哺乳动物身体节律的核心生物钟。

　　由于哺乳动物的脑有头骨包裹，光线很难像果蝇那样直接进入头部，到达 SCN，调节生物钟的节律，光照信号的输入主要是通过能直接感受光线的眼睛中的视网膜进行的。视网膜中有少数感光节细胞能感受光线，但是与视觉无关，而是把光线信号输送到 SCN，对生物钟进行调节（图7-4右下）。

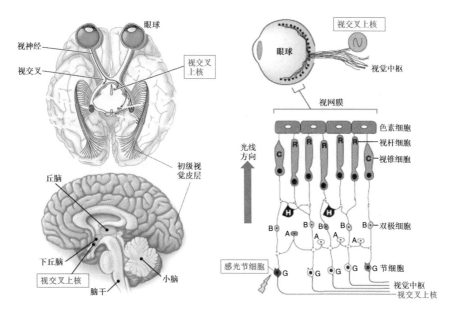

图7-4　哺乳动物的核心生物钟

　　哺乳动物的身体比较大，有多个器官，除了 SCN 这个核心生物钟，动物的许多器官和组织也有自己的生物钟，包括肝脏、肾脏、脾脏、胰脏、心脏、胃、食道、骨骼肌、角膜、甲状腺、肾上腺、皮肤，甚至有在体外培养的细胞系。这些位于身体各个部分的生物钟叫作外周生物钟，具体控制各个器官的活动，如肝脏中的糖代谢和解毒、肾脏的排尿、胰腺分泌胰岛素、毛囊生出毛发等。

　　这些外周生物钟的构成和 SCN 中的生物钟基本相同，也用 CLOCK/BMAL1 二聚体驱动 PER 和 CRY 基因的表达，但是它们的节律由 SCN 调节。在 SCN 被破坏了的老鼠中，器官之间的振荡周期就逐渐不再同步，把 SCN 再植回去可以恢复一些器官的周期同步，说明 SCN 能够控制全身各个器官里生物钟的节律。SCN 通过各种途径来指挥各个外周生物钟，包括神经系统连接和激素途径。在激素中，起主要作用的又是褪黑激素。

第四节　真菌的昼夜生物钟

虽然真菌并不进行光合作用，但是许多生理活动仍然有昼夜节律，如脉胞菌就是在晚上形成孢子以利于在相对干燥多风的白天散布。如果让脉胞菌在含有培养基的玻璃管中从一端向另一端生长，即使是在完全黑暗的环境中，产生孢子的菌丝也会以约 24 小时为周期而多次出现，证明脉胞菌确实有生物钟（图 7-5 右上）。

脉胞菌的生物钟的构成原理与动物的生物钟非常相似（图 7-5 左下）。转录因子 WC-1 和 WC-2 结合在一起，形成异质二聚体 WCC。WCC 结合于 FRQ 基因的启动子上，开始基因的转录。形成的 frq mRNA 离开细胞核，进入细胞质，在那里指导 FRQ 蛋白质的合成。FRQ 和另一个蛋白质 FRH 结合，形成异质二聚体 FFC。FFC 进入细胞核，与 WCC 结合。由于 FFC 上结合有蛋白激酶 CK-1 和 CK-2，WCC 被磷酸化，形状改变，失去转录因子的功能，使 frq mRNA 的合成最后终止。

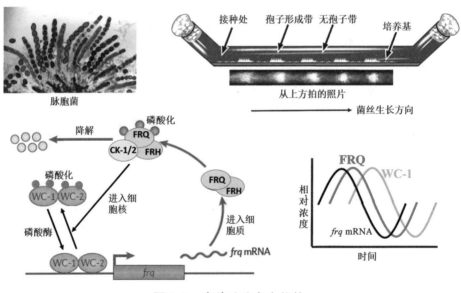

图7-5　真菌的昼夜生物钟

细胞质中的 frq mRNA 会被降解掉，使细胞质中 FRQ 蛋白的合成停止。在细胞核中的 FRQ 蛋白在被磷酸化后降解，最后的结果就是 FRQ 蛋白完全消失。

FRQ 蛋白消失后，对 WCC 的抑制也被解除。WCC 被磷酸化后，只是离开了基因的启动子，并没有被降解。在没有 FRQ 的情况下，一些磷酸酶（如 PP1 和 PP2a），会除去 WCC 上面的磷酸根，使 WCC 恢复活性，重新结合于 *FRQ* 基因的启动子上，开始 *FRQ* 基因的转录，开始另一个循环。

脉胞菌生物钟的核心振荡器有了，外界的信息特别是光照周期的信息，又是如何被输入的呢？在这里 WC-1 本身就是一个光接收器。WC-1 上结合有色素 FAD，在有蓝光照射时，FAD 与 WC-1 上的一个半胱氨酸的侧链形成共价键，分子形状改变而被活化，与 WC-2 结合形成 WCC，启动 *FRQ* 基因的表达，是对生物钟的正输入。另一个蛋白质 VID 上面也结合有 FAD，在有蓝光照射时，FAD 也和 VID 蛋白形成共价键，使 VID 蛋白活化。活化的 VID 能够抑制 WCC 的活性，是生物钟的负输入。

脉胞菌输出生物钟信号的方法，也是用 WCC 来控制其他基因的表达。既然 WCC 能够周期性地使 *FRQ* 基因表达，也同样能使其他基因周期性地表达。

第五节　植物的昼夜生物钟

对植物生物钟的研究主要是以拟南芥（一种开花植物）为模型进行的。研究结果表明，植物生物钟的主要回路和运行机制与动物和真菌的生物钟相似，只是更加复杂（图 7-6）。

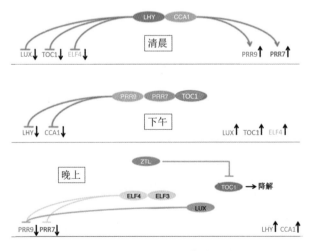

图7-6　植物的昼夜生物钟

在清晨，转录因子 CCA1 和 LHY 结合，形成异质二聚体，这个异质二聚体结合到 PRR9 基因和 PRR7 基因的启动子上，驱动这两个基因的表达。由此形成的 PRR9 mRNA 和 PRR7 mRNA 离开细胞核，进入细胞质，指导 PRR9 蛋白和 PRR7 蛋白的合成。PRR9 和 PRR7 蛋白的浓度在下午相继达到高峰，进入细胞核，抑制 CCA1 和 LHY 基因的表达，组成一个负反馈回路。不过 PRR9 和 PRR7 并不彼此结合，形成异质二聚体，而是分别和另一个叫 TPL 的蛋白结合，共同抑制 CCA1 基因和 LHY 基因的表达。

在驱动 PRR9 和 PRR7 基因表达的同时，CCA1/LHY 还抑制 TOC1、LUX、ELF 基因的表达。到了下午，随着 CCA1/LHY 的生成受到 PRR9 和 PRR7 的抑制，它们对这些基因的抑制被解除，这些蛋白质开始被合成。其中 TOC1 蛋白可以直接结合到 CCA1 基因和 LHY 基因的启动子上，继续抑制它们的表达。

到了晚上，ZTL 蛋白结合到 TOC1 蛋白上，导致它的降解。LUX 蛋白又与 ELF3 和 ELF4 组成复合物，结合到 PRR9 基因和 PRR7 基因的启动子上，抑制它们的表达，解除它们对 CCA1 基因和 LHY 基因的抑制。抑制一旦解除，CCA1 基因和 LHY 基因被活化。到了清晨，CCA1 蛋白和 LHY 蛋白被合成，又可以驱动 PRR9 基因和 PRR7 基因的表达，开始下一个循环。

植物生物钟信号输出的机制与动物和真菌相似，即用 CCA1/LHY 直接控制效应基因的表达。

拟南芥的生物钟是受外部光照状况控制的。ZTL 能够对蓝光起反应，在蓝光的激活下，ZTL 蛋白可以和 GI 蛋白结合，到了晚上促使 TOC1 蛋白的降解，从而调节生物钟的周期。此外，LWD1 和 LWD2 蛋白也能传递光照信号，它们能结合到 PRR 基因和 TOC1 基因的启动子上，激活这些基因的表达。PRR9 和 PRR7 又能够结合到 LWD1 和 LWD2 基因的启动子上，激活它们的表达，组成一个相互的正反馈回路。因此拟南芥生物钟的结构是非常复杂的，以保证植物能对外部光照的状况做出最佳反应，包括开花时间的控制。

第六节　真核生物的年度生理调节

真核生物除了有昼夜生物钟，还有年度生理节律。无论是植物还是动物，生理活动都会表现出一年之中随季节变化的情况，例如动物的发情期、脱毛换毛期、候鸟和一些昆虫（如帝王蝶）每年定期的迁徙、一些动物的冬眠期，植物的开花期和落叶期等。这些随季节的变化也是通过生物钟来调节的。

但是要生物形成以年为周期的振荡系统几乎是不可能的。生物实际使用的方法，是利用每日光照时间的长短随季节变化的信息与昼夜生物钟的运行情况相比对。如果光照时间足够长，光信号输入的时间与生物钟中某个成分能起作用的时间相重合，就能触发生物对长光照的反应；如果光照时间过短，光信号输入的时间已经错过了某个成分起作用的时间，就不能触发生物的生理反应。这种利用昼夜生物钟的节律来实现生物对季节变化做出反应的机制叫作重合机制，无论是植物还是动物，都使用这个机制。

动物的年度生理调节

动物控制季节性生理活动的分子主要是甲状腺素，特别是其中的三碘甲腺原氨酸（T3）。是日照长短决定了 T3 在血液中的浓度随季节变化。

例如，动物的生殖周期就是由甲状腺控制的，摘去动物的甲状腺，生殖活动的季节性变化就消失。在动物脑中植入能释放 T3 的物质，动物的性腺就一直处于活跃状态，也能防止短日照导致的动物性腺的衰退，说明 T3 传递的是长日照的信息。T3 不仅控制动物的生殖周期，也控制动物的新陈代谢速率和体热生成。在两栖类动物中，T3 还控制身体结构的转变，如从蝌蚪变为青蛙。

在一年中的各个时期，动物血液中甲状腺素的总量是基本恒定的，但是最具活性的 T3 的浓度却呈季节性变化，在长日照时高，在短日照时低。研究发现，T3 的量是由两个酶控制的：脱碘酶 2（DIO2）能把活性低的 T4 转换为活性高的 T3，增加 T3 的浓度；而脱碘酶 3（DIO3）能把 T3 转变为 T2，或者把 T4 转换为反式 T3，DIO3 的这两个活性都导致 T3 的浓度降低。

前面已经谈到，褪黑激素是动物生物钟输出节律信号的分子，在没有光照时生成和释放，相当于是在报告黑夜的长度。在动物脑中，褪黑激素受体表达最高的部位是在脑下垂体中的一个部分，叫作垂体结节部（pars tuberalis，PT）（图 7-7左）。褪黑激素能控制 PT 里面的生物钟，让一个叫作 EYA3 的蛋白质周期性地表达，而且是在褪黑激素开始作用的 12 小时之后 EYA3 才能开始被合成，即这个时候细胞才能活化 EYA3 基因。

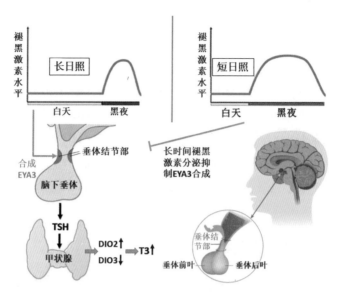

图7-7　日照长度对三碘甲腺原氨酸 T3 合成的影响

在短日照期间，褪黑激素开始作用时间的 12 小时后，动物仍然得不到光照，褪黑激素持续分泌，这样造成的细胞内高浓度的 cAMP 会抑制 EYA3 的合成，使 EYA3 蛋白的浓度无法上升（图 7-7 右）。而在长日照期间，12 小时后已经是黎明，光照能降低褪黑激素的分泌和细胞中 cAMP 的浓度，解除对 *EYA3* 基因的抑制，EYA3 蛋白得以大量合成。EYA3 能增加促甲状腺激素（thyroid-stimu cating hormone，TSH）的合成，而 TSH 又能驱动甲状腺中 DIO2 的合成，抑制 DIO3 的合成，使 T3 的量增加，从而影响动物季节性的生理活动变化（图 7-7 左）。

植物开花时间的控制

植物的开花是受一个叫作成花素的激素控制的。成花素由 *FT* 基因编码，在叶片中被合成，通过韧皮部输送到芽上，将叶芽转换为花芽，植物就会开花（参见第五章第十一节）。*FT* 基因的表达是被一个叫作 CO 的转录因子控制的。CO 蛋白结合到 *FT* 基因的启动子上，驱动 *FT* 基因的表达。

CO 蛋白的浓度是受植物的昼夜生物钟控制的（图 7-8）。在清晨，CO mRNA 的浓度最低，这是因为在清晨 CCA1/LHY 驱动 *CDF* 基因的表达，使 CDF 蛋白的浓度升高，CDF 蛋白结合到 *CO* 基因的启动子上，抑制它的表达。到了下午，蓝光能使 FKF1 蛋白和 GI 结合，形成复合物。这个复合物能使 CDF 蛋白降解。CDF

的抑制一旦解除，CO mRNA 的浓度开始上升，合成 CO 蛋白质。但是细胞中的 CO 蛋白质是不断被降解的，只有日照时间足够长，才能使 CDF 蛋白持续降解，让细胞有足够的时间来合成 CO 蛋白，驱动 *FT* 基因的表达，使需要长日照才开花的植物开花（图7-8左）。如果日照时间不够长，FKF1 和 GI 无法形成复合物，CDF 蛋白不能被降解，*CO* 基因无法被活化，这些植物就不能开花（图7-8右）。也就是说，日照的长度必须与 CO 蛋白有可能高表达的时间（下午）相重合，以便 FKF1/GI 复合物有时间形成并且降解 CDF，解除对 *CO* 基因的抑制。日照时间过短，细胞就等不到 CDF 被降解的时间，CO 蛋白不能在细胞中积累，*FT* 基因无法表达，植物也就不能开花。

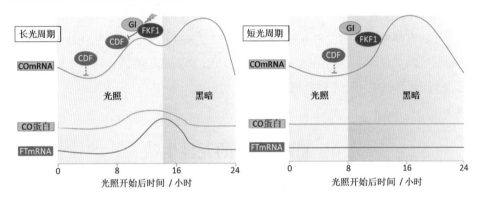

图7-8　日照长度对植物开花的影响

　　对于需要短日照才开花的植物，CO 蛋白的调节机制是一样的，也是长日照在下午生成足够的 CO 蛋白。但是在这些植物中，CO 蛋白不是作为 *FT* 基因的激活物，而是抑制物，所以在长日照下反而不能开花。只有在短日照下，CO 蛋白不能生成，*FT* 基因才能表达，导致开花。

　　在这里，植物的 CO 就相当于动物的 EYA3，植物的成花素就相当于动物的 TSH。EYA3 和 CO 都受昼夜生物钟的控制，而且都需要长日照才能被合成，因此动物和植物使用同样的机制来实现对生理节律的季节性变化，即通过日照的时间窗口与昼夜生物钟能使某种成分发挥作用的时间相重合，达到开关季节性生理活动的效果。

第八章　生物的繁殖

生物体是地球上（如果还没有证明是宇宙中）最复杂的结构，然而越是复杂的系统，出毛病的概率就越高。生物体的高度复杂性既为生命活动所必须，又使生物体变得脆弱，无法成为永远不出毛病的金刚不坏之身。要使物种能够延续下去，唯一的办法就是用新的个体来代替老的个体，这就是生物的繁殖。

生物有两种繁殖方式——无性生殖与有性生殖。前者由单个生物体通过细胞分裂就可以实现，主要是原核生物的繁殖方式；而后者需要来自两个生物体的细胞融合，是真核生物的主要繁殖方式。

第一节　生物的无性生殖

无性生殖通过单个生物体的细胞分裂就可以完成，不涉及雄性和雌性。对于单细胞生物（无论是原核生物还是真核生物）来说，无性生殖就是细胞一分为二。DNA 先被复制，然后细胞分为两个，各带一份遗传物质。新形成的子细胞和分裂前的母细胞遗传物质相同，是母细胞的克隆。

但是对于多细胞的动物，一分为二就比较困难了。水螅的身体只有两层细胞，可以进行出芽生殖，即在躯干上长出小水螅，再脱落变成新的水螅（参见图 5-2）。但是对于结构更加复杂的动物，用分身术来繁殖就困难了，即使如蚂蚁、蝗虫这样的低等动物，都不可能用出芽或分身的方式来繁殖后代。

动物和真菌采取的办法，是把 DNA 包装到单个特殊的细胞中，再由这个细胞发育成一个新的生物体。例如，产生青霉素的真菌青霉，就通过菌丝顶端细胞的细胞分裂，形成孢子，孢子被风或者水流带到新的地方，再长出新的青霉。动物中的雌蚜虫也可以通过细胞分裂产生一些特殊的细胞，再由这些细胞发育成为完整的雌蚜虫，而不需要雄蚜虫。

植物要灵活一些，可以由营养器官（根、茎和叶）在脱离母体以后直接发育成一个新的个体。例如，马铃薯的块茎就可以长出新的马铃薯植株；落地生根在叶片边缘长出带有根的幼芽，脱离母体后也可以长成新的植株。

无性生殖的方式简单有效，常常可以在短时间内产生大量的个体，同时也有缺点，就是只能产生自己的克隆，遗传物质被禁锢在每个生物个体和它的后代身体之内，只能单线发展，与同类生物别的个体中的遗传物质没有关系。也就是说，每个生物体在 DNA 的演化上都是单干户，对于自己和自己后代 DNA 的变化后果自负，某些个体中 DNA 新出现的有益变异也无法和别的个体共享。

对于单细胞生物来说，这通常不是问题。单细胞生物一般繁殖很快，在几十分钟里就可以繁殖一代。那些具有 DNA 有益变异的个体很快就可以在竞争中脱颖而出，成为主要的生命形式，差一点的就会被淘汰了。单细胞生物每传一代，就有约 3/1000 的细胞 DNA 发生突变，其中一些突变能使生物适应新的环境。通过迅速的改朝换代，单细胞生物通常能比较好地适应环境的变化。

但是对于多细胞生物来讲，这个战略却不理想。每个被淘汰的个体都含有成千上万甚至上亿的细胞，代价太大，而且多细胞生物换代比较慢，常常需要数星期、数月，甚至数年才能换一代，演化赶不上环境变化。在环境条件变化比较快的时候，这些只能进行无性繁殖的物种就有可能因不能及时适应环境的变化而灭绝。

同一物种中不同个体的 DNA 序列是有差别的，如果有一种方法使同一物种中不同个体的遗传物质结合，就能比较快地导致遗传物质的多样化，对于物种的繁衍是非常有利的，这就是通过生殖细胞的融合来繁殖后代的有性生殖。

第二节　有性生殖和两性的由来

有性生殖是通过同种生物不同个体的细胞融合而实现的。用于融合，产生下一代的细胞就叫作生殖细胞，它导致同一物种中雄性和雌性的分化。

有性生殖产生的后代由于遗传物质来自不同的个体，它们就不再是上一辈个体的克隆。来自不同生物体，彼此结合的生殖细胞叫作配子，有配合、交配之意，以区别于没有细胞融合的孢子。

比起无性生殖，有性生殖要麻烦得多，例如，动物的有性生殖就涉及寻偶、求偶、交配等过程，而且还可能遇到同性个体的竞争甚至打斗，具有一定的危险性；植物的有性生殖也需要发展出专门的性器官，还需要使生殖细胞彼此融合。但是几乎所有的真核生物都采用有性生殖的方式来产生后代，说明有性生殖一定有无性生殖所不具备的优点。归纳起来，有性生殖的优点主要有以下几个。

一是拿现成。DNA 的突变速度是很慢的，如人每传一代，DNA 中每个碱基对突变的概率只有 $1/1 \times 10^9$，也就是在大约 30 亿个碱基对中，只有 30 来个发生变异，而且这些变异还不一定能改变基因的功能。而来自两个不同生物个体的生殖细胞融合，却可以立即获得对方已经具有的有益变异形式，实现遗传物质的资源共享。

二是补缺陷。两份遗传物质结合，细胞中 DNA 分子就有了双份。如果其中一份遗传物质中有一个缺陷基因，另一份遗传物质很可能在相应的 DNA 位置上还有一个完整基因，有可能弥补缺陷基因带来的不良后果。

三是备模板。由于有两份 DNA，一个 DNA 分子上的损伤可以用另一个 DNA 分子为模板进行修复。

四是基因洗牌。在形成生殖细胞的过程中，来自父亲和母亲的染色体会随机分配到生殖细胞中去，而且来自父亲和母亲的 DNA 还会发生对应片段之间的交换，相当于对来自父亲和母亲的基因重新洗牌，让来自父亲和母亲的基因随机组合，存在于同一个染色体中。基因洗牌可以进一步增加下一代 DNA 的多样性，使整个种群能够更好地适应环境。

由于有性生殖的这些优越性，单细胞的真核生物就已经开始有性生殖，例如，绿藻中的衣藻在营养缺乏时，会在它们的细胞表面分泌两种凝集素蛋白，分别为正型和负型。这两种凝集素蛋白能彼此结合，导致正型和负型的衣藻细胞融合，形成合子（图 8-1）。

在这个过程中，衣藻细胞自己就变成了生殖细胞，或者叫配子。彼此融合的衣藻细胞在大小和结构上都相同，只是它们细胞表面的凝集素类型不同，所以这类有性生殖叫作同配生殖，两个配子叫作同型配子。同型配子融合产生的合子分裂，形成 4 个新的衣藻。至于为什么合子分裂时产生 4 个新的衣藻而不是 2 个，我们下面再讲。

但是对于多细胞生物来讲，情形就不同了，如由衣藻演化出来的多细胞生物团藻，可以含有多至 5 万个细胞（参见图 5-1）。要由一个合子发育成有如此多细胞的新个体，营养显然是不够的。配子变大自然可以携带更多的营养，但是配子一大，运动能力就差了，不利于彼此遇到。一个解决办法是把营养功能和运动功能分开，一种配子专供营养，基本上不动，另一种配子专门运动，除了遗传物质以外，携带的东西越少越好。这样配子就逐渐分化成为卵子和精子。卵子很大，带有许多营养，数量较少，基本不动；而精子很小，数量众多，擅长运动。产生卵子的生物就叫雌性生物，产生精子的生物就是雄性生物。这就是生物雌性和雄性的来源。

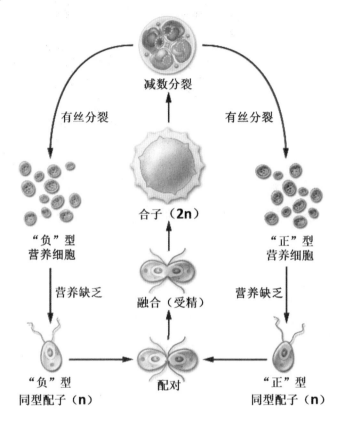

图8-1　衣藻的同配生殖

n表示单倍休，即只有一份遗传物质，2n表示二倍体，有两份遗传物质。

这样的生殖方式叫作异配生殖，精子和卵子也叫作异型配子。多细胞生物特别是由大量细胞组成的大型生物，都通过精子和卵子来繁殖后代，即使是像水螅这样结构简单的多细胞动物，就已经用精子和卵子来进行异配生殖（图8-2）。

不过细胞融合也会带来严重的问题，如果不能加以解决，有性生殖就不能真正实现。减数分裂就是解决这个问题的手段。

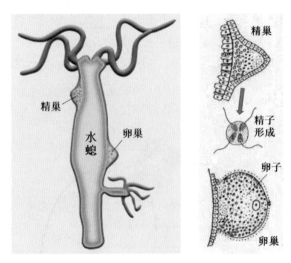

图8-2　水螅的异配生殖

第三节　减数分裂破解有性生殖难题

细胞融合产生的问题就是细胞里面遗传物质的份数会加倍。如果进行融合的细胞只含有一份遗传物质，生物学上就叫作单倍体，两个单倍体细胞融合产生的细胞就含有两份遗传物质，叫作二倍体。如果由这样的融合细胞发育出来的生物是二倍体，产生的生殖细胞也是二倍体，两个这样的生殖细胞融合后的细胞就会是四倍体，再往下的生物就会依次变成八倍体、十六倍体、三十二倍体……如果是这样，进行有性生殖的生物很快就会吃不消，哪个细胞也装不下这样以几何级数增加的遗传物质。

出于这个原因，要用生殖细胞融合的方式来产生后代，就需要在形成生殖细胞时，遗传物质的份数减半，成为单倍体，这样两个单倍体生殖细胞的结合，才不会产生上述遗传物质呈几何级数增加的情形。这个使遗传物质份数减半、形成单倍体生殖细胞的过程叫作减数分裂。

真核生物之所以能发展出减数分裂的机制，主要是由于两个原因：第一个原因是真核生物细胞新增的骨骼肌肉系统已经使真核细胞能进行有丝分裂（参见第三章第六节），而减数分裂只是在有丝分裂的基础上进行修改。第二个原因是原核生物就已经发展出了修复DNA损伤的机制，可以导致DNA分子之间片段的交换。真核生物继承了这套系统，在减数分裂时对父母双方的基因进行洗牌。

减数分裂的过程

真核生物在进行减数分裂时，首先要复制 DNA。由于要进行减数分裂的细胞已经是二倍体的，在 DNA 复制后就会变为四倍体，需要两次细胞分裂才能产生单倍体的精子和卵子（图 8-3）。

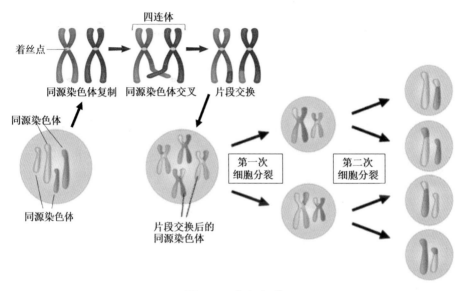

图8-3　减数分裂

DNA 复制后形成的两条相同的 DNA 分子通过一个叫着丝点的地方相连，再和 DNA 上结合的蛋白质一起浓缩，形成一个 X 形状结构的染色体，其中每条染色体叫作姐妹染色单体，它们的 DNA 序列完全相同。每个细胞含有两套这样 X 形状的染色体，一套源自父亲，一套源自母亲，它们之间 DNA 的序列有一些差别，但还是彼此独立。

在进行第一次细胞分裂时，来自父亲的染色体和来自母亲的同源染色体（DNA 序列和基因排列都基本一致）彼此结合，基本相同的 DNA 序列相邻排列。由于每个染色体含有两条染色单体，这样形成的结构叫作四联体。在四联体中，同源染色单体相互交叉，进行 DNA 片段交换，即同源重组。

在同源重组后，连接两条姐妹染色单体的着丝点彼此融合，这样每个染色体就只有一个着丝点能与纺锤体中的微管相连，相当于有丝分裂中的染色单体。细胞分裂时，两个同源染色体就彼此分开，分别进入两个子细胞，使细胞中染色体的数量减半。这时每个同源染色体仍然含有两条染色单体，其中的一些已经发生了 DNA 片段的交换。

在第二次细胞分裂中，每个染色体中的染色单体（姊妹染色体）彼此分离，进入不同的子细胞。这样，最后形成的生殖细胞就只含有一份遗传物质，是单倍体，不会发生细胞融合造成的遗传物质份数按指数增加的状况，有性生殖就可以一直进行下去了。

由于减数分裂需要细胞进行两次分裂，最后形成的单倍体细胞是 4 个，而不是有丝分裂的两个。这就可以解释为什么衣藻细胞融合后会形成 4 个新的衣藻。

同源重组的来源和机制

真核生物的同源重组机制是从原核生物继承下来的。原核生物基本上是单细胞生物，个头很小，只有 1 微米左右，DNA 又是高度复杂而且脆弱的分子，高能射线（如紫外线）的照射就能使它断裂。为了生存，原核生物发展出了修复 DNA 损伤的机制，

原核生物是单倍体，细胞里面只有一份遗传物质。在细胞分裂前，DNA 会进行复制，这样在下一轮细胞分裂前，原核生物就会暂时具有两份遗传物质。如果其中一份 DNA 发生两条链都断裂的情况，就可以依托另一份完整的 DNA 进行修复，其中一种修复机制就可以造成两份 DNA 之间的片段交换（图 8-4）。

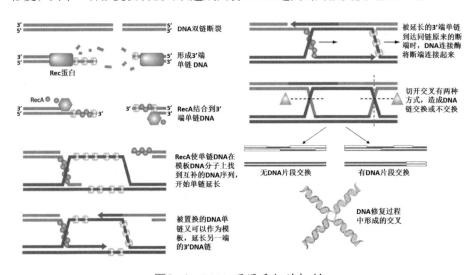

图8-4　DNA 同源重组的机制

在这个修复过程中，DNA 的断端被切短，而且两条链被切短的程度不一样，形成其中一条链的单链，单链在完整 DNA 上寻找与自己相同的序列并且与之结合，然后以完整 DNA 链为模板进行延长。完整 DNA 上被断端置换的链变成单链，又可以成为另一端断链的模板，将断端延长。当断端被延长到原来的断裂点时，DNA 连接酶会将断端连接在一起。由于新合成的链是以完整 DNA 为模板合成的，仍然和完整 DNA 链结合在一起的新合成链就使两个 DNA 分子之间形成链的交叉。当交叉处的 DNA 链被切断，原来的两个 DNA 分子分别自己连接，彼此分开时，就有可能造成两个 DNA 分子在这个区段的交换，即 DNA 链在交叉处互换。

对于原核生物来说，由于修复 DNA 的模板是原来 DNA 的复制品，这样的片段交换并不会造成 DNA 序列的改变。但如果用于修复的模板来自另一个细胞，DNA 序列不完全一样，这样的 DNA 片段互换就会使不同个体的 DNA 彼此混合。由于 DNA 片段交换发生于同源染色体之间，因此这种片段交换叫作同源重组。

为了增加重组的频率，真核生物不再被动地等待 DNA 由于自然原因造成的断裂，而是主动地创造这种断裂。这就是一种叫作 Spo11 的酶的功能，它能在 DNA 分子上造成双链断裂，以模仿射线造成的 DNA 断裂。动物、植物、真菌都含有 Spo11 类型的蛋白质，说明这个启动同源重组的蛋白质已经有很长的历史。

第四节　原核生物的性活动

原核生物不进行有性生殖，但是由于有性生殖的优点，原核生物也用一些方法来达到交换 DNA 的目的。

细菌的细胞里面除了主要的 DNA 分子，还含有一些小的 DNA 环状分子，叫作质粒。质粒也含有一些基因，可以通过细菌结合被输送到另一个细菌中去，实现这些基因的资源共享（图 8-5）。

在细菌结合过程中，一个细菌和另一个细菌之间先用菌毛建立联系，菌毛收缩，将两个细菌拉在一起，建立临时的 DNA 通道。其中一个细菌的质粒以单链 DNA 的形式传给另一个细菌，自己留下一根单链。两个细菌再用单链 DNA 为模板，合成双链的质粒。

细菌结合可以发生在同种细菌之间，也可以发生在不同种细菌之间。转移的基因常常是对接受基因的细菌有利的，如抵抗某些抗生素的基因，或者是利用某些化合物所需要的基因，所以是细菌之间分享有益基因的方式。

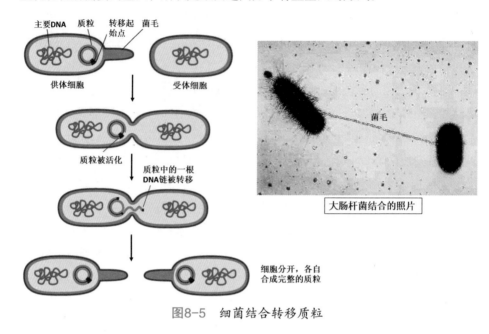

图8-5　细菌结合转移质粒

第五节　动物决定性别的机制

　　动物最明显的一个特点就是分雌雄二性。同一物种的雌性生物和雄性生物，在外貌和内部器官结构上都可以有很大的差别。狮子、孔雀还有人类，都是很好的例子。既然是同一物种的生物，基因也基本上是一样的，为什么身体可以有如此大的差别呢？是不是雄性动物拥有雌性动物所没有的基因呢？

　　答案是在多数（不是所有）情况下，雄性动物和雌性动物拥有的基因确实有差别，而且这些有差别的基因位于特殊的染色体上，叫作性染色体，因为它和动物的性别有关。

动物的性染色体

　　在人类的46条染色体中，有44条可以配对，成为22对染色体，每一对染色体中，一条来自父亲，一条来自母亲，这两条染色体的长短、结构、DNA序列、所含的基因以及这些基因的排列顺序都高度一致，叫同源染色体，或者叫常染色体。但是在男性中，却有两条染色体不能配对。它们不仅大小不同，DNA 序列和所含的基因也不同。长的一条叫 X 染色体，短的一条叫 Y 染色体，性染色体的组成是 XY。女性没有 Y 染色体，而是含有两条 X 染色体，性染色体的组成是 XX（图 8-6 上）。

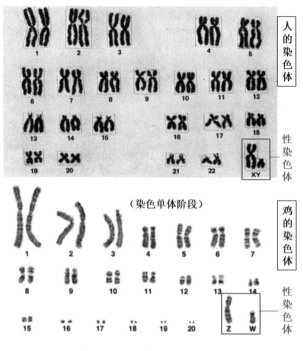

图8-6　动物的性染色体

其他哺乳动物的染色体数目不同，但是也用 X 和 Y 染色体来决定性别。XX 是雌性，XY 是雄性。除了哺乳动物，一些鱼类、两栖类、爬行类动物，以及一些昆虫（如蝴蝶）也使用 XY 系统来决定性别。

如果因此就认为所有的动物都用 XY 系统来决定性别，那就错了。鸟类就不使用 XY 系统。在鸟类中，具有两个相同的性染色体（叫作 Z，以便与 XY 系统相区别）的鸟是雄性（ZZ），而具有两个不同染色体的（ZW）是雌性。除了鸟类，某些鱼类、两栖类、爬行类动物以及一些昆虫也使用 ZW 系统（图 8-6 下）。

既然 XY 染色体和 ZW 染色体都是决定性别的染色体，它们所含的一些基因应该相同或相似吧。但出人意料的是，XY 染色体里面的基因和 ZW 染色体里面的基因没有任何共同之处。就是同为 ZW 系统，蛇 ZW 染色体里面的基因和鸟类 ZW 染色体中的基因也没有共同之处。

因此仅从性染色体的类型是难以真正了解性别决定机制的，还应该研究决定性别的基因，因为性别的分化毕竟是靠基因的表达来控制的。

决定动物性别的 *DMRT1* 基因

决定人类性别的基因的线索来自所谓的性别反转人：有些人的性染色体是XY，却是女性。研究发现，XY 女性的 Y 染色体上有些地方缺失，在缺失的区域内含有一个基因，如果这个基因发生了突变，XY 型的人也会变成女性。Y 染色体上含有这个基因的区域叫作 Y 染色体性别决定区（sex-determining region of Y，SRY），这个基因也就叫作 *SRY* 基因。近一步的研究发现，许多哺乳动物都有 *SRY* 基因，所以 *SRY* 基因是许多哺乳动物的雄性决定基因。

SRY 基因不直接导致雄性特征的发育，而是通过由多个基因组成的性别控制链（图 8-7 上）。*SRY* 基因的产物先是活化 *Sox9* 基因，*Sox9* 基因的产物又活化 *FGF9* 基因，然后再活化 *DMRT1* 基因。

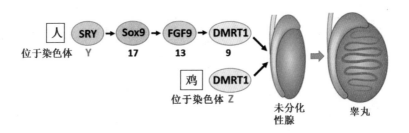

图8-7　人和鸡的雄性控制基因

DMRT1 基因位于哺乳动物性别控制链的下游，人和老鼠 *DMRT1* 基因的突变都会影响睾丸的形成，说明 *DMRT1* 基因的确和雄性动物的发育直接有关。不仅如此，它还是鸟类的雄性决定基因，而且位于鸟类性别分化调控链的上游（它的前面没有 *SRY* 这样的基因）（图 8-7 下）。*DMRT1* 基因位于鸟类的 Z 性染色体上，不过和人 Y 染色体上的一个 *SRY* 基因就足以决定雄性性别不同，鸟需要两个 Z 色体上面的 *DMRT1* 基因才能发育为雄性，所以拥有一个 *DMRT1* 基因的鸟类（ZW型）是雌性。

DMRT1 基因虽然是决定动物性别的关键基因，但是在一些哺乳动物中，其地位却受到排挤。不仅被挤到了性别决定链的下游，而且被挤出了性染色体。例如，人的 *DMRT1* 基因就位于第 9 染色体上，老鼠的 *DMRT1* 基因在第 19 染色体上。这就可以解释为什么哺乳动物的 XY 和鸟类的 ZW 都是性染色体，它们之间

却没有共同的基因，因为它们所含的性别主控基因是不同的，在哺乳动物是 *SRY*，在鸟类则是 *DMRT1* 自己。哺乳动物的 *DMRT1* 基因不在性染色体上，而哺乳动物性染色体上主控性别的 *SRY* 基因在鸟类身上又没有，哺乳动物和鸟类的性染色体上没有共同的性别控制基因就可以理解了。

　　DMRT1 基因的类似物甚至能决定低等动物的性别。例如，果蝇含有一个基因叫双性基因，它转录的 mRNA 可以被剪接成两种形式，产生两种不同的蛋白质，其中一种使果蝇发育成雄性，另一种使果蝇发育成雌性。*DMRT1* 的另一个类似物 mab-3 和线虫的性分化有关。所有这些蛋白质都含有非常相似的 DNA 结合区段，叫 DM 域，说明这个基因有很长的历史，是从低等动物到高等动物（包括鸟类和哺乳类）一直使用的性别决定基因。哺乳动物不过是发展出了 *Sox9* 和 *SRY* 这样的上游基因来驱动 *DMRT1* 基因而已。

不是所有的动物都使用 DMRT1 基因来决定性别

　　在蜜蜂和蚂蚁中，雌性和雄性拥有的基因完全相同，只是遗传物质的份数不同，有两份遗传物质的动物（二倍体）发育成为雌性，而只有一份遗传物质的动物（单倍体）发育为雄性（图 8-8 中）。

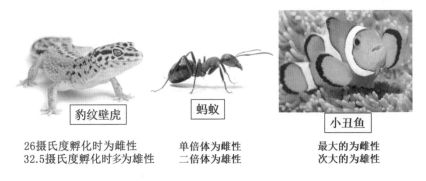

豹纹壁虎	蚂蚁	小丑鱼
26摄氏度孵化时为雌性 32.5摄氏度孵化时多为雄性	单倍体为雌性 二倍体为雄性	最大的为雌性 次大的为雄性

图8-8　一些动物的性别决定机制

　　温度也能够决定一些动物的性别，例如豹纹壁虎的卵，在 26 摄氏度孵化时发育为雌性，30 摄氏度时雌多雄少，32.5 摄氏度时雄多雌少，到 34 摄氏度时又都是雌性（图 8-8 左）。

　　有些动物还能在 DNA 不变的情况下改变性别，例如，住在海葵里面的小丑鱼中，最大的一条为雌性，次大的为雄性，更小的则与生殖无关（图 8-8 右）。如果雌性小丑鱼死亡，次大的雄性小丑鱼就会变为雌性，原来没有生殖任务的小丑鱼中最大的那一条则会变为雄性。

这些事实说明，动物在性别决定上是非常灵活的，会根据环境条件决定采取什么方式。

第六节　动物对有性生殖的回报系统

有性生殖的优越性，以及随之而来的性器官的演化，可以保证动物的有性生殖是"能做"。但是仅仅"能做"，对动物来讲还是不够的。动物是有意识、是能主动做决定的生物，有性生殖也需要动物主动去"操作"。而有性生殖的寻偶、求偶、争夺交配权、交配等过程是很麻烦，甚至是有危险的事情，如果没有回报机制，给从事有性生殖的动物以好处，动物是不会主动去做的。换句话说，有性生殖不但要"能做"，动物还必须"想做"，否则有性生殖再优越也没有用，因为动物并不会从认识上知道有性生殖的好处而主动去做。所以动物必须发展出某种机制，以保证种群中的性活动一定发生，否则动物的物种就有灭亡的危险。

动物采取的办法就是让被异性选择和性活动这两个过程产生难以抵抗的、强烈的精神上的幸福感和生理上的快感，这就是脑中的回报系统。

例如，人类的男性在进行性活动时，中脑的一个区域叫作腹侧被盖区（ventral tegmental area，VTA），其会活动起来，分泌多巴胺（图8-9左）。多巴胺是一种神经递质，在神经细胞之间通过突触传递信息（参见第六章第四节）。多巴胺被VTA分泌出来以后，移动到大脑的回报中心叫作伏隔核的地方，使人产生愉悦感。而且对于男性来讲，射精是使精子实际进入女性身体的关键活动，没有射精的性接触对于生殖是没有意义的，所以男性的性高潮总是发生在射精时，即对最关键的性活动步骤以最强烈的回报，以最大限度地促使射精过程发生。

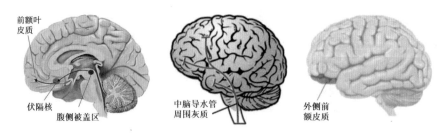

前额叶
皮质

伏隔核
腹侧被盖区

中脑导水管
周围灰质

外侧前
额皮质

图8-9　人脑中与性活动有关的几个区域

而女性在进行性活动时，脑干中的一个叫作中脑导水管周围灰质（periaqueductal graymatter，PAG）的区域被激活（图 8-9 中），而杏仁核和海马的活性降低。这些变化被解释为女性需要感觉到安全和放松以享受性欢乐。

性高潮发生时，无论是男性还是女性，位于左眼后的一个叫作外侧前额皮质的区域停止活动。这个区域的神经活动被认为是与推理和行为控制有关。性高潮时这个区域的活动被关掉，也许能使人摒弃一切外界的信息，完全沉浸在性爱的感觉中（图 8-9 右）。

初恋时，血液中神经生长因子的浓度会增加；性渴求时，性激素（如睾酮和雌激素）的分泌会加速。在爱恋期，大脑会分泌多种神经递质，包括多巴胺、去甲肾上腺素和血清素，使人产生愉悦感、心跳加快、不思饮食和失眠。配偶间长期的感情关系则由催产素和后叶加压素来维持。催产素的作用并不只是促进分娩，而是和母爱、对配偶的感情（无论男女）有密切关系。后叶加压素的结构和催产素相似，它的功能也不仅是收缩血管，而且也和配偶之间关系的紧密程度有关。

性活动所导致的生理上的快感和精神上爱的感觉都非常强烈，二者的结合使几乎所有的人都无法抗拒有性生殖带给我们的这种巨大的驱动力。类似的现象也能在其他动物身上看到，雄性动物的求爱行为和为争夺与雌性的交配权而发生的打斗，说明动物也有同样的对性活动的回报系统。

除了性活动，进食是动物另外一个必须进行的活动，不然物种就会灭亡。和性活动一样，觅食、捕食、进食也是很麻烦甚至危险的事情，如果没有一种机制使进食一定发生，动物也不会主动去做。我们的大脑对进食也发展出了回报系统。进食会产生愉悦感，包括对食物味道和气味的享受以及进食后的满足感，而饥饿则会产生非常难受的感觉。我们的祖先早就对这两项非进行不可的活动有所认识，所以说："饮食男女，人之大欲存焉。"（《礼记·礼运篇》）这是非常有见地的，抓住了动物两个最基本的活动。人类对美食的爱好已经超出了摄入营养的目的，像人类的性活动超出了生殖目的一样，都成为对回报效应本身的追求。

第七节　植物的有性生殖

植物和动物一样，也能进行减数分裂，因此植物也普遍进行有性生殖以获得更好的适应性。单细胞的衣藻就可以进行有性生殖（参见本章第二节），植物登陆后，更是把有性生殖作为重要的繁殖方式。

不过比起动物来，植物又有自己的特点。动物在身体发育时，就会同时形成生殖器官，单独保留生殖细胞，而且分雌雄。身体其他部分的干细胞已经不是全能干细胞，只能形成和替补所在组织的细胞，不能形成生殖细胞。而植物始终保持全能干细胞，能在需要时形成生殖细胞，进行有性生殖。在多数情况下植物并不分雌雄，而是在同一株植物上同时产生雌性和雄性的生殖器官，如花就同时有产生精子的雄蕊和产生卵子的胚珠，也就是雌雄同株。性别分化主要是在器官水平上，而不是在个体水平上，在这种情况下植物也不使用性染色体。

植物也可以在不同的植株上分别产生雌性和雄性的生殖器官，即雌雄异株，雌株与雄株就可以拥有性染色体，而且像动物那样采用 XX/XY 或者 ZZ/ZW 的形式，苔藓植物则采用 U/V 的形式。

植物与动物的另一不同之处是，动物是以二倍体起家的，动物的祖先领鞭毛虫（参见第四章第二节）就是二倍体，随后发展出来的各种动物包括人类，都是二倍体。而植物是以单倍体起家的，植物的祖先双星藻（参见第四章第八节）就是单倍体，这就处在相对不利的地位。有性生殖使植物能通过世代交替，即单倍体植株和二倍体植株交替出现，逐渐过渡到以二倍体为主的生活形式。

苔藓植物的有性生殖

苔藓植物是绿藻登陆后首先形成的植物（参见第四章第九节），从此开启了陆上光合作用的时代。苔藓植物的绿色植株和它们的绿藻祖先双星藻一样，都是单倍体，而且也进行有性生殖。

苔藓植物分为雌性和雄性，雌性产生卵子，而雄性产生精子。苔藓植物也有性染色体，由于苔藓植物是单倍体，不会有动物那样的 XX/XY 或者 ZZ/ZW 的性染色体组成，而是采用 U/V 系统来决定性别：拥有 U 性染色体的为雄性，而拥有 V 性染色体的为雌性。

比起单倍体的藻类，苔藓植物有一个具有重大意义的贡献，就是产生了二倍体的生活形式。

双星藻和衣藻一样，受精卵形成后，直接进行减数分裂，形成单倍体的藻细胞，因此二倍体仅存在于受精卵阶段，而不是这些藻类的生活形态。而苔藓植物的受精卵在形成后，并不直接进行减数分裂，变回单倍体的细胞，而是像动物的受精卵那样进行有丝分裂，产生多个二倍体的细胞，再由这些细胞形成二倍体的结构。这个结构从苔藓植物单倍体的植株上长出，在一根梗上形成一个囊状物，囊状物里面的一些细胞进行减数分裂，才形成单倍体的孢子。孢子萌发，又成为单倍体的苔藓植株（图 8-10）。

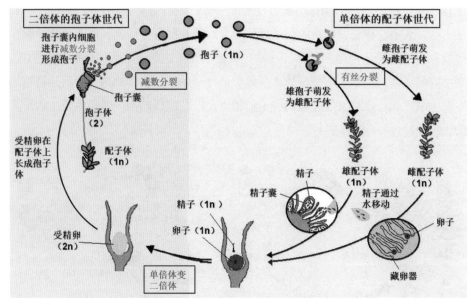

图8-10　苔藓植物的世代交替

这些产生孢子的二倍体多细胞结构叫作孢子体，孢子体上形成孢子的囊状结构叫孢子囊。而形成配子（即精子和卵子）的苔藓植株则被称为配子体，分雌性二性。孢子体和配子体都是多细胞的，是苔藓植物生活中的两个阶段，这个现象叫作世代交替，是植物的生活特点，从苔藓植物、蕨类植物、裸子植物到被子植物，都有世代交替。动物的单倍体只存在于精子和卵子中，没有以单倍体形式生活的阶段，因此动物没有世代交替。

苔藓植物的孢子体不进行光合作用，不能独立生活，而是长在配子体上，由配子体提供营养。但是孢子体的出现意义重大，因为它开启了植物二倍体的生活形式，而且孢子体后来不仅能独立生活，还成为植物生活的主要形式，这在蕨类植物中就开始实现了。

蕨类植物的有性生殖

蕨类植物继承了苔藓植物世代交替的生活方式，即也有孢子体阶段和配子体的阶段，但是二倍体的孢子体不但能进行光合作用而独立生活，还发展出了维管系统，成为主要的生活形式，我们平时所见的蕨类植物都是二倍体的孢子体（参见第四章第九节）。

蕨类植物的配子体虽然也能进行光合作用并且能独立生活，但是却没有像孢子体那样发达，而是仍然像苔藓植物的配子体，没有维管系统，没有真正的根、茎、叶，大小也和苔藓植物的配子体差不多。因此从苔藓植物到蕨类植物，配子体没有大的变化，但是孢子体却在蕨类植物中异军突起，成为主要的生活形式，矮小的配子体反倒成了弱势群体。从蕨类植物开始，二倍体的孢子体就是植物的主要生活形式，以后发展起来的种子植物也是以二倍体的孢子体为主要生活形式的（图8-11）。

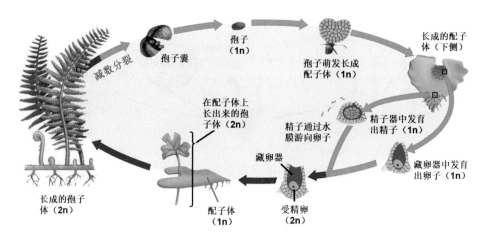

图8-11　蕨类植物的世代交替

蕨类植物的配子体不分雌雄，既能产生卵子，又能产生精子，是雌雄同体的，因此蕨类植物也没有性染色体。在同一株配子体上通过有丝分裂形成卵子和精子，就相当于身体里面的细胞分化，只需要表达不同的基因。

裸子植物的有性生殖

到了裸子植物，配子体进一步退化，不再进行光合作用，也不能独立生活，而是直接长在二倍体的孢子体上，由孢子体提供营养，如松树的雄松果和雌松果就分别含有雄性和雌性的配子体（参见第四章第九节）（图8-12）。这种情形和苔藓植物中孢子体不进行光合作用、长在配子体上的情形正好相反。

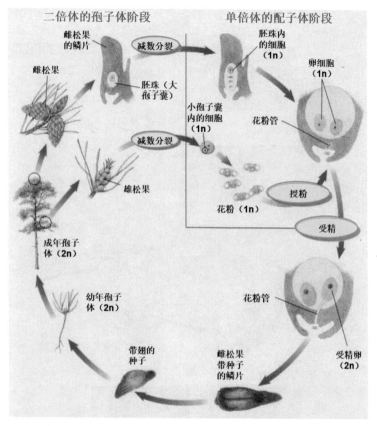

图8-12　裸子植物的世代交替

　　从裸子植物开始，精子也不再单独行动，而是被包装到由少数细胞组成的花粉中。花粉通过风力等方式传播到含有卵子的胚珠上，花粉萌发，长出花粉管，将精子送到卵子处，使卵子受精。因此裸子植物的繁殖过程摆脱了对水环境的依赖，可以生活在陆上比较干旱的地方，是植物对陆上环境更好的适应。

　　受精卵形成后，还不被放行，还要让它在孢子体身上发育为胚胎，即已经有根、茎、叶雏形的植物，再为胚胎带上粮食和盔甲，形成种子，才让种子离开孢子体，去开创新生活，所以种子就是带着营养和保护层的胚胎。

　　许多裸子植物是雌雄同株的，即产生花粉的结构和产生卵子的结构在同一植株上，也不使用性染色体，如松树。也有一些裸子植物是雌性异株的，也有性染色体，如银杏和苏铁。由于性别分化是在二倍体的孢子体上，就可以像一些动物那样采用XX/XY型的性染色体，而且和动物中的情形一样，XX型的是雌性，XY型的是雄性。

被子植物的有性生殖

被子植物是开花的，所以又被称为开花植物，雌性和雄性的生殖器官分别叫作雌蕊和雄蕊。在多数被子植物中，雌蕊和雄蕊是生在同一朵花里面的，这类植物称为雌雄同花植物，如桃树、梨树（图8-13上）。在另外一些被子植物中，雌蕊和雄蕊分别生在不同的花里，成为单性的雌花和单性的雄花，但雌花和雄花又在同一植株上，这类植物就是雌雄同株的异花植物，如玉米，雄花长在顶部，雌花长在叶腋（图8-13左下）。只有在大约5%的被子植物中，雌花和雄花是分别生在不同植株上的，为雌雄异株植物（图8-13右下）。

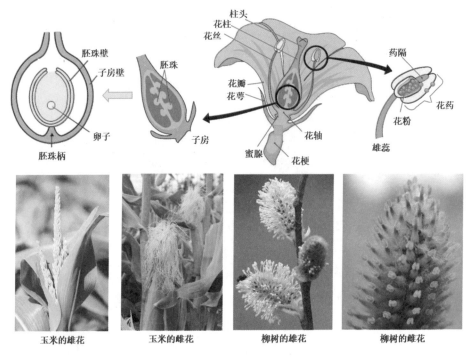

图8-13　被子植物的花

雌雄同花和雌雄同株的被子植物都在同一植株上产生雌性和雄性的生殖结构，它们产生这些结构就相当于受精卵分化为身体各种细胞和结构的过程，只需要基因调控，而不需要DNA的差别，因而也没有性染色体。而雌雄异株植物具性染色体，而且还可以是XY型和ZW型。如柿子、柳树、香芋、大麻、蝇子草等使用XY系统，而草莓、薯蓣、开心果、银白杨等使用ZW系统。

虽然植物也采用XY和ZW性染色体系统，但那只是用来区别染色体的，实际使用的性别决定基因是不一样的。例如，在柿子的 XY 系统中，雄性决定基因就不是动物的 *DMRT1* 基因，而使用一种 RNA OGI 来决定雄性发育；而在银白杨的 ZW 系统中，W 染色体中的 *ARR17* 基因使植株成为雄性。

从以上的事实可以看出，植物的有性生殖方式远比动物复杂，这主要是由于植物始终保有全能干细胞，能在需要的时候产生雌性和雄性的配子，再加上植物有单倍体和二倍体交替出现的世代交替，还从以单倍体为主过渡到以二倍体为主，使植物的有性生殖在不同的植物种类中呈现出不同的特点。植物的性染色体也独立出现过多次，决定性别的基因彼此不同，也不使用动物决定雄性的 *DMRT1* 基因。

第八节　真菌的有性生殖

比起动物和植物，真菌在有性生殖上采取了中间道路（图 8-14）。两根能彼此相容的菌丝发生融合，但是来自两根菌丝的细胞核并不立即融合形成二倍体的

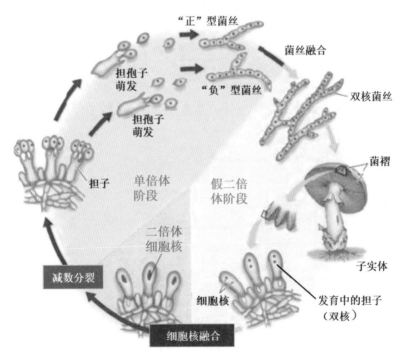

图8-14　真菌的有性生殖

细胞核，而是彼此配对，形成双核菌丝。这些菌丝在遗传物质上是二倍体，但是每个细胞核仍然是单倍体，因此是假二倍体菌丝。这些配对的细胞核能同步分裂，让双核菌丝持续生长，最后形成子实体。在子实体中，两个配对的细胞核才彼此融合，形成二倍体的细胞核。二倍体的细胞核形成后，并不进行有丝分裂形成二倍体的真菌，而是立即发生减数分裂，形成单倍体的孢子。因此真菌没有真正的二倍体生活形式，也没有性染色体。

原核生物和真核生物都是细胞生物，身体都由细胞组成。除了细胞生物，地球上还有另一大类具有遗传物质但是没有细胞结构的生物，这就是病毒。

第九章　与生物如影随形的病毒

病毒是携带有遗传物质（DNA 或者 RNA），可以在细胞生物的细胞里繁殖，但是在脱离细胞的情况下又没有新陈代谢的物质颗粒。

法国微生物学家路易斯·巴斯德（Louis Pasteur）首先意识到病毒的存在，因为他不能用显微镜看见引起狂犬病的致病原，所以致病原一定比细菌还小。1884年，与巴斯德一起工作的法国微生物学家查理斯·尚柏朗（Charles Chamberland）发明了陶瓷过滤器，上面的孔比细菌小，能够把液体中的细菌挡住而不让它们通过。8 年之后，俄国植物学家德米特里·伊凡诺夫斯基（Dimitri Ivanovsky）发现，从患烟草花叶病的烟草叶获得的液体在通过细菌过滤器以后仍然能使烟叶患病，说明致病原能通过该过滤器。1894 年，荷兰微生物学家和植物学家马丁乌斯·贝杰林克（Martinus Beijerinck）重复了伊凡诺夫斯基的实验，得到了同样的结果，并且认为致病原只有在细胞中才能繁殖，他把这种致病原叫作病毒。但是只有在1931 年电子显微镜发明后，人们才第一次看见病毒的模样（图 9-1）。

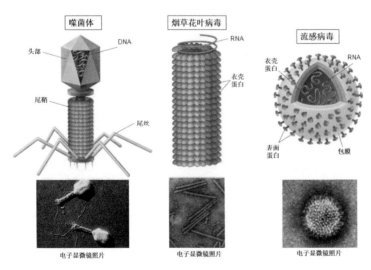

图9-1　几种病毒的构造

病毒基本上就是由蛋白质包裹的 DNA 或者 RNA。这层蛋白质包壳叫作衣壳，形状常为多面体，由相同的蛋白质单位组成，组成衣壳的蛋白质单位叫作壳粒。有的病毒在衣壳外面还有一层脂质的包膜，类似细胞的细胞膜，上面也有蛋白质分子。

病毒没有细胞质，即没有一个水溶液的环境。由于地球上的生命活动是以水为介质的，没有水溶液的环境也意味着没有化学反应，所以病毒没有自己的新陈代谢。例如，病毒就没有合成蛋白质的核糖体，也不能合成自己的遗传物质。在单独存在时，病毒没有通常意义上的生命活动，叫作病毒颗粒。我们平时所见的病毒照片，都是病毒颗粒的照片，即它们在细胞外的模样。要是只看病毒的颗粒阶段，可以认为病毒是没有通常意义上的生命的。但是病毒又含有和细胞生物同样类型的遗传物质，使用同样的遗传密码，有复制自己的方式，并且能在竞争中不断演化，因此也可以看成是生命的一种形式。

第一节　病毒是没有工厂的指挥部

病毒的结构虽然简单（和细胞相比而言），但是却含有储存生命信息的分子即 DNA 或者 RNA。一旦有发挥它们指令作用的环境，即到活的细胞内部，这些指令就可以调动细胞里面的资源，合成自己所需的遗传物质和壳粒蛋白。从这个意义上讲，病毒就是只有指挥部没有工厂的单位，指挥部进入别人的工厂发号施令，由这些工厂来生产自己。

与真菌和动物一样，病毒也依靠其他生物的有机物来生活，因此所有的病毒都是异养的。真菌和动物还要自己消化食物而后吸收有机物，再用基本零件（氨基酸、核苷酸、葡萄糖等）来建造自己的身体，病毒把这些活动全免了，只发指令，其他一切活动都靠被感染的细胞进行。

由于这种生活方式是最省事的，通过这种方式来生活的病毒也种类繁杂，估计有数百万种，能感染地球上所有的生物。无论是动物、植物、真菌，还是细菌和古菌，都不能幸免于病毒的攻击，而且同一种生物还可以被多种病毒所感染，如人就可以被感冒、流感、新冠、非典、肝炎、艾滋病、狂犬病、脑膜炎、天花、麻疹、水痘等病毒感染。由于病毒能把地球上所有的生物当作生产自己的工厂，病毒的数量极其庞大，超过地球上的任何生物。例如，每毫升海水就含有多达 2.5

亿个病毒，是同样体积海水中细菌数的十倍至数十倍。据估计，地球上病毒总数有 10^{31} 个之多。

病毒的感染常常会造成单细胞生物的死亡。对于多细胞生物，病毒可以造成部分细胞死亡（生病），也可以造成生物整体死亡。例如，1918 年的流感就夺去了数千万人的生命，从欧洲带入的天花病毒曾经杀死了约 70% 的美洲原住民。在海洋中，病毒每天杀死约 20% 的单细胞生物（包括细菌和藻类）。如果细胞生物没有抵御病毒攻击的能力，就都会被病毒消灭。因此从细菌开始，就有抵御病毒攻击的机制（参见第十章）。病毒和细胞生物之间，就在这种进攻和防御的斗争中建立大体平衡的关系，并且双方都在这场无休止的斗争中不断演化。

第二节　病毒的种类和繁殖方式

病毒的种类极其庞杂，据估计有数百万种。病毒的遗传物质可以是 DNA，也可以是 RNA；DNA 可以像细胞生物那样是双链的，也可以是单链的；RNA 可以是单链的，也可以是双链的；单链 RNA 中，还可以是正义链的（编码的链）或者反义链的（正义链的互补链）；遗传物质可以是环形的，也可以是线性的；线性的遗传分子可以是单根的，也可以是多根的。

要按照基因的组成对病毒进行分类是困难的，因为没有任何一个基因是所有的病毒共同拥有的，外形和遗传物质的类型也没有固定关系。鉴于这种情况，美国微生物学家大卫·巴尔的摩（David Baltimore）改用病毒遗传物质的性质和繁殖自己的方式，将病毒分为 7 组（图 9-2）。

第 I 组　双链 DNA 病毒

这类病毒的遗传物质最像细胞生物的双链 DNA，它们的复制也多在细胞核中进行，类似于细胞复制自己的 DNA，而且必须使用细胞的 DNA 聚合酶。病毒 DNA 中的信息也像细胞生物那样先被转录到 mRNA 上，再用 mRNA 指导蛋白质的合成。转录所用的也是细胞的 RNA 聚合酶。

第 II 组　单链 DNA 病毒

DNA 分子为环形的正义单链，它们的复制也在细胞核中。单链 DNA 先被用作模板合成另一条 DNA 链，形成双链 DNA 的中间物，再用新合成的链（反义链）为模板合成 mRNA 和正义单链 DNA。

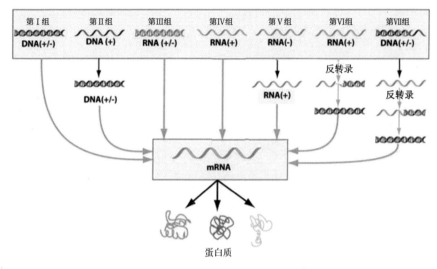

图9-2 病毒的种类和繁殖方式

第Ⅲ组 双链RNA病毒

复制在细胞质中进行，由病毒自己编码的RNA聚合酶直接复制自己，而不经过DNA的阶段。这个酶能够以RNA为模板合成RNA分子，所以叫作依赖RNA的RNA聚合酶。由于双链RNA中已经含有相当于mRNA的信息链，可以直接指导蛋白质的合成。

第Ⅳ组 正义（＋）单链RNA病毒

复制在细胞质中进行，也用病毒自己编码的、依赖RNA的RNA聚合酶。正义单链RNA在性质上类似于细胞生物的mRNA，可以直接和寄主的核糖体结合而生产病毒的蛋白质。

第Ⅴ组 反义（－）单链RNA病毒

复制也在细胞质中进行。由于它们的RNA链是反义的，不能直接和寄主的核糖体结合生产蛋白质，必须先用病毒自己编码的，依赖RNA的RNA聚合酶把反义RNA转录成为正义RNA，再指导病毒蛋白质的合成。正义RNA链也被用作模板，合成病毒的反义单链RNA。

第Ⅵ组 正义（＋）单链RNA逆转录病毒

虽然这种病毒的遗传物质类似第Ⅳ组病毒，也是正义单链RNA，但是它的复制不是通过依赖RNA的RNA聚合酶，而是要经过DNA的阶段。首先RNA作为模板被逆转录酶（即以RNA为模板合成DNA的酶）合成一条DNA链，再以这条 DNA 链为模板，用 DNA 聚合酶合成另一条 DNA 链，形成双链 DNA。mRNA 由双链 DNA 中的反义链为模板合成，类似细胞合成自己的 mRNA。病毒的正义单链 RNA 再由双链 DNA 中的反义链为模板合成。

第Ⅶ组　双链 DNA 逆转录病毒

DNA 也像第Ⅰ组那样是双链的，但是并不在细胞核中像细胞的 DNA 那样被复制，而是在进入细胞后形成环状的 DNA，以 DNA 为模板合成正义单链的 RNA，再像第Ⅵ组那样，以这条 RNA 链为模板用逆转录酶合成 DNA 链，再以 DNA 链为模板合成双链 DNA。mRNA 由双链 DNA 中的反义链为模板合成，类似细胞合成自己的 mRNA。

第三节　病毒感染细胞的方式

病毒要繁殖，首先要进入细胞。根据要进入的细胞的种类，病毒也有不同的进入细胞的方式。

噬菌体是感染细菌的病毒，用的是注射其 DNA 进入细胞的方式（图 9-3 左）。细菌表面有荚膜或细胞壁，噬菌体不能直接和细胞膜接触，也不能整个进入细菌。噬菌体附着在细菌表面后，其头部含有的双链 DNA 经过尾部被直接注射进细菌的细胞质，噬菌体的其余部分则留在细胞外。注射所需要的压力来自 DNA 自身。噬菌体在细胞中生成时，蛋白质的外壳首先形成，里面还没有 DNA。噬菌体的 DNA 在末端酶的帮助下，像压缩弹簧那样被包装进头部。这个被压缩的弹簧在噬菌体附着在细菌表面时就能弹入细胞。

动物的细胞没有细胞壁，所以病毒可以直接和细胞膜接触，与膜上的特种蛋白和细胞结合，让细胞把整个病毒吞入细胞。例如，艾滋病的病毒就通过淋巴细胞上的 CD4 蛋白和细胞结合，从而进入表达 CD4 的淋巴细胞（图 9-3 右）。目前正在流行的新型冠状病毒，也是通过其表面的突刺蛋白与人细胞表面的 ACE2 蛋白结合而进入细胞的。在进入细胞后，衣壳蛋白质解离并且被细胞降解，释放出遗传物质。以 RNA 为模板合成的双链 DNA 还能组入细胞的 DNA 中，在人体内长期存在。

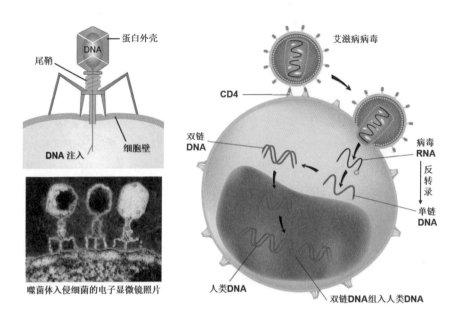

图9-3 病毒入侵细胞的方式

植物的细胞有细胞壁，感染植物的病毒，像类病毒一样，无法直接进入植物细胞，而需要植物细胞的损伤（如昆虫啃食）。但是一旦进入细胞，它们能通过胞间连丝（细胞之间通过小孔建立的细胞质联系）从一个细胞进入另一个细胞。

由于细胞的类型各式各样，某种结构的病毒常常只能感染适合它的细胞，而不能感染别的细胞。例如，感染植物的病毒一般对动物无害，许多感染动物的病毒也不能感染人类。即使在人类，病毒也不能感染所有类型的细胞。例如，乙型肝炎的病毒就不能感染皮肤细胞，艾滋病的病毒也不能感染肝细胞。

第四节　类病毒——只由 RNA 组成的致病原

除了带蛋白衣壳的标准病毒，还存在没有衣壳、光溜溜的只有 RNA 的致病物质，叫作类病毒（图 9-4）。类病毒是 1971 年被美国植物病毒学家西奥多·奥托·迪纳（Theodor Otto Diener）在马铃薯纺锤块茎病中发现的。患病的马铃薯畸形，而且提取到的致病原不含蛋白质和脂类，而只含 RNA。迪纳把这种致病原叫作类病毒，引起马铃薯疾病的致病原也被称为马铃薯纺锤块茎病类病毒（potato spindle tuber viroid，PSTVd ）。

马铃薯纺锤块茎病类病毒 (PSTVd).

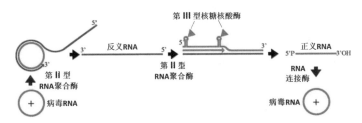

图9-4　马铃薯纺锤块茎病类病毒及其繁殖方式

　　PSTVd 是环形的单链 RNA，由 359 个核苷酸组成，分子呈杆状，由分子内碱基配对形成的双链和不能配对的单链环相间排列组成。其他类病毒的 RNA 结构和 PSTVd 类似，而且都很小，只有 246~467 个核苷酸，而且都不包含为蛋白质编码的基因，在细胞内复制自己的方式也和其他病毒不同。

　　例如，PSTVd 进入细胞后，利用植物的第 II 型 RNA 聚合酶，以滚圈的方式转录 PSTVd 的分子多次，合成一个长长的 RNA 分子，其中含有多个反义的 PSTVd 单位。反义的 RNA 又被当作模板，合成正义的、含有多个 PSTVd 单位的长 RNA 分子。这个长的正义 RNA 分子被第 III 型核糖核酸酶剪切成只含 1 个单位的 PSTVd，再被 RNA 连接酶连成环形。

　　仅仅由几百个核苷酸组成的环状单链 RNA 没有包膜，没有衣壳，也没有任何为蛋白质编码的基因，却能利用细胞来复制自己，是令人惊异的。从这个意义上讲，类病毒是最纯净的寄生遗传物质。

第五节　病毒的起源

　　由于病毒不像细胞生物那样含有共同的基因，因此无法通过比较基因的方式来追溯病毒的起源。根据病毒的特点，科学家提出了三种主要的学说来解释病毒的起源，分别是细胞退化学说、质粒起源学说、病毒和细胞共同起源学说。

细胞退化学说

由于病毒含有与细胞生物同样的信息分子 DNA 或者 RNA，使用同样的遗传密码，其蛋白质也由同样的 20 种氨基酸组成，在有包膜的病毒中，其包膜也和细胞膜非常相似，一个自然的想法就是病毒是由细胞简化形成的，也就是先有细胞，后有病毒。简化的细胞失去了独立生存的能力，但是遗传物质仍然在，可以在别的细胞中进行复制。

有若干事实支持这个学说，如立克次体和衣原体就是寄生在真核细胞内部的细菌（图 9-5 上）。立克次体有细胞结构，有催化许多化学反应的酶，也有电子传递链用于合成 ATP，还有为核糖体蛋白质编码的基因，但是已经不能自己合成氨基酸和核苷（核苷酸中磷酸根以外的部分）。这可以看成是细胞最初阶段的退化，即细胞结构还在，拥有细胞质，能进行一些新陈代谢，但是由于许多基因的缺失，已经不能独立生活，而必须依靠真核细胞提供它所缺乏的成分。这样发展下去，新陈代谢进一步丧失，就有可能变成病毒。

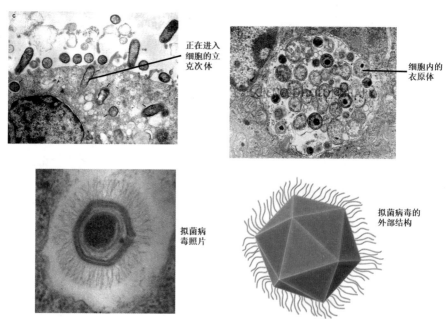

正在进入细胞的立克次体

细胞内的衣原体

拟菌病毒照片

拟菌病毒的外部结构

图9-5　立克次体、衣原体和拟菌病毒

拟菌病毒的发现也支持细胞退化学说（图 9-5 下）。1992 年，科学家在一种变形虫中发现了一种寄生物。它的直径有 0.4 微米，加上外面的蛋白长丝，直径可以达到 0.6 微米，接近细菌的大小，可以用光学显微镜看见。由于它对革兰染色法有反应，最初被认为是一种革兰阳性细菌，并将其命名为布拉得福德球菌。2003 年科学家才发现它其实是病毒，由于和细菌非常相似而被命名为拟菌病毒。它像病毒一样有衣壳，形状为二十面体，每面为六边形，是病毒的典型特征。它含有线性的双链 DNA，长度为 1 181 404 碱基对，含有 979 个为蛋白质编码的基因，包括与氨基酸和核苷酸合成有关的基因，而立克次体已经失去了这些基因。但是拟菌病毒没有为核糖体蛋白质编码的基因。

拟菌病毒虽然自己不进行新陈代谢，却含有与糖类、脂类和氨基酸代谢有关的基因，也有与蛋白质合成有关的氨酰 -tRNA 合成酶，说明这些基因是原来细胞的残留，支持它是细胞退化产物的学说，只是它后来发展出了衣壳蛋白，变得能在细胞外独立存在，并且能感染细胞。

令人惊异的是，拟菌病毒还有能感染自己的病毒，即"病毒的病毒"，叫作卫星噬病毒体（sputnik virophage）。当然它是无法在拟菌病毒单独存在时在其里面繁殖的，它必须借助活细胞，在拟菌病毒在细胞内自我复制时建立的病毒生产工厂中"趁火打劫"，同时复制自己。"病毒的病毒"的存在似乎也说明拟菌病毒原来是细菌。

质粒起源学说

病毒的另一个可能的来源是质粒。质粒是细菌主要 DNA 外的环状小分子 DNA，可以在细胞中繁殖，并且能在细菌之间转移（参见第八章第四节）。质粒常常会含有一些基因，如为某种特殊代谢所需要的基因或者对付抗生素的基因。这样，一种细菌对付抗生素的基因能很快地传播到其他细菌中去。在分子生物学技术中，科学家就常常利用质粒把所要导入细胞的基因送到细胞里面去。

质粒的这种能在细菌之间传播、并且在细菌的细胞中复制自己的特性也有可能导致病毒的产生。如果质粒中出现了为衣壳蛋白编码的基因，就能在进入细菌的细胞后生产衣壳蛋白，将自己包装起来，在细胞外独立稳定地存在，并且感染更多的细菌。

病毒和细胞共同起源学说

种类不同的病毒，例如能分别感染细菌、古菌和真核细胞的病毒，却能含有非常相似的衣壳蛋白（图 9-6），如绿球藻病毒（PBCV）的 Vp54 蛋白、噬菌体

PRD1 的 P3 蛋白、第 5 型腺病毒（Ad5）的衣壳蛋白 Hexon、拟菌病毒的 MCP 蛋白、豇豆花叶病毒的衣壳蛋白大亚基都有几乎相同的结构。尽管这些病毒为衣壳蛋白编码的基因在序列上各不相同，形成的衣壳蛋白在结构上却几乎完全一样，说明这些衣壳蛋白有共同的祖先，只是在病毒分化的过程中为其编码的基因逐渐变化，以致核苷酸序列的共同性已经不可分辨，但是蛋白质的结构和功能却一直保留下来。无论是在细菌、古菌还是真核细胞中，都找不到这些基因的痕迹，这似乎说明病毒和细胞生物是各自演化的，病毒也许早在细胞出现以前的 RNA 世界中就已经出现。

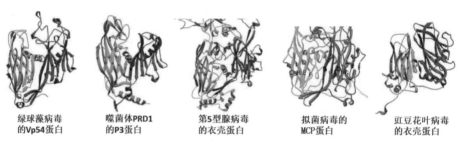

绿球藻病毒　　　噬菌体PRD1　　第5型腺病毒　　拟菌病毒的　　豇豆花叶病毒
的Vp54蛋白　　　的P3蛋白　　　的衣壳蛋白　　　MCP蛋白　　　的衣壳蛋白

图9-6　几种病毒的衣壳蛋白结构比较

植物的正义单链 RNA 病毒在其 RNA 分子中还含有转移 RNA 的结构，说明它可能是早期 RNA 世界的残留。一开始这些 RNA 是没有外壳的，而是在形成生物的原汤中自由移动，从中获得繁殖自己所需要的核苷酸。在原始细胞出现，阻碍这些 RNA 分子自由移动时，能发展出衣壳的 RNA 就能在没有细胞的情况下单独存在，并且依靠这些蛋白质进入细胞，形成有衣壳的病毒。从此细胞生物和非细胞生物就分道扬镳，发展为地球上两大类不同的生物。

从这个观点看来，最初的病毒是没有衣壳的，保留到现在就是感染植物的类病毒。而发展出衣壳的 RNA 分子就成为后来的病毒，RNA 也可以被 DNA 所取代。所以类病毒才应该是病毒的老祖宗。

由于病毒的起源可能要追溯到细胞出现之前，病毒也不会留下化石，病毒的起源还是一个难以弄清的问题。目前还不能确定哪一种学说是正确的，也许三种机制在病毒的起源中都起过作用，因此病毒也没有单一的起源。在目前，经过鉴定的病毒不过 5000 种左右，只是几百万种病毒中的极小部分。随着更多种类的病毒被鉴定，也许会出现病毒起源的新线索。

第十章 生物之间的协同、进攻和防御

地球上的任何生物都不是孤立存在的，而是和外部环境之间有密切的相互作用，其中包括非生物的环境如阳光、空气、液态水、岩石、土壤、矿物盐等，也包括地球上的其他生物，这就是地球上的生态系统。

第一节　地球上的生物都生活在生态系统中

由于地球上的大气、海水、陆地在很大程度上是互相连通的，生命从诞生之日起，就生活在一个共同的大环境中，彼此之间就有相互作用。同种生物之间有对资源的竞争，例如，RNA 世界中的生物就要竞争，以获得自然形成的核苷酸这样的"建筑材料"和焦磷酸这样的能源（参见第一章）。

原核生物出现后，能够用环境中的材料进行氧化还原反应以获得能量，自己制造有机物的生物（第一批自养生物）就要竞争氢和硫化氢这样的还原性分子和硝酸盐这样的氧化性分子。自养生物死亡后，留下的有机物就给异养原核生物的出现准备了条件。生物之间除了竞争关系外，还出现了依存关系，形成了地球上早期的生态系统。

水流和风可以把最初的生物带到地球上的许多地方去，而地球上的环境又是千差万别的。在适应这些环境的过程中，最初的生命就分化成为不同的物种，原核生物也分化为细菌和古菌。

生物的种类多了，就给生物之间更复杂多变的相互作用创造了条件，包括一些偶然性的，但是意义重大的事件，例如，古菌和细菌的联合产生了真核生物（参见第三章第一节）；真核细胞吞下蓝细菌，又产生了能进行光合作用的真核生物、藻类和植物（参见第三章第九节）。藻类和植物制造更多的有机物，为利用现成有机物为生的动物和真菌的发展创造了更好的条件，导致更多生物物种的出现，

以及生物之间更复杂的关系。

生物一多，对资源的竞争就变得激烈，竞争还会变成斗争，例如，一些细菌就可以用给其他细菌打毒针的方式消灭其他的细菌。青霉能产生青霉素来杀死周围的细菌，而细菌也可以分泌化学物质来对抗真菌，如吸水链霉菌就能分泌雷帕霉素来抑制真菌的生长。

动物一旦出现，捕食者和被捕食者的斗争就开始了。捕食者逐渐发展出更灵敏的感觉、更快的速度、更强大的体形和肌肉，而被捕食者也会发展出更灵敏的感觉和更快的奔跑速度，还会增加自己的繁殖速度来维持物种。这种斗争也使动物发展出了智力，导致有高度思维能力的人类出现。

真菌、异养细菌和病毒是依靠其他生物现成的有机物生活的，也发展出更多的种类、更多的入侵手段，而被感染的生物也发展出抵抗这些侵袭的措施，入侵生物会发展出反措施，被感染生物又会进一步完善自己的防御机制，这是一场永无休止的斗争。

当然物种之间不仅有竞争，也有协助，例如，大树就可以给喜阴植物遮阴，乔木也给攀缘植物的生长创造了条件。生物之间也可以相互合作，例如，真菌就能和进行光合作用的生物一起组成地衣，与植物的根系发展关系密切，根瘤菌更为植物提供氮源。病毒对被感染的生物一般是有害的，但是病毒感染带来的转座子却被脊椎动物用来形成对抗外来物质的抗体，极大地增强了这些动物的防御能力（参见本章第七节）。

在一些情况下，一些生物甚至会越界，做本类生物一般不会做的事情，如植物和真菌变得像动物一样捕食。

由于每种生物都和周围环境有非常密切和复杂的关系，促使生物演化的自然选择也主要是要适应生物之间的这些关系。每种生物现在的状况，都是过去与生态环境相互作用的结果。各种生物的寿命也是由这些相互作用形成的（参见第十一章第六节）。

第二节 生物之间的协作

生物之间的关系不一定都是竞争和斗争，在彼此有利的时候，生物之间也会进行协作。

地衣就是真菌与蓝细菌和绿藻彼此协作的产物。真菌为蓝细菌和绿藻提供保护和帮助吸收水分，而蓝细菌和绿藻进行光合作用，将有机物回馈给真菌（参见第四章第一节和图4-1）。这样的合作非常有效，使地衣成为地球上生命力最顽强的生物之一，从滨海到高山，从极地冻原到干热的沙漠，都有地衣的存在。

真菌与植物之间的合作非常普遍，大约有80%的植物的根与真菌建立了共生关系（图10-1左）。真菌的菌丝很细，可以在土壤中伸得很远，在吸收水分和无机盐上比植物的根更有效。真菌还会分泌酸，加速岩石的风化，真菌降解土壤里面的有机物，释放出磷、硫等元素供植物使用，植物则以糖类和脂肪作为对真菌的回报。当年藻类登陆，变成植物，很可能就借助了真菌的帮助。根瘤菌更能够固定大气中的氮，对与之共生的豆科植物很有帮助。

图10-1　生物之间的共生

动物是依靠吞下现成的有机物为生的，但是有些动物也会利用藻类为自己生产有机物。例如，一种草履虫的细胞内含有数百个绿藻。草履虫并不消化这些绿藻，而是保护它们不受病毒攻击，并且供给小球藻以含氮、磷、硫等元素的代谢物；小球藻则供给草履虫麦芽糖（由两个葡萄糖分子连接形成的糖）。含有小球藻的草履虫变成绿色，叫绿草履虫（图10-1中上）。

水螅是多细胞的水生动物，靠触手捕食。水螅的身体由两层细胞构成，即内胚层和外胚层。绿水螅的内胚层细胞也含有小球藻，因而显示绿色。小球藻供给水螅麦芽糖，而水螅为小球藻提供生存环境（图 10-1 右上）。

珊瑚总体上不运动，但它其实是动物，由大量珊瑚虫组成。珊瑚虫的构造与水螅相似，也用触手捕食，不同的是珊瑚虫能形成由碳酸钙组成的外骨骼，大量这样的珊瑚虫聚集在一起，形成珊瑚礁。许多珊瑚与甲藻有共生关系，大部分营养由甲藻供给，包括葡萄糖、甘油和氨基酸等有机物，珊瑚则供给甲藻含磷、氮和硫的代谢物（图 10-1 右下）。有藻类的珊瑚生长速度是没有藻类的 10 倍，使珊瑚可以生活在营养缺乏的海水中。甲藻的存在也使珊瑚呈现出各种颜色。海水温度升高时，珊瑚会排出藻类，称为珊瑚的白化，如果长时间得不到藻类补充，珊瑚就会死亡。

海蛞蝓（又叫海蜗牛，一种软体动物）以海藻为食，它们把海藻消化后，留下叶绿体，被消化道的内皮细胞吞进，让它们继续进行光合作用。为了形成更大的受光面积，它们甚至把自己变成一片叶子的形状（图 10-1 中下）。

小丑鱼生活在海葵的触手之间，保护海葵免于被其他动物食用，而海葵带刺细胞的触手又避免小丑鱼被其他动物吞食（参见第八章图 8-8）。

白蚁自己不能消化纤维素，但是其肠道中的细菌却可以分解纤维素，释放出葡萄糖供白蚁食用，白蚁又为这些细菌提供稳定的生活环境。人类的肠道内也有大量的细菌，数量可以超过人体细胞总数的 10 倍，也可以消化一些人类不能消化的有机物。

第三节　越界生活的真核生物

虽然动物、植物、真菌各有自己的生活方式，但是生物的演化过程是非常灵活的，只要对生存有利，非经典的生活方式也可以发展出来。例如，植物是自养生物，通过光合作用自己制造营养，但是也有些植物变得和真菌一样，靠吸取其他生物现成的有机物生活。

菟丝子是被子植物，但是不进行光合作用，没有叶片，连叶绿素都不生产，所以身体是黄色的（图 10-2 左）。它缠绕在其他植物上面，在接触处长出吸根，进入寄主的组织，发展出输送水分的导管和输送养料的筛管，分别与寄主的导管和筛管相连，吸取寄主的水分和养料。

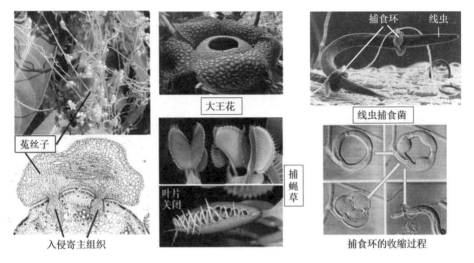

图10-2 "越界"生活的真核生物

大王花是世界上最大的花之一，花的直径可以达到1米，但是无叶、无根、无茎，靠吸取岩爬藤的营养生活（图10-2中上）。大王花开花后会结果，里面有数千颗种子，可以由动物带到新的岩爬藤上，再在那里开花。

植物甚至能够捕食动物，如捕蝇草，在小动物触碰到捕虫叶片边缘的刺毛两次后，对生的叶片就会迅速关闭，将小动物困在里面（图10-2中下）。叶片分泌消化液，将动物消化，再吸收消化产物。要连续触碰刺毛两次才触发叶片合拢，是为了避免单次偶然的非生物触碰也使植物起反应而浪费资源。

甚至真菌也可以变为捕食者。一种在土壤中生活的线虫捕食菌就能捕食线虫、变形虫等小动物（图10-2右）。它在菌丝上长出一个由三个细胞组成的环。当线虫钻过环，与环的内表面接触时，这三个细胞会在0.1秒的时间内体积增加三倍，将线虫紧紧地箍住，菌丝再缠绕和穿入线虫身体，消化吸收线虫的组织。

这些事实说明，获取现成的有机物，还是比自己制造有机物省事，连有些植物和真菌都发展出捕食的本事。以感染其他生物为生的真菌、细菌和病毒这些获取现成有机物的专业户，更是对几乎所有生物的巨大威胁。为了抵抗这些攻击，从细菌到动物和植物，都发展出了专门的防卫系统。

第四节　细菌的防卫系统

感染细菌的病毒叫作噬菌体（参见第九章第三节）。噬菌体在感染细菌时，把遗传物质（多数情况下是双链 DNA）注射到细菌里面，用噬菌体 DNA 中的基因指挥被感染的细菌生产自己（参见第九章图 9-3），因此对抗噬菌体的方法就是破坏它进入细胞的 DNA。为此细菌发展出了把噬菌体 DNA 切断的酶，这些酶能认识噬菌体 DNA 上的特殊序列，如 AGGCCT、GAATTC 等，并且在这些地方把 DNA 切断。DNA 一被切断，就无法发挥作用了，噬菌体也就无法在细菌内繁殖。由于这些酶在专门的地方从 DNA 内部把 DNA 切断，这些酶叫作限制性内切酶，例如限制性内切酶 EcoRI 就识别 DNA 序列 GAATTC 并且将其切断（图 10-3）。

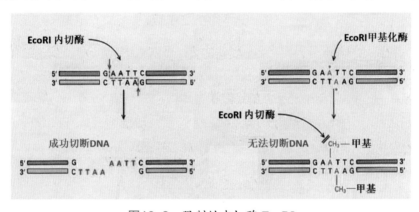

图10-3　限制性内切酶 EcoRI

但是细菌自己的遗传物质也是 DNA，也含有这些限制性内切酶的识别点，它们是如何避免自己的 DNA 也被切断呢？细菌采取的办法是让这些结合位点的序列甲基化，即在一些碱基上加上甲基。加上的甲基就像给识别点的序列戴上帽子，让内切酶不认识这些位点，这样细菌自己的 DNA 就被保护起来了。而噬菌体的 DNA 是没有戴帽子的，所以一进细胞就会被切断。

细菌还有另一种对抗噬菌体的方法，就是对噬菌体的 DNA 进行取样，将 20 个碱基对长的样品保存在自身 DNA 的取样库中（图 10-4）。下一次再有同样的噬菌体感染时，原核生物就可以通过对比而知道是哪种噬菌体感染了自己，就会把这段噬菌体的样品 DNA 转录成为 RNA，RNA 再带着切断 DNA 的酶在噬菌体的 DNA 中寻找序列配对的部分。一旦找到，RNA 所携带的酶就会将噬菌体的 DNA

切断。这套系统的缩写为 CRISP 系统。CRISP 系统和限制性内切酶都被人类利用,成为分子生物学研究工作中的重要工具。

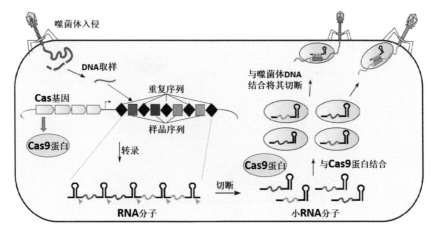

图10-4　原核生物的 CRISPR 系统

第五节　真菌的防卫系统

真菌也难逃病毒的攻击,感染真菌的病毒叫作真菌病毒,其中大部分含有双链 RNA,大约 30% 含有正义单链 RNA(参见第九章第二节)。真菌病毒的一个特点是没有在细胞外的阶段,整个生活周期都在真菌细胞内,通过菌丝在同株真菌中传播,或者通过不同菌株的菌丝彼此融合而传播。病毒还可以进入孢子,在孢子萌发后形成的新菌株中存活。

真菌抵抗病毒的方式有两种。一种是防止病毒通过与别的真菌株菌丝融合而被感染。如果与之融合的菌丝有问题,真菌就会启动细胞程序性死亡的机制(参见第五章第八节),让融合的菌丝死亡。

第二种方法是对付病毒的双链 RNA。一种叫作 Dicer 的蛋白质能够识别双链 RNA,并且将其切成 21~24 核苷酸长的片段(图 10-5)。这个片段与 RNA 诱导沉默复合体(RNA-induced silencing complex, RISC)结合,其中的一条 RNA 链被降解,剩下的 RNA 链会带着这个干扰复合体去寻找病毒的双链 RNA。一旦找到,复合体上的短链 RNA 就会通过碱基配对与病毒的 RNA 结合,复合体再将病毒RNA 切断,相当于消灭了病毒。

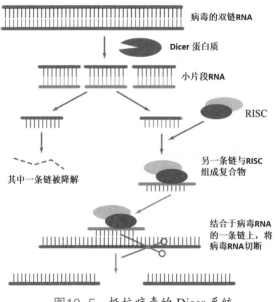

病毒的双链RNA

Dicer 蛋白质

小片段RNA

RISC

其中一条链被降解

另一条链与RISC
组成复合物

结合于病毒RNA
的一条链上，将
病毒RNA切断

图10-5 抵抗病毒的 Dicer 系统

这个机制与细菌的 CRISPR 机制有些相似（参见本章第四节），不过真菌并不保留病毒的 RNA 片段，而只是临时加工病毒的 RNA 并加以利用，将入侵病毒的 RNA 消灭。

除了真菌，动物和植物也用这个机制来抵抗病毒入侵。这个机制也被真核生物用来进行基因调控，叫 RNA 干扰。真核细胞生产一些 RNA 分子，这些 RNA 分子也被 Dicer 蛋白降解为短链 RNA，再与 RNA 诱导沉默复合体结合，让与短链 RNA 序列有互补关系的 mRNA 降解，达到调控基因表达的目的。RNA 干扰现在也是科学研究的重要工具，可以人为地改变基因表达状况，从而研究基因的功能。

第六节 植物的防卫系统

植物是有机物的制造者，身体中含有大量有机物，是异养生物（包括微生物和动物）的有机物来源。为了保护自己不受到动物的啃食和微生物的侵袭，植物也发展出了自己的防卫系统。

植物防御动物啃食的方法

植物防御动物啃食的第一道防线还是物理屏障。浓密的绒毛可以起到隔绝昆虫的作用，而各种尖刺也能妨碍动物进食。有些刺是空心的，内含毒液，在刺入动物皮肤时会断裂，释出毒液，在动物身上产生痛觉，有的甚至含有前列腺素，以增加疼痛的强度（参见第十二章第六节和图 12-32）。

对于昆虫的进食，植物用增加进食难度的方法来对抗。例如，在细胞壁外再包上胼胝质，相当于人的皮肤长茧，增加昆虫啃食的难度。植物也可以长出一些坚硬的细胞如石细胞，损坏昆虫的口器。不过在许多情况下，这些物理屏障并不能完全防止动物的攻击，所以植物还有其他的对抗方式。

例如植物还可以识别进食动物留下的特征性物质如唾液。植物细胞上的受体在探测到这些物质后，会分泌一些挥发性物质，如樟脑、松香酸、薄荷醇、冰片、松节油等。这些物质多属于萜类化合物，有强烈的气味，能够驱离一些有害的动物，如小麦可以用这类挥发性物质驱离蚜虫；或者吸引这些有害动物的天敌，如棉花可以用这类物质吸引蛾子幼虫的天敌黄蜂（图 10-6）。

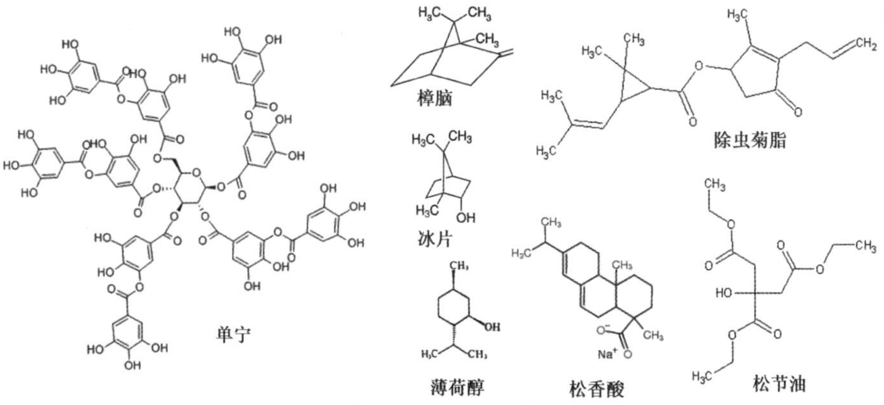

图10-6　植物用于防卫的一些化合物

除了萜类化合物外，植物还合成其他对抗昆虫的分子。单宁（又叫鞣酸），平时储存在植物细胞的液泡中。它可以结合在昆虫消化液中的蛋白酶上，让它们失去功能。食入大量单宁会使昆虫营养不良，停止生长。生物碱是植物对抗动物进食的另一大类物质，以氨基酸为原料制成，因分子中含有氮原子而呈碱性。它们一般有苦味，而且对动物有毒，如麻黄碱、秋水仙碱、乌头碱。动物对这些物质发展出苦的感觉，是警告这些植物可能有毒，最好不要食用，也达到了植物避免动物啃食的目的。

植物还能生产对动物有毒的蛋白质如消化酶抑制剂，使动物无法消化吃进的食物。植物凝结素能结合在碳水化合物上，干扰消化过程。蓖麻毒蛋白能抑制蛋白质合成，对动物具有高度毒性。植物还能生产精氨酸酶，分解被动物吃进的植物成分中的精氨酸，让昆虫得不到这种重要的氨基酸，阻滞它们的生长。

由于植物有这些对抗动物啃食的手段，大多数植物都能免于动物的吞食。在300 多万种植物中，能作为人类食物的寥寥无几。走遍全世界，人类吃的蔬菜，不过百种左右。

植物对抗微生物侵袭的机制

和抵御动物一样，植物也首先使用物理和化学屏障作为抵御微生物的第一道防线。树干外面由死细胞组成的树皮、叶片表面的蜡质层、细胞外面的细胞壁都是隔离微生物、不让它们与细胞膜接触的屏障。叶片表面的细胞也形成致密的细胞层，类似动物的上皮，不让微生物进入自己的身体。植物在细胞表面也有化学屏障，如在细胞外分泌几丁酶。由于真菌的细胞壁是由几丁质组成的，破坏它们的细胞壁就可以阻止它们。葡聚糖酶可以水解水霉细胞壁中的葡聚糖，也有防御这些微生物的作用。溶菌酶能分解细菌的细胞壁，使细菌无法抗拒渗透压而被涨破。

除了表面的化学屏障，植物所含的一些物质也有抗菌作用，如植物的精油是萜类化合物，除了能够对抗昆虫外，还能对抗微生物的入侵。萜类化合物中的棉酚也具有抗真菌和抗细菌的作用。

植物还能通过识别微生物所具有的特征性的分子来知道微生物的存在，并且做出相应的反应。植物有模式识别受体（pattern recognition receptor，PRR），如稻米的 Xa21 受体、拟南芥的 FLS2 受体。它们在细胞外都有富含亮氨酸的功能域，能识别微生物表面的特征性分子。如果敲除 FLS2 受体，拟南芥就会对细菌和真菌的感染敏感。这种由表面 PRR 受体激发的免疫反应叫受体触发的免疫反应（pattern triggered immunity，PTI）。

植物收到受体传来的信号时，会活化 MAPK 信号通路（参见第六章第五节），表达对抗微生物的基因，包括关闭气孔阻止微生物侵入、在细胞壁外形成胼胝质以加强物理屏障、产生活性氧来杀灭微生物、分泌抗菌肽如穿孔素和防御素等。

对于已经侵入细胞的病毒，植物也像真菌那样，使用 RNA 诱导沉默复合体来消灭病毒的 RNA。例如，植物拟南芥就有 4 种 Dicer 类型的蛋白质（DCL），其中的 DCL2 就与植物对病毒的防御功能有关。

为了对抗植物的这些防御措施，动物也发展出了应对的方法。例如，桉树的树叶对许多动物有毒，特别是其中的间苯三酚及其衍生物，使许多动物不能以桉树叶为食。但是考拉就具有高浓度的解毒酶 CYP2C，能对这些物质进行解毒，再排出体外，因此考拉就不怕桉树叶的毒性（关于动物的解毒系统，参见本章第八节）。

微生物也发展出了对抗手段来消除植物的抵抗。例如，一些细菌会给植物细胞打毒针，通过它们的类型Ⅲ注射系统，往植物细胞内注射抑制植物免疫反应的效应物质 T3SE，让植物的 PTI 失效。植物的反制措施是启动另一个层次的对抗机制，叫作效应物触发的免疫反应，使受感染部分的细胞程序性死亡，相当于是植物用坚壁清野的办法来对抗入侵的军队，用局部牺牲来换取整体的生存。

有了这些措施，植物就能在很大程度上免受动物和微生物的侵害，在地球上繁荣昌盛，成为地球上生物圈必不可少的部分。

第七节　动物的防卫系统

动物的细胞没有细胞壁，而且动物还有与外界连通的巨大的内表面，如呼吸道和消化道，病毒、细菌和真菌都很容易接触到细胞膜，实施入侵，因此动物的防卫系统也复杂得多。

御敌于国门之外——动物的第一道防线

像植物一样，动物保卫自己的第一道防线，也是形成物理和化学的屏障，不让微生物进入自己的身体。

动物身体表面都有由上皮细胞组成的紧密屏障。在这层细胞之外，为了加强阻隔效果，还会有死细胞组成的外皮，例如，人皮肤表面的角质层，可以阻挡微生物与活细胞接触；昆虫的外骨骼也有类似的作用。

但是动物除了外表面，还有内表面，如消化道和呼吸道的内壁。这些表面虽然位于体内，却和外界相通，微生物可以随食物和气流进入这些管道。这些表面中的许多部分都和生理过程有关，例如，肺泡的内表面用于气体交换，肠的内表面用于吸收营养，它们的外面就不能有由死细胞组成的屏障。动物采取的办法，是向这些内表面分泌黏液，使微生物难以到达细胞表面，也难以运动，而且呼吸道内面还有纤毛，它们的摆动能把含有微生物的黏液排出呼吸道外。肠道还利用能与人共生的细菌，阻止有害细菌的生长。

物理屏障虽然有效，毕竟是被动的，更好的防御是主动出击，即分泌能阻挡和杀死微生物的分子。例如，动物向内表面的黏液中分泌抗体（参见本节下文），降低微生物的侵袭能力。眼泪、唾液和内表面分泌的黏液中都含有溶菌酶，它能分解细菌的细胞壁，让细菌失去细胞壁的支撑而被渗透压涨破。皮肤表面的细胞能分泌防御素和抗菌肽。这些物质能在细菌的细胞膜上形成孔洞，使细胞的内容物流出，导致微生物的死亡。

动物体内的吞噬细胞能消灭进入身体的微生物

动物表面的屏障不是牢不可破的，会因为各种因素（如外伤）而出现缺口，让微生物进入生物体内。在平时，动物体内就有准备迎敌的细胞，当微生物在体内出现时立即将其杀灭，这就是巨噬细胞，它们就像体内的游动哨兵，发现敌人时立即将其消灭（图 10-7）。

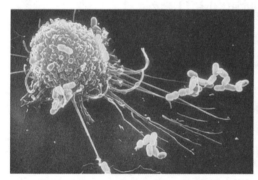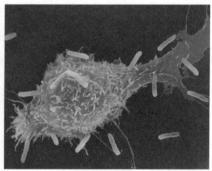

图10-7 动物的巨噬细胞吞噬细菌

动物用巨噬细胞来防御细菌的攻击是很自然的，因为动物本来就是靠吃细菌起家的。动物的单细胞祖先——领鞭毛虫，就通过吞食细菌生活。从单细胞动物变为多细胞动物，细胞吞食细菌的本领并没有丢掉，只是不让所有的细胞都去吞食细菌，而是分出一些细胞来执行这项任务而已。

最原始的多细胞动物——海绵，在外皮细胞和内皮细胞之间有胶质的中胶层，里面就有游走的变形虫样的细胞（图4-3）。水螅和水母也有类似的中胶层，里面也有游走的变形虫样细胞。这些细胞担任防御作用，吞噬进入身体的微生物。

复杂一些的动物如蚯蚓和昆虫，体内已经有循环系统，其中的液体中就有类似于脊椎动物的巨噬细胞的细胞。因此从最简单的动物开始，动物就利用吞噬细胞来消灭入侵的微生物。

动物识别细菌的分子——Toll 样受体

不过细菌也是细胞，吞噬细胞如何区分这些细胞是外来入侵者还是自己的细胞呢？这就和原核生物与真核生物细胞的差别有关。作为原核生物的细菌，表面有细胞壁和荚膜，组成这些结构的细菌脂多糖、细菌脂蛋白和细菌脂多肽分子为细菌的生存所需要，难以改变，而这些分子在真核生物中又不存在，所以是真核细胞用来区分敌我时很有用的分子。细胞的鞭毛由鞭毛蛋白组成，与真核细胞的鞭毛完全不同，也是真核生物认识细菌的依据。

为了识别这些细菌特有的分子，吞噬细胞表面有专门的受体。其中的一种叫作 Toll 样受体（Toll 在德文中的意思是"太棒了"，是德国科学家在果蝇中发现这种基因时欢呼而叫出的词，后来就成为这个基因的名称）。Toll 基因突变的果蝇不能对抗真菌的侵袭，说明它与果蝇的免疫有关。随后的研究发现，类似 Toll 的受体在多细胞生物中广泛存在，而且都与免疫有关，所以称为 Toll 样受体（Toll-like receptor，TLR）。

为了识别各种细菌特有的分子，动物发展出了多种 TLR（图 10-8）。例如，人就有 10 种以上的 TLR，其中的 TLR-1 识别细菌的脂蛋白，TLR-2 识别细菌的肽聚糖，TLR-3 识别病毒的双链 RNA，TLR-5 识别细菌的鞭毛等。

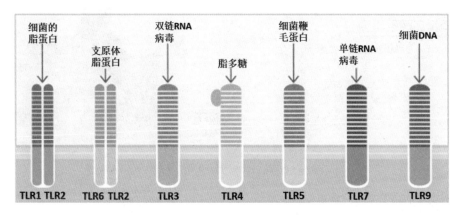

图10-8　动物的 Toll 样受体 TLR

TLR 有一个穿膜区段，其细胞外的部分与细菌的特征分子结合，细胞内的部分则负责把信号传递进细胞。这个信号除了帮助吞噬细胞认识细菌，从而启动吞噬活动外，还能让细胞分泌对抗细菌的物质，如防御素和穿孔素，在细菌的细胞膜上打孔，消灭细菌。

用蛋白裂解链来传递信号的防卫系统——补体系统

侵入身体的微生物是对动物的致命威胁，除了吞噬细胞和抗菌物质外，动物还发展出了另一套系统来杀灭进入身体的微生物，以增加自己的保险系数。这个系统就是动物的补体系统。它最后的效果也是在细菌的细胞膜上打孔，但是它不依赖于 Toll 样受体来识别细菌，而是有自己的识别和信息传递系统。

1896 年，德国科学家（Hans Buchner）发现人的血浆中含有能杀灭细菌的物质。由于那时人们已经知道抗体的存在，所以把这种物质叫作补体，意思是对抗体作用的补充。其实补体系统出现的时间比抗体早得多，抗体是脊椎动物才拥有的，所以抗体才应该叫作补体，补体应被称为抗体才是。不过大家都这么称呼它们多年，也知道这些名称的意思，就没有必要加以改正了。

补体是一个非常复杂的系统，含有 C1q、C1r、C1s、C2~C9、D 因子、B 因子、H 因子、I 因子等数十个蛋白因子（图 10-9）。现在我们知道，无脊椎动物的 C3 才是这个系统的起始分子，C1、C2、C4 是在脊椎动物中才发展出来的，以和抗体路线衔接，所以应该把 C3 叫作 C1 才对，不过这种编号也不必去纠正了。

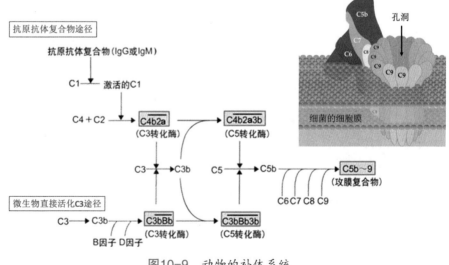

图10-9 动物的补体系统

补体系统的信息传递主要依靠这些蛋白的蛋白酶活性，把下游的蛋白切成大的和小的两段，大的叫 b，小的叫 a，如 C3 可以被切为 C3a 和 C3b 两部分。这些片段又可以组成新的蛋白酶，切断更下游的蛋白质，最后形成攻击细菌细胞膜的复合物。

血液中的 C3 能缓慢地裂解自己，变成 C3a 和 C3b。C3b 迅速被血液中的 H 因子和 I 因子灭活，因此血液中 C3b 的浓度极低。但是如果 C3b 通过自己的硫脂键和细胞膜上的羟基或者氨基共价结合，C3b 就不受 H 因子和 I 因子灭活，而可以结合 B 因子。与 C3b 结合的 B 因子被 D 因子切断为 Ba 和 Bb 两段，其中 Ba 游离到液体中，Bb 和 C3b 仍然结合在一起，形成 C3bBb（图 10-9 左下）。这个 C3bBb 就是 C3 转化酶，可以把更多的 C3 切成 C3a 和 C3b，形成一个正反馈回路，产生越来越多的 C3b。

新形成的 C3b 又能与 C3bBb 结合，形成 C3bBb3b，这个复合物具有 C5 转化酶的活性，可以把 C5 切成 C5a 和 C5b。C5b 可以结合 C6，C6 又可以结合 C7，这样依次结合下去，最后 C8 结合 C9。C9 的作用类似于穿孔素，可以在细胞膜上形成孔洞，让细胞内容物泄漏而死亡。

现在的问题是，细胞如何区分敌我？ C3b 通过硫脂键与细胞膜上的羟基或者氨基结合时，是无法区分敌我的，因为细菌和自己细胞的表面都会有这些基团。动物采用的办法，是在自己的细胞上表达一些调节蛋白，如 CD35、CD46、CD55、CD59 等，阻止 C3b 被 B 因子和 D 因子活化的过程，而入侵的细菌并没有这些调节蛋白，C3b 的活化过程就可以在细菌表面一直进行下去，最后导致细菌的死亡。因此在这里，动物并不是去认识入侵的细菌，而是根据这些细菌没有"免死牌"（调节蛋白）而将其摧毁的。

从 C3 开始的补体系统出现的时间非常早。约在 13 亿年前，和水螅同属刺细胞动物的海葵就已经有了 C3 和 B 因子，而且 C3b 也用硫脂键与外来分子形成共价键。补体系统后面的成分，从 C6 到 C9 都含有与穿孔素分子彼此相连、在细胞膜上形成孔洞的膜攻击复合物 / 穿孔素域（MACPF 域），形成最初的补体系统。

到了脊椎动物，补体系统又和抗体系统搭上线，通过 C1 与结合有外来分子的抗体结合而被活化，再依次活化 C2 和 C4，形成 C4b2a（图 10-9 左上）。C4b2a 也是 C3 转化酶，能把 C3 切成 C3a 和 C3b，进入上面叙述过的路线，这样抗体系统也可以利用补体系统来攻击外来微生物了。

脊椎动物对抗病毒的干扰素

吞噬细胞和补体系统主要是针对细菌的，为了对付病毒的入侵，动物也使用真菌和植物都使用的 RNA 诱导沉默复合体来降解病毒的 RNA（参见本章第五节和第六节）。在脊椎动物中，还有非特异的对抗病毒的蛋白分子，这就是干扰素。

脊椎动物的细胞在受病毒感染时，会分泌干扰素，通知周围的细胞：有病毒入侵！它们通过细胞上面的干扰素受体，启动周围细胞对抗病毒的活动，那就是抑制细胞合成蛋白质。由于病毒的繁殖需要被感染的细胞为它们合成所需要的蛋白，抑制细胞的蛋白质合成就相当于抑制病毒的繁殖。

干扰素的这个活性不仅对各种病毒都有抵抗作用，而且还不区分受病毒感染的细胞和正常细胞。这有点像用化疗来杀灭癌细胞，同时也杀灭分裂快的正常细胞，所谓"杀敌一千，自损八百"。所以干扰素大量分泌时人会觉得不舒服，像得了重感冒，但它毕竟是动物对抗病毒的一种方式。

以上这些防御机制都与生俱来，不需要学习就能够工作，属于先天性免疫系统。先天性免疫针对性差，"一处见敌，四处开炮"，虽然有效，但是代价也很高。动物的先天性免疫也没有记忆能力，对于同一微生物的反复攻击，每次都是临时应对。从脊椎动物开始，动物还发展出了针对性强、具有记忆功能的免疫系统，这就是适应性免疫系统。

脊椎动物的适应性免疫系统

脊椎动物的适应性免疫能像细菌的 CRISPR 系统那样，记住已经遭遇过的微生物，以后在遇到同样的攻击时，能迅速做出针对性的反应。由于在遇到同样的攻击时只动员针对这个敌人的资源，成本就大大降低了，而且集中力量打击个别目标，效果也比遍地开花要好。

动物的适应性免疫系统要记住入侵的微生物，首先要识别这些微生物。Toll 样受体 TLR 只能辨别微生物的一些共同特点，而不能识别各种微生物之间比较细微的差别，十来种 TLR 也无法对成千上万种微生物进行区分。要在微生物的汪洋大海中识别并且记住某个特定的微生物，必须要有能特异识别各种微生物的受体。

脊椎动物识别特定微生物的方法，是识别微生物的蛋白质。DNA 只由 4 种脱氧核苷酸单位组成，而蛋白质由 20 种氨基酸组成，同样单位数的 DNA 和蛋白质片段，后者包含的信息量要大得多，也就可以提供更高的分辨率。例如，10 个碱基对的 DNA 片段有 4^{10} 种，即 131 072 种组合方式，而 10 个氨基酸组成的肽链有 20^{10} 种，即 1.024×10^{13} 种组合方式。

但是入侵的微生物有成千上万种，它们具有的蛋白质种类更多，如果每个蛋白质都要一种受体来识别和记忆，那就需要数以亿计的基因来为这些受体蛋白质编码，而人类的基因总数也不过两万多个，显然这是不现实的。脊椎动物采取的办法，是通过少数基因所含片段的随机组合产生千千万万种不同的蛋白质。这有点像基因外显子的选择性组合，用同一个基因产生多个蛋白质（参见第三章第二节），但是规模要大得多，而且选择性组合的机制也不同。

脊椎动物用来识别入侵微生物的蛋白质分子由两类肽链组成。一类肽链较长，叫作重链，另一类肽链较短，叫作轻链。它们形成的机制相似（图 10-10）。

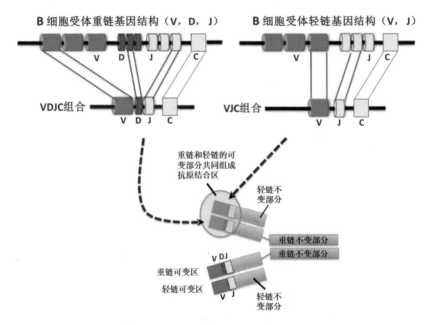

图10-10　B 细胞受体形成的机制

为简洁起见，V、D、J 单位每种只画出 3 个。

重链的基因含有许多 DNA 片段，叫作组合单位，分为 V、D、J 三种。每个组合单位的旁边都有特殊的 DNA 序列，叫作重组信号序列（RSS）。重组酶能识别这些 RSS，并通过这些序列随机地把一个 V 单位、一个 D 单位和一个 J 单位组合在一起，其余的组合单位则被切除掉。由于重链基因含有大量的组合单位，如人的重链基因就含有 44 个 V 单位、27 个 D 单位、6 个 J 单位，而且在这些单位组合的过程中，末端脱氧核苷酸转移酶还可以在这些单位上增加额外的碱基对，能形成的 VDJ 种类就非常多了，叫作重链的可变部分。VDJ 可变部分加上基因中的不变部分 C，就能形成千千万万种重链（图 10-10 左上）。

轻链基因含有组合单位 V 和 J，但是没有 D。使用和重链形成类似的方式，一个 V 单位和一个 J 单位随机连在一起，其余的组合单位被删去，形成 VJ 可变部分，再加上不变部分 C，也能形成许多种轻链（图 10-10 右上）。

两条轻链和两条重链结合在一起，形成大的蛋白复合物，其中轻链的可变部分和重链的可变部分结合在一起，共同组成结合蛋白质片段的区域（图 10-10 下）。由于重链的 VDJ 部分和轻链的 VJ 部分是分别形成的，各自的类型都很多，它们组合在一起就形成种类更多的形式。假设重链有一万种结合形式，轻链有一千种结合形式，它们的结合就能形成一千万种形式的受体，能够特异结合任何蛋白分子。

在这个蛋白复合物中，轻链的不变部分通过二硫键（半胱氨酸侧链巯基—SH 之间相连形成的—S—S—键）彼此相连，重链之间也通过二硫键相连，轻链部分向两边分开，形成一个 Y 形结构。

这个 Y 形结构可以通过重链的不变部分插在一类叫作 B 细胞的淋巴细胞上，成为 B 细胞表面识别蛋白的受体，叫作 B 细胞受体（图 10-11 左）。之所以叫 B 细胞，是因为它是在骨髓中形成并且成熟，再被释放到血流中去的，B 就是骨髓英文名称的第一个字母。每一个 B 细胞都只表达一种受体形式，这样就有千千万万种具有表面受体的 B 细胞，可以识别和结合各种外来分子。

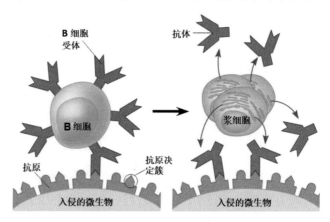

图 10-11　B 细胞受体和抗体

如果有外来蛋白质分子和 B 细胞上的受体结合，B 细胞就会被活化并且增殖，变成浆细胞（图 10-11 右）。浆细胞会合成同样的受体分子，但是这些分子不再变成细胞表面的受体，而是分泌到细胞外，成为能和同一外来分子特异结合的分子，这样的分子就叫作抗体。因此抗体就是被分泌到细胞外的 B 细胞受体，反过来，B 细胞受体也可以看成是细胞表面的抗体。与抗体分子特异结合的外来分子就叫作抗原。

抗体又叫免疫球蛋白（immunoglobulin，Ig），因不变部分的不同而分为不同的种类，如 IgE、IgA、IgG 等。其中 IgG 是血液中主要的抗体；IgA 主要分泌到各种黏膜的黏液中，保护黏膜细胞，如肠道、呼吸道、尿道、生殖道的细胞；而 IgE 只存在于哺乳动物中，对抗原生动物的感染，也和过敏反应有关。

由于 B 细胞受体的极端多样性，这些受体不仅能结合蛋白质，也能结合非蛋白分子，如微生物表面的多糖分子、没有甲基化的 DNA 双链等，产生相应的抗体。这使 B 细胞在识别各种外来分子的过程中发挥更大的作用。

B 细胞被活化后，除了产生抗体外，还有一部分会保留下来，长期存活，成为对那种外来分子的记忆 B 细胞。如果以后再遇到这样的分子，这种记忆 B 细胞就会立即做出反应，而不用从头开始。现在说的疫苗、打预防针，就是利用免疫系统有记忆的特点，先用无害的抗原让免疫系统记住，以后再遇到拥有同样抗原的活微生物时就能迅速有效地进行抵抗。

既然 B 细胞受体有那么多不同的形式，那么其中必然有一些受体会和动物自身细胞上的分子结合，B 细胞又如何区分敌我呢？动物采取的方法是消灭能识别自身的 B 细胞。在骨髓中，如果一种 B 细胞能和自身的分子紧密结合，这种 B 细胞就会被消灭掉，只有不和自身分子结合的 B 细胞才发展成熟，进入血流。

这种 DNA 片段通过旁边的重复序列从而从 DNA 中被切除的机制，很可能来自病毒感染而带来的一种叫作转座子的 DNA 序列。VDJ 组合过程所用的信号序列 RSS 和一种叫 transib 的病毒转座子的重复序列非常相似，组合所用的酶也有相似之处，甚至它们切开 DNA 时所使用的氨基酸（第 605 位和第 711 位的天冬氨酸和第 960 位的谷氨酸）都相同，说明动物免疫受体重组的机制，很可能来自病毒感染而带来的 transib 转座子。因此，脊椎动物能拥有适应性免疫系统，也许还要感谢病毒的一次感染。

抗体的功能

抗体只能与外来物质紧密结合，并不能直接消灭入侵的敌人，但是可以通过多条途径对抗和消灭入侵的微生物。

活化补体系统

补体中的一个成分 C1q，含有 6 个能结合抗体不变部分的结合点（图 10-12，也见图 10-9）。当有两个或两个以上的结合点与抗体分子结合时，C1q 就被激活。没有结合微生物的抗体的不变部分是彼此分开的，所以不能激活补体系统。而抗体分子与微生物结合时，由于微生物表面的抗原不止一处，会有多个抗体分子与微生物结合，C1q 就能同时结合两个以上的抗体分子而被活化。C1q 活化后形状改变，依次激活 C1r 和 C1s，再激活 C4 和 C3，激活补体系统。

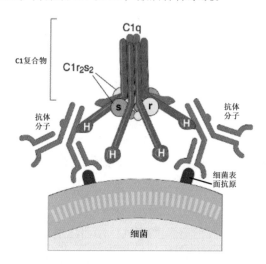

图10-12　与微生物结合的抗体活化补体系统的机制

防止病毒进入细胞

病毒是在细胞内部繁殖的，所以要繁殖首先要进入细胞，而这又需要病毒与细胞上面的蛋白结合（参见第九章第三节）。抗体分子结合在病毒颗粒上，就可以防止病毒和细胞表面的分子结合，使病毒无法进入细胞。

给微生物打上"消灭"的标签

抗体结合在微生物上，也给它们打上"消灭"的标签。吞噬细胞表面有结合抗体不变部分的受体，能通过微生物表面覆盖的抗体知道这是应该被摧毁的外来物而加以吞噬。

除吞噬细胞外，动物还有自然杀伤细胞（natural killer cell，NK 细胞），可以识别被抗体覆盖的细菌而将这些细菌杀死。不过 NK 细胞不是通过吞噬来杀死细菌，而是分泌各种蛋白质使细菌死亡，如前面谈到过的穿孔素和防御素。

报告敌情的 MHC 分子

动物除了以上的防卫机制，还有报告微生物入侵的机制，以便用更多的方式来对付它们。这种报告敌情的分子叫作主要组织相容性复合体（major histocompatibility complex，MHC）。MHC 有两大类：第一类报告细胞内有病毒入侵，叫 MHC I；第二类报告身体内有细菌入侵，叫 MHC II。

MHC 报告敌情的方式，是结合病毒和细菌蛋白质的片段，将它们呈现在细胞表面上，让有关的细胞来识别它们，然后采取措施。这些蛋白质小片段是在动物细胞的内部生成的。如上面谈到过的，由于蛋白质是由 20 种氨基酸组成的，短短的肽链也能提供非常高的分辨率，能据此来区分不同的微生物或者病毒。

报告病毒入侵的 MHC I

人体里面几乎所有的细胞（除红细胞外）都有 MHC I（图 10-13 左）。这些细胞把细胞里面的各种蛋白质，包括入侵病毒的蛋白进行取样，即把它们切成 9 个氨基酸左右长短的小片段，让它们结合于 MHC I 上，再和 MHC I 一起被转运到细胞表面。如果呈现的是细胞自己的蛋白质片断，免疫系统就会置之不理。但是如果细胞被病毒入侵，产生的病毒蛋白质就会这样被 MHC I "告密"，免疫系统就知道这些细胞被病毒感染了。所以病毒不管感染什么细胞，都会被 "举报"。

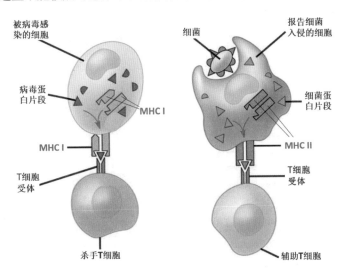

图10-13　报告敌情的 MHC I 和 MHC II

直接接收 MHC I 提供的信息并且做出反应的是一种 T 细胞，叫细胞毒性 T 细胞或者杀手 T 细胞。之所以叫 T 细胞，是因为它们在骨髓中生成后，是在胸腺

中成熟的，T 就是胸腺英文名称的第一个字母。它们在认识到细胞表面由 MHC
Ⅰ"举报"的病毒蛋白小片段后，能够把这些被病毒感染的细胞杀死。

杀手 T 细胞在发现被病毒感染的细胞后，会释放颗粒酶和穿孔素。颗粒酶通
过穿孔素的作用进入被病毒感染的细胞，在那里启动细胞的自杀程序，让细胞自
行了断，这个过程叫细胞的程序性死亡（参见第五章第八节）。吞噬细胞再来收
拾残局，把死亡细胞的碎片吞食掉。

报告细菌入侵的 MHC Ⅱ

细菌侵入身体后，会被吞噬细胞上的 Toll 样受体 TLR 探测到并且吞噬（参
见本节前面部分），它们的蛋白质也被切成小片段。不过这些小片段不是结合于
MHC Ⅰ上，而是结合于 MHC Ⅱ上，和 MHC Ⅱ一起被转运到细胞表面，向免疫
系统报告（图 10-13 右）。

除了巨噬细胞外，哺乳动物还有树突细胞。它们通常位于细菌最容易进入的
前线，如皮肤、鼻腔、肺、胃肠的黏膜。它们也用 Toll 样受体 TLR 探测到细菌
并将其吞噬，也把细菌蛋白质的小片段结合于 MHC Ⅱ上，再呈现在细胞表面。

B 细胞通过表面受体探测外来蛋白分子的存在后，还能通过内吞作用把结合
到受体上的外来蛋白吞入细胞内，对其进行加工，形成的蛋白质小片段也结合于
MHC Ⅱ上，呈现在细胞表面。吞噬细胞、树突细胞和 B 细胞都使用 MHC Ⅱ来报
告敌情，MHC Ⅱ分子也只在这些细胞中表达。

接收 MHC Ⅱ提供的信息的任务，是由另一类 T 细胞辅助 T 细胞来执行的。
辅助 T 细胞自身并不能消灭细菌或者病毒，而是促进其他免疫细胞的功能，所以
叫作辅助 T 细胞。辅助 T 细胞可以激活杀手 T 细胞直接杀死细菌，也可以激活 B
细胞分泌抗体来对付这些细菌，还可以分泌干扰素，促进吞噬细胞的吞噬作用，
并且产生活性氧分子来杀死被吞进的细菌。

MHC Ⅰ和 MHC Ⅱ都有许多变种，以结合各种蛋白质片段，但是每个人只能
具有其中的两种（从父亲得到一种，从母亲得到一种）。由于变种的数量是如此
之大，每个人得到这些变种的过程又是随机的，因此地球上没有两个人的 MHC
组合情况是一样的，除非是同卵双胞胎。

这种情形的一个后果就是器官排斥。当一个人的器官被移植到另一个人的身
体里面去时，器官上 MHC 分子的类型由于与接收方不同，就会被接收方当作外
来物质而加以攻击。由于 MHC 是引起器官排斥的主要分子，因此被称为主要组
织相容性抗原。器官移植前要配型，就是要寻找 MHC 类型尽量相同的器官，以
减少排斥的程度。

第八节　动物的解毒系统

动物是一个开放系统，通过进食获得自己所需要的有机物，而吃下的东西中常常会含有一些对身体有害的物质，即毒物。这些分子一般比较小，不能引起免疫系统的反应，动物也必须有对付这些有毒分子的方法，这就是排毒和解毒。排毒是直接将有毒分子排出体外，解毒是将有毒分子加以修改，减少它们的毒性，或者增加它们的水溶性，使它们易于排出。

生物直接排毒的方法

生物直接排毒的机制在原核生物中就发展出来了。微生物之间不光有合作，也有战争，分泌对其他微生物有害的分子来杀灭对方。细菌对付这些有害分子的一个方法，就是直接将进入自己细胞的有害物质排出去。这是由一类位于细胞膜上的蛋白质来完成的，由于这类蛋白能将各种结构不同的有害物质排出去，所以叫作多药耐药（multiple drug resistance，MDR）蛋白。

MDR对生物的生存有利，因此也被动物继承下来。例如，人小肠的肠壁细胞就表达MDR，将许多化合物包括许多药物排回肠道中。这既可以减少有毒分子进入身体，又会减少一些药物的吸收。癌细胞也表达MDR，将许多化疗药物泵出细胞外，降低这些药物的效能。

MDR这层防御不是完全有效的，还是有许多化合物能逃过MDR的驱赶作用，留在动物体内。这时动物就要使用另一种方法来对付这些分子了，这就是对这些分子进行解毒。

肝脏的解毒系统

解毒系统在动物的许多细胞中都存在，但主要存在于肝脏内，因为食物成分经消化道吸收后先沿着门静脉到肝脏，所以这里可以看成人体的海关，一切外来物质都首先到达这里被检查，有害的物质被销毁，而不是原封不动地到达身体的其他组织。肝脏对这些化合物解毒的主要原理有两条：一是使它们变得更溶于水，因而能更容易地被排出去；二是对它们进行修改，降低它们的毒性。

第一线的解毒酶——给外来分子加上氧原子的细胞色素P450
这类酶可以在外来分子上加上氧原子，增加它们的水溶性。

在第一章第五节中，我们已经介绍过分子的亲水性和憎水性。氧原子由于有很强的吸电子的能力，常常把分子中与相邻原子共用的电子吸引到自己一边，使自己带部分负电，相邻原子带部分正电，这些电荷就会与水分子上的电荷相互作用，使这些分子比较容易溶于水。许多毒物在水中的溶解度比较低，要增加这些化合物的水溶性，使它们易于排出，一种方法就是在这些分子上加上氧原子。

但是许多碳氢化合物在化学上是惰性的，要在上面加氧原子，仅靠蛋白质自己是不够的，还需要能与氧原子相互作用的辅基。血红素辅基的中心有一个铁原子，就可以结合氧原子，被血液中的血红蛋白用来输送氧气；而在肝脏中，含有血红素辅基的蛋白质就可以催化在有毒分子上加氧的反应。如果让它们结合一氧化碳，就会在 450 纳米的波段上显示出一个吸收峰，所以这些蛋白质也被称为细胞色素 P450（cytochrome P450，CYP）。

由于毒物分子各式各样，单靠一种 CYP 来给它们加氧是不够的，于是动物发展出了多种 CYP。例如，人的肝脏中就有 57 种 CYP，分为 17 个家族、30 个亚族。在给不同的 CYP 命名时，家族用数字表示，亚族用字母表示，亚族中具体的蛋白质又用数字表示。例如，CYP2C9 就表示是第二家族 C 亚族中的第 9 个蛋白质。CYP3A4 是肝脏中最主要的 CYP，许多药物都是被它修改而被排出的。

CYP 给外来分子加氧有两种方式：一种是在碳原子和氢原子之间加上一个氧原子，形成羟基，增加其水溶性。另一种是在碳 – 碳双键（C=C）上加上一个氧原子，形成一个由碳 – 碳 – 氧组成的环状化合物，叫环氧化合物（图 10-14）。

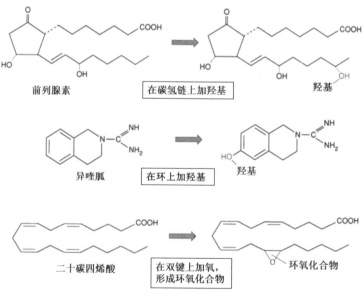

图10-14　细胞色素 P450 给分子上加氧

由于 CYP 是最先对外来分子进行修改的，所以被称为第一线的解毒酶。第一线解毒酶形成的环氧化合物仍然有毒，需要有处理它们的酶，这就是第二线的解毒酶。

第二线的解毒酶

肝脏解毒的第一步所生成的环氧化合物是不稳定的，它会和生物大分子反应，连接到这些生物大分子上，改变它们的性质，使它们失去活性，因此环氧化合物是有毒的。为了消除这些环氧化合物的毒性，肝脏里有两种酶来对环氧化合物做进一步的修改，叫作第二线的解毒酶（图 10-15 左）：一种叫作环氧化物水解酶，它在环氧结构上加一个水分子，把它变成两个相邻的羟基，消除其毒性。另一种是谷胱甘肽转移酶，它把一个分子的谷胱甘肽直接转移到环氧结构上。由于谷胱甘肽是高度溶于水的分子，这样不仅消除了有害的环氧结构，也大大增加了外来化合物的水溶性，使之更容易被排出体外。

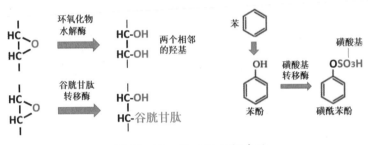

图10-15　第二线的解毒酶

磺酸基转移酶能够在羟基上再连上磺酸基（—SO_2OH，其中的 3 个氧原子都直接和硫原子相连），大大增强化合物的水溶性。例如，苯（一种由 6 个碳原子连成环状，每个碳原子上再连一个氢原子的化合物）进入人体后被代谢的一个产物就是苯酚（苯环上面连一个羟基）。这虽然增加了水溶性，但是还不够，而且苯酚自身也是有毒的化合物。而在连上磺酸基后，不但苯酚的毒性大大降低，水溶性也增高许多，就容易被排出了（图 10-15 右）。

葡萄糖醛酸转移酶是另一种这样的酶，它能在苯酚的羟基上连上高度水溶性的葡萄糖醛酸，降低苯酚的毒性，并且进一步提高苯酚的水溶性，使其更容易被排出体外。

修改有毒分子，降低其毒性的酶

肝脏中还有其他酶能修改有毒化合物，使其毒性降低。例如，许多含有氨基的化合物是有毒的，包括前面谈到的生物碱（参见本章第六节）。肝脏能在这些氨基上戴个帽子,即通过乙酰基转移酶将乙酰基团连到氨基上,将它们掩盖住,这些氨基的毒性就大大降低了。

解毒系统不是万能的

动物的这套解毒系统并不能对所有的有毒分子都进行解毒。氰化钾、砒霜、一氧化碳、蛇毒、蘑菇毒等有毒物质,人的解毒系统就无法应对,所以不是"凡毒皆可解"。

而且人肝脏中的解毒系统是根据过去几百万年中毒物的状况发展出来的,对于今天出现的各种人造化合物并不认识,也不知道哪些化合物有毒,哪些没有毒。面对成千上万种新的药物和化学制品,我们的解毒系统仍然按照过去形成的方式来反应,与其说是解毒,不如说是处理。因此,有些反应实际上活化了某些化合物,使其变得更加危险。

一个明显的例子是煤焦油和香烟烟雾中的一种致癌物叫苯并芘(benzo pyrene)的(图10-16)。这是一个完全由碳和氢组成的五环化合物。它在化学上是惰性的,本身并不致癌。肝脏对它第一次解毒后,生成一个环氧化合物。这个环氧结构也被环氧化物水解酶顺利水解成邻二酚。但是解毒系统觉得不够,又再给它加一个氧原子,形成另一个环氧结构。可是这一次,这个新形成的环氧结构就不再能被环氧化物水解酶水解了,它就以这种环氧结构和其他生物大分子相互作用,成为致癌物。

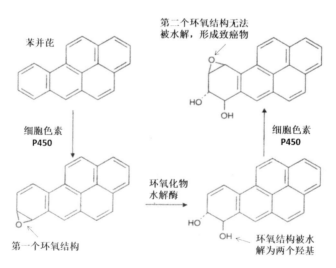

图10-16 解毒过程可能产生致癌物

另一个例子是黄曲霉素，这是霉变的花生和玉米所产生的一种强烈致癌物。研究表明，黄曲霉素本身并不致癌，是经细胞色素 CYP3A4 的修饰后才变成致癌物的。CYP3A4 是肝细胞中最主要的细胞色素，所以一旦黄曲霉素进入人体，就不可避免地会被转化为致癌物，避免黄曲霉素致癌的唯一办法是不要吃可能带有黄曲霉素的食物。

第九节　生物防卫系统的适应性增强

生物的防卫系统不是固定不变的，而是在接收到伤害信号时，会主动增强有关的防卫系统。只要伤害性刺激不超过生物能够承受的程度，这些刺激反而会使生物的抵抗力更强，身体更健康。

例如，活性氧对身体是有害的（参见第十一章第二节），然而人在进行体育锻炼时，由于需要大量的能量，要消耗更多的氧气，呼吸加快，让线粒体生产更多的 ATP，在这个过程中也会产生更多的活性氧，但是经常进行体育锻炼的人比很少活动的人更加健康。这是因为身体在接收到活性氧增加的信号后，会主动增加抗活性氧的酶的生产，不仅能消除体育锻炼增加的活性氧的破坏作用，这种上调的状况还会持续一段时间，使身体对付活性氧的能力更强，更有利于健康。

高能射线会破坏生物的 DNA，同时在生物体内产生活性氧，对生物是有害的，原子弹爆炸所引起的辐射病就说明了这一点。但是如果先给生物以一段时间的低剂量照射，再检查细胞被高剂量照射引起的损伤，就会发现损伤的程度比对照组低，说明生物已经上调了对付射线照射的防卫系统。相反，如果把各种细胞（包括细菌、酵母、草履虫、人类细胞和仓鼠细胞）放在地下深处，并且用铅板隔绝外界辐射，细胞反而变得不健康，生长缓慢，对各种毒物的抵抗力下降，说明生物的防卫系统是需要锻炼的，缺乏伤害性刺激会使这些系统的效能下降。

除了低剂量的活性氧和高能射线，低程度或低剂量的饥饿、高温、缺氧、缺血、机械伤害、化学毒物（如戴奥辛、多环芳香碳氢化合物、乙醇、乙醛）、抗生素（如红霉素、链霉素）、抗病毒药（如胶霉毒素、香豆素、阿得福韦、抗锥虫和丝虫药物苏拉民等）也有促进健康的效果，说明防卫系统在伤害性刺激面前的适应性增强是一个非常普遍的现象。

就连植物也需要锻炼。在美国亚利桑那州的生物圈（一个与外界隔绝的自我维持的生态系统）中，树木生长良好，但是长到一定程度树枝就会因为自身的质量而断裂。一开始人们对这种现象感到困惑：这些树什么也不缺啊，而且有些条件比野外还好。后来才发现，树枝断裂是因为生物圈中没有风，树枝在生长过程中没有受到风所带来的机械力的刺激，因而强度不足。是风力造成的枝干变形（也是一种伤害性刺激）给了树木信号，使树枝以后能抵御更强的风。风也相当于是植物被动的体育锻炼。

第十一章　生物的寿命

经过几十亿年的演化，地球上的生物在复杂性和生理功能上都取得了令人惊异的成就，但是没有一种生物发展出了永葆青春的方法。所有的生物，无论是原核生物还是真核生物中的动物、植物和真菌，都会衰老和死亡，即没有永生的生物体。这似乎有些难以理解：生物能发展出高度精巧的结构和强大的功能，却不能发展出能保持这些结构、让它们永远工作的机制，就像有能力建造一栋豪华的住宅，却没有能力维护它。

从出生到死亡的时间就是生物的寿命。虽然所有的生物都由细胞组成，都由磷脂组成细胞膜，都用 DNA 作为遗传物质，都用蛋白质作为生命活动的主要执行者，而且使生命运行的最基本的化学反应也相同，但是不同生物之间的寿命却差异极大。

例如，动物中的蜉蝣幼虫生活大约两个星期，成虫只生活不到一天，真可谓"朝生暮死"（图 11-1 左下），而一只北极蛤的寿命却至少有 507 岁（图 11-1 左上），彼此相差一万倍以上。即使同为哺乳动物，小鼠的寿命是 2~3 年；狗的寿命是 10~13 年；大象的寿命是 60~70 年，差别也有几十倍。动物如此，藻类和植物也一样，绿藻中的团藻只能活 4 天，就被自己身体里面孕育出来的新团藻取代；沙漠中的短命菊在下雨后的几周内，就完成从萌发、开花到结籽的全过程（图 11-1 右下）；而美国西部的芒松，则已经活了 4851 岁（图 11-1 右上），在其出生之日，中国第一个有记录的朝代——夏朝（约前 2070 年—前 1600 年）还没有出现。

为什么生物都会衰老和死亡，而且寿命的差别能够如此之大？引起生物衰老的机制是什么？生物又用什么办法来对抗衰老？科学家们对这些问题进行了大量的研究，得出了许多成果。

北极蛤　被捕获时 507 岁　　　　　　芒松　2021 年 4852 岁

蜉蝣　幼虫寿命两个星期，成虫一天　　　短命菊　寿命不到一个月

图11-1　地球上寿命最长和最短的动物和植物

第一节　生物衰老的过程

　　人的一生中，如果不是因各种原因早夭，身体都会经历衰老的过程：组织结构逐渐老化，生理功能逐渐衰退，皮肤变薄、皱纹增加、肌肉萎缩、骨质疏松、牙齿脱落、头发稀疏、听力减退、视物不清、记忆力减退、抵抗力下降、患癌症和心血管疾病的概率增加等。衰老是我们死亡最根本的原因，人的死亡率随年龄增加就说明了这一点。哺乳动物也有类似的生老病死的过程，狗和猫就是我们熟悉的例子。

　　植物也会衰老。一年生的植物如水稻、玉米、高粱，结实以后就叶片变黄枯萎，然后死亡。多年生的植物如桃树和苹果树，也会衰老，表现在生长变慢，果实数量减少，抵抗微生物侵袭的能力下降，最后死亡。

　　真菌也有衰老现象。例如，酿酒酵母通过出芽进行繁殖，母细胞在出芽 25 次左右后，就失去繁殖能力，显示出衰老迹象，细胞变大，细胞膜上疤痕增加，细胞核外的环状 DNA 积累，最后死亡。

就连细菌都会衰老。大肠杆菌是杆状的，所以有两极（相当于杆的两端）。细胞分裂时，在分裂处会形成新的极，这样每个细胞都有一个上一代细胞的极（老极）和新形成的极（新极）。细胞再分裂时，就会有一个子细胞继承老极，另一个子细胞继承新极。总是继承上一代新极的子细胞一直保持活力，而总是继承上一代老极的细胞就像酵母菌的母体细胞那样，生长变慢，分裂周期加长，死亡率增加。

这些事实说明，衰老是生物界中一个相当普遍的现象。

生物的衰老可以分为快速衰老和慢性衰老。由于生物之间寿命差别极大，快速和慢性都不能用时间的绝对长度来定义，而是要看衰老过程的时间（一般是从生殖完成到死亡的时间）和该生物总的寿命比较的相对值。例如，线虫在生殖过程完成后还能活大约两星期，是很短的，但是线虫的寿命总共也只有大约 17 天，所以线虫有一个相对漫长的衰老期，占寿命的 80% 以上；人的寿命大约是 80 岁，而衰老期大约是 50 年，比线虫两星期的衰老期长得多，也属于慢性衰老，但是衰老期占总寿命的比值还不如线虫，在 63% 左右。

蝉从卵孵化、幼虫入土、出土、上树、蜕变、交配、产卵、死亡，总寿命可以长达 17 年，但是从出土、交配、产卵到死亡，大约只有 6 星期，虽然比线虫 2 星期的衰老期长得多，但只占总寿命的 1%，所以属于快速衰老。许多一生只繁殖一次的生物也用快速衰老的方式在生殖完成后很快结束自己的生命，如昆虫中的家蚕、蜉蝣，软体动物中的章鱼，鱼类中的太平洋鲑鱼，哺乳动物中的澳大利亚袋鼬等。

鲑鱼的寿命 3~4 年，但是洄游到繁殖地产卵后就会在几星期内死亡。整个衰老过程就像一部快速放映的电影：皮肤变薄、肌肉萎缩、骨质疏松、肿瘤发生，所有这些和人类衰老非常相似的过程在几星期内就完成了。雄章鱼和澳大利亚雄袋鼬在交配后很快死亡，也属于快速衰老。

黄豆在结荚并且荚中的黄豆逐渐长大之时，叶片就逐渐变黄枯萎，它们中的营养也被转移到正在长大的黄豆中。如果除去豆荚，或者只除去豆荚中正在长大的黄豆，叶片就继续保持绿色并且存活，说明黄豆叶片的衰老是由种子加速的，也是快速衰老。

由于衰老和衰老引起的疾病严重影响人生命后期的生活质量，带来高昂的社会成本，也与人类长生不老的意愿相冲突，科学家们对生物衰老的机制进行了大量的研究，也提出了生物衰老机制的各种假说，回答生物怎样衰老的问题。

第二节　生物衰老的机制

关于生物衰老机制的学说不下数十种，主要有以下几种。

DNA 损伤的积累

DNA 的序列为蛋白质中的氨基酸序列编码，并且决定各种蛋白质在什么时候表达，在什么地方表达，以及表达多少。DNA 序列的改变可以导致蛋白质中氨基酸序列的改变，使蛋白质的功能降低甚至丧失功能。调控序列的改变使生物不再能在正确的时间、正确的地方表达所需要的蛋白质，也会使生物的正常生理功能逐渐衰减。

DNA 的序列可以通过几个方式发生改变。一是细胞分裂时 DNA 在复制过程中的错误；二是高能射线如紫外线能打断 DNA 链，改变碱基结构和引起碱基之间交联（图 11-2）；三是活性氧也能造成 DNA 链的断裂、碱基和核糖的氧化；四是化学物质的攻击。没有被修复的损伤就会变成 DNA 序列的永久改变。

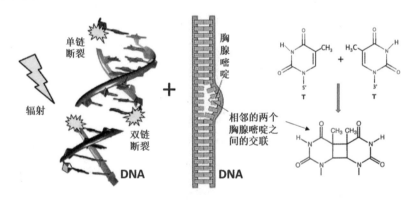

图11-2　射线引起的 DNA 链断裂和碱基之间的交联

由于这几个改变 DNA 序列的因素是一直存在的，DNA 的损伤也会逐渐积累，使生物的生理功能逐渐退化，各种疾病的发病率增加。

蛋白质损伤的积累

蛋白质分子是生理功能的主要执行者，包括基因调控，因此蛋白质分子受损会直接影响生物的生理功能。

蛋白质分子需要正确的三维结构才能执行正常功能，但是这种三维结构很容易受到外界因素（如温度升高和结合错误的分子）的影响而改变，进而影响功能。折叠错误的蛋白质还常常会暴露出原先在分子内部的憎水节段，使它们彼此交缠，在细胞中积累，影响细胞的正常活动。

活性氧会氧化蛋白质分子中一些氨基酸的侧链，形成带有羰基的产物，叫作蛋白质的羰基化（图11-3左）。羰基化不仅使蛋白质的功能受损，而且羰基是很活泼的基团，还会和其他分子反应，造成更多的损害。

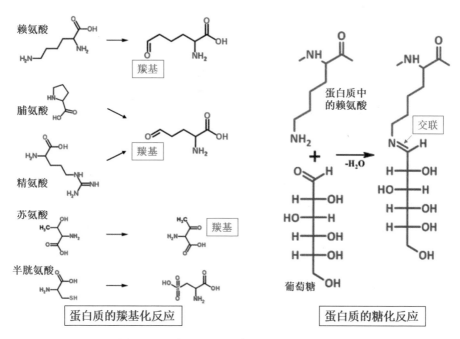

图11-3 蛋白质的羰基化反应和糖化反应

活性氧的破坏作用

在生物正常的生理活动中，会产生一类有害物质，叫作自由基。自由基是带有未配对电子的原子、原子团和分子，如超氧化物（O_2^-）和氢氧游离基（OH·，其中的圆点代表未配对电子）等。这些未配对电子本来是可以和其他原子形成共价键的，但是却闲置未用，就像一只可以抓住别的原子的手，所以一般具有高度的化学反应性，能与遇到的几乎所有分子发生反应。

对生物有害的不仅是自由基，还有非自由基的过氧化物，如过氧化氢（H_2O_2）。所有这些化合物都含有氧，化学性质活泼，和自由基一起统称为活性氧，是生物体内起破坏作用的物质。活性氧能迅速与许多分子发生化学反应，破坏这些分子。除了破坏 DNA 和蛋白质分子，还破坏脂肪酸分子，使细胞膜的结构和功能受到损害。

　　活性氧可以由外部的原因（如紫外线和 X 射线与生物体中的分子相互作用）产生，也是生物正常新陈代谢的副产品（图 11-4）。新陈代谢之所以会产生自由基，是因为所有的生物都要通过氧化还原反应来获得能量，其中涉及一个叫醌的分子（参见第二章第七节）。在醌被还原为氢醌的过程中，要经过一个半醌（QH·）的阶段，而半醌本身就是自由基，可以和氧分子反应，形成超氧化物。超氧化物可以变为过氧化氢，过氧化氢又可以变为氢氧自由基 OH·。

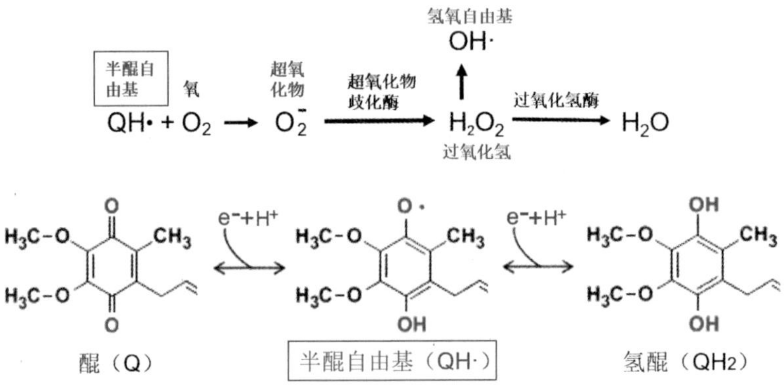

图11-4　半醌是产生活性氧的重要来源

　　由于生物终生都需要以这种方式获得能量，活性氧也一直在体内产生并且发挥破坏作用，其后果也会逐渐积累，导致生物的衰老。

生物衰老的端粒学说

　　从原核细胞变为真核生物，原核生物的环状 DNA 也变为真核生物的线状 DNA。这样一来，DNA 分子就有末端，在这里两根 DNA 单链就容易松开，就像没有鞋带扣的鞋带会从两端松开一样。暴露的末端也会被细胞认为是 DNA 的双链断裂，试图去重新连接，这样就会把不同的染色体随机连接在一起，造成大混乱。为了避免这种情况，染色体两端的 DNA 形成端粒，由一些重复序列和包裹它们的蛋白质组成，以保持 DNA 的稳定性（参见第三章第三节和图 3-4）。

　　麻烦的是，这样的结构在 DNA 分子复制时必须被打开，而且在 DNA 复制过程中，其中一条链无法被全部复制，而是会丢掉一段。细胞分裂次数越多，DNA

的末端就丢掉得越多。到了 DNA 的重复序列损失到一定程度时，端粒就无法稳定存在了，细胞也就无法正常地分裂繁殖，下一步就是死亡。端粒就好像是细胞里面的衰老钟，每次细胞分裂都会往前走一段，直至时间用完。

生物分子之间的交联

各种分子中所含的基团之间也会发生化学反应，将分子连接在一起，叫作分子之间的交联。这些反应不是生物体内正常的化学反应，也不由酶来催化，而且常常是不可逆的。

例如，葡萄糖上的羰基能够自发地（即不需要酶催化）与其他分子上的氨基发生反应而结合。这个氨基可以是蛋白质中赖氨酸、精氨酸侧链上的氨基，也可以是 DNA 中碱基上的氨基，还可以是磷脂中磷脂酰乙醇胺上的氨基。这些反应一开始是可逆的，但是反应后附近的化学键常常会重新安排，反应就不可逆了，使糖分子永远连接到这些分子上（图 11-3 右）。

通过酶催化加到蛋白质上的糖基有固定的地点，后果也是正面的（参见第三章第八节）；而通过非酶方式加到蛋白质分子上的糖基的位置是随机的，后果也是有害的，会影响蛋白质的正常折叠状态，导致功能丧失，例如，使眼睛中晶状体的浑浊，导致白内障；使胶原蛋白失去弹性，使皮肤产生皱纹；与酶和转录因子的交联更会大幅影响细胞的正常工作。这样连上糖分子的蛋白质分子还可以抵抗蛋白酶的水解，成为细胞中不断积累的废物，影响细胞的功能。

DNA 的碱基上连上糖分子会干扰转录过程，还会使 DNA 发生突变。与组蛋白的交联会影响染色质的结构，导致基因表达不正常。与磷脂的交联则会破坏细胞膜的结构。

由于这些反应在身体里面是一直在进行的，随着年龄增加，被交联的各种分子也会越来越多，被认为是衰老的另一个原因。

第三节　生物对抗衰老的手段

由于有这么多种因素能使生物衰老，如果生物没有对抗这些因素的机制，早就已经灭亡了。这些对抗机制是在生物长期的演化过程中发展出来的，能有效地延缓生物的衰老。

DNA 的修复机制

由于地球上的生物一诞生就在太阳光紫外线的照射之下，维护 DNA 分子的完整性是首先要解决的问题。从原核生物开始，生物就发展出了非常完善的修复 DNA 损伤的机制，可以将断裂的 DNA 链重新接上。一条 DNA 链受损，也可以用另一条链作为模板加以修复。

原核生物的光裂合酶能将因紫外线照射而连在一起的两个胸腺嘧啶分开，恢复原来的状态（图 11-5 右）。这个酶在真核生物中的真菌、植物和多数动物中都继续使用，但是动物中的哺乳动物不再使用光裂合酶，而是剔除碱基发生交联的 DNA 片段，用新合成的 DNA 链代替。

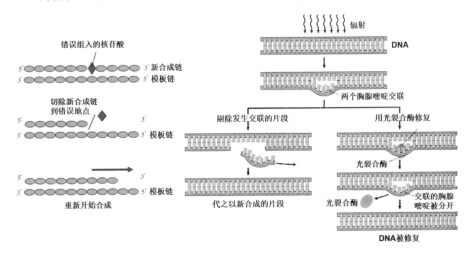

图11-5 DNA 错误的修复

DNA 复制不是 100% 准确的，在合成新 DNA 链时会偶然加入错误的核苷酸，在这个地方碱基就不再配对。生物能发现这些不配对的地方，将 DNA 链切回到发生错误的地点，组入正确的核苷酸，重新开始合成新的 DNA 链（图 11-5 左）。

这些修复机制可以修复绝大多数 DNA 损伤。据估计，我们身体里面的每个细胞每天都会产生数千个 DNA 损伤，但是人到 30 岁时，每个细胞 DNA 积累起来的损伤一般只有几百个，即只有 1/100 000 的损伤被积累，修复率为 99.999%。

防止和处理蛋白质损伤的机制

为了防止蛋白质分子错误折叠，生物有一类蛋白质可以结合在新合成的肽链上，防止它们折叠成错误的三维结构。温度高时，蛋白质分子的三维结构容易受到破坏，即所谓变性（如鸡蛋被煮后蛋清凝固），这时生物就增加这些蛋白质的生产量，减少蛋白变性，所以这类蛋白质叫作热休克蛋白（heat shock protein，HSP），如 HSP90、HSP70、HSP90 等，其中的数字表示蛋白质的相对分子质量，以千计，如 HSP70 就是指相对分子质量为 70 000 的热休克蛋白。

在蛋白开始变性时，一些小的热休克蛋白（如 HSP40）能结合在这些蛋白上，防止它们继续变性。HSP70 能使用 ATP 提供的能量，使这些蛋白质重新折叠成正确的形状。如果不能纠正，热休克蛋白就会在这些蛋白质上打上"销毁"的标签，即连上一种叫"泛素"的蛋白质，让其在细胞里面被蛋白体降解（图 11-6）。

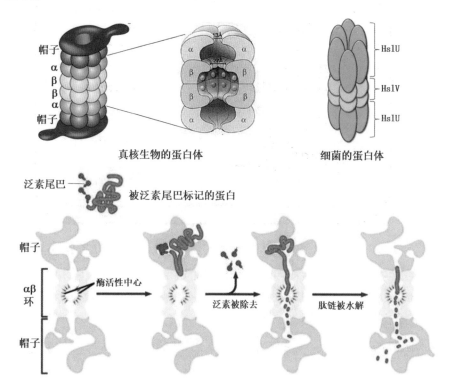

图11-6　蛋白体降解错误结构的蛋白质或者不再需要的蛋白质

生物对抗活性氧的机制

生物有一整套系统来对抗活性氧的破坏作用。超氧化物歧化酶（superoxide dismutase，SOD）能够将超氧化物转变为过氧化氢和氧（图 11-4 上），这是生物对抗活性氧的第一道防线。

原核生物的细胞就含有多种SOD，包括含铜和锌的SOD（Cu-Zn—SOD）、含铁的SOD（Fe—SOD）、含镍的SOD（Ni—SOD），以及含锰的SOD（Mn—SOD），说明从原核生物开始，生物就有对付超氧化物的酶。

在真核生物中，线粒体是产生活性氧的主要地方，而且氧可以从线粒体内膜的两边与半醌反应，生成超氧化物，生成的超氧化物还可以进入细胞质。为此细胞准备了多种SOD（图11-7）。例如，在人的细胞中，铜锌SOD位于线粒体的内膜和外膜之间，以及细胞质中；锰SOD则位于线粒体内膜的内侧。细胞外还有另一种铜锌SOD，以对付细胞外产生的超氧化物。

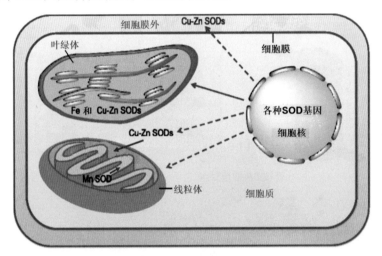

图11-7　各种超氧化物歧化酶SOD及其分布

在植物细胞中，铜锌SOD存在于细胞质和叶绿体中，线粒体中有锰SOD，叶绿体中还有铁SOD。真菌细胞外有只含铜的SOD，细胞质和线粒体中都有铜锌SOD。因此所有的细胞生物都对超氧化物层层设防。

SOD消灭超氧化物后形成的过氧化氢仍然对生物有害，为此生物不仅有超氧化物歧化酶，还有过氧化氢酶，可以将过氧化氢变为无害的氧和水（参见图11-4上）。在一般情况下，哪里有超氧化物歧化酶，哪里就有过氧化氢酶，以便就近处理SOD产生的过氧化氢。

除过氧化氢酶外，细胞还有其他酶可以消灭过氧化氢，如谷胱甘肽过氧化物酶（glutathione peroxidase，Gpx）、硫氧还原蛋白过氧化物酶（thioredoxin peroxidase，Tpx）等。

除了以上对付活性氧的酶，生物还有一些非酶的抗氧化剂，如维生素C、维生素 E、β-胡萝卜素等，它们能直接与活性氧反应，将其消灭，只是速度比酶催化要慢。

保护端粒的端粒酶

由于端粒的长度对真核细胞生命的维持非常重要，生物也发展出了恢复端粒长度的酶，这就是端粒酶（图11-8）。端粒酶是一种反转录酶，可以用 RNA 为模板合成 DNA。不仅如此，它自己就带有一个模板 RNA 分子，含有端粒重复序列的互补序列。在结合到端粒 DNA 的末端时，端粒酶就可以合成新的 DNA，相当于把端粒的 DNA 链延长。由于端粒 DNA 的序列是重复的，端粒酶又可以移位，结合到新的 DNA 末端上，再次把 DNA 延长。延长的 DNA 链又可以作为模板，合成另一条链。这样重复很多次，在 DNA 复制时损失的端粒 DNA 序列就可以被补回来。

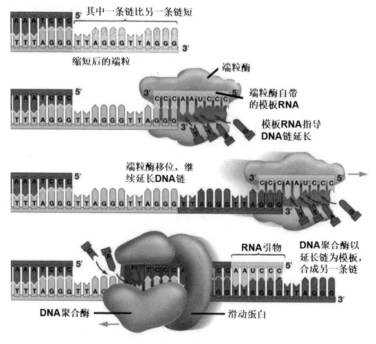

图11-8 端粒酶能够恢复端粒的长度

所有的单细胞真核生物都有端粒酶的活性，所以它们能无限制地分裂繁殖。在多细胞生物出现以后，端粒酶就主要在生殖细胞中表达，让生殖细胞能永远分裂繁殖下去。成体干细胞也具有端粒酶活性，让它们源源不断地分裂分化，替补那些受损或者已经死亡的细胞。癌细胞也有端粒酶的活性，所以能无限繁殖。

但是对于许多体细胞，这种待遇就被取消了。动物的体细胞基本上没有端粒酶活性，使这些体细胞不能无限期地活下去。例如，人的成纤维细胞在体外培养时只能分裂50次左右，就会失去分裂能力，进入衰老状态。

细胞更新自己的自噬系统

虽然生物有修复受损分子的能力，但是也有一些受损分子能抵抗清除它们的过程，逐渐在细胞中积累。例如，有些受损蛋白不能被细胞降解而形成聚合物，老化的细胞器如线粒体、受损的细胞膜等也需要有办法处理它们。

为了清除这些废物，细胞还发展出来另一种机制，就是自噬，也就是自己吃自己（图11-9）。细胞质中出现由两层膜包裹的结构，开始时的形状像一个放了气又被从一面压凹进去的皮球。这个形状的结构就像一张嘴，可以把细胞质的一部分连同里面的细胞器都吞进去，然后膜融合，将这些吞进的物质完全包裹，叫作自噬体。

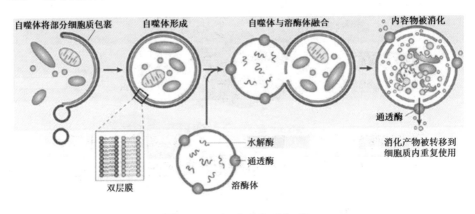

图11-9　细胞的自噬机制

自噬体形成后，和溶酶体（参见第三章第七节）融合，就可以通过溶酶体中的各种消化酶消化自噬体里面所有的成分。消化的产物如氨基酸、脂肪酸、核苷酸等，又通过"通透酶"被转移出溶酶体外，供细胞重复使用。因此自噬作用是细胞清理各种垃圾、保持细胞青春的重要手段。

让受损的细胞自杀

如果所有这些对抗衰老的作用都失败，生物还有最后一种手段，这就是让受损的细胞自杀，这就是细胞的程序性死亡（参见第五章第八节和图 5-11）。在成年人的身体中，每天有 500 亿~700 亿细胞自杀，约占总数 6×10^{13} 细胞的千分之一，这就是身体在剔除已经老化受损的细胞。

细胞里面有质量监察员随时检察细胞中 DNA 的情况。例如，有一种叫作 p53 的蛋白质，它在 DNA 受损时结合在 DNA 上，同时召集修复 DNA 的蛋白质进行修复。如果修复失败，p53 就会阻止细胞进行分裂，在有的情况下还可以让这些细胞自杀。

第四节 生物对抗衰老的手段能够使生殖细胞永生

对抗衰老的手段不仅能延缓生物的衰老，而且能使生殖细胞永生。这里说的永生，不是同一个细胞永远不死，而是能永远繁殖下去，每一代的寿命都不会由于传代次数的增加而减少。例如，蓝细菌是地球上最早出现的生物之一，作为单细胞的生物同时也是体细胞和生殖细胞，在不断分裂 35 亿年之后仍然在地球上繁衍。在这个意义上，蓝细菌的细胞就是永生的。多细胞生物的生命是通过生殖细胞传递下去的，也要求生殖细胞能永生，否则物种就无法延续。例如，昆虫已经在地球上生活了数亿年的时间，现在仍然是地球上物种最多的生物，就是因为昆虫的生殖细胞是永生的。

可是生殖细胞也是细胞，也会受到上面提到的使体细胞衰老的各种攻击。如果生物对生殖细胞的保护不是 100% 有效，即使影响体细胞的因素只是轻微地影响到生殖细胞，逐代积累起来，也会导致物种的灭绝。例如，人类从出现到现在，已经至少有 100 万年的时间，如果每传一代需要 20 年的时间，那人类就已经传了 5 万代。即使每一代生殖细胞所受各种因素的影响只减少每一代人一天的寿命，那么人类也不应该存到今天（人活到 100 岁也就是 36 500 天）。这个例子也说明，生殖细胞有维护自己永不衰老的能力。

但是每种生物的生殖细胞和体细胞拥有同样的基因，生殖细胞维持自己青春的手段，体细胞原则上也能拥有。生殖细胞能永不衰老而体细胞总会衰老，说明生物体内一定有一些机制，削弱体细胞对抗衰老的功能，放任体细胞衰老，也就是衰老过程是受一些基因调控的主动行为。生物的寿命就是由这种放任的程度决定的：放任程度高，生物的寿命就短；放任程度低，生物的寿命就长。

问题是，生物为什么要这样做？既然生物有维持生殖细胞永生的能力，为什么不把这种能力也用到体细胞身上，使生物整体能长生不老？所有的生物都不这样做，而是都放任体细胞衰老，说明生物的衰老和死亡一定有存在的理由，这就是使物种能够延续。

第五节　衰老和死亡为生物物种的延续所必需

按照一些人对达尔文"适者生存"理论的解释，衰老现象本不应该存在。自然选择只会保留那些使身体更健康、生殖能力更强的基因，而不会保留那些对身体不利的基因，包括使身体衰老的基因，因为这样会使具有这些基因的个体竞争力变弱，从而被不具有这些不利基因的人取代。也就是说，自然选择会自动消除那些对身体不利的基因。

但是这个解释有两个问题：一是认为自然选择只对生物个体起作用，而对群体不起作用，所以只会保留对个体有利的基因。其实自然选择对种群的作用更重要，因为没有种群就没有个体，而种群选择就有可能发展出对种群有利而对部分个体不利的特性来。二是忽略了环境条件的限制。对于动物个体来说，当然是生存能力越强越好，繁殖能力也越强越好，但是要让这样的动物成功生活，必须要有一个前提，就是自然界能提供的资源是无限的，但是实际的情形却恰恰相反，即自然界能提供的资源是有限的。生存能力极强的动物大量繁殖，早晚会由于超过资源能提供的极限而自我毁灭。

因此生物的种群要延续，不能只通过发展出生命力强大的个体来实现，还需要限制种群中个体的数量，这就是部分个体的衰老和死亡。

种群延续需要个体的衰老和死亡

1891 年，德国科学家奥古斯特·魏斯曼（August Weismann）（图 11-10 左上）提出用种群的选择，而不是个体的选择来解释衰老现象。他认为衰老是为种群而不是个体的利益而发展出来的。种群中的个体活得长一点或者短一点并不重要，重要的是种群的生存。

按照魏斯曼的学说，衰老可以有至少以下三个方面的正面作用。

第一是避免种群过度扩张。由于自然界能够提供的资源有限，每个物种都必须限制个体的数量，否则就会遭遇到饥荒。衰老导致的死亡就是群体限制个体数量的有效方法。

第二是去除已经完成生殖任务的个体，而把资源让给更年轻的个体，因为年轻（生育期前和生育期中）的个体负担着繁衍物种的任务，代表着种群的未来。

第三是使自然选择过程能有效发生。自然选择只能通过不断换代来实现，因为只有不断换代，新的个体才能不断产生，给自然选择提供可以选择的对象。换代不仅产生新的个体，还会通过有性生殖过程中的基因重组增加新个体基因组合的多样性（参见第八章第二节），使物种能更好地适应不断变化的环境。

因此，与对衰老的负面看法相反，衰老其实在生物的生存和演化中扮演着正面的、必不可少的作用，这是衰老过程不但不被演化过程所消灭，反而在生物中普遍存在的原因。

不过魏斯曼的这些想法并不被一些人接受，主要理由还是自然选择只能对生物个体起作用，对群体不起作用。但是单细胞生物为了群体的利益而牺牲自己的现象，却明白无误地证明了群体选择不仅是必要的，而且是可能的。

单细胞生物能为群体的生存而牺牲自己

在细菌群落遇到食物短缺的状况时，在理论上有两种处理方式——抢夺和退让。抢夺就是增加每个细菌获得食物的能力，这样最能获得食物的细菌就会活下来。与此相反的方式为退让，一部分细菌为了整体的利益而自杀，把食物让给其他个体，而且自杀释放出来的营养物质还能为留下的细菌所用。

如果自然选择只发生在个体身上，细菌就不会发展出对自己不利的特性，因为这样的个体竞争力会变弱，会很快被没有这些特性的个体所取代。这样一来，细菌对食物短缺的应对方式就应该是抢夺。但如果自然选择能发生在群体上，就能发展出对部分个体不利而对群体有利的方式，在食物短缺面前退让，让部分细菌自杀，使另一部分细菌存活下来。

实际的情形是，细菌选择了退让的方式。每个细菌的身体内都带有毁灭自己的炸弹，遇到逆境时就会引爆，用部分细菌的死亡换取其他细菌的生存。

细菌的这套自杀系统叫作毒素 - 抗毒素系统，由两部分组成：一部分是有毒性的蛋白质，它能破坏细胞膜的完整性，使细胞破裂死亡；另一部分是抗毒素，其功能是在正常情况下对抗毒素的作用，使其不能发挥作用。毒素蛋白总是能稳定表达的，但是抗毒素分子的生成却受环境条件的影响而变化。在遇到逆境时，抗毒素分子的作用会被减弱，使毒素蛋白的毒性不再受屏蔽而被释放出来，导致一些细菌的死亡。

原核生物如此，作为真核生物的单细胞生物酵母也是这样。在营养不足时，部分酵母也会自杀死亡，把资源留给少部分能生存下来的酵母。酵母的自杀机制和细菌不同，而是已经具有多细胞生物细胞程序性死亡的特征。尽管酵母自杀的机制与细菌不同，但是为整体利益而牺牲个体的做法还是相同的。

单细胞生物自杀机制的存在，证明对群体进行自然选择、发展出对个体不利的特性是可能的。到了多细胞动物，牺牲个体换取种群生存的过程就不再由细胞自杀来实现，而是通过衰老来实现了。多细胞动物的衰老就相当于单细胞生物的自杀，目的都是通过去除部分成员来增加群体生存的机会。

第六节　每种生物的寿命都是与环境相互作用下维持物种的最佳值

既然衰老和死亡为物种延续所必须，为何不同生物的寿命差别是如此之大，能够达到万倍以上？这就要看每种生物与环境相互作用的具体情形。

在动物捕食者与被捕食者的关系中，捕食者要有足够的被捕食者才能存活，所以数量不能太大，也不能繁殖太快，寿命也相对较长。被捕食者的数量不能太多，以免自己由于食物不足而使种群陷入危机；也不能繁殖过慢，数量太少，以致在繁殖之前就被捕食者全部消灭，因此寿命也相对较短。例如，狮、虎、狼的寿命都比较长，而鼠的寿命比较短。是寿命（由衰老控制）和繁殖能力控制着捕食者和被捕食者的相对数量。现在我们看到的动物的寿命和繁殖能力就是在这种相互作用的情况下，长期共同演化所形成的最佳值。任何一方的数量太多或太少都会造成生态系统的崩溃。

动物对环境的相互作用也能决定动物的寿命。一个有趣的例子是非洲一类美丽的小鱼，在分类学上都属于鳉属，但是不同种的鳉鱼在寿命上可以相差 5 倍之多（图 11-10）。生活在津巴布韦的物种，由于那里只有短暂的雨季，雨季过后水塘很快干涸，这种鳉鱼的寿命只有 3 个月，相当于雨季的长度。莫桑比克的雨季比津巴布韦长 4 倍，那里的鳉鱼就可以活 9 个月。而生活在坦桑尼亚有两个雨季的地方，鳉鱼寿命可以长达 16 个月。

奥古斯特·魏斯曼

生活在莫桑比克的鳉鱼，寿命9个月

生活在津巴布韦的鳉鱼，寿命3个月

生活在坦桑尼亚的鳉鱼，寿命16个月

图11-10　奥古斯特·魏斯曼和生长在不同环境条件下鳉鱼寿命的差异

只能活3个月的鳉鱼生长极为迅速，一个月即达到性成熟，然后多次交配产卵，直到第三个月末水塘干涸为止。即使寿命这样短的鳉鱼也在生命后期显出衰老迹象：运动变慢，骨质疏松，肝脏中脂褐素颗粒增加。脂褐素由溶酶体中不能被消化的物质组成，相当于是细胞无法清除的废物，随年龄增长而增多，是衰老的重要指征之一，人类的老年斑中就含有脂褐素。这说明这种鳉鱼的衰老过程与人相似，只是要快得多，一两个月就可以在肝脏中长出老年斑来，衰老电影的放映速度比鲑鱼的还快。

如果衰老是分子随机损伤积累的结果，如何解释这三种同一属的鱼（因此身体结构极为相似）寿命差别如此之大，而且碰巧都与雨季的长度符合？更合理的解释是鳉鱼的衰老速度是程序控制的，是雨季的长短选择了程序控制的寿命正好符合这个长短的鱼类。程序控制的寿命过长或过短，与雨季的长度不匹配，就会被自然选择所淘汰，所以我们现在看到的都是寿命与雨季长短匹配的物种。将这三种鳉鱼在人工条件下饲养，环境条件相同，它们寿命的差别仍然存在，说明它们体内确实有控制衰老速度的程序。

植物中类似的例子是生活在沙漠地区的短命菊（图11-1右下），必须在下雨后短暂有水的时间内繁殖，否则物种就会灭亡，因此短命菊必须在一个月左右的时间内就完成种子发芽、生长、开花、结籽的全过程。

在许多情况下，特别是在生物快速衰老的情况下，生物的衰老和死亡其实是由自杀机制引起的。例如，黄豆豆粒后期的生长就是通过杀死植株，获取营养而实现的，摘除豆荚，叶片就能继续保持绿色而不枯黄。

一年生植物在结籽以后就死亡，是避免植株自己熬过严酷的冬天，而通过种子来度过冬天，物种生存的机会更大。只要物种能繁衍下去，自己活一年或者多年并不重要。

雄章鱼交配后很快死亡，而雌章鱼要照顾产下的卵，直到卵孵化才死亡，比雄章鱼多活几个月。为什么它们死亡的时间都刚刚好，也就是生育下一代的任务完成，不再需要它们的时候？更好的解释也是章鱼也有死亡程序，到时候就启动。

摘除产卵后不久的雌章鱼两眼之间的一对腺体，章鱼又开始进食，体重增加，而且可以比对照组（没有摘除腺体的雌章鱼）多活 9 个月之久。这说明这些腺体是章鱼的自杀开关，到时候就会分泌自杀化合物，让章鱼死亡。

澳大利亚袋鼬中的雄性在交配后很快死亡，寿命大约 11.5 个月；而雌鼬可以交配和生育多次，寿命是雄的 3 倍。雄鼬的快速衰老和死亡是由雄鼬分泌出来吸引雌鼬的信息素引起的。信息素反过来可以使雄鼬分泌大量的应激激素如皮质类固醇激素、肾上腺素和去甲肾上腺素，导致电解质失调和急性肾衰竭，使雄鼬快速死亡。如果将雄鼬去势，或者与雌鼬分开饲养，则可以避免雄鼬的快速死亡，让它们和雌鼬活得一样长。

这些事实说明，生物的寿命是根据物种生存的需要而决定的。

第七节　生物控制寿命的机制

在本章第二节中，我们已经谈到使生物衰老的各种机制，包括自由基的破坏作用、端粒的缩短、DNA 和蛋白质分子的受损和受损产物的积累、分子之间的交联等。它们犹如破坏身体的洪水，而对抗衰老的机制犹如控制洪水的闸门，闸门开得大，洪水汹涌，生物衰老就快，闸门开得小，洪水变成涓涓细流，生物就衰老得慢。闸门开多大，就要看生物物种为了能延续，寿命多长才最合适。这就可以解释为什么所有生物的细胞结构和分子组成都高度相似，引起衰老的机制也基本相同，衰老速度却可以相差万倍以上。

在生殖细胞中，闸门完全关闭，生殖细胞也就不会衰老，变成永生的。这也是为物种的延续所必须的，这样每一代的寿命才不会因为生殖细胞的衰老而减少，不然物种就会灭亡。

开闸大小显然是由基因调控状态控制的。几种生活在非洲不同雨量地区的鳉鱼，寿命差别可达数倍之多，而且把它们放在实验室的人工环境中饲养，不会有缺水的问题，这些鳉鱼的寿命仍然和在野外时相同。这说明开闸的控制机制已经融入鳉鱼的基因调控网络中，在脱离自然环境的情况下仍然按照同样的方式运行。

不同动物的寿命与开始生殖的年龄呈正相关，即生殖过程开始早的动物，寿命也相对较短。例如，线虫在第三天达到性成熟，寿命 17 天左右；小鼠在 35 天时达到性成熟，寿命 2~3 年；狗的性成熟期在一岁左右，寿命是 10~15 年；人在 12~13 岁时具有生育能力，寿命约 80 年。同为动物，性成熟的时间差异如此之大，但是在每个物种中又相当恒定，都是到了那个年龄就发展出生殖能力，这只能是通过基因调控实现的，也就是由程序控制的。

闸门开启程度对寿命的影响也可以从不同寿命的动物身体里面的细胞看出来。在一项实验中，科学家观察了从 8 种脊椎动物提取的成纤维细胞和淋巴细胞对过氧化氢、百草枯（能够在动物体内产生自由基的化合物）、砷化合物、氢氧化钠等物质的抵抗能力，发现这些细胞的抵抗能力与这些细胞原来所属动物的寿命呈正相关，即寿命越长的动物，细胞的抵抗力越强，也就是在这些细胞中闸门开得越小。这个结果说明，程序控制在每个细胞内都在起作用。

既然生物的寿命是受闸门开启大小控制的，控制闸门开启大小的机制又是什么呢？

第一个层次是 DNA 序列的差异。生物的各种生理功能主要是由蛋白质分子来执行的，包括控制生长发育过程和控制闸门开启程度的蛋白质。基因中 DNA 序列的改变会使蛋白质分子中的氨基酸序列发生改变，对蛋白质的功能产生影响。而同一种蛋白质表达的时间和强度也会影响蛋白质的作用，而这是由基因的启动子控制的（参见第二章第五节）。转录因子结合在启动子上，开启基因的转录。结合哪些转录因子以及结合的强度，就决定了转录过程的时间和强度。启动子中结合转录因子的 DNA 序列中一个碱基的差别就有可能显著影响转录因子的结合，从而改变基因的表达状况。在生物寿命形成的过程中，DNA 的序列会逐渐调整，最后形成控制动物寿命长短所需的序列。

第二个层次是基因的外遗传修饰（也称表观遗传修饰）。在真核细胞中，DNA 不是裸露的，而是结合有各种蛋白质，特别是组蛋白。这些蛋白质使 DNA 链被包裹到更紧密的结构中，影响转录因子结合在启动子上，也可以影响基因的表达（参见第三章第三节）。

外遗传修饰的过程也是由 DNA 的序列控制的，是 DNA 的序列决定了负责这些修饰的蛋白的表达状况。因此不同动物 DNA 序列的差别是导致生物有不同寿命的原因。

寿命控制可能是由少数基因主控的，主控基因本身的表达状况在不同动物中不同，但是下层基因的工作方式在不同动物之间彼此相似，这就像不同乐队的构成和演奏方式都差不多，是指挥决定了音乐节奏的快慢。如果是这样，只需改变主控基因的工作方式就可以大幅度地改变生物的寿命。另一种可能性是并没有什么主控基因，而是每一层调控都有一些差别，逐层积累起来，也可以导致寿命的巨大差异。如果是这样，要大幅改变生物的寿命，就需要改变每一层基因的工作方式。不过在目前，人们对寿命进行总体调控（是十几天还是几百年）的具体基因还了解甚少，也无法大幅度地改变生物的寿命，如将人的寿命延长到几百岁。

除了控制生物的总体寿命外，还有一些基因能在总体寿命基本一致的基础上，根据环境条件小幅调节生物的寿命，使生物能更好地适应环境。人们对这些基因的了解比较多，这就是动物中基因调控寿命的几条信息链路。

第八节　动物小幅调节寿命的信息通路

动物所处的环境特别是食物供应状况，是经常变化的，动物也可以小幅调节自己的寿命来应对这些变化。总的来说，动物在食物充足时有两条信息通路增加合成反应，加快生长繁殖，同时降低生物的抵抗力，缩短寿命，以加快生物的更新换代；而在食物不足时，动物又有两条信息通路降低消耗，同时增加这些生物抵抗逆境的能力，在保留生育能力的情况下延长寿命，使这些生物有更大的机会拖过逆境。

胰岛素 / 类胰岛素生长因子信息通路

在营养充足时，动物分泌比较多的胰岛素（insulin，INS）或类胰岛素生长因子（insulin-like growth factor，IGF-1），这些分子结合在位于细胞表面的受体上，活化其酪氨酸激酶的活性，使另一个蛋白 PI3K 激酶活化。活化的 PI3K 激酶又使激酶 AKT 活化，AKT 通过下游蛋白质分子的磷酸化促进葡萄糖进入细胞，加快新陈代谢，使动物的生长和繁殖加速（图 11-11）。

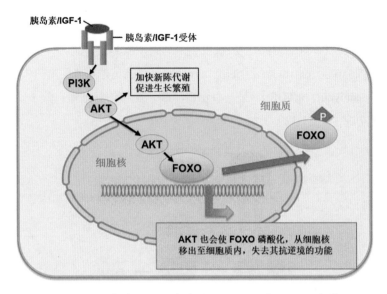

图11-11　胰岛素/类胰岛素生长因子信息通路及其作用

同时，AKT 还使转录因子 FOXO 磷酸化，从细胞核内转移到细胞核外，失去转录因子的作用。而 FOXO 蛋白是动物抵抗逆境的主控开关。例如，FOXO 蛋白能增加超氧化物歧化酶和过氧化氢酶的生产，增强细胞抵抗活性氧的能力；增加与 DNA 损伤修复有关的蛋白质的生产，提高细胞修复 DNA 损伤的能力；促进细胞的自噬活动，加快细胞除去受损和不再需要的蛋白质，将资源用于细胞的存活上；延缓细胞进入分裂周期，降低细胞繁殖的速度；促进受损细胞通过程序性死亡而被去除等。FOXO 蛋白的这些作用都能增加动物抵抗逆境的能力，并且延长寿命，所以 FOXO 是动物的长寿蛋白。AKT 对 FOXO 的抑制作用则使动物应对逆境的能力降低，寿命缩短。

相反，在食物匮乏时，INS 和 IGF-1 的分泌减少，它们受体的酪氨酸激酶的活性不被活化，使 PI3K 和 AKT 激酶也不能被活化，对 FOXO 的抑制解除，动物进入对抗逆境状态，生长和繁殖变慢，抵抗力增强，寿命延长。

从线虫到哺乳动物都使用这条信号通路，是动物感知环境状况、调整自己生理活动和寿命的重要手段。敲除这条通路能使线虫的寿命加倍，也能延长果蝇和小鼠的寿命。

哺乳动物雷帕霉素靶蛋白（mTOR）信息通路

雷帕霉素（rapamycin）是细菌分泌出来对抗真菌的物质。在动物实验中，雷帕霉素能延长各种动物的寿命，从线虫、果蝇到小鼠都是如此。

动物细胞中与雷帕霉素结合的蛋白叫作哺乳动物雷帕霉素靶蛋白（mammalian target of rapamycin，mTOR），是一种蛋白激酶，能够使其他蛋白分子磷酸化以调节它们的功能（图 11-12）。

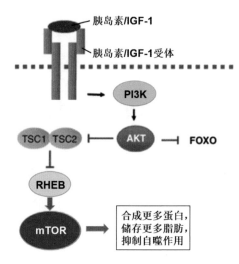

图11-12 雷帕霉素信息通路及其作用

mTOR 使细胞合成更多的核糖体，并且活化激酶 S6K（使核糖体中 S6 蛋白磷酸化的酶），以促使细胞生产更多的蛋白质，同时抑制自噬作用，减少细胞中蛋白质的更新速度。mTOR 还促进脂肪酸的合成，使动物储存更多的脂肪。因此 mTOR 的作用和胰岛素 /IGF-1 信息通路活性高时（即 FOXO 蛋白的活性被抑制时）的效果类似，而和 FOXO 蛋白的功能相反。雷帕霉素能抑制 mTOR 的活性，从而可以延长动物的寿命。

mTOR 并不直接感知食物供给的状况，而是从胰岛素 /IGF-1 信息通路中的 AKT 获得信息。在食物充足时，胰岛素 /IGF-1 信息通路被激活，其中的 AKT 激酶也被活化。AKT 能使蛋白复合物 TSC1/TSC2 磷酸化，解除它们对另一个蛋白 RHEB 的抑制，被解除了抑制的蛋白 RHEB 接着活化 mTOR（图 11-12 上）。

除了这两条通路，动物还有直接感知食物不足并做出反应、延长寿命的信息通路。这就是 AMPK 信息通路和 Sirtuin 信息通路。

AMPK 信息通路

1935 年，科学家发现，对大鼠限食，即把食物供给量控制在随意进食时的 60%~70%，能使大鼠的寿命几乎加倍。减少其他动物的进食量，但又不到营养不良的程度，也可以延长各种动物的寿命，包括线虫、果蝇、哺乳动物（大鼠和小鼠）、灵长类动物（恒河猴），甚至真菌中的酵母。在哺乳动物中，限食可以延迟伴随着年龄增长而出现的疾病，如糖尿病、心血管病和癌症等病症。由于在限食中总热量是最重要的因素，这种通过非基因手段而延长动物寿命的方法又被称为热量限制（caloric restriction，CR）。有两条信息通路与 CR 延长寿命的作用有关，其中一条就是 AMPK 信息通路。

当食物不足时，动物细胞内合成高能分子 ATP 的燃料缺乏，使 ATP 的合成减少。ATP 在交出能量后，会变为 ADP 和 AMP，增加 AMP/ATP 的比值，或者增加 ADP/ATP 的比值。

AMP/ATP 或者 ADP/ATP 比值的增加会被 AMP 依赖的蛋白激酶（AMPK，不要与第六章第三节中的 MAPK 混淆）所感知，AMPK 的形状发生变化，激活其蛋白激酶的活性，促使细胞发生一系列的变化，例如，增加细胞对葡萄糖和脂肪酸的摄取与氧化，以增加 ATP 的合成；抑制 mTOR，活化长寿蛋白 FOXO，增加细胞在逆境中的生存能力。AMPK 在各种生物中广泛存在，从酵母到人，其结构高度一致，是调节能量代谢状况的重要蛋白。因此 AMPK 和 FOXO 蛋白一样，是动物的延寿蛋白（图 11-13）。

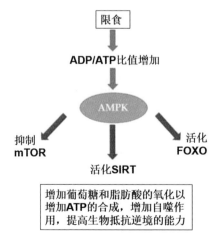

图11-13　AMPK 信息通路及其作用

AMPK 还有一个重要功能，就是能够活化另一个长寿蛋白 Sirtuin，进一步增强自己的作用。

Sirtuin 信息通路

当食物不足时，动物的细胞内还会发生另一个变化，就是氧化程度增加。食物除了供给能量，还供给氢原子，使氧化型的烟酰胺腺嘌呤二核苷酸（NAD^+）转换成为还原型的 NADH。在食物供给不足时，NADH 的浓度会降低，而 NAD^+ 的浓度增加，使细胞内 NAD^+ 与 NADH 的比值增加。

NAD^+ 的浓度增加时，会使依赖于 NAD^+ 的蛋白去乙酰化酶（在酵母中叫作 Sir2）被激活。Sir2 能除去蛋白分子中与赖氨酸侧链相连的乙酰基，所以是一种去乙酰化酶，但是与其他单纯除去乙酰基的去乙酰化酶不同，Sir2 除去乙酰基时还需要 NAD^+ 的参与，这就使 Sir2 蛋白能感知细胞中 NAD^+ 与 NADH 的比值，也就是感知细胞的能量状态。

在除去蛋白分子中的乙酰基后，赖氨酸侧链上的正电荷就暴露出来，使蛋白质的性质、在细胞中的位置、稳定性以及与其他分子相互作用的方式发生改变，是调节蛋白功能的又一种手段。如果被除去乙酰基的蛋白是与 DNA 结合的组蛋白，会使组蛋白的正电荷增多，与带负电的 DNA 结合增强，染色质的结构更紧密，使转录因子无法结合到基因的启动子上，导致许多基因被关闭。

增加酵母中这个酶基因的份数可以延长酵母寿命的 30% 左右，而敲除这个基因会使酵母的寿命缩短。Sir2 延长寿命的效果随后也在线虫和果蝇中被观察到。进一步的研究发现，所有的生物都含有这个基因，于是将其改称为 Sirtuin，简称为 SIRT。人体有 7 种 SIRT 蛋白，分别叫作 SIRT1~SIRT7，其中 SIRT1 与酵母的 Sir2 蛋白最相似，也是被研究得最详细的。在小鼠脑中超量表达 SIRT1 能延长小鼠的寿命，还防止吃得过饱的小鼠寿命缩短。除去动物的 SIRT1 蛋白，限食就不再能延长这些动物的寿命。这些结果说明从酵母、线虫、果蝇到哺乳动物，SIRT 蛋白都起到长寿蛋白的作用。

与 FOXO 蛋白和 AMPK 的作用类似，SIRT 蛋白能增加线粒体的数量和活性，合成更多的 ATP；增加细胞的抗氧化能力，使细胞更加能抵抗逆境；SIRT 蛋白还能活化 AMPK，增加 FOXO 蛋白的活性，同时抑制 mTORC1 信息通路，进一步增强细胞在逆境下的生存能力（图 11-14）。

白藜芦醇是存在于红酒（实为酿红酒的葡萄，特别是葡萄皮）、蓝莓和花生

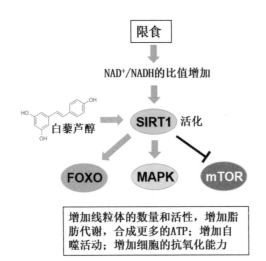

图11-14　Sirtuin 信息通路及其作用

中的一种化合物，能够活化 SIRT1 和 AMPK，因而能在不限食的情况下模拟限食的效果，延长酵母、线虫和果蝇的寿命。

动物在顺境时寿命缩短，在逆境时寿命延长，似乎和人们直觉中的常理相反：条件差时动物应该活得更短，但是在资源缺乏时延缓衰老和生殖，同时在食物重新出现时仍然能生殖的动物，就比那些不能这样做的动物有更大的优越性。这是逆境导致寿命延长的根本原因。顺境时抓紧时间生长繁殖，加快改朝换代（即缩短个体的寿命）以增加自然选择的效率，逆境时以拖待变，反而对物种的生存更加有利。

这四条信息通路能影响动物的寿命，但是程度有限，一般不超过动物原有寿命的50%。即使敲除线虫的胰岛素信息通路能使线虫的寿命加倍，也不过使线虫能活40来天而已，绝不可能延长到小鼠的 2~3 年，因此只是动物寿命的微调，但是对于我们已经有重要意义。

这四条信息通路的工作方式告诉我们：只要程度不太严重，逆境可以延长寿命。逆境不仅指缺食，还包括缺氧、高温、低温、电离辐射、活性氧等。这些环境中的有害因素，如果不超过生物能承受的程度，就能激活生物的维护和修复机制，反而使生物活得更健康（参见第十章第九节）。

相反，过度完美的环境反而会缩短寿命。现代社会的营养过剩会激活胰岛素／IGF-1 信息通路和 mTOR 的信息通路，抑制 MAPK 信息通路和 Sirtuin 通路，使人们的抵抗力下降，糖尿病、心血管病、癌症等疾病的发生率增加。如果在大量的美食面前，能控制自己的口欲，与年龄有关的疾病还会更少，我们的寿命还会更长。

第十二章　动物的感觉

　　动物是靠吃别的生物生活的，在多数情况下还吃活的生物，这就要求动物有探测到别的生物的手段。食物不会只在一个地方，动物在吃完一个地方的食物之后，又必须寻找新的进食对象，这就要求动物运动。运动就需要知道周围的地理状况，哪里有障碍物，哪里有悬崖，哪里有水塘，以便绕开这些地方。反过来，被其他动物吃的动物如被老虎吃的野猪，也必须发现老虎的存在，及时逃离，这也需要了解环境状况。动物要繁衍，必须进行交配，而交配对象又是移动的，这就必须要有感知潜在配偶存在的能力。寻找合适的生存环境和产卵场所，也需要对环境状况的了解。凡此种种，都需要动物能获得尽可能的信息，而动物也使用了多种多样的手段来获得这些信息。

　　动物接收这些信息的结构是一类特殊的神经细胞，叫作感觉神经细胞，它们含有对各种信息的接收器，接收到的信息再通过轴突末端的突触传递到神经系统中（参见第六章第四节），产生感觉。

第一节　感受电磁波的视觉

　　太阳光不仅是地球上绝大多数生物直接或间接的能量来源，还能向生物提供信息，如光照的昼夜变化和年度变化就可以被生物体内的生物钟感知，调节自己的生理节律（参见第七章）。

　　除了光照节律外，光线还可以向动物提供周围环境瞬时（无延迟）的信息，这就与光线（电磁波）的性质有关。电磁波特别是可见光范围的电磁波，穿透固体的能力有限，在物体的迎光面和背光面就会形成有光和无光的差别。由于电磁波又能被物体表面反射，背光处也可以通过反射光获得一定程度的照射，而且通过多次反射，光线可以达到角落和缝隙，使几乎所有的物体表面都能得到一定程度的光照，在物体不同的位置显示出明暗变化。对于多数物体的表面来讲，光线常常可以同时向各个方向反射，这就使动物可以从几乎所有的方向（如果中间没有物体阻挡光线）获得这个物体的信息，包括物体的方位、形状、大小、移动状况等。由于物体表面粗糙程度不同，不同物质对光线中不同波长的波段吸收和反射的情形不同，反射光还能提供物体表面性质的信息（如质地和颜色）。如果动物有两只眼睛，由于两只眼睛看同一物体的视角不同，还可以获得物体距离远近的信息。

由于光线可以远距离传输，而且传输速度极快（约30万千米/秒），在可视距离上几乎没有时间差，光线所传输的信息可以瞬间到达，这对动物是极有价值的。相比之下，空气传输振动信息(通过听觉接收)的速度是光速的100万分之一，气味分子（通过嗅觉接收）在空气中传播的速度就更慢了。

动物从光线中接收信息的能力就是视觉。视觉的形成不是一步到位的，而是有一个从简单到复杂、从低级到高级的发展过程。从只能辨别光线的方向但不能形成图像，到能够形成简单的图像，再到形成高质量的图像，中间经历了漫长的发展过程。其间动物进行了各种尝试和发明，使用了人类制造成像设备时曾经使用过的几乎所有手段，生成了各式各样的眼睛。而所有这一切都是利用生物材料制成的，最后生成的人眼不亚于一架精美的照相机，这真是一个奇迹。

动物要有视觉，首先要有能接收光线中信息的分子，这就是视黄醛。

动物用来接收光线中信息的分子——视黄醛

视黄醛分子含有一个环状结构和一条连在环上的长尾巴（图12-1右上）。尾巴的末端有一个醛基（—C＝O），可以和蛋白质分子中一个赖氨酸侧链上的氨基以共价键结合，使视黄醛结合在蛋白质分子上。与视黄醛结合的蛋白质叫作视蛋白，是一个位于细胞膜上的蛋白质。由视黄醛和视蛋白组成的分子叫视紫质，是动物接收光线中信息的分子。为了增加细胞膜的面积以容纳更多的视紫质分子，感光细胞发出许多绒毛，并且让视紫质位于这些绒毛上，形成感光绒毛，或者发出一根纤毛，纤毛再横向长出许多感光膜，接收光线信息的效率就大大提高了（图12-1左）。

视黄醛分子中的那条尾巴在形状上像一根拐了弯的棍子，在受光照时会改变形状，变成直棍，在光线消失后又会变回弯棍。这种形状变化能带动视蛋白的形状也发生相应的变化，相当于接收到了信息。视蛋白是一种G蛋白，可以通过G蛋白的信号传输方式将信息传递下去（参见第六章第三节）。

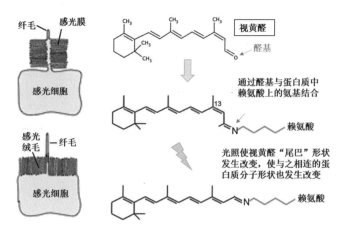

图12-1　动物接收光线信息的结构

动物的眼睛是从一个细胞开始的，这就是水母幼虫的眼睛。

水母幼虫的单细胞眼睛

水母的幼虫能够游泳，在海底遇到合适的地方时，附着于海底，长成类似水螅那样的水螅虫，水螅虫再发育成水母成体，脱离海底，自由游动（图12-2左）。不游动的水螅虫像水螅那样没有眼睛，而能够游动的水母幼虫和成体就都长有眼睛，说明眼睛最初的功能是为游泳定方向。

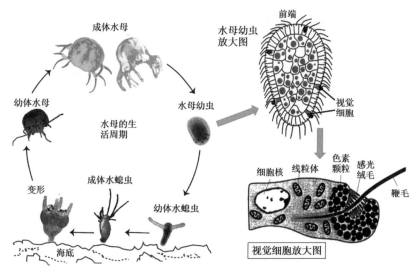

图12-2　水母幼虫的单细胞眼睛

水母幼虫的身体上散布着十几个视觉细胞（图12-2右上），它们带有鞭毛，在鞭毛的根部附近围绕含有视紫质的绒毛。围绕着绒毛的是许多色素颗粒，起到遮光的作用，使光线只能从鞭毛的方向进入，细胞也因此能够感知光线的方向（图12-2右下）。

光信号被感光绒毛感知后，直接传递到鞭毛上，影响鞭毛的摆动方式，使幼虫可以游到光线最暗的海底。在这些细胞中，既有感光结构，又有遮光结构，还有对光做出反应的鞭毛，是"一身而三任"。进一步的发展是把感光功能和遮光功能分开来，由不同的细胞担任，并且用神经系统来处理信息。

腕足类动物两个细胞的眼睛

腕足类动物（生活在海底，有腹背壳和肉茎的动物，如海豆芽）幼虫的前端有数个由两个细胞组成的眼睛（图12-3左下）。其中一个细胞含有一个晶状体样的结构，但是不含色素颗粒，可以称为晶状体细胞（图12-3中）。另一个细胞含有色素颗粒，但是没有晶状体结构，称为色素细胞。为了遮光的效果好，即尽量挡住从多数方向来的光线，色素细胞形成凹陷，在凹陷处密布色素颗粒。晶状体细胞上的感光绒毛埋在色素细胞的凹陷中。在凹陷处，色素细胞也发展出了感光绒毛，与晶状体细胞的感光绒毛共同形成眼睛的感光部分。不仅如此，这两个细胞还分别发出轴突，把信号传输到幼虫的神经系统中去（图12-3右）。

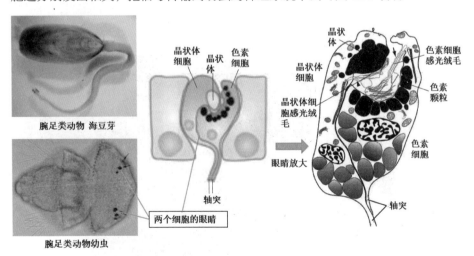

图12-3 腕足类动物两个细胞的眼睛

相对于水母幼虫的单细胞眼睛，腕足类动物幼虫的眼睛已经有了一些进步。

首先是细胞之间有了初步分工，晶状体细胞含有类似晶状体的结构，用于汇聚光线，是晶状体的前身；色素细胞没有晶状体，却含有大量色素颗粒，是专业色素细胞的雏形。信息也不再就地使用，而是传递到神经系统中去处理。不过这两个细胞的分工还不完全，因为晶状体细胞仍然含有感光绒毛，也就是还有感光细胞的功能，而且还通过轴突输出信息。

虽然色素细胞的遮光作用可以使生物辨别光线的方向，但是生物必须通过身体摆动时光线强度的变化（色素颗粒在光线来路上时光线强度最低，色素颗粒在感光细胞后面时光线强度最高），才能获得光线方向的信息。动物要在不摆动身体的情况下获得光线方向的信息，就必须增加感光细胞的数量，而且让光线只照射到部分感光细胞上。有两种方式可以达到这个目的：色素杯眼和针孔眼。

海鞘幼虫和水母的色素杯眼

海鞘的成虫附着在海底，不移动身体，也没有任何视觉结构，但是它们的幼虫形状类似蝌蚪，能够游泳（参见第四章第六节和图4-15），也有眼睛（图12-4）。在这些眼睛中，感光细胞数量增多，十来个感光细胞夹在色素细胞之间，其发出的感光绒毛伸向三个晶状体细胞，使感光细胞排列成杯形。不同方向的光线在经过晶状体细胞后，会照射到不同的感光细胞上，使海鞘幼虫在静止情况下也能初步辨别光线的方向。晶状体细胞不再含有感光结构，也不再发出轴突，但是由于有三个分开的晶状体细胞，海鞘幼虫眼睛辨别光线方向的能力不是很强，但是可以看成是一个初步的尝试。

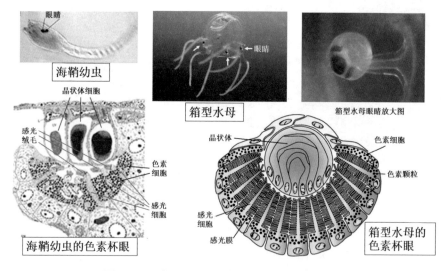

图12-4　海鞘幼虫和箱型水母的色素杯眼

水母要游泳，还要捕食，对视力的要求就比单纯游泳以找到水底的幼虫要求高。前面谈到过的水母幼虫只有单细胞的眼睛，而水母的眼睛则是由多个细胞组成的（图12-4右）。在箱型水母的眼睛中，每个感光细胞发出一根中央纤毛，从中央纤毛再横向发出许多感光膜，上面有视紫质。感光细胞上小下大成为锥形，共同组成一个半球形的结构，每个感光细胞的锥形感光器都指向由多个晶状体细胞组成的单一晶状体结构。像在海鞘幼虫中的情形，晶状体细胞不再含有感光结构，也不再发出轴突。

　　感光细胞的基部含有色素颗粒，所以感光细胞也同时是色素细胞，在杯的外围阻挡光线。在眼睛表面，围绕着晶状体，还有专门的色素细胞，让光线只能从晶状体处进入。由于晶状体只有一个，聚光效果比多个晶状体好得多，使来自不同方向的光线更集中地投射到一部分感光细胞上，不仅使水母能辨别光线的方向，还能形成低分辨率的图像，帮助水母识别环境中的事物。

鹦鹉螺的针孔型眼睛

　　鹦鹉螺是一种软体动物，以其奇怪的形状和运动方式（靠吸水和喷水）而在海洋动物中显得独特。鹦鹉螺的另一个独特之处是它具有针孔型眼睛（图12-5），这基本上就是一个充满水的杯形空腔，在腔的内壁排列有感光细胞组成的膜状结构，叫视网膜。

 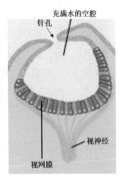

鹦鹉螺　　　　　　　　鹦鹉螺的针孔型眼

图12-5　鹦鹉螺的针孔型眼睛

　　鹦鹉螺的眼睛没有晶状体，杯的空腔有一个很小的孔与外界相通，让光线进入，利用小孔成像的原理，在视网膜上形成图像，是眼睛设计上的一个创新。不过用这种方式形成图像最大的缺点是孔径必须很小才能形成质量比较好的图像，而很小的孔又只能让很少的光线进入，因此鹦鹉螺的视力不是很好。但是鹦鹉螺的例子却表明，动物在发展视觉能力的时候，是各种方式都尝试过的，并且都取得一定程度的成功。另一个尝试的例子是扇贝的反光眼。

扇贝的反光眼

大口径的望远镜都是用反光镜成像的，动物也尝试过这样的机制，用凹形的反光面来在视网膜上成像。扇贝是一种软体动物，在其壳的边缘上长有数十个反光眼（图 12-6）。在有光线照射时，这些眼睛由于其反射面会反光，看上去像是发光的蓝色或绿色的珍珠。每个眼睛有一个反光镜和一个晶状体，它们之间有两层视网膜。晶状体的作用不是用来成像的，而是用来纠正反光镜的视差，最清晰的图像形成在紧靠晶状体的视网膜上。

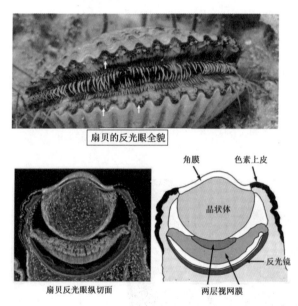

扇贝的反光眼全貌

扇贝反光眼纵切面

角膜　色素上皮
晶状体
反光镜
两层视网膜

图12-6　扇贝的反光眼

以上这些眼睛都是比较原始和简单的，不能形成图像或者只能形成低分辨率的图像，只存在于低等动物中。由于捕食对象或捕食者在眼中的图像随着距离增大而变小，只有分辨率高的图像才能使动物在较远距离上辨识它们。

要形成高分辨率的图像，生物采取了两种方式。一种是大量感光细胞分成若干组，以外凸的方式排列，形成向外的球面。每组感光细胞都有自己的晶状体汇聚光线，获得的光信号就相当于一个像素，把这些像素组合起来，就形成图像，这就是昆虫的复眼（图 12-7 左）。另一种方式是感光细胞连成一片，形成内凹形的视网膜，位于一个球形的内表面，由单个晶状体汇聚光线在视网膜上成像（图 12-7 右）。这就是章鱼和脊椎动物所使用的单眼，包括人类的眼睛。这种眼的工作原理类似于照相机，所以也叫作照相机类型的眼。

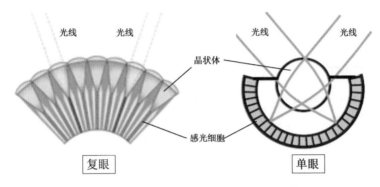

图12-7　形成高分辨率眼的两种方式

昆虫的复眼

观察过蜻蜓的人，都会对蜻蜓头上那一对大眼睛印象深刻。这样大的眼睛对于蜻蜓来说，一定有它的必要性，这主要就是为了捕食。蜻蜓是在飞行中捕食的，而捕食对象如蚊子，本身也在飞。要在彼此相对快速运动的情况下捕捉蚊子的图像并且准确地抓住蚊子，蜻蜓必须有一双好眼睛，这就是昆虫普遍使用的复眼。

昆虫的复眼由数百个到数千个构造相同的小眼组成（图 12-8）。小眼上粗下细，呈六角锥状，可以聚集起来形成类似圆球的形状，其中每个小眼朝向不同的方向，形成非常广阔的视角，使昆虫在不改变飞行方向的情况下就能看见大范围环境中的情况。而具有单眼的人和鸟（如猫头鹰）就必须转动头部才能看见不同方向的情形。

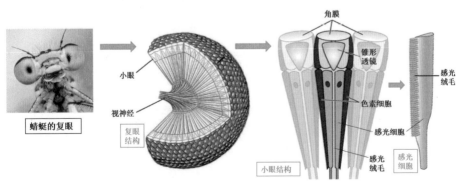

图12-8　昆虫的复眼

每个小眼都有自己的透镜，其由 4 个细胞组成，相当于单眼的晶状体。为了让每个小眼只接收和自己的方向相同的光线，小眼是被色素细胞严密包裹起来的，角度稍差的光线只能投射到小眼侧壁的色素细胞上，而不能到达位于小眼中轴上的 8 个感光细胞上。每个小眼接收到的信号就相当于数码相机的一个像素，由于复眼中小眼的数量可以达到几千个，形成的图像相当于有几千像素的照片，已经有相当高的分辨率。

章鱼的单眼

章鱼是软体动物，属于比较低等的动物，却发展出了高度发达的眼睛和分析图像的神经系统，能够区分物体的明暗、大小、形状和方向（水平还是垂直）。

在构造上，章鱼的眼睛是单眼，即只拥有一个透镜（晶状体），将通过瞳孔（虹膜上的开口）进入眼睛的光线聚焦到凹形的视网膜上（图 12-9 上左）。视网膜上的感光细胞紧密排列，可以含有比昆虫复眼中小眼数量多得多的感光细胞，因而能够提供大量的像素，增加图像的分辨率。感光细胞朝向外周方向（即背离光线来的方向）的部分含有色素颗粒，在这个位置旁边还有专门的色素细胞，使光线只能通过瞳孔进入。感光细胞在外周方向发出轴突，这些神经纤维先经过一个大的神经节，再将信息传输至脑。

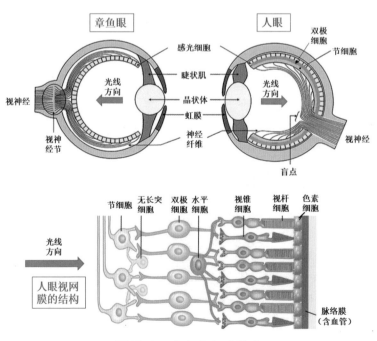

图12-9　章鱼和人的单眼

章鱼通过调节晶状体与视网膜之间的距离来对远近不同的物体进行聚焦，工作方式与照相机相同。瞳孔可以扩大和缩小，以调节进入光线的多少，相当于照相机的光圈。章鱼眼的这些特点使它成为真正意义上的照相机类型的眼，可以形成高分辨率的图像。

脊椎动物的单眼

脊椎动物的单眼（如人眼）和章鱼的单眼结构几乎完全相同，如都有视网膜、色素细胞层、晶状体、角膜、虹膜和虹膜上的瞳孔等，而且它们的空间位置几乎完全相同（图12-9右）。如果只看基本结构图，很难分辨出是章鱼眼还是人眼。人眼也是高度发达的，能够在各种光照情况下对远近不同的物体形成高分辨率的图像。同为脊椎动物的鹰视力更好，能够在几百米甚至上千米的高空看清地面的猎物，相当于在十几米以外看清报纸上的小字。

但是章鱼眼和人眼之间也有一些重要的差别。例如，在人眼中，对不同远近物体的聚焦并不是通过调节晶状体与视网膜之间的距离来实现的，而是在晶状体位置不变的情况下改变其形状。从这个意义上讲，章鱼的眼比人眼更像一架照相机。

更重要的差别是视网膜。人眼的视网膜不是只有一层感光细胞，而是有三层，分别是感光细胞层、双极细胞层和节细胞层（图12-9下）。感光细胞把光信号转变为电信号，双极细胞分析处理这些信号并且加以分类，有的信号只传输形状，有的信号只传输明暗，有的信号只传输颜色等。节细胞把这些加工过的信号传输至大脑，由大脑重新合成完整的图像。除了这三种细胞，人的视网膜还含有其他类型的细胞，如在双极细胞层还有横向联系的水平细胞，在节细胞层也有横向联系的无长突细胞等。也就是说，人的视网膜不仅是感光结构，而且还含有对视觉信号进行初步加工的神经细胞，所以可以看成是神经系统的一部分。而章鱼眼的视网膜则只含有感光细胞，初步处理视觉信号的神经细胞位于眼后的那个膨大的神经节内（图12-9上左）。

考察人眼这三层细胞的朝向，结果出人意料：不感受光线，只传输视觉信号至大脑的节细胞朝向光线来的方向，而直接感受光信号的感光细胞反倒背朝向光线来的方向。即使在感光细胞中，具体感受光线的部分也位于细胞核的后方，直接和色素层接触，也就是视网膜中离光线来的方向最远的部分。这样一来，从晶状体来的光线就要先穿过节细胞层、双极细胞层、感光细胞含细胞核的部分，最后才到达感光部分。从这个意义上讲，人眼的视网膜是反贴的。这就相当于在照相机的胶片前面挡几层半透膜，反射和散射光线。

不仅是人眼，所有脊椎动物的眼睛，包括鱼类、两栖类、爬行类、鸟类、哺乳类动物的眼睛，其视网膜都是反贴的。节细胞发出的神经纤维（轴突）位于节细胞的前方，还会汇聚成一束，穿过视网膜，再将信息传输到大脑，在穿过视网膜的地方就没有感光细胞，形成盲点。这就提出一个问题，脊椎动物的眼睛是如何演化出来的？进化过程为什么要创造并且保留这样一个看上去不合理的设计？这就和章鱼型眼和脊椎动物型眼不同的演化路线有关。

章鱼型眼和脊椎动物型眼不同的演化路线

从前面介绍的比较原始的眼睛中，我们可以推测章鱼型眼两条可能的演化路线。一条演化路线是从水母幼虫的单细胞眼睛开始（图 12-10 上），这个细胞里面既有感光绒毛，又有遮光色素颗粒。到了腕足类动物幼虫两个细胞的眼睛里，感光细胞中就出现了晶状体。到了海鞘幼虫的眼睛，晶状体细胞已经与色素细胞、感光细胞在功能上分开，多个感光细胞和色素细胞大致呈杯形排列，朝向三个晶状体细胞。到了水母比较复杂的眼睛，角膜出现，晶状体变成一个，大量感光细胞呈杯形排列，色素颗粒位于感光绒毛的后面。如果再发展出虹膜和瞳孔，就可以变成章鱼的单眼了。在这条路线中，晶状体是首先在感光细胞中出现的，后来分化成为专门的晶状体细胞。

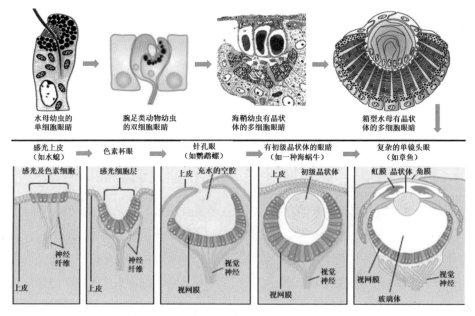

图12-10 章鱼型单眼可能的演化路线

另一条演化路线是通过鹦鹉螺的针杯状眼发展而来（图 12-10 下）。一开始可能只是能感受光线的上皮细胞，例如，水螅的上皮细胞就已经对光线有反应，但是还没有任何专门的感光结构，也没有遮光的色素颗粒。到后来，感光细胞数量增多，含有感光细胞的部分内凹，就能形成没有晶状体的色素杯眼。杯口进一步缩小，可以形成鹦鹉螺眼那样的针孔眼，在视网膜上形成初步的图像。杯内一开始为水充满，后来为了防止异物进入，动物在杯内逐渐发展出了胶状物质。如果杯内胶状物的折光率加大，就会有初步的聚光能力，能在开孔比较大的情况下也在视网膜上形成比较好的图像。这样发展下去，胶状物质就会逐渐变成晶状体。形成针孔的组织如果有微丝 - 肌球蛋白系统，使针孔的大小能改变，就能使眼睛适应光线强度的变化，最后变成虹膜和瞳孔。在这条路线中，晶状体是从眼杯中的胶状物变化而来的。

这两种演化路线都有可能导致章鱼型眼的出现，而且在这些过程中，感光细胞的感光部分都始终朝向光线来的方向，而发出神经纤维的位置则背朝着光线来的方向，因此章鱼眼的视网膜是正贴的，进入眼睛的光线经过晶状体汇聚后，直接聚焦在感光细胞上。

而脊椎动物视网膜反贴的单眼可能是从原始的脊索动物文昌鱼的眼睛发展而来的（图 12-11）。文昌鱼大约有 5 厘米长，身体透明，它的神经系统基本上是一根中空的神经管，其在靠近身体前端的地方有一个感光结构，叫作额眼，由神经管内的色素细胞和感光细胞组成。从它们表达基因来看，它们分别相当于哺乳动物视网膜的色素细胞（如都表达 *Otx* 基因和 *Pax2* 基因）和感光细胞（如都表达 *Otx* 基因和 *Pax6* 基因），因此很可能是脊椎动物单眼的雏形。

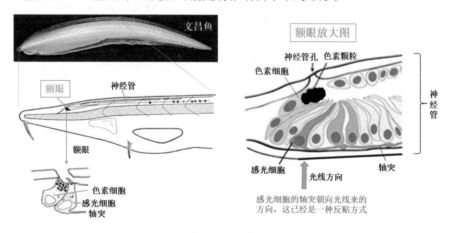

图12-11　脊椎动物单眼的演化过程

在额眼中，色素细胞位于神经管内的一侧，感光细胞位于神经管内的另一侧，在远离色素细胞的末端发出神经纤维。由于文昌鱼的身体包括神经管，都是透明的，只有色素细胞对光线是不透明的，所以光线只能从色素细胞对侧的方向照射感光细胞。这样光线就必须先到达神经纤维，再经过含细胞核的细胞体，最后才到达感光细胞的感光部分。这已经是感光细胞一种倒转的安排。

当脊索动物的体形变大，特别是逐渐发展出头盖骨时，位于神经管上的感光细胞能接收到的光线就越来越少了。为了得到更多的光线，神经管的这个部分向外突出，伸向体表。在这个过程中，感光细胞从一层变为三层，但是轴突朝向光线来的方向的情形始终无法改变，导致所有脊椎动物的眼睛都有反贴的视网膜。

为了减轻视网膜反贴带来的不利影响，脊椎动物在视网膜上发展出黄斑（图12-12），在这里节细胞层和双极细胞层都向四周避开，形成一个凹陷的区域，暴露出最底层的感光细胞，基本上消除了其他细胞的干扰作用。在黄斑处，感光细胞也高度密集，例如，在人眼的黄斑处，每平方毫米有15万个感光细胞，而在视网膜的其他地方，每平方毫米只有4000~5000个感光细胞，使黄斑成为视网膜中分辨率最高的地方。因此脊椎动物眼睛的视网膜虽然是反贴的，但是仍然可以形成非常好的图像。

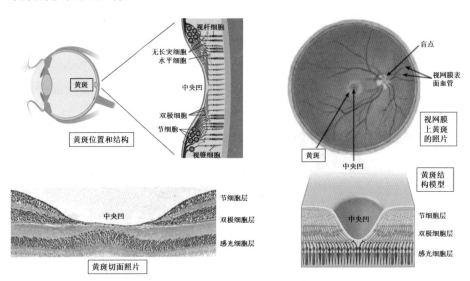

图12-12 视网膜上的黄斑

视觉提供的信息对动物虽然非常重要，同时也有局限性，就是必须依赖光线的存在。在光线很暗的地方或在黑夜中，眼睛就不能很好地发挥作用。而且由于光线是直线传播的，在观察对象和观察者之间不能有阻挡物，薄薄的树叶就能挡住视线。这时不依靠光线而又能提供环境信息的途径就显得重要了，其中一种途径就是听觉。

第二节　从物质振动中获得信息的听觉

听觉是动物从物质（可以是气体、液体和固体）的振动中接收信息的方式。这种信息传递的方式不依靠光线，所以动物在黑暗中仍然可以听见声音。由于声波的波长（对人能听见的频率为 16~20 000 赫的声波，波长为 16 厘米 ~21 米）大于许多物体的长度，所以声波可以很容易地绕过障碍物，不会被声源和倾听者之间不太大的物体所阻挡，即使树后面和草丛中的动静也能被听到。而且声波和光线一样，也可以被物体表面反射，在山谷中也可以听到眼睛看不见的地方发出的声音。

和人一样，许多动物接受声音的器官也是成对的。根据声音到达身体两边听觉器官的时间差和声波的相位差，生物还可以辨别出声源的方向和距离，因此听觉可以在动物清醒状态下的任何时候提供大范围环境的三维信息，用于发现捕食者、猎物以及其他自然过程发出的声音。高等动物能接收的音频范围很广，从声音的频率和质地，可以判断是什么物体发出的声音（人、狗、鸟、飞机、火车、小提琴、钢琴等），什么自然现象发出的声音（刮风、下雨、打雷、落叶、流水等）。人听觉的分辨率也非常高，我们可以区别不同的人发出的声音，甚至同一个人在不同生理和病理状况下的声音，医生可以从这些声音的变化觉察到人身体状况的变化。

动物不仅能接收外界发出的声音，许多动物还能主动发出声音，用于求偶、社交、警告等。被物体反射回来的声波，还可以被一些动物（如蝙蝠和海豚）用来探测环境和对猎物进行定位。人类的语言更是人与人之间交流信息的重要手段，而且听别人说话是学习语言的必要条件。聋哑人不能说话，在许多情况下并不是发音器官有毛病，而是因为听不见声音，不知道如何模仿学习。已经会说话唱歌，随后又失去听力的人，由于听不见自己发出的声音，对自己发音中的偏差无法纠正，发音也会逐渐变得异常。这说明听觉还有一个作用，就是把我们自己的发音和外面的语言进行比较，校正我们自己的发音。

虽然声音提供的信息非常重要，但是动物要听见声音绝非易事。第一，声音主要是通过空气的振动来传播的，由于空气的密度很小，声波的压强很小，能量密度也很小。这样小的能量密度是不足以触发神经细胞，使其发出电信号的。这就要求将声音的能量尽可能多地收集起来，加以汇聚。第二，感知声音并将其转变为电信号的神经细胞基本上是由脂质膜包裹的液体，细胞本身也是浸浴在淋巴液中的，而声音直接从空气传到液体中的效率极低。游泳的人都知道，当头没入水中时，岸上的声音就基本上听不见了。绝大部分声波在遇到液体时会被反射回去而不被吸收，因此必须有另外的机制把声音的机械能传入细胞。第三，就是有了足够的机械力量，感觉神经细胞也还必须有某种机制把声音的这种机械信号转变成为电信号。而动物用很聪明的办法解决了所有这些问题。

昆虫的听觉

昆虫是被科学实验证明具有听觉的无脊椎动物。蝗虫、蟋蟀、蝴蝶、蛾子、螳螂、蝉、蟑螂、甲虫、苍蝇、蚊子、草蛉都被报道具有听力。

蚊子的"耳朵"

蚊子的头部有两根长长的鞭毛，其中最外面的一段最长，叫作鞭节，是直接获得空气运动对其产生的力，也是产生摆动的地方。鞭节上面还长有许多细毛，以增加与空气的接触面，获得更多的力。鞭节连在一个圆球形的节段上，叫梗节，梗节再通过一个叫柄节的圆盘状结构与蚊子的头部相连（图 12-13）。

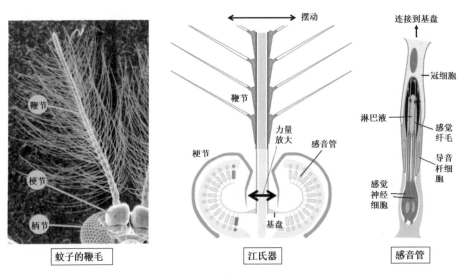

图12-13 蚊子的"耳朵"

梗节是感受鞭节的振动，将其变为电信号的地方，里面的结构叫作江氏器。江氏器里面有一个圆盘，叫作基盘，围绕着基盘的边缘有大量的感音管呈放射状排列。基盘的中心与鞭节相连，鞭节的摆动通过基盘传到感音管上，向其施加机械力。由于鞭节的长度大大超过基盘的半径，由于杠杆原理，鞭节摆动通过基盘传递到感音管上的力量会被放大很多倍，足以触发感音管产生听觉信号。

雄蚊子的江氏器里有大约 15 000 根感音管。每个感音管由三种细胞组成：顶端的冠细胞、管状的导音杆细胞和被导音杆细胞包裹的神经细胞。冠细胞和导音杆细胞都含有由微丝组成的杆状物，给神经细胞以机械支持，并与基盘相连。神经细胞伸出一根感觉纤毛，上面有触觉感受器，浸浴在含高浓度钾离子的淋巴液中（图 12-13 右）。

鞭节摆动时，通过基盘和冠细胞施加的机械力使神经细胞的感觉纤毛变形，触发纤毛上的触觉感受器，使钾离子进入细胞。因为钾离子是带正电的，钾离子的进入会改变细胞的膜电位，使其去极化（参见第六章第四节），神经细胞发出神经脉冲将信号传输至神经系统。

感觉纤毛上的触觉感受器是离子通道 TRPV，是瞬时受体电位离子通道（缩写为 TRP 离子通道）中的一种。TRP 离子通道位于神经细胞的细胞膜上，能在机械力、酸碱度、温度以及一些化学物质的作用下而打开，让细胞外面的阳离子（如钾离子和钙离子）进入细胞，触发神经脉冲，是动物重要的感知各种信号的分子，在听觉、触觉、温度感知、渗透压感知、酸碱度感知上起作用（参见本章第六节和图 12-29）。

蚊子通过鞭毛的摆动感受到的是空气的扰动，如空气的局部流动，而不是空气的振动，因此江氏器还不是真正的耳朵，但是工作原理和耳朵是一样的。

昆虫的鼓膜器

许多昆虫，包括蝗虫、蟋蟀、某些蝴蝶和蛾子，有另一类感受声音的器官，那就是鼓膜器（图 12-14）。鼓膜器是位于体表的一片薄膜和与它相连的感音管。这个薄膜实际上是昆虫变薄的外骨骼，它的下面有气囊，这样，薄膜的两边都是空气，而且气囊中的空气也是可以压缩的，薄膜就能随外部空气的振动而振动。这片膜类似于鼓的鼓面，因而被叫作鼓膜，与高等动物耳朵里面的鼓膜有类似的功能。

鼓膜的内表面在一处或多处通过附着细胞与感音管相连，把鼓膜感受到的振动传递给感音管。由于鼓膜的面积比与之相连的感音管的面积大很多，相当于把整个鼓膜收集到的声波能量集中到少数几个点上，这就大大增强了传递到感音管上的力量。这样，鼓膜的振动就能不断地压迫和拉伸感音管，使里面的神经细胞产生听觉神经信号。

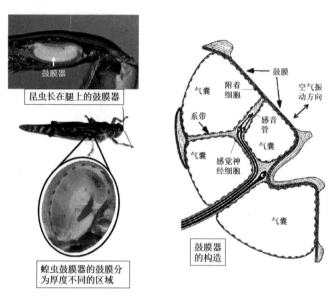

图12-14　昆虫的鼓膜器

　　鼓膜器可以长在昆虫身体上的许多地方，包括胸部、腹部和腿部。鼓膜的大小从草蛉的 0.02 平方毫米到蝉的 4 平方毫米，可以接收到从数百赫到数万赫的声音。

　　比起江氏器，鼓膜器作为听觉器官有明显的优点：它们不突出于身体之外，不容易受到损伤。更重要的是，它感受到的是声波的压力，而不是空气的扰动，所以可以接收远距离传来的声音，是真正意义上的听觉器官。生活在陆地上的脊椎动物也都利用同样的原理，使用鼓膜来收集空气振动的能量。鼓膜的内陷还可以形成外耳道，演化成为高等动物的耳朵。

　　但是除了使用鼓膜外，昆虫耳朵的构造还是和陆上生活的脊椎动物的耳朵有很大的差别，所以只能把它称为鼓膜器。

鱼类的耳朵

　　鱼是生活在水里的，而水基本上是不可压缩的，因此鱼类即使有鼓膜，也不能改变它与鱼身体的其他部分之间的相对位置而施加机械力，因此鱼类必须采取其他方法来接收水振动所携带的信息。

　　鱼的头部有两个装有淋巴液的囊，叫作听壶（图 12-15）。听壶上有加厚的结构，叫囊斑（图 12-15 上中），其内壁上有许多听觉细胞。每个听觉细胞伸出一根纤毛（内部由微管支撑）和多根绒毛（内部由微丝支撑，参见第三章第五节）。纤毛最长，绒毛排列在纤毛的一侧，长度递减。绒毛的顶端之间，以及绒毛的顶端和纤毛之间，都有细丝连接，叫作顶端连丝（图 12-15 右上）。

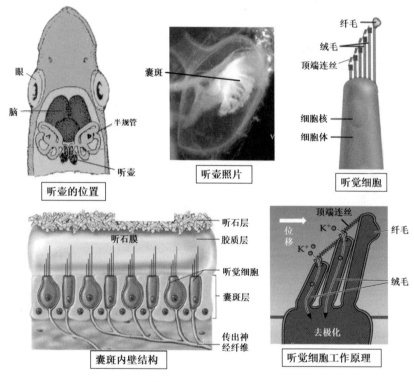

图12-15　鱼类的耳朵

　　这些纤毛的上面覆盖着一层胶质，叫作听石膜，与纤毛的顶端接触（图 12-15 左下）。听石膜内有矿物质组成的听石，比重比较大，在有振动时会由于惯性而不能与听觉细胞层同步移动，于是在听石膜和听觉细胞层之间产生相对位移，使与听石膜接触的纤毛发生偏转。纤毛的偏转会在顶端连丝上产生拉力，直接拉开绒毛膜上的 TRP 离子通道，让钾离子等正离子进入细胞，使听觉细胞去极化，触发神经脉冲（图 12-15 右下）。

人类的耳朵

人类和昆虫一样，是生活在陆地上的空气中的，因此也使用鼓膜来收集空气中声波的能量，但是接收空气振动信号的过程要复杂得多，人类耳朵的构造也可以作为在陆上生活的脊椎动物耳朵的代表（图12-16）。

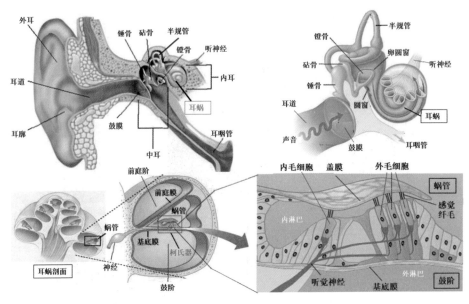

图12-16　人类耳朵的构造

人耳鼓膜的内侧和昆虫鼓膜的内侧一样，也是一个空气室，这样鼓膜才能随空气的振动而振动，但人耳的鼓膜面积要大得多，有 0.5~0.9 平方厘米，比昆虫最大的鼓膜（4 平方毫米）还要大 100 倍以上，因而可以收集到更多的声能。不仅如此，人还有外耳，由耳廓和外耳道组成。耳廓的面积比鼓膜的面积大得多，可以通过反射声波收集到更多的声能，再经由外耳道传至鼓膜（图 12-16 左上）。

与昆虫的鼓膜器不同，人耳的鼓膜并不和感音管相连，而是通过中耳中三块彼此相连的听骨（锤骨、砧骨及镫骨）把振动传到内耳。内耳由两部分组成。一部分是三根半圆形的管子，叫半规管，彼此以 90 度的角度相连，里面充满液体，与身体的平衡有关（参见本章第四节）。另一部分是一个蜗牛状的结构，里面也充满液体，专管听觉，叫作耳蜗。

耳蜗的外壳比较坚硬，像是蜗牛的壳。为了接收由听骨传来的振动，耳蜗上有一个卵圆形的小窗户，覆以薄膜，叫作卵圆窗（图 12-16 右上），薄膜与镫骨相连。由于液体不可压缩，为了卵圆窗能够振动，耳蜗在卵圆窗附近还有一个圆形的小窗，也覆以薄膜，叫圆窗，以释放振动的压力。

耳蜗内是一条骨质的管道，围绕一个骨轴盘旋大约两周半。这根管道被两张分界膜分成三条管道。其中基底膜把管道分为上下两部分。上部为前庭阶，与卵圆窗相连；下部为鼓阶，与卵圆窗附近的圆窗相连。两条管道都充满外淋巴液，在耳蜗的顶部通过蜗孔相通（图 12-16 左下）。

前庭阶（上管道）又被一个斜行的前庭膜分出一个管道，叫作蜗管，里面充满内淋巴液。内淋巴液的组成和外淋巴液不同，含有高浓度的钾离子，和昆虫感音管里的淋巴液组成相似。蜗管是盲管，与前庭阶和鼓阶里的外淋巴液都不相通。感觉声音的神经细胞就浸浴在内淋巴液中。

当鼓膜的振动通过听骨到达卵圆窗膜时，压力的变化就传给前庭阶里面的外淋巴液。当卵圆窗膜内移时，前庭膜和基底膜就下移，最后是鼓阶的外淋巴液压迫圆窗膜外移。所以压力从卵圆窗膜传入，从圆窗膜传出。相反，当卵圆窗膜外移时，整个耳蜗内结构又做反方向的移动，于是形成耳蜗中外淋巴液的振动。

把耳蜗内液体的振动转换为神经细胞电信号的地方位于涡管基底膜上的一个结构，叫作柯氏器（图 12-16 下中及右）。在柯氏器中，在基底膜上有四排感觉神经细胞，以与蜗轴平行的方向排列。它们的顶端长有绒毛，所以又叫毛细胞，但是不像鱼的毛细胞那样有纤毛和绒毛，而是只有绒毛。绒毛的排列和连接方式与鱼类感音囊的毛细胞结构相似，也是从高到低排列，顶端有微丝相连。三排毛细胞在外（远离蜗轴），叫外毛细胞，一排在内，叫内毛细胞。人的每个耳蜗大约有 3500 个内毛细胞，15 000 个外毛细胞。

毛细胞上最长的一列绒毛与覆盖在它们上面的一个叫盖膜的板状物接触，类似于鱼感音细胞上的纤毛与听石膜接触。盖膜比较肥厚，在压力变化时能伸开缩回，就像按压一块厚橡皮时会使它向四周蔓延，放手后橡皮又缩回。这种变形会给绒毛以剪切力，使其发生偏转，通过顶端连丝拉开细胞膜上的 TRP 离子通道，使内淋巴液中的钾离子进入细胞，触发神经脉冲。除人以外，其他哺乳动物以及鸟类、爬行类动物和两栖动物，也用这种机制来听声音。

既然动物能听到声音，自然也可以发出声音来向其他动物传递信息，或者依靠反射回来的声音对物体进行定位。

动物的发声和用声音定位

许多昆虫通过摩擦翅膀来发声，如蟋蟀和蝉。它们的两只翅膀上各有一条增厚并且硬化的区域，其中一个区域上面有规则排列的嵴，像锉刀的表面，叫音锉。在另一翅膀对应的位置上有一个结构，叫刮器。刮器刮过音锉时，就像用硬物刮过梳子上的齿，会发出声音，翅膀抖动的快慢和嵴之间的距离则决定声音的频率（图12-17左）。

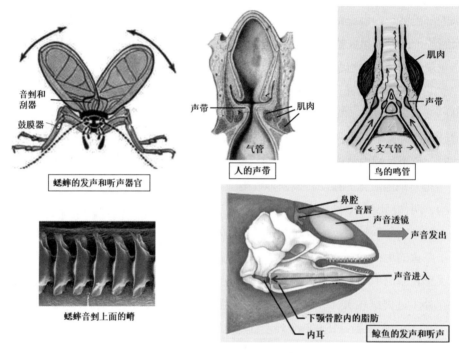

图12-17 动物的发声

鱼可以用鱼鳔的振动来发声，如深水鱼中的琵琶鱼、新鼬鱼、犬牙石首鱼和多须石首鱼就可以用鱼鳔的振动来发声。发声是与鱼鳔相连的肌肉快速收缩和放松的结果。

人用声带发声（图12-17上中）。声带位于喉部的气管中，是一对可以开合的膜状组织，空气呼出时，能够带动声带振动，发出声音。鸟类通过鸣管发声。在鸟类气管的分支处，即气管分为两条主支气管的地方，支气管的内壁长有音唇，相当于哺乳动物的声带，在有空气流过时发出声音，因此鸟类相当于有两对声带。通过环绕鸣管肌肉的收缩，就可以控制声音的频率和长短（图12-17上右）。

蝙蝠和海豚虽然一个生活在陆上，一个生活在海中，但是它们都能主动发出声音，并且利用回声来定位，相当于动物的声呐。

蝙蝠通过喉部气管末端的声带来发声。从猎物回声到达的时间，蝙蝠可以判断猎物的距离，从回声到达两只耳朵的时间差，蝙蝠还可以判断猎物的方向。

鲸类哺乳动物（包括海豚、江豚、虎鲸、抹香鲸），都可以用声音来定位（图 12-17 下右）。它们将空气喷过骨质的鼻孔（如鲸鱼的喷水口），带动音唇发声。声波被头骨反射，经过一个脂质的声音透镜聚焦，再从头部的前方发出去。之所以这个结构叫声音透镜，是因为这个椭球状的物体由不同密度的脂肪组织构成，密度高的地方声音传播速度快，密度低的地方声音传播速度慢，就可以把声音聚集到一个方向。为了接收回声，鲸鱼的耳朵不是位于头骨内，而是位于下颚中，回声利用下颚中复杂的脂肪层汇聚，再传到耳中。由于声音在水中的传播速度（大约 1500 米/秒）是在空气中（343 米/秒）的 4 倍多，水中声呐是很有效的定位系统。

第三节　从直接接触中获得信息的触觉

触觉是动物与外界物质或自身部分直接接触时产生的感觉。通过触觉，我们能感觉到风、水流、障碍物，我们能摸出物体的形状、大小、质地，能感知物体是柔软还是坚硬，是粗糙还是光滑，身体所受的压力是大还是小。

在低等动物中，触觉就开始发挥作用了。例如，单细胞的草履虫在碰到障碍物时会改变游动方向，这是因为触碰会通过细胞膜上对机械力的感受器让正离子进入细胞，改变膜电位，使纤毛摆动的方向逆转。线虫的鼻子（最前端的部位）碰到障碍物时，也会改变爬行方向。因此触觉出现的时间非常早。

触觉感受到的仍然是机械力，所以所使用的神经细胞在结构上也与上面提到的感觉声音的听觉神经细胞非常相似，工作原理也相同。

昆虫的触觉

昆虫用身体表面的刚毛器来感知触碰。刚毛器长在昆虫的头、胸、腹、腿、翅膀上，可以感知身体几乎任何部位的触碰（图 12-18 左）。

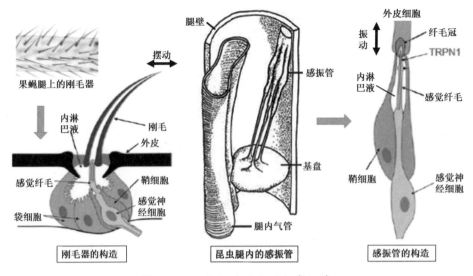

图12-18　昆虫的刚毛器和感振管

　　顾名思义，刚毛器就是感觉神经细胞上面套着一根空心的硬毛。硬毛的作用就相当于杠杆，把接触的机械力放大。感觉神经细胞伸出一根感觉纤毛，顶端插入刚毛的空管中。感觉纤毛的周围是一个空腔，里面装有高钾的淋巴液。刚毛在和外面的物体接触而发生偏转时，就会拉开感觉纤毛上的离子通道，让淋巴液中的钾离子等正离子进入神经细胞，触发神经脉冲。刚毛器中感知触觉的蛋白质也属于 TRP 离子通道。

　　除了刚毛器，昆虫的腿内还有感振管（图12-18右），使昆虫可以感受到地面的振动。感振管的构造和鼓膜器中感音管（参见本章第二节）非常相似。许多昆虫的腿内部是空的，感振管的一端连在腿的表面，另一端连在腿内的基盘上，这样体表的接触就可以把力量直接传送到感振管中的神经细胞上。感振管中感知触觉的蛋白质是 TRP 离子通道中的 TRPN1。

鱼类的侧线

　　鱼类感觉周围环境的一个重要方式，就是用体表的一些结构来感知与身体表面接触的水流的状况，这就是鱼身体两侧的侧线（图 12-19）。侧线实际上是鳞片下面的一条管道，在相邻的两片鳞片之间拐到鳞片上方，在那里有一个开口，在开口之后，通道又钻到鳞片下，再从下一片鳞片的上方钻出。这有点像新疆的坎儿井，水通道在地下，隔一段距离有一个通向地表的开口。

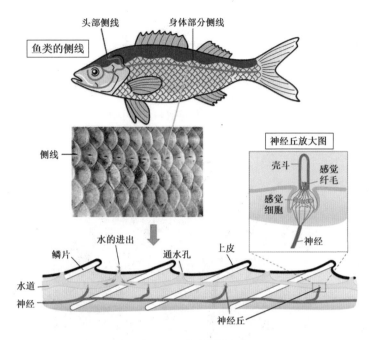

图12-19　鱼类的侧线

在通道钻入鳞片下面以后，在通道的下方有感觉水流的结构，叫作神经丘。每个神经丘里面有数个感觉神经细胞，在顶端长出许多根绒毛，类似耳蜗中的毛细胞。这些绒毛被套在一个钟形的叫作壳斗的帽子内，水流的力量会使壳斗弯曲偏转，使微绒毛变形，触发神经脉冲。

鱼周围的水被扰动时，在不同开口处水的压力就会不一样，水会从压力高的地方进入水通道，从压力低的地方流出，在侧线的各段形成方向不一致的水流。在不同侧线位置上的神经丘会感觉到这些水流的方向和速度，给鱼以周围环境的丰富信息，包括捕食者的接近、猎物的逃跑等。

由于鱼的听力总的来说不是很发达，侧线提供的信息就非常重要。例如，体形比较小的鱼容易受到其他动物的捕食，所以常常聚成鱼群，以迷惑捕食者。实验表明，失去视力，但是侧线完整的鱼可以跟随鱼群游动，但是侧线丧失功能的鱼就无法调整自己的方向。

哺乳动物的触觉

哺乳动物的身体结构与昆虫不同，刚毛器和感振管那样的结构对于哺乳动物已经不合适了，而且哺乳动物多数在陆上生活，自然也用不到鱼那样的侧线来感知水流。哺乳动物是用皮肤下面的各种受体来感知触碰信息的（图12-20）。由于接触的方式各种各样，所以哺乳动物也发展出各种不同的结构来包裹神经末梢，以获取接触所能够带来的各种丰富的信息。但是这些结构的共同点都是使用神经末梢（感觉神经分支的末端）来感知机械力造成的皮肤变形，皮肤变形使这些结构中的神经末梢变形，使末梢上的离子通道打开，阳离子进入神经细胞，降低膜电位，触发神经脉冲。

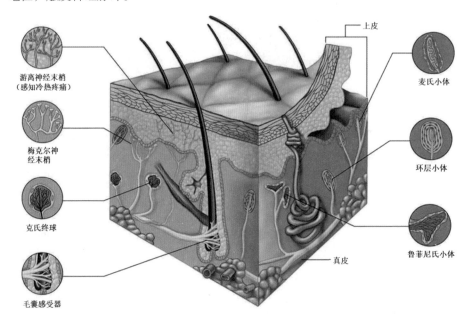

图12-20　哺乳动物的触觉感受器

环层小体

环层小体又称帕西尼小体，呈椭球形，长约 1 毫米，外面有结缔组织包裹，里面有 20~60 层由成纤维细胞组成的同心膜，膜之间有胶状物质，中间则是感觉神经末梢。环层小体感受物体的光滑度和皮肤的快速变形，而且对振动非常敏感。

人的指尖上的指纹就含有环层小体。在指尖的皮肤摸过物体表面时，与指尖运动方向垂直的指纹能够使皮肤发生振动而被环层小体感觉到。粗细不同的表面所产生的振动频率不一样，使我们知道物体表面的性质。之所以指纹是环形的，是因为这样的安排使指尖向任何方向抚摸时，都会有一些指纹与抚摸的方向垂直。

麦氏小体

麦氏小体位于皮肤表面叫真皮乳头的突起下面，离皮肤表面非常近，小体内有若干扁平的细胞层，神经末梢就位于这些细胞之间。麦氏小体对轻微的接触非常敏感，在指尖和生殖器上非常密集。

鲁菲尼氏小体

鲁菲尼氏小体位于皮肤的深层，形状为梭形，连接它的神经纤维在进入小体后分支，缠绕于胶原纤维之间。鲁菲尼氏小体能感知皮肤的拉伸和持续的压力。它在指甲周围的密度最高，对角度的变化非常敏感，这个性质使它可以监测手握住的物体是否滑落，从而调整握力。

梅克尔神经末梢

梅克尔神经末梢位于真皮下，由梅克尔细胞和与它有突触联系的神经末梢组成。这些末梢没有特殊的结构包裹它们，能感受持续的压力和低频率（5~15赫）的振动。它们的反应面积（能触发一根末梢反应的皮肤面积）非常小，使它们对物体表面有很高的分辨率。它在指尖上密度非常高，因此盲人可以识别盲文。

克氏终球

克氏终球位于皮下和口腔黏膜中，形状为椭球形，外有结缔组织包裹，内有胶状物质，神经末梢分支在其中卷曲为球形，也能感知接触所产生的机械力。

毛囊感受器

除了皮肤表面，毛发根部的毛囊里面有毛囊感受器，在这里神经末梢反复分支，围绕在毛囊上，在毛发被触动时能感受到。

在这些感受器中具体感知机械力的离子通道的种类还不完全清楚，但是至少在梅克尔小体中发现有 TRP 类型的离子通道。

第四节　动物的自体感觉

动物要运动，不仅要感知外界的信息，也要随时了解自己身体的状况，包括身体的上下朝向以及身体的姿势，例如，是站立的还是躺下的，手臂是抬起的还是下垂的，躺下时腿是伸直的还是弯曲的，等等。动物在运动时，还需要知道身体运动的方向和速度。这些对动物自己身体状况的感知统称为自体感觉。动物的自体感觉也是由对机械力敏感的蛋白受体分子来实现的，使用的原理也和听觉和触觉的原理非常相似，甚至在功能上有重叠。

动物对上下方向的感知

地球上的生物都生活在重力场中，都要面对上下方向（即逆着和顺着重力方向）的问题。由于重力的作用，所有生物的上端和下端都是不一样的，动物的上下方向也不能对调，否则生活就会很不方便或者无法生活。因此动物必须有感知身体上下方向的能力。

蚊子的江氏器既能感知空气的振动，也能感知重力。它们的头部在不同的位置时，鞭毛施加于江氏器上的力在方向上是不同的，也会激活不同位置的感音管，让这些昆虫感知自己的空间方向。

水母感知重力的结构叫作感觉垂（图12-21左），其中含有矿物质组成的颗粒，也叫听石，虽然在这里与听觉没有关系。这些听石的比重比较大，水母身体改变方向时，感觉垂就像天花板上用绳子吊着的重物，在天花板倾斜时仍然要垂向下方，与天花板之间的角度会改变。这个角度改变会使感觉垂与旁边感觉神经细胞的空间关系改变，所施加的力量就会使神经细胞发出神经信号。

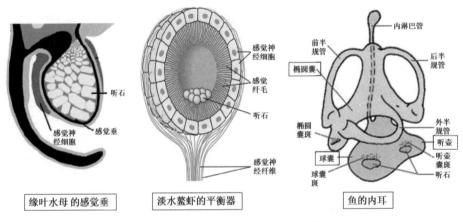

图12-21　动物感知上下方向的器官

生活在水中的一些动物如贝类、水母、海胆、海星、龙虾、螃蟹等，感知重力的器官叫平衡器（图12-21中）。这是一个含有听石的囊状结构，囊的内面排列着感觉神经细胞。听石含有无机盐，比重比较大，在生物改变方向时听石由于惯性会在囊中滚动，触发其中一些感觉神经细胞绒毛上的离子通道，给动物以方向的信息。

鱼听壶上的囊斑（参见本章第二节）除了听声音外，也可以感觉重力的作用（图12-21右）。鱼改变相对于重力的方向时，听石膜也会改变位置，刺激感觉神经细胞。除了听壶上的囊斑，鱼类还有另外两个结构类似的囊，叫椭圆囊和球囊，也可以感受重力。在哺乳动物和鸟类中，椭圆囊和球囊仍然在内耳中保留，用来感受重力。

对运动加速度的感知和身体平衡

动物在运动时，必须随时了解自身的运动状态，以使动物的身体保持平衡。根据力学原理，物体在加速和减速时都会产生力。运动有直线运动和转动，加速度也有直线加速度和角加速度。这两种加速度所产生的力是由不同的结构来感知的。

上面说过的感知重力的囊斑、椭圆囊和球囊，由于含有比重大的听石，在有加速度时也会产生相对位移，拉动毛细胞上的感觉纤毛，触发神经脉冲。

而旋转加速度则由内耳的半规管来感知（图 12-22）。从鱼类开始，内耳中与感知声音和重力的囊相连的部位就有三根半规管，从囊上发出，彼此垂直相交，在方向上类似于空间的 X、Y、Z 轴。半规管里面有内淋巴，每条管的两端还有膨大的部分，叫作壶腹，壶腹内一侧的壁增厚，向管腔内突出，形成一个与管长轴相垂直的壶腹嵴。壶腹嵴有一个胶质的冠状结构，叫作盖帽，里面埋有感觉神经细胞发出的绒毛。动物的头部旋转时会带着半规管一起转动，但是管内的内淋巴液由于惯性而位置滞后，在半规管内流动，冲击壶腹嵴使其偏转，带动毛细胞上的感觉绒毛变形，触发神经脉冲，提供身体转动的信息。

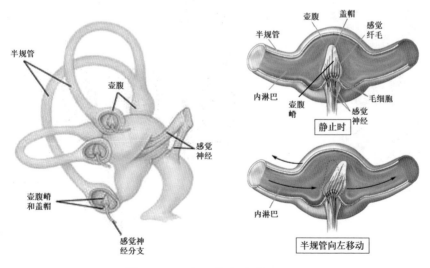

图12-22　半规管感觉身体转动

动物对身体姿势的感觉

除了感受重力和保持身体平衡，机械力感受器还有一个功能，就是对身体的姿势进行监测。例如，我们即使闭着眼，也知道我们是坐着、站着还是躺着；我们吃饭时只能看见食物，看不见自己的嘴巴，但是我们还是能准确地把饭送进嘴里面去；琴师拉琴时不看手指头；篮球运动员投球时不看手；歌手唱歌看不见自己的嘴巴和声带；我们走路不看自己的脚，但是都能准确地完成动作，依靠的就是监测自己身体各部分相对位置的系统。

身体的姿势是由肌肉、筋腱、关节上对机械力反应的受体来监测的，它们报告肌肉张力、长度以及关节角度等与运动有关的信息。其中位于肌肉中段的感觉结构叫作肌梭，它感觉肌肉的长度（图12-23左及中）。肌梭呈梭状，长数毫米，外面有结缔组织包囊，内面有数根肌纤维，叫梭内肌纤维。神经纤维反复分支，缠绕在梭内肌纤维上。当肌肉被拉伸时，梭内肌纤维被拉伸，拉开神经纤维上的离子通道，使神经细胞发送出的神经脉冲频率增加。反之，当肌肉收缩时，梭内肌纤维缩短，发出的神经脉冲频率降低。

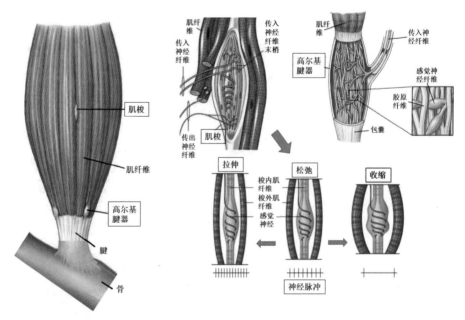

图12-23　肌梭和高尔基腱器

肌肉的张力则通过肌肉-筋腱连接处的高尔基腱器（图12-23右上）（不要与第三章第八节中的高尔基体相混淆）来监测。高尔基腱器由连接肌肉和筋腱的胶原纤维组成，外面也有包囊。神经纤维反复分支，缠绕在这些胶原纤维上。肌肉张力变化时，这些纤维受到的张力也改变，使神经细胞发出神经脉冲的频率改变。

关节所受的力和关节的角度则通过骨头之间的软骨组织，如膝关节上的半月板上的机械力感受器来感知。前面说过的皮肤上的鲁菲尼氏小体也表达在关节中，在角度的改变不到 3 度时就能发出信号。

第五节　感受分子性质的嗅觉和味觉

除了视觉、听觉和触觉，动物还可以通过识别外部分子结构特点的方式来获得外部世界的信息。例如，动物要进食，首先需要知道哪些东西是身体可以利用的营养物，可以吃，哪些东西没有营养，甚至有毒，不能吃。这样的信息是视觉、听觉和触觉难以提供的，而必须通过含在食物中某些特征性分子的结构来获得。获得这些特征性分子信息的机制就是味觉。

动物从水中转到陆上生活后，还可以获得一种新的感知外部世界的方式，这就是从在空气中飘浮的分子（即所谓挥发性分子）获得外部世界的信息，如捕猎对象或者捕食者是否存在，附近是否有配偶等，这就是动物的嗅觉。

无论是味觉还是嗅觉，都使用细胞表面的蛋白质分子与外部的分子结合，这种结合改变蛋白质分子的形状，同时改变它们的功能状态，即从"关"到"开"的状态，再把信息传递下去。

动物的味觉

水螅的味觉

水螅是多细胞动物，以捕获水蚤这样的动物为食。水螅并不能直接尝到水蚤的味道，而是在感觉到运动物体时，释放出刺细胞中带倒钩的尖刺将猎物刺伤，再去尝被刺伤动物释放出来的物质的味道。这个被水螅当作味道来尝的分子，就是在生物细胞中普遍存在的谷胱甘肽（由谷氨酸、半胱氨酸和甘氨酸相连组成的三肽）。谷胱甘肽的存在向水螅表明：这是活食，由此触发水螅触手的卷曲，将食物送到口处，同时它的口会张开，迎接食物。无须水蚤，谷胱甘肽本身就能使水螅的口张开，而且张开的时间随谷胱甘肽浓度的增加而增加，说明谷胱甘肽的确是水螅用来认识食物的分子。

水螅是有神经系统的最简单的多细胞动物（参见第四章第六节）。它具有由神经细胞连成的神经网，但是没有神经节，更没有脑。水螅是否能感觉到谷胱甘肽的味道？换句话说，水螅是否有味觉？在高等动物中，味觉是和回报感觉相联系的，即食物的味道可以使动物产生愉悦的感觉，以鼓励动物去进食。这种感觉在动物的大脑中是通过多巴胺和血清素等神经递质来实现的（参见第八章第六节），而水螅已经能生产多巴胺和血清素，所以水螅可能已经有味觉。

线虫的味觉

线虫是比水螅复杂的多细胞动物，成虫有 959 个体细胞，其中 302 个是神经细胞，而且这些神经细胞已经开始聚集成为神经节。它们主要生活在土壤中，以细菌为食。线虫能被细菌产生的可溶性化学物质所吸引，如铵离子、生物素、赖氨酸、血清素、环腺苷酸等。细菌分泌到细胞外，用于感知细菌浓度的酰化高丝氨酸内脂（简称 AHSL）也能吸引线虫，因为 AHSL 浓度高的地方也意味着有高浓度的细菌。另外一些物质如喹啉（对人是苦味）、二价铜离子（对生物有毒）、氢离子等，能使线虫有避开反应，说明线虫也能感受对身体有害的物质。

线虫在身体的前端和后端各有一对感受外界分子的感受器（图 12-24 上）。在身体最前端的叫头感器，在肛门后方靠近尾部的叫尾感器，它们里面各有几个感觉神经细胞。前端的感受器主要感受有吸引力的分子，与驱使线虫前进的运动神经细胞相连。后端的感受器主要感受需要避开的分子，与驱使线虫后退的运动神经细胞相连。这样，有吸引力的刺激和需要规避的刺激就能直接与线虫的运动方式相连。

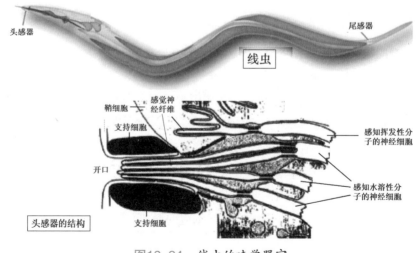

图12-24 线虫的味觉器官

线虫的头感器上有一个由两个支持细胞包围成的孔，每个感觉神经细胞发出一根纤毛，通过孔与外界接触（图 12-24 下）。纤毛上有对外界分子的受体，这些受体中的一些是 G 蛋白偶联受体（GPCR）家族的成员（关于 G 蛋白，参见第六章第三节），用来感受甜味，但是也有其他类型的蛋白质分子。

例如，线虫感知低浓度氯化钠溶液的受体就不是 GPCR，而是一类叫 DEG 的受体分子。这类分子是一种钠离子通道，能够感知低浓度的氯化钠溶液并且打开通道，让钠离子进入细胞，降低膜电位而触发神经脉冲。不仅是线虫，其他动物包括蜗牛、昆虫、青蛙及哺乳动物（包括人），都用这类受体来感知氯化钠，所以是动物的咸味受体。在哺乳动物中，这种受体叫作上皮细胞钠离子通道（简称 ENaC），二者统称为 DEG/ENaC。

线虫没有呼吸系统，自然也没有鼻腔，但是它的两个感受器不仅可以感受水溶性的化合物，还可以感受挥发性的化合物，如氨、醇、醛、酮、脂类化合物，以及芳香化合物（环状碳氢化合物）和杂环化合物（环中有非碳原子的化合物）。这些神经细胞发出的感觉纤毛不是暴露在感受器的开口处，而是埋在开口旁边的鞘细胞的凹陷处，挥发性化合物可以通过细胞膜扩散到这些感觉纤维上去（图 12-24 下）。从这个意义上讲，线虫的感受器也同时具有嗅觉的功能。这两个功能只有在更高级的动物中才被分开。

昆虫的味觉

昆虫已经有脑，这就是位于食道上方的食道上神经节和食道下神经节（图 4-16），它们之间有神经通路相连。昆虫脑的分区使昆虫可以对味觉信号和嗅觉信号分开处理，如味觉信号就是由食道下神经节处理的。

由于昆虫的神经系统已经有比较强大的信息分析能力，昆虫的味觉感受器和嗅觉感受器不再如线虫那样，表达在同样的感受器（头感器和尾感器）中，而是彼此分开，在身体的不同位置配置。味觉感受器主要在口器最前端的唇瓣上，同时也在腿上和翅膀上（图 12-25 左）。所以昆虫可能是先用腿尝，再进一步用嘴尝。而嗅觉感受器主要在触角和下颚须（口器旁边的一对触须）上（参见图 12-27）。

典型的昆虫味觉感受器是外皮上空心的毛，毛的顶端有一个开口，内部有数个感觉神经细胞，通过它们发出的感觉纤毛与外界接触（图 12-25 右）。例如，腿部的味觉感受器就有四个感觉神经细胞，分别发出感受甜味(蔗糖)的 S 神经纤维、感受苦味（如奎宁和黄连素）和高盐的 L2 神经纤维、感受低盐溶液的 L1 神经纤维，感受水的 W 神经纤维。

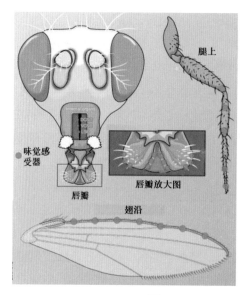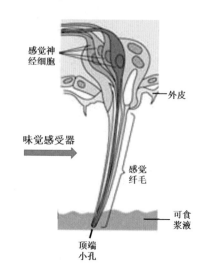

图12-25　昆虫的味觉感受器

昆虫的味觉受体（Gr）是一种离子通道，在结合味觉分子后通道打开，让阳离子进入细胞，触发神经脉冲，将信息传递下去。Gr 类型的味觉受体主要存在于昆虫中，感受甜味和苦味。与线虫类似，昆虫也用 DEG/ENaC 类型的受体来感觉咸味。

除了感受甜、苦、咸等味道，昆虫还能够尝到水的味道。这是由表达感知水的 W 神经纤维上的 ppk28 受体来实现的。

昆虫的味觉感受器有时还能执行嗅觉的功能，如蚊子通过感受动物呼出的二氧化碳来寻找吸血对象，其中传播疟疾的疟蚊就使用 Gr76 和 Gr79 来感受二氧化碳。

哺乳动物的味觉

哺乳动物的味觉功能主要是由口腔中的舌头来执行的（图 12-26）。人的舌头表面有许多乳头状的突起，叫舌乳头，上面有感觉味道的结构，叫作味蕾。不同位置的味蕾重点感觉的味道不同，例如舌尖主要感受甜味，舌根主要感受苦味，舌两边靠后主要感受酸味，舌两边靠前主要感受咸味。每个味蕾含有 50~100 个味觉细胞，聚集成球状，埋在舌头的上皮细胞中。每个味觉细胞在味蕾开口处发出绒毛，上面有味道感受器。溶解于唾液的外来味觉分子与这些绒毛上的受体分子结合，触发神经脉冲，将味觉信号传至大脑。

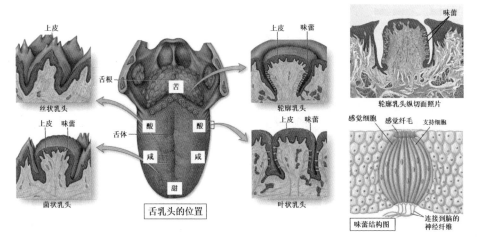

图12-26　哺乳动物的味觉感受器

　　哺乳动物的味觉大致可以分为 5 种：甜、鲜、苦、酸、咸，基本上和过去认为的酸、甜、苦、辣、咸 5 种味道一致，其中只有一个不一样。辣过去被认为是一种味道，现在已经知道是辣椒素结合于一种 TRP 离子通道所引起的感觉，由于这种 TRP 离子通道也可以被 42 摄氏度及 42 摄氏度以上的温度激活，所以辣和烫其实是同一种感觉，而且辣椒素还能在舌头以外的皮肤或黏膜上引起灼烧感，说明它不是味觉。鲜味过去被认为不是一种味道，现在被发现是通过与感受甜味的受体类似的受体感觉的，而且在非味觉器官中不被感受到，所以被列为 5 种味道之一。

甜味受体和鲜味受体

　　和线虫一样，动物也是通过 GPCR 来感知甜味的，而且 GPCR 还能够感受鲜味。动物接收甜味和鲜味的受体属于 GPCR 中的 T1R 家族，这个家族只有三个成员——T1R1、T1R2、T1R3。T1R2 和 T1R3 组合在一起，就是甜味受体。T1R1和 T1R3 组合在一起，就是鲜味受体。甜味和鲜味的受体共用 T1R3，说明对动物进食最关键的两种味觉（甜味和鲜味）是从过去共同的感觉分化而来的。

苦味受体

　　植物为了对抗动物啃食，发展出一些对动物有害的化合物，如各种生物碱。动物也发展出了用味道来识别这些化合物的机制，那就是苦味，提醒动物、植物中可能含有害物质，最好不要去吃。哺乳动物感受苦味的受体也是 GPCR，属于里面的 T2R 家族。动物无须区分潜在的有害物质究竟是什么，只要能提供警戒信号就行，所以各种有害物质都在神经系统中被感觉为苦味。例如，黄连素和奎宁是结构不同的化合物，但是我们感觉到的味道都是苦的。

酸味受体

哺乳动物的舌头对酸味（pH 降低）的感觉是由 TRP 类型的受体来感知的。它表达于味蕾开口处附近的味觉细胞表面上，在 pH 降低到 5.0 左右时被激活，在神经系统中产生酸的感觉。

咸味受体

哺乳动物感受咸味的也是前面提到过的线虫感受氯化钠的上皮钠通道 DEG/ENaC。如果不让这个通道在小鼠的味觉细胞中表达，这些小鼠就尝不到食盐的咸味，即使长时间不让这些小鼠吃盐，它们也对盐不感兴趣。

动物的嗅觉

嗅觉使动物能从空气中所含的分子来感知外部环境的信息。嗅觉不需要与发出气味的物体直接接触，所以能感知比较远距离上的信息，如鹿就可以闻到几十米以外老虎的味道，动物发展出专门的嗅觉器官是非常自然的事情。

虽然嗅觉探测的是空气中的分子，但是这些分子也必须先溶解于水中，才能与受体分子结合，产生嗅觉信号。从这个意义上讲，嗅觉与味觉并无根本的区别，嗅觉受体也很容易从味觉受体转变而来，动物使用的嗅觉受体和味觉受体也非常相似。

昆虫的嗅觉

昆虫有气管，但是没有肺，而是通过空气的扩散和外界交换气体（参见第四章第六节），因此气管内没有持续不断的空气流动，把嗅觉受体安排在气管内效果不好，还不如伸出身体与空气密切接触的触角和触须。由于这个原因，昆虫的嗅觉分子受体表达在触角和下颚须（口器旁边的一对触须）上（图 12-27）。它们上面长有突出表皮的毛状物，内有淋巴液，感觉神经细胞的感觉纤毛就浸泡在淋巴液中。毛状物的外皮上面有许多小孔，空气中的味觉分子经过这些小孔进入感受器，溶解在淋巴液中，再被转运至纤毛上的嗅觉感受器（olfactory receptor，OR）。

由于许多挥发性分子是憎水的，它们需要与一些蛋白质分子结合才能很好地溶于淋巴液中。这些蛋白质叫气味分子结合蛋白（odorant binding protein，OBP）。OBP 是昆虫嗅觉器官中表达最多的蛋白质，蚊子的 OBP 多于 100 种，说明这些结合气味分子的蛋白质在嗅觉中起到必不可少的作用。

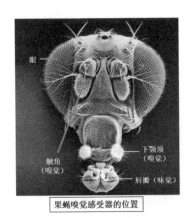

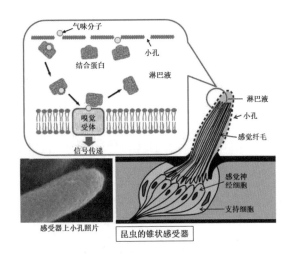

图12-27　昆虫的嗅觉感受器

　　昆虫的 OR 和昆虫的 Gr 一样，也是一种离子通道，它们的结构和氨基酸序列都彼此相似，说明它们有共同的祖先。果蝇约有 60 种 OR，蚂蚁约有 350 种 OR，以便与不同的嗅觉分子结合。

　　从嗅觉神经细胞发出的轴突进入神经系统中的触角叶，在那里表达同种 OR 的神经细胞的轴突汇聚在小球状的结构中，叫作嗅小球，这样每个嗅小球只接收来自同种 OR 传来的信号。这些经过分类的信号再通过二级神经细胞传输到昆虫脑中，转换成为嗅觉。

哺乳动物的嗅觉

　　与昆虫的味觉和嗅觉分别使用 Gr 和 OR 离子通道不同，哺乳动物使用 GPCR 来接收味觉和嗅觉信号。而且哺乳动物是有肺的，通过肌肉收缩进行主动呼吸，因此在呼吸道中有不间断的空气流，用鼻腔这个空气刚进入呼吸系统的地方来感知空气中的气味分子，无疑是最合适的位置。

　　与昆虫的感受器用淋巴液溶解挥发性分子类似，哺乳动物的嗅觉器官也分泌液体来溶解空气中的挥发性分子，再让它们与位于感觉神经上的嗅觉受体结合。液体里面也含有 OBP，使空气中的气味分子溶解于这些液体中。

　　小鼠的鼻腔中有两个感知气味的地方，分别是位于鼻腔上方的嗅上皮和位于鼻腔下方的犁鼻器（图 12-28 左）。感觉神经细胞上长出许多绒毛，上面有嗅觉受体。从嗅上皮发出的神经纤维进入鼻腔上面一个叫嗅球（OB）的结构，在那里表达同种嗅觉受体的神经细胞发出的轴突汇聚在同一个嗅小球内，再由僧帽细胞将汇聚的信号传递至大脑。从犁鼻器发出的神经纤维进入位于嗅球后方的副嗅球内，在那里表达同种嗅觉受体的神经细胞发出的轴突也汇聚在同一嗅小球中，再由僧帽细胞传至大脑。因此在嗅觉信号的传递方式上，脊椎动物和昆虫是一致的，都是表达同种嗅觉受体的神经细胞的轴突在嗅小球中汇聚，再将分类后的信号传输至脑。人的嗅觉器官与小鼠相似，但是不再使用犁鼻器（图12-28右）。

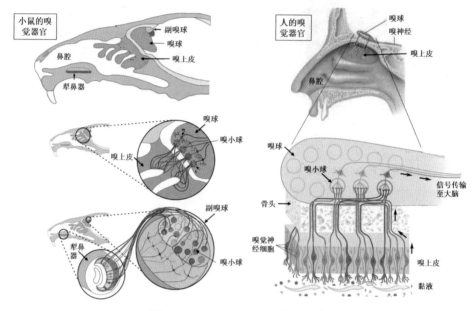

图12-28　哺乳动物的嗅觉器官

用嗅小球将表达同样嗅觉受体的神经信号集中，再传输至大脑，说明大脑用不同的区域解读不同嗅觉受体带来的感觉，凡是进入某个区域的神经信号都会被解读为那个区域所产生的特殊感觉。脑再将这些信号综合在一起，成为嗅觉。

第六节　感受伤害的痛觉

动物的触觉是指通过体表与外界物质的直接接触来感知外部世界的状况，感受到的一般是非伤害性的刺激。除此以外，动物还需要有感知伤害性刺激的能力。

之所以动物需要这种能力，是因为比起植物，动物更经受不起身体的伤害。植物的构造相对简单，身体也没有固定的形状，失去一根树枝，甚至拦腰折断，都不会危及植物的生命。而动物的身体构造复杂，还有通过液体（血液、淋巴等）流动形成的循环系统，身体伤害会造成血液外流，危及生命。动物要运动，也需要身体构造完整平衡，断肢通常会影响动物的生存能力。如果动物对身体伤害没有感觉，就不会主动做出躲避伤害源的动作，就会持续受到伤害，最后危及生命。动物对伤害没有感觉，也不会从伤害中学习，在以后的生活中主动避免同样的伤害。为了让动物感觉到伤害并且记住伤害，这种感觉必须足够强烈，难以忍受，这就是动物的痛觉。痛觉让动物做出激烈的反应，迅速离开伤害源（如火烧和电击）。

各种伤害都归结为痛

由于触觉是动物感知世界的重要手段，所以触觉不仅灵敏度高，即使轻微的触碰也能感觉得到，而且分辨力也很高，这样才能从触摸中获得外部世界尽可能多的信息。但是对于能造成伤害的刺激来讲，感觉的阈值应该比较高，要到组织伤害的程度才触发感觉。如果日常生活中的接触都会引起伤害感，那不仅是"谎报军情"，而且会严重干扰正常生活。

动物做到这一点的方式就是不给伤害性刺激提供任何集中和放大外部刺激的物理结构，而只是用裸露的神经末梢上的感受器来直接感受伤害性的刺激。由于没有放大结构，刺激只有达到相当强度，一般达到足以造成组织伤害的程度，这些感受器才被活化，这样就避免了"谎报军情"的问题。

与触摸要分辨物体的各种性质不同，对于各种组织伤害来讲，及时向身体发出警示，让身体立即做出反应是最重要的，具体是什么伤害倒不是那么重要，身体也不必等到弄清刺激的性质再采取行动。无论是电击、火烧还是刺伤，我们本能的反应都是立即缩回，而不必去想伤害是什么性质，那样反而会延缓我们逃离伤害的速度。各种伤害也都引起同样的感觉，那就是痛：针刺刀割、火烧水烫、寒风冰霜、酸碱腐蚀、电位改变（电击），甚至辣椒入眼都会引起疼痛。这些刺激的性质彼此不同，但是后果都是组织伤害，我们的感觉也都是疼痛。痛就是告诉身体：有伤害了，马上采取行动。这就够了，因为反应只有一个，就是逃离伤害源。

但是要把性质完全不同的伤害性刺激都转化成为痛觉，对接收器就有很高的要求。但在实际上，生物在演化过程中已经发展出了这样的多功能信号接收器，这就是在本章第二节中已经提到的 TRP 离子通道，它们在动物的触觉、自体感觉和听觉这些非伤害性的刺激中担任感受机械力的受体，而且都需要特殊的结构来放大机械力。而在没有放大结构的情况下，TRP 离子通道自身就是感受伤害性刺激的主要受体。

TRP 离子通道有 28 种左右，分为 7 个大类，分别是 TRPC、TRPV、TRPA、TRPM、TRPP、TRPML 和 TRPN。每个大类又有若干种，如小鼠和人类都有 6 种 TRPV，分别是 TRPV1、TRPV2、TRPV3、TRPV4、TRPV5 和 TRPV6。

动物实验表明，对于伤害性刺激感受最重要的是 TRPV1。TRPV1 可以感受强机械力刺激所造成的对细胞膜和受体分子的扰动（如拧和掐），可以被组织伤害时释放出来的物质如氢离子所活化（pH 值低于 5.2 时），也能被 43 摄氏度以上的温度活化。TRPV1 也对电位变化敏感，因此可以感受电击。它还能被化学物质如辣椒素所激活，因此 TRPV1 是真正的多功能受体，可以把各种伤害性刺激综合起来，产生痛觉（图 12-29）。

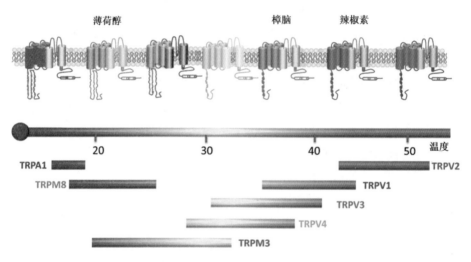

图12-29　各种 TRP 离子通道以及它们被激活的温度的化合物

TRPV1 也不是感觉伤害性刺激的唯一离子通道。例如，温度到 52 摄氏度时，TRPV2 被激活，向身体报告危险的高温，让动物及时躲避；而在温度低于 26 摄氏度时，TRPM8 离子通道被激活，向身体报告凉的信息；在温度低于 17 摄氏度时，TRPA1 离子通道被激活，向身体报告冷的信息；薄荷醇能结合 TRPA1 和 TRPM8 离子通道，激活它们，让身体有冷凉的感觉，尽管实际温度并没有降低。

传输痛觉信号的神经纤维

在感觉神经中，传输非伤害性机械刺激和传输伤害性刺激的神经纤维是彼此分开的。把感觉信号从外周传输到中枢神经系统的神经纤维叫作传入纤维，分为 Aα、Aβ、Aδ、C 四种，它们的粗细和结构不同，传输的信号也不同（图 12-30）。

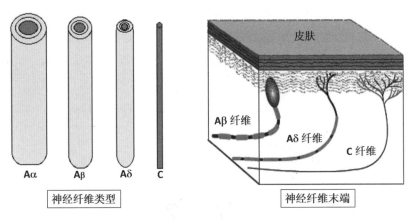

皮肤

Aβ 纤维

Aδ 纤维

C 纤维

神经纤维类型

神经纤维末端

图12-30　传输感觉信号的各种神经纤维

Aα 神经纤维最粗，直径 13~20 微米，而且是有鞘纤维（参见第六章第四节），传输速度最快，能够达到 80~120 米 / 秒，主要传递自体感觉（参见本章第四节）。Aα 神经纤维也可以是传出神经纤维，传输从中枢神经系统到肌肉的信号。这些信号都和动物的运动平衡、捕食和逃跑有关，与动物生存的关系最大，所以用速度最快的神经纤维来传递这些信号。

Aβ 神经纤维稍细，直径 6~12 微米，也是有鞘纤维，传输速度 35~75 米 / 秒，主要传输触觉信号。所以 Aα 和 Aβ 神经纤维传输的都是非伤害性刺激的信号。

传输痛觉（伤害性）信号的是 Aδ 和 C 神经纤维。Aδ 纤维是 A 类神经纤维中最细的，直径 1~5 微米，髓鞘也最薄，传输速度 5~35 米 / 秒。C 类神经纤维是所有神经纤维中最细的，直径 0.2~1.5 微米，没有髓鞘，传输速度最慢，为 0.5~2.0 米 / 秒。

Aδ 神经纤维和 C 神经纤维都在皮下分支，形成自由神经末梢。Aδ 神经纤维末端的分支聚集在皮下比较小的区域内，所以传输的痛觉信号可以精确定位。而 C 纤维的分支分布比较弥散，痛觉难以准确定位。由于这两种神经纤维在皮下的分布特点和传输信号的速度不同，在皮肤受到伤害时，我们首先感觉到 Aδ 纤维传输的尖锐的、定位精确的痛感，然后才是 C 纤维传来的弥散的钝痛。

痛觉信号的接收和第一级放大

由于没有放大结构，TRP 离子通道不像触觉和听觉感受器中的 TRP 通道那样容易被激活，而是要经受巨大的机械力、极端的温度以及专门的化学物（如辣椒素）的作用才能被激活。这样就保证了一般非伤害性的刺激不会产生痛觉。

由于阈值高，这些强刺激虽然可以活化 TRP 离子通道，使膜电位降低，但是还不足以触发神经脉冲，而是还需要将信号放大。但是信号放大又不能在 TRP 离子通道接收信号之前，因为那样会把非伤害性刺激误报为伤害性刺激，而是在接收到信号的 TRP 离子通道被活化之后再放大。这种放大叫作第一级放大，主要是通过位于同一根神经纤维上的另一种离子通道来实现的（图 12-31）。

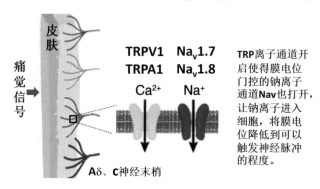

图12-31 痛觉信号的接收和第一级放大

放大 TRP 通道效果的离子通道是膜电位门控的钠离子通道，简写为 Na_v，其中的 V 代表电位。它们感受到 TRP 离子通道活化所引起的跨膜电位的部分降低（未达到阈值），打开钠离子通道，让更多的钠离子进入细胞，使膜电位的变化达到阈值，触发动作电位（参见第六章第四节和图 6-10）。

这样的钠离子通道分 1、2、3 型，每型又有多种亚型。人类有 9 种 1 型的这类通道，为 $Na_v1.1$~$Na_v1.9$，其中的 $Na_v1.7$ 和 $Na_v1.8$ 表达于传递伤害信息的神经纤维中，放大 TRP 离子通道开启时引起的膜电位降低，触发神经脉冲。这两种钠离子通道在传递痛觉中的重要性可以从它们的突变效果上看出来，例如，在巴基斯坦北部就发现有 3 个彼此有血缘关系的家庭，里面有些成员完全感觉不到疼痛，可以在燃烧的煤炭上行走，刀叉刺入肌体也不觉得疼，因为这些人身上为 $Na_v1.7$ 编码的基因（SCN9A）发生了突变，使蛋白产物的功能丧失。麻醉剂利多卡因有镇痛作用，是因为它能抑制 $Na_v1.7$ 和 $Na_v1.8$ 的活性。

痛觉信号的第二级放大

除了痛觉信号的第一级放大，动物还进一步使痛觉信号放大，使其强度更大，持续的时间更长，这就是痛觉信号的第二级放大，它能强烈而且持续地提醒动物伤害的存在，不要去触碰受伤的区域，让其自然痊愈，同时也让动物留下难忘的记忆，以后要尽量避免同样伤害的发生。

痛觉信号的第二级放大是通过传输伤害信号的神经细胞之间的相互作用而实现的（图12-32）。这些感觉神经细胞输出信号的纤维（轴突）都聚集成束，彼此靠近，可以通过分泌的化学物质彼此影响。例如，活化的 C 纤维除了直接向中枢神经系统传递痛觉信号外，还会分泌多种肽类神经递质，包括缓激肽、神经生长因子、P 物质、降钙素基因相关肽（calcitonin gene related peptide，CGRP）等。它们可以扩散到邻近的神经纤维上，降低那里 TRP 离子通道被活化的阈值，使它们更容易被激发。这样，一条神经纤维被伤害性刺激激活后，又会使周围的神经纤维更容易被活化，起到放大信号的效果。

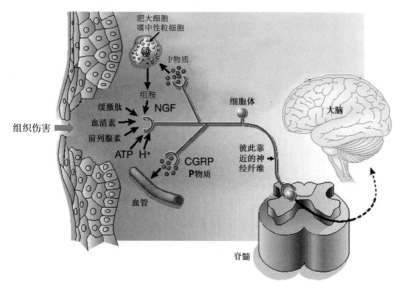

图12-32 痛觉信号的第二级放大

组织伤害也会招募免疫细胞来到伤害处，如巨噬细胞、肥大细胞和嗜中性粒细胞。这些细胞能分泌多种引起炎症的物质如组胺、血清素和前列腺素，在伤害处造成红肿。这些变化加上上面说过的肽类神经递质，不仅能降低 TRP 离子通道的阈值，还能活化平时处于休眠状态的 TRP 离子通道，使非伤害性的信号也能够产生痛感，进一步放大痛觉效果。这种现象叫作痛觉过敏。

在日常生活中，我们也可以体会到痛觉信号第二级放大的效果。例如，在红肿处，轻微的触摸和温水也会使人感到疼痛。我们吃有辣味的食物时，会对同一份有辣味的食物感到越来越辣，而且这时喝温水都觉得烫，就是 TRP 离子通道的阈值降低和处于休眠状态的 TRPV1 离子通道被第二级放大激活的缘故。通过第二级放大，平时的良性刺激如轻微触摸、温水等，也会变成痛觉信号，但是这不是"谎报军情"，因为伤害已经造成，这是用更大的声音来报告已经有的"军情"。

当然痛觉信号也不是越强越好，因此除了对痛觉信号的放大机制，我们身体里面也有镇痛物质，这就是内啡肽，它们是神经系统分泌的多肽类化学物质，在结合于它们的受体后，使传输伤害信号的神经细胞超极化（增强膜电位），使其更不容易被激发，还抑制 P 物质和降钙素基因相关肽的释放，减少痛觉信号的第二级放大，达到镇痛效果。一些体外的物质如吗啡，也是通过结合于这些内啡肽的受体而达到镇痛效果的。由于吗啡是鸦片（也称阿片）的主要成分，其镇痛效果的发现早于内啡肽，这些受体被称为阿片样受体，这些体内的镇痛多肽也被称为内啡肽，意思是体内的吗啡样物质。

第七节　感受潜在伤害的痒觉

痒和痛类似，也是皮肤感受到的一种不愉快的感觉，提醒动物可能有伤害性的刺激。传输痛和痒的都是 Aδ 和 C 神经纤维，而且都通过脊髓——丘脑通路传递至大脑的感觉中心。痒和痛一样，没有一种指标可以用来测定一个人是否感到痒，痒的程度如何，再加上在过去，科学家缺乏适当的工具和手段来研究痒感觉的发生和传递机制，所以在很长一段时期，痒被许多人认为是微痛，即痒和痛由同样的神经纤维感受和传递，刺激强度大到一定程度就引起痛的感觉，没有达到那个程度时，引起的感觉就是痒。这种理论叫作强度理论。例如，抓挠引起的疼痛可以止痒，就可以解释为什么把刺激强度增大到疼痛的程度，痒的感觉就没有了。

但是也有一些事实与这个想法不符，如痛可以来自皮肤，也可以来自肌肉、关节和内脏，而痒主要来自皮肤和靠近体表的黏膜（如鼻腔黏膜）。如果痒只是微痛，为什么同样能感受到痛的肌肉、关节、内脏却不会痒呢？

把一些物质注射入皮肤，根据注入的深度不同，同样的物质既可以引起痒，也可以引起痛。例如，把辣椒素或者组胺注射进皮肤深层时会引起疼痛，而注入浅表层时却引起痒。这些事实表明，感觉痛和痒的神经末梢是不同的。

感觉痒的受体有许多种

能引起痒的因素很多，例如，蚊虫叮咬可以引起痒；和一些植物接触会感到痒；蚂蚁爬过可以引起痒；用细纤维挠鼻孔也可以引起痒；皮肤感染（如各种癣）可以引起痒；皮肤病变（如湿疹、荨麻疹、牛皮癣，皮肤干燥）也可以引起痒；伤口愈合时会感到痒；胆道阻塞（胆汁流通不畅，会在血液中和皮肤中聚集胆酸）也会造成痒；治疗疟疾的氯喹会引起痒；镇痛的吗啡也会引起痒；淋巴瘤可以引起痒；黑色素瘤也可以引起痒。对于各式各样的致痒因素；身体也有多种受体来感受这些刺激，引起痒的感觉。

组胺受体

荨麻疹致痒的化学物质主要是组胺，是组成蛋白质的氨基酸组氨酸去掉羧基而形成的。在皮肤受到刺激时，肥大细胞会分泌组胺，引起痒感。对抗组胺作用的药物能减轻痒的感觉，所以荨麻疹引起的痒可以用抗组胺的药物来治疗。

皮肤中有 4 种组胺的受体，分别是 H1R、H2R、H3R、H4R，它们都是 GPCR 家族的成员（参见第六章第三节），其中与组胺的结合，产生痒信号的主要是 H1R。

血清素受体

血清素又叫 5-羟色胺（5-HT），可以在炎症反应中被释放，也可以从与植物组织的接触中获得。注射血清素能在动物身上引起痒的感觉，这主要是通过它的第二型受体（5-HT2R）来实现的。5-HT2R 也是 GPCR 家族的成员。

内皮缩血管肽受体

皮肤的角化细胞和内皮细胞在一些情况下能分泌一种由 21 个氨基酸连成的多肽，叫内皮缩血管肽（ET-1），可以引起痒感。在慢性瘙痒症的患者中，组胺的作用较小，所以抗组胺的药物对慢性瘙痒症的效果也不明显。研究表明，这些患者感觉神经纤维末梢表达有 ET-1 的受体 ETA 和 ETB。这两个受体也是 GPCR。

胆酸受体

在胆管阻塞时，胆酸在皮肤内聚集也会使人发痒。胆酸能结合在神经末梢上的胆酸受体 M-BAR 上，这个受体也是 GPCR 家族的成员。

与 Mas 相关的 G 蛋白偶联的受体

氯喹是治疗疟疾的特效药，但是同时也在一些患者身上引起难以忍受的痒的感觉，而且抗组胺药对缓解痒感没有效果。氯喹引起的痒和一种叫 Mrgpr 的受体有关。Mrgpr 也是一种与 G 蛋白偶联的受体（GPCR），Mrgpr 就是"与 Mas 相关的 GPCR"英文名的缩写。Mrgpr 家族成员众多，例如，小鼠就有约 24 个 Mrpgr 基因，主要分为 A、B、C 三大类，研究得比较多的是 MrgprA3 和 MrgprC11；人类约有 10 个 Mrgpr 基因，研究得比较多的是 MrgprX 系列的基因，如 MrgprX1 和 MrgprX2。实验表明，小鼠的 MrgprA3 与氯喹引起的瘙痒有关，而氯喹又能与人的 MrgprX1 结合，说明人的 MrgprX1 是接收氯喹化学信号，引起瘙痒感觉的受体。

蛋白酶活化的受体

一种植物的种子能在人和动物身上引起剧烈瘙痒，这就是刺毛黧豆，其致痒的主要物质是一种蛋白酶，叫黧豆蛋白酶，它的作用对象是一种特殊的 GPCR，叫蛋白酶活化的受体（PAR）。

PAR 受体的特殊之处是别的受体需要和配体分子结合才能被活化，而使 PAR 受体活化的配体就存在于 PAR 受体的分子之内。PAR 受体在细胞膜外有一个自由摆动的氨基端尾巴，在通常情况下，这个尾巴不会和受体的主要部分相互作用。但是如果有蛋白酶（如黧豆蛋白酶）把这个尾巴切掉一段，暴露出里面的氨基酸序列，这段氨基酸序列就可以结合在受体自身上，作为配体使受体活化，所以是自带配体的受体。

人有 4 种 PAR 受体，分别是 PAR1、PAR2、PAR3 和 PAR4，其中 PAR2 是主要引起痒感的受体。皮肤干燥时，PAR2 受体的表达增加，使皮肤更容易被内源或者外源的蛋白酶激活，产生痒感。

从以上的例子可以看出，痒信号最初的接收多是通过 GPCR 来实现的，这和痛的感觉首先是通过 TRP 离子通道来感受的形成鲜明对比。

TRP 离子通道协同 GPCR 发出痒的信号

虽然对各种致痒因素感受的受体多是 GPCR，但是仅靠这些受体还不够，还需要 TRP 离子通道的帮助，才能让神经细胞发出痒的信号（图 12-33）。

例如，氯喹在小鼠身上引起的痒感是通过 MrgprA3 受体来实现的，但是 TRPA1 基因被敲除掉的小鼠却对氯喹不敏感，说明 MrgprA3 受体还需要 TRPA1

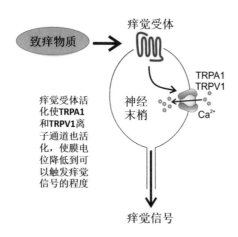

致痒物质

痒觉受体

TRPA1
TRPV1

神经
末梢

Ca^{2+}

痒觉受体活
化使TRPA1
和TRPV1离
子通道也活
化，使膜电
位降低到可
以触发痒觉
信号的程度

痒觉信号

图12-33 痒信号的接收和放大

受体的作用才能产生痒感。组胺引起的痒感不仅需要组胺受体 H1R，还需要
TRPV1 受体。*TRPV1* 基因被敲除的小鼠就对组胺的致痒作用不敏感，说明组胺受
体也需要 TRPV1 受体的作用才能产生痒感。

从这里可以看到 TRP 离子通道在痛和痒感觉中不同的作用。在痛的感觉中，
TRP 离子通道特别是 TRPV1 和 TRPA1，是作为第一线的受体来感受伤害性的刺
激的，电位门控的钠离子通道是第二线的离子通道。而在痒的感受中，GPCR 是
第一线的受体，这两种 TRP 离子通道却是第二线的离子通道。这个事实本身也说
明，感受痛和痒的机制是不同的。

第十三章 动物的意识和智力

在第十二章中谈到的视觉、触觉、嗅觉、味觉、痛感、痒感等都是感觉，它们都是将信号传输到神经系统后产生的，而与感觉同时诞生的就是意识。

第一节 感觉是最初的意识

所谓意识，就是有一个主观的我去感觉身体内外的状况，如看到东西、听到声音、闻到气味、尝到味道、感到触摸和疼痛，闭着眼睛也知道自己身体的位置和姿势等。人有感觉的状态就是有意识的状态，或者被叫作处于清醒状态，而没有感觉的状态就是意识丧失的状态，包括深度睡眠、昏迷、麻醉和死亡。

感觉来自生物获得的信息，但是信息并不一定会产生感觉。所有的生物包括单细胞生物，都能获知外界环境的变化并且做出反应，例如，细菌能向营养物质丰富的地方游动；草履虫遇到障碍时会改变游泳方向；植物在受到昆虫的啃食时会分泌挥发性的物质以驱除昆虫；生物根据太阳光照射的昼夜节律，通过自己的生物钟调节生理活动，等等。但是生物接收到的这些信息并不引起主观感觉，只能叫作获知，反应也是程序性的。

动物获得的信息也不一定会产生感觉。例如，我们到光线强的地方时瞳孔会收缩；血中葡萄糖浓度高了会被胰脏的 β 细胞感知而分泌胰岛素；血液中氧气浓度低时，会被颈动脉体感觉到，向神经系统发出信号，让心跳和呼吸加快。这些获得的信息也不产生感觉，身体自己会去处理，无需我们主动采取行动。

既然如此，动物就把一切都交给程序去自动处理好了，为什么还要把一些信息转化为感觉，让动物主观上知道呢？这是因为无论是捕食还是逃跑，动物都需要迅速地采取行动，这就需要对各种信息进行综合处理，而程序性反应一般只对单一信号做出反应，无法完成这样的任务。如果信息在传输到神经系统后能产生感觉，动物就可以用"我"的身份，主动地对各种信息进行综合分析，做出对动物最有利的决定。例如，兔子看见狼时，会立即逃跑，而且逃跑时还要综合周围环境中的信息，决定向哪个方向逃跑。"我"就是对感觉传来的各种信息的总掌管者和分析师，这样做出的反应就不再是程序性的，而是智能型的。

如果动物能把感觉储存起来，变成记忆，还能从过去的经验中进行学习，更好地应对外部世界的变化。综合分析过去和现在各种信息的过程就是思考，思考能力的高低就是动物的智力，我们人类就是其中最高的代表。

动物能把信息转化为感觉的状态，就是有意识的状态，这在拥有神经系统的低等动物——线虫中就已经出现了。

第二节　线虫已经有感觉和意识

线虫是非常简单的两侧对称动物，身体呈梭形、长约 1 毫米，成虫只有 959 个细胞，其中 302 个为神经细胞，并且在头部聚集为神经节。就是这样简单的动物，就已经有感觉了。

线虫生活在土壤中，以细菌为食，能够被细菌产生的化学物质所吸引，例如，细菌分泌到细胞外，用于感知细菌浓度的酰化高丝氨酸内脂（AHSL）就能吸引线虫，因为 AHSL 浓度高的地方也往往意味着有高浓度的细菌。联乙酰有强烈的奶油味，也是线虫喜欢的味道。另外一些物质如喹啉（对人是苦味）、二价铜离子（对生物有毒）、乙酸等，则能使线虫有回避反应。

虽然线虫能为联乙酰所吸引，但是如果给线虫联乙酰的同时也给它会回避的乙酸，多次这样做以后，线虫就会在没有乙酸的情况下也回避联乙酰，说明线虫学会了把联乙酰和乙酸联系起来，遇到联乙酰就会预期到乙酸会出现，因而对联乙酰加以回避，即把原来吸引它的东西变成它要回避的东西。同样，如果把对线虫有吸引力的 AHSL 和对线虫有毒的细菌混在一起，以后线虫就会避开 AHSL，即使已经没有有毒的细菌存在。这是严格意义上的俄国生理、心理学家伊万·巴甫洛夫（Ivan Bavlov）条件反射理论，或者叫作相关性学习，是典型的学习行为。

这些结果表明，线虫能区分它所遇到的分子，分别做出趋向和回避的身体反应。更重要的是，线虫能进行相关性学习。如果原来有吸引力的分子和它要回避的分子之间有关联（同时出现）的话，线虫就会把原来有吸引力的分子变为要回避的分子，而且能记住它。线虫发展出这个机制，一定有其原因，最大的可能性是线虫已经有了原始的感觉。有吸引力的分子带来的是愉快，或者舒服的感觉，而要回避的分子带来的是不愉快或者不舒服的感觉。

在高等动物中，感觉舒服和神经递质多巴胺有关，而情绪高低则和血清素有关，线虫的神经细胞就分泌多巴胺和血清素，而且线虫在遇到食物时体内的血清素浓度还会增高，其爬向食物的速度加快，说明食物也许能引起线虫兴奋的感觉。

线虫有感觉的再一个证据是线虫看来能感觉到痛。用激光加热线虫的头部，头部会立即缩回。加热正在爬行的线虫的尾部，线虫会加快爬行的速度，以尽快脱离激光照射的区域。显然激光加热带给线虫的是一种不愉快的感觉。在脊椎动物中，痛觉主要是通过 TRPV 离子通道感受的，而阿片样受体与缓解疼痛有关（参见第十二章第六节）。线虫既有 TRPV 离子通道，也有阿片样受体，这些事实也支持线虫有痛觉的想法。

最能证明线虫有感觉的证据是线虫对毒品也有嗜好。如果用盐（醋酸钠或者氯化铵）的味道和可卡因或者冰毒来进行条件反射实验，科学家发现与这些毒品相联系的盐都能使线虫对盐的味道产生趋向反应，即寻找有这些味道的地方，以获得毒品。在哺乳动物中，毒品作用于神经系统中的回报系统，在没有外界良性刺激（如食物与性）时直接产生愉悦的感觉，这种感觉是通过神经递质多巴胺实现的。如果敲除线虫合成多巴胺的基因，线虫就不再对毒品感兴趣。可卡因和冰毒并不是食品，没有营养价值，线虫喜好它们，最大的可能性是毒品在线虫身上也能产生舒服的感觉。

有趣的是，线虫像高等动物那样，也会睡觉，特别是在饱食之后。在睡觉期间，线虫停止活动，但是能被刺激迅速唤醒，重新进入活动状态。线虫睡前活动的时间越长，随后睡眠的时间也会越长，而且如果在线虫睡眠时通过刺激人为地让它醒来，以后这个线虫就越来越难被唤醒。这些特征都和高等动物的情形相似，说明线虫也有清醒状态和睡眠状态。

不仅如此，线虫还能被麻醉。一些能使高等动物麻醉、丧失意识的药物，如氯仿和异氟烷，也能使线虫停止活动，而除去麻醉剂后线虫又重新恢复活动。

所有这些事实都说明，线虫很可能已经具有感觉，有进行活动的清醒状态和睡眠状态，在清醒状态时能主动对外界刺激做出趋向或者回避的反应，而且像高等动物那样能被麻醉和对毒品上瘾。由于有意识的状态就是能进行感觉的状态，因此线虫是有意识的。

仅有 302 个神经细胞的线虫都能产生感觉和意识，这是动物演化过程中的一个重大发展。线虫有了感觉，也就有了自我，因为是"我"去感觉，不是任何其他线虫个体去感觉，也不能和其他线虫个体分享。由此做出的反应也是为了感觉者自己的利益，而不是其他线虫个体的利益。

线虫感觉和意识的出现，其意义不亚于生命的形成。地球上的生物在演化过程中，有两个意义重大的发展。一是从无生命的物质产生有生命的物质，二是从有生命但无感觉的物质产生有生命也有感觉的物质，从此地球上就有了有意识的生物，并且在此基础上发展出智力。虽然人类具有高度发达的意识和智力，但是意识和智力所涉及的基本分子仍然和低等动物一脉相承，如感觉神经细胞释放的神经递质谷氨酸盐、AMPA 型离子通道、TRPV 离子通道、多巴胺、血清素，甚至阿片样受体，在线虫身上就已经出现了，人类只是继续使用并且扩大其功能而已。

在线虫这样只有 302 个神经细胞的动物身上都能产生感觉和意识，也说明感觉和意识的产生并不如原来想象的那样，需要大量的神经细胞和复杂的脑结构，而是在神经系统发展的初期就出现了。

把感觉存储下来，形成记忆，也是形成自我的过程。在某种意义上，每个自我在内容上都是过去所有记忆的总和，是这些记忆把一个人与另一个人区别开来。同卵双胞胎虽然有相同的 DNA 序列，但是他们的经历所留下的记忆不同，使他们成为不同的人。

感觉也是思考的基础。思考就是这个"我"对感觉到的信息，包括储存下来的信息，进行分析比较，进而理解事物，并在此基础上做出结论和决定的过程。凡是能被思考的信息，都是通过感觉得到的，如我们看见的事物、读到的文字、听到的话语等。无法被感觉到的信息是不能被思考的，例如我们无法思考自己血糖的高低、血中二氧化碳的含量、自己的免疫系统如何工作。植物也因为只能获得信息而没有感觉，谈不上意识，也就不可能进行思考。

第三节　有情绪有个性的昆虫

线虫中意识的出现，使动物第一次对外界的刺激有了主观的感觉。不仅如此，感觉还可以是舒服的还是不舒服的。舒服和不舒服的区分又会导致情绪，即带有感情色彩的感觉。舒服的感觉会导致高兴的情绪，鼓励动物进一步去做与此相关的事情；难受的感觉则会导致抑郁、悲伤甚至愤怒，对抗反应会更加努力和强烈，对动物的生存更加有利。在 1872 年，达尔文就在一篇题为《人和动物情绪的表达》的文章中说："所有的动物都需要情绪，因为情绪增加动物生存的机会。"

情绪驱动的反应也是动物主动性和目的性行为的萌芽，而在程序性反应中，外界刺激是不被分类的，无论是有益的刺激还是有害的刺激，生物只是以固定的模式进行反应，不带感情色彩。

在哺乳动物中，情绪是与神经递质多巴胺和血清素密切相关的，而线虫就已经有这两种神经递质，而且对能在哺乳动物中产生愉悦感的可卡因和冰毒有喜好的反应，说明线虫可能已经具有情绪，这两种化合物能使线虫感到高兴。不过线虫的身体构造过于简单，也不能发声，我们不能用线虫的肢体语言来确定线虫是否具有情绪。而昆虫远比线虫高级，不仅有复杂的身体结构，也可以有肢体语言，还能发出声音，人们由此可以判断昆虫是具有情绪的动物。达尔文在《人和动物情绪的表达》中就说，"即使是昆虫也用它们的鸣声表达它们的愤怒、恐惧、嫉妒和爱"。随后的科学研究也证实了达尔文的结论。

昆虫的抑郁心态

哺乳动物受到惊吓时会逃跑或者身体凝固不动，而果蝇也有类似的反应。如果有阴影连续通过果蝇的上方以模拟捕食者到来，正在进食的果蝇就会四散而逃。在这些阴影消失后，逃跑的果蝇也不会立即回到有食物的地方，而是要再躲避一段时间。阴影通过的时间越长，即恐吓它们的时间越长，果蝇在恢复进食前躲避的时间也越长。虽然阴影并不对果蝇造成实质性的伤害，果蝇的这种行为说明阴影确实能使果蝇处于被惊吓的状态，需要一段时间才能恢复正常心态，恢复进食。

高等动物在多次失败后会产生沮丧情绪并放弃努力。为了证明昆虫也有类似的表现，科学家把两只果蝇（A 和 B）分别放在两个小室中，温度为 24 摄氏度（果蝇感到舒服的温度）。两个小室都有加温装置，可以把温度很快升到 37 摄氏度（果蝇感到不舒服，想要逃避的温度）。当果蝇 A 停下来的时间超过 1 秒时，小室就会自动开始加热。如果果蝇 A 感到热而恢复行走，加热就会自动停止。这样经过多次训练之后，果蝇 A 就学会用恢复行走的办法来避免加热。果蝇 B 也会在加热时行走以逃避加热，但是行走并不一定会停止加热。这样经过多次尝试以后，果蝇 B 就会认识到无论自己怎么做，都不会停止加热，行动变得迟缓，甚至加热时也不动，类似于高等动物尝试多次失败后的放弃行为，相当于是处于沮丧的状态。

高等动物处于抑郁状态时对事物的看法比较悲观，叫作认知偏差。认知偏差在动物中是一个普遍现象，在大鼠、狗、山羊、家鸡、欧洲掠鸟等动物身上都可以用实验测定出来。人也一样，对于半瓶水，乐观的人认为"还有半瓶"，悲观的人认为"半瓶已经没有了"。为了证明昆虫也有认知偏差，从而证明昆虫也可以有悲观的心理状态，科学家猛烈摇晃装有蜜蜂的容器，模拟蜂巢被偷蜂蜜的动物捣毁，然后再看蜜蜂判断能力的变化，所用的方法还是对高等动物使用的中间差别法。

例如，在对大鼠的实验中，2000赫的音调预示着食物，按下一根杠杆就可以得到食物；而9000赫的音调预示着电击，按下另一根杠杆就可以避免电击。在大鼠学会这两种音调的意义之后，再让它们听3000赫、5000赫和7000赫的声音，结果情绪不佳的大鼠在听到这些频率的声音时更多地按避免电击的杠杆，说明它们更容易把中间的音调解释为处罚即将到来。类似的实验也可以用到蜜蜂身上，蜜蜂在遇到蔗糖时会伸出口器，而遇到苦味的奎宁时会收回口器。如果把两种有不同气味的化合物辛酮和己酮按9∶1和1∶9混合，把9∶1的混合物与蔗糖一起给蜜蜂，1∶9的混合物与奎宁一起给蜜蜂，若干次训练之后，蜜蜂就学会了只要遇到9∶1的混合物就伸出口器，遇到1∶9的混合物就收回口器。接着科学家再让被摇晃过的蜜蜂与没有被摇晃过的蜜蜂来判断3∶7、1∶1、7∶3比例的辛酮和己酮的混合物，发现被摇晃过的蜜蜂更多地把这些中间比例的混合物预期为奎宁而收回口器，说明被摇晃过的蜜蜂确实对预期要出现的事情更加悲观，证实了蜜蜂也会有悲观情绪。

昆虫的侵略性和攻击性

在哺乳动物中，侵略性和脑中的血清素水平密切相关。猴王的血清素水平一般是猴群中最高的，也最具有侵略性。昆虫之间也会因为争夺食物和配偶，以及争夺群体中的头号位置而相互打斗，表现出侵略性。例如，雄果蝇会因争夺与雌果蝇的交配权而与其他的雄果蝇打斗（图13-1）。雄果蝇先是竖起翅膀进行威吓，然后冲上前去冲撞、揪住对方和拳打足踢，这种行为与一种叫奥克巴胺的化学物质有关。奥克巴胺在分子结构上类似高等动物的肾上腺素，缺乏奥克巴胺的果蝇侵略性降低，而在这种果蝇中用转基因的方法表达奥克巴胺，又可以增加果蝇的好斗性。

图13-1　果蝇之间的打斗

昆虫的侵略性也表明昆虫具有"自我"意识，既然要当老大，当然首先要有"我"的概念。

昆虫的个性

不同的人具有不同的行事行为，即个性，这是由生殖细胞形成时的基因洗牌（参见第八章第三节）造成的后代个体中基因组合情形不同而产生的。昆虫进行有性生殖时，也要进行基因洗牌，因此后代虽然具有同样的基因，但是不同个体之间基因类型的组合情形不同，也会使昆虫具有个性。科学实验也证实了这个推断，在同种昆虫中，确实有些个体侵略性比较强，不太怕危险，而有些个体比较胆小，不太冒险。

德国科学家比较了小红蚁中在三种不同位置（在外寻食的、在门口守卫的与在窝内照顾蚁王和幼蚁的）的工蚁，在 21 天中观察它们的位置 10 次，发现它们总是待在原来的位置，而不换到别的位置。即使移除某个位置的蚂蚁，原来待在其他位置的蚂蚁也不会改换它们的位置来补充。研究发现，小红蚁的位置和任务与它们的个性密切相关。在外寻食的工蚁最活跃，不惧光线，卵巢最短，外皮中正烷烃的浓度最高（利于防水），而待在窝内照顾蚁王和幼蚁的工蚁则活动较少，躲避光线，卵巢最长，外皮中正烷烃的浓度最低。在门口担任守卫的工蚁则位于二者之间。

与昆虫同属节肢动物的蜘蛛也有个性（图13-2）。例如，群居的栉足蛛中的不同个体，虽然看上去没有任何差别，但是其中有胆大、攻击性强的蜘蛛，也有比较温顺、活动较少的蜘蛛。前者负责杀死被捕获的动物和击退入侵者，而后者负责修补蛛网和照顾幼蛛。在这种群体中，两种不同个性的蜘蛛要有一定的比例，才能比较好地生存。

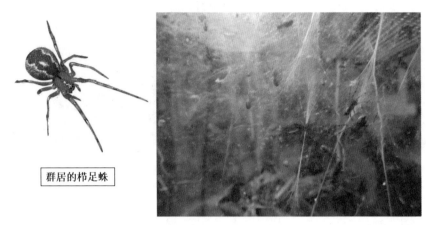

群居的栉足蛛

图13-2　群居的栉足蛛

昆虫的情绪、攻击性和个性都表明昆虫具有自我意识。由于这些表现都需要精神活动，昆虫可能已经具有智力。

第四节　昆虫的智力

昆虫已经有脑，拥有数以万计的神经细胞。这些神经细胞不仅可以产生感觉和情绪，而且可以产生智力。

蚂蚁是社会性动物，与同窝的成员有密切的相互接触，也发展出了可以看成是智力的举动。例如，切胸蚁（一种棕色蚂蚁）能够根据面积、开口处宽窄，以及光照情况来区分高质量的新窝和低质量的新窝（图13-3）。有经验的蚂蚁会让没有经验的蚂蚁跟着它走，或者去新窝，或者从新窝返回老窝。领头的蚂蚁发现跟随的蚂蚁跟丢了时，会停下来等待，然后继续领着后面的蚂蚁往前走。如果是去高质量的新窝时后面的蚂蚁跟丢，领头的蚂蚁会等待比较长的时间，以尽可能地让后面的蚂蚁跟上，说明领头蚂蚁比较在乎把后面的蚂蚁带到高质量的新窝。但是如果是去低质量的新窝，领头蚂蚁等待的时间就比较短，说明领头的蚂蚁对后面的蚂蚁跟丢不是那么在乎。

切胸蚁

在人工蚁窝中

有经验的蚂蚁带领没有经验的蚂蚁

图13-3　有经验的切胸蚁带领没有经验的蚂蚁

蚂蚁的这种行为说明蚂蚁有一定的判断力（新窝的质量），而且能在对新窝质量判断的基础上决定自己的行为，在等待时间上做决定。在不同的情况下等待的时间也相应不同，说明蚂蚁的行为具有明确的目的性。在不同做法中按照分析的结果做出选择，以得到最好的结果，就是智力的表现，这说明蚂蚁已经具有智力。

另一种蚂蚁非洲箭蚁，表现出营救同伴的行为（图13-4左）。如果把一只箭蚁用尼龙丝拴住，部分埋在沙下，只露出头部和胸部，尼龙丝也看不见，同窝的箭蚁发现后，会试图营救。先是拖被困蚂蚁的腿，不成功后开始清除埋在受困蚂蚁身上的沙子，再继续拖。如果再不成功，营救蚂蚁会继续清除余下的埋住受困蚂蚁的沙子，直到拴住蚂蚁的尼龙丝露出来。这时营救蚂蚁会试图咬断尼龙丝，以释放被拴的同伴，但是不会去咬旁边没有拴住同伴的尼龙丝。

非洲箭蚁营救被困同伴　尼龙丝

大鼠营救被困同伴

图13-4　非洲箭蚁和大鼠营救同伴

如果被同样处理（被尼龙丝拴住并且部分埋住）的还有同种但是不同窝的蚂蚁，或者不同种的蚂蚁，上述的营救蚂蚁都会置之不理，不采取营救行动。

箭蚁的这种行为明显包含某种程度的智力：营救蚂蚁能够对同窝蚂蚁施以援手，但是对不同窝或不同种的蚂蚁不去施救，是有目的性的行为，而且带有感情性质。除去埋住同伴的沙子、咬尼龙丝，都是为了解救同伴。蚂蚁以前并没有见过尼龙丝，但是会去咬拴住蚂蚁的尼龙丝，而不去咬旁边的其他尼龙丝，说明营救蚂蚁懂得是拴住蚂蚁的尼龙丝使蚂蚁受困。而且营救时只拖受困蚂蚁的腿，而从不拖容易损坏的触须，说明蚂蚁知道身体的哪些地方是比较结实的，可以拖，哪些地方是脆弱的，不能拖。这些行为用简单反射的机制是无法解释的，而必须要有一定程度的思考。

箭蚁的这种营救行为，与大鼠的营救行为非常相似。如果把一只大鼠限制在非常狭窄的容器内，同种的大鼠会试着打开容器的门，把同伴释放出来（图 13-4 右）。如果被关的是不同种的大鼠，则营救行动不会发生。但是如果两只不同种的大鼠在一起相处了相当长的时间，成为同伴，如果其中一只大鼠受困，另一只大鼠也会去营救。这说明在营救行动中，感情因素是很重要的。大鼠是哺乳动物，是明显具有感情的，箭蚁几乎完全相同的营救行为说明蚂蚁也许也有感情。雌雄昆虫之间通过信息素彼此吸引并进行交配，很可能不仅有感觉，而且还是有感情的行为。雄性果蝇为了争夺交配权而互相打斗，也是有敌对情绪的行为。

以上的例子说明，昆虫是有感觉、有意识、有情绪也有智力的动物，这些过去被认为只有人类才具有的功能，在动物演化的早期就已经发展出来了。对于绝大多数动物来讲，只有智力高低的问题，没有有无的问题。

第五节　章鱼的智力

章鱼是软体动物中的一种。我们常见的蜗牛、田螺、蚌类、乌贼等都是软体动物。它们没有脊柱，属于无脊椎动物。然而章鱼的神经系统却含有约 5 亿个神经细胞，远超果蝇的大约 13 万个神经细胞，具有发达的智力。

章鱼能学习和记忆，例如，让章鱼接触两只质地不同的球，章鱼在触碰到其中一只球时被它电击，这只章鱼就能学会躲避这只球，只接触另一只球。不仅如此，章鱼还能从观察中学习，即不通过自己的亲身体验来获取知识。例如，让一只没有受过训练的章鱼观察受过训练的章鱼从两个球中选择其中的一个，观察者很快就学会了选择受过训练的章鱼选择的球，比从头训练这只章鱼需要的时间短得多。

章鱼有发达的识别能力，不仅能分辨平放和竖放的长方形，而且能分辨不同的章鱼。章鱼也能认识人，而且有爱憎。美国新汉布什尔州的新英格兰水族馆中一只叫楚门（Truman）的雄章鱼就不喜欢曾经饲养过它的一位女志愿者，见到她就会向她喷水。这位女志愿者随后辞职，但是即使她几个月后再回来，楚门仍然向她喷水。但是另一只叫雅典娜（Athena）的雌章鱼喜欢一位作家，见到他就会伸出触手轻抚作家的手，并且翻过身来让作家抚摸。猫和狗对于它们信任的人会翻过身来，露出易受攻击的腹部。章鱼也有类似的翻身动作，说明章鱼会信任某个特定的人。

章鱼会在晚上无人时溜出自己的饲养缸，进到饲养螃蟹的缸里吃螃蟹，然后又溜回自己的缸内。章鱼也会爬进渔船内，打开储存鱼蟹的船舱，偷吃里面的食物。章鱼甚至能旋开瓶子上带螺旋口的盖子，获得里面的食物。实验者把食物放进一个小盒子里，又将小盒子放进一个中盒子里，再放进一个大盒子里，每个盒子都有不同的开法，而章鱼很快就能学会开三个盒子，取得食物。

章鱼的智力也可以从工具的使用上看出来。早期的章鱼与蜗牛和鹦鹉螺一样，是有外壳的，但是后来为了更敏捷地运动和捕食，外壳逐渐消失。运动性是获得了，但是这样的章鱼也缺乏保护。章鱼为了保护自己，会利用空的海螺壳。随着人类加工椰子并把椰子壳扔到海里，章鱼也学会了利用半边椰子壳来做铠甲。身上身下各半片，把自己包围起来（图13-5 左）。它在移动时，还会带着椰子壳走（图13-5 右）。这时半边椰子壳的凹面向上，形状像一口锅，章鱼会坐在"锅"里，只靠少数腕足伸直向下，像踩高跷那样行走，说明章鱼知道这些椰子壳的用处而把它作为工具携带和使用。

章鱼不捕食时，会找地方隐藏起来睡觉。它会在睡觉前搬来一些石头，排列在藏身处前面，然后再睡觉，说明章鱼在搬动这些石头时明白这些石头是用来保护睡觉中的自己的。

章鱼还会玩耍。例如，给它们塑料玩具，它们会用自己喷出的水流把玩具冲到漩涡中，然后再去抓获，这样反复多次。这些物体并不是食物，这些动作除了消耗体力外，也没有任何具体的好处。懂得玩的动物是有比较发达的智力的，章鱼的这种行为说明章鱼的心思已经达到哺乳动物的水平。

图13-5 章鱼用椰子壳做窝（左）和用"踩高跷"的方式搬运椰子壳（右）

第六节 鸟类的智力

鸟类是脊椎动物，是从爬行类的恐龙演变而来的，是动物演化过程中比较高级的动物。比起哺乳动物几十克重甚至几千克重的脑，多数鸟类的脑只有几克甚至更少，这么小的脑似乎不足以支持发达的智力活动，但是近年来的一系列科学实验证明，一些鸟类特别是鸦类，具有相当高的智力，可以与哺乳动物中的黑猩猩媲美。

能够制造和使用工具的白嘴鸦

工具是人身体的延伸，可以更有效地完成各种任务。人类几千年前就学会用刀砍柴切肉、用锤子敲开坚果、用锄头挖地、用弓箭长矛捕猎、用车运输等。工具的制造和使用需要计划和工艺，曾经被认为是区分人类和动物的标志之一。但是随着科学研究的广泛深入，科学家发现许多动物也能使用工具，甚至自己制造工具，包括鸟类。

白嘴鸦属于鸦类，比乌鸦体形小，生活在欧洲和亚洲的一些地方，因为其喙靠近眼睛的部分是灰白色的而被称为白嘴鸦，它们就具有使用和制造工具的能力。

例如，把食物放在易碎的透明盒子中，白嘴鸦会啄碎盒子的上盖，取出食物。如果在盒子上面放一根空管，管子上端连在一个盘子上，盘上有开口通管子，盘上面放一些石头，白嘴鸦偶然把石头推入空管内，石头落下敲碎盒子，露出食物。从这个经验，白嘴鸦下一次就会立即把盘子上的石头推入管中，获得食物。如果管子的上端不再连有盘子，而是在盒子旁边放一些石头，白嘴鸦也会衔起石头，丢入管中（图13-6左上）。

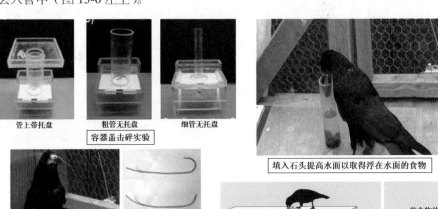

管上带托盘　　　粗管无托盘　　　细管无托盘
容器盖击碎实验

填入石头提高水面以取得浮在水面的食物

用铁丝制作钩子，将管中食物钩出

长棍　　石头
　　短棍

装食物的有孔盒子

用笼外的短棍取出笼内的长棍以取得盒子内的食物

图13-6　白嘴鸦的智力

　　如果在盒子旁边放上不同大小的石头，白嘴鸦会挑选其中最大的，好像知道大的石头砸碎盒子的可能性更大。如果缩小管子的口径，使最大的石头放不进去，白嘴鸦会自动选择小一些、能放入管子的石头，而不会先去试最大的石头。如果把大的石头变成长条形，尽管质量没有减少，但是能被放进管子，白嘴鸦又会去选择这样的大石头，而且能调整石头的方向，将其放入管子内。这说明它们的眼睛能估计物体的尺寸。

　　如果进行实验的屋子里面没有石头，而是把石头放在室外，它们会到室外去获得石头，而且是能放进管子的石头，说明它们知道石头的用途，而且记得管子的尺寸，按照这个尺寸来选室外的石头。

　　如果用棍子来代替石头，白嘴鸦发现棍子比较重时，会把棍子像石头那样投入管子中，让棍子敲碎盒子。如果它们发现棍子比较轻而长，它们会把棍子插入管子，同时叼住棍子往下使力，把盒子压破。

　　如果用树枝来代替棍子，但是树枝上有侧枝，放不进管子，白嘴鸦会把侧枝啄掉，而且是从侧枝的根部啄断，以尽量减少侧枝的影响。

　　如果同时给白嘴鸦一根能工作的长棍和一块放不进管子的石头，或者一根短的、不够砸碎盒子的棍子和一块能放进管子的石头，白嘴鸦会立即选择能工作的棍子或者石头，而不是随机地去试，说明它们懂得什么样的工具能达到目的。

使人印象深刻的还有白嘴鸦制造工具的能力（图 13-6 左下）。如果把食物放在一个小篮子里面，小篮子又被放在一根透明的管子中，白嘴鸦的喙够不到，它会把给它的金属丝弯成钩子，伸到管子中把装食物的篮子钩上来。这已经是一种需要计划的行动，而且需要对工具的工作原理有一定程度的理解。

当食物漂浮在管中的水面上，白嘴鸦的喙够不到时，它会往管子内投石头以抬高水面，使它能够到食物。如果有大小不同的石头供选择，它会首先使用大的石头，好像懂得大的石头能更快地提高水面（图 13-6 右上）。

对鸟类智力更严酷的考验是用另一种工具来获得能达到目的的工具，即用工具来获得工具，需要的智力更高，因为另一种工具和目的并没有直接的联系。例如，食物被放在有孔的盒子里，要长的棍子才能把食物取出来，但是盒子外只有短棍。在 1.5 米外有两个笼子，分别放有长棍和石头。这时白嘴鸦会用短棍去取出长棍，再用长棍去取盒子里面的食物（图 13-6 右下）。

鸟类埋藏食物时的心思

鸦类会把食物埋藏起来，以备冬天食物缺乏时食用。例如，生活在美国西部高海拔地方的克拉克灰鸟能在广大的地域里埋藏多达 3 万个松子，而且在埋藏 6 个月后取用这些食物。它们是如何记住这些埋藏地点的，是一个有趣的问题。一种方法是记住每个埋藏点的图像，证据是灰鸟在取食物时，身体的方向总是和埋藏食物时一致，而不管它们是从什么方向接近食物埋藏点，因为只有身体方向前后一致才能把以前的图像和现在的图像进行比较。另一种方法是记住地标。如果在人工建造的埋藏地左右两边都竖起特征性的地标，在灰鸟埋藏食物后把右边的地标往后移动 20 厘米，而左边的地标位置不变。灰鸟在取回左边的埋藏食物时不会有问题，但是在取回埋在右边的食物时就会发生偏差，大约离食物的位置右偏 20 厘米。

如果鸟类的这种能力是基于图像记忆，不一定需要多少智力，那么下面的事实就不是记忆可以解释的了。埋藏的食物中有的很稳定，不易腐败，如花生，而有些食物很容易腐败，如面包虫。灌丛鸟（也是鸦类中的一种）在获取食物时，会先取食容易腐败的食物，而把不容易腐败的食物留到以后，说明它们能理解食物易腐性的差别。

灌丛鸟也会偷其他灌丛鸟埋藏的食物。如果一只灌丛鸟发现自己在埋食物时被其他灌丛鸟看到，它会随后把埋藏的食物取出来，埋到新的地方，而且会首先选择距离其他灌丛鸟较远、位置隐蔽的地方（图13-7）。如果有明亮的地方和黑暗的地方供选择，它们会首先选择黑暗的地方，然后再使用有光照的地方。在获取食物时也是先取出光亮处的食物和离其他灌丛鸟比较近的食物。这些行为说明灌丛鸟能知道其他灌丛鸟是不是在看它埋藏食物，即从眼神中发现其他灌丛鸟关注的对象，它们也能从人的眼光中知道人在看什么东西。有趣的是，偷过别的鸟的食物的灌丛鸟更多地采取防范措施，而没有偷过食物的灌丛鸟就很少采取这样的措施，说明灌丛鸟能从自身的行为中知道什么是偷，因为自己就有这样的心思，继而推断别的灌丛鸟也会有这样的心思。这是鸟类能了解其他鸟类个体心理活动的证据。

图13-7　灌丛鸟埋藏食物

识数的乌鸦

数目是从实际的物体中抽象出来的，而不管这些物体究竟是什么。例如，5把钥匙和5个球的共同性都是"5个"，这些物体的大小、颜色、质地等都不在考虑之列。数目之间还可以进行加、减、乘、除等运算，完全不管这些数字代表的是什么。拥有数目的概念说明动物已经有了抽象思维的能力。科学实验表明，鸦类已经具备这种能力。

例如，科学家给渡鸦（广泛分布于北半球的一种乌鸦）看一张上面有几个点的卡片，同时给渡鸦两个盒子，上面标有几个黑点，其中一个盒子的黑点数与卡片上的黑点数相同，另一个盒子上的黑点数与卡片上的点数差一个（多一个或者少一个）。只有打开黑点数与卡片上的点数相同的盒子，才能得到食物。渡鸦很快就学会了选择正确的盒子，说明渡鸦有比较数目的能力。

为了证明渡鸦识别的是数，而不是量，科学家用同样大小的胶泥做成不同数量的小球，这样一来，这些球总的胶泥量是相同的，但是小球的数不同。渡鸦很快就能选择正确的数，说明渡鸦认识的确实是数。

　　为了测试渡鸦是不是能记住顺序出现的数目，科学家先训练渡鸦吃完5块食物后就会得到更大的奖赏，然后把渡鸦放到一系列盒子面前，每个盒子里面的食物数量不同，例如，第一个盒子里面有一块，第二个盒子里面有两块，第三个盒子里面有一块，第四个盒子是空的，第五个盒子里面有一块，等等。前5个盒子里面食物的数量可以随机变化。在多数情况下，渡鸦在吃够5块食物后，就不会再去开后面的盒子，说明渡鸦具有记住每个盒子中食物的数量，并且将它们加在一起的能力。在数目不超过6时，渡鸦的反应都比较准确，但是当数目超过6时，渡鸦的反应就不再准确，说明渡鸦识别数的能力不超过6。

鸟类的智力明星——Alex

　　鸟类智力最令人印象深刻的，是一只叫亚历克斯（Alex）的非洲灰鹦鹉（图13-8）。

非洲灰鹦鹉亚历克斯

米勒-莱尔错觉
上面中间的直线似乎
比下面中间的直线长

图13-8　鸟类的智力明星——亚历克斯

　　亚历克斯表现出非凡的认知和学习能力。它能辨别70种左右的物体，分辨7种颜色和5种形状，知道超过100个单词，并且能创造性地使用它们。它还懂得形状、材料，能够数到6（与渡鸦相同），也懂得"大些""小些""相同""不同""没有""在上面""在下面"的意义。它能表达"想要"（I wanna）、"拒绝"（no），它的智力可与海豚和大猩猩媲美，相当于人类5岁儿童的水平。

例如，给亚历克斯看三把钥匙和两块软木，问它一共多少物品时，它会回答5，尽管钥匙和软木形状和材料完全不同。即使用不同大小、不同颜色的钥匙和软木，它的回答仍然是5，说明它能把数抽象出来，而不管物体的具体性质。但是当给它看1只橙色的粉笔、5只紫色的粉笔、2块橙色的木块、4块紫色的木块，问它"有多少紫色的木块？"它会回答4，说明它能区分橙色和紫色、木块和粉笔。

给亚历克斯看红色三角形的木头和绿色三角形的牛皮，问它"有什么不同？"时，它会回答"材料"（material，这个词发音有点难，亚历克斯的发音是Mah-Mah）。给它看一个四方形的木块，它会说"角"（corner，指四方形的角），问它"有多少个角？"时，它会回答4（four）。

它还会创造性地使用语言，例如，向它喷水时，它会说"淋浴"（shower），它把它不熟悉的苹果叫banerry，是它熟悉的两种水果香蕉（banana）和樱桃（cherry）单词的结合。

当给它看两个相同的物品，问它"有什么不同？"时，它会回答"没有"（none），说明它有0的概念。

亚历克斯也是有脾气的。当它对实验厌烦了时，它会说"想回笼子"（Wanna go back）。当它要香蕉而训练员故意给它坚果时，它会显出不高兴的样子，把坚果扔回训练员，同时重复原来对香蕉的要求。但是当它看见训练员显出生气的样子时，它又会说"抱歉"（I am sorry）。

亚历克斯甚至能获得与人一样的视觉幻觉。例如，著名的米勒-莱尔错觉，即两根同样长的直线，在两端加上箭头线，如果箭头线是指向外的，中间的直线看上去就比箭头线指向内（像一个箭头）时中间的直线长（图13-8下）。亚历克斯也报告说两根直线不一样长。但是如果箭头线是与中间的直线垂直时，亚历克斯就报告说没有差别，说明亚历克斯看图像的方式与人类相似。

喜鹊能认识镜子里面的自己

对动物智力的一种测试是镜子测试法，能认识镜子里面自己的图像的动物被认为具有比较高的智力。在动物身上加上平时自己看不见、只有在镜子中才能看见的标记，例如，在鸟喙下面贴上有颜色的贴纸，或者在哺乳动物的额头上或眼睛下面用颜料画出点或者叉，如果动物在镜子里面看见这些标记而试图在自己身上除去这些标记，就说明这些动物能理解镜子里面的动物就是自己。到目前为止，只有少数动物能通过这个测试，包括黑猩猩、非洲倭猩猩、长臂猿、大猩猩、非洲象、宽吻海豚、虎鲸。所有这些都是哺乳动物，唯一能通过镜子测试的鸟类是鸦科的喜鹊，它能认识到自己喙下方的颜色贴纸是在自己身上而试图除去它（图 13-9）。

喙下方有红色贴纸的喜鹊

喜鹊试图用喙来除去贴纸

当发现用喙接触不到贴纸时，喜鹊会用爪子

图13-9　喜鹊知道镜子里面的动物是自己

鸦类的脑只有大约 8 克重，是人脑（约 1350 克）的 1/169，是黑猩猩和海豚的脑的几十分之一，但却拥有与黑猩猩和海豚类似的智力，是令人惊异的。这说明智力的发展并不如原来想象的那样，需要灵长类那样大体积的脑。鸟类脑的结构也和哺乳动物的不同。鸟类的智力与其大脑皮质有关，哺乳动物的智力和脑的新皮质有关，而章鱼的智力和垂直叶有关。这些事实说明，智力的形成和发展并不需要同样的脑结构，甚至不需要相同类型的神经细胞。

第七节　哺乳动物的智力

哺乳动物是动物演化的高级阶段，也表现出相当程度的智力。例如，狗能理解主人的意思，执行指令；黑猩猩能使用树枝来获取蚁窝中的蚂蚁；两只大象能彼此配合，同时拉动横杆两端的绳索以获得食物，如果其中一只大象还没有到位，另一只已经到位的大象还会等待它到位，然后才开始拉动绳索，说明它们懂得横杆的工作原理。好几种哺乳动物也能通过镜子测试（见上节），表明它们有相当高级的认知能力。

哺乳动物智力的一个突出的例子就是美国爱荷华州一处养殖中心的一只叫坎济（Kanzi）的倭黑猩猩（比黑猩猩体形小的另一种黑猩猩）（图13-10）。坎济能像人那样把棉花糖（不同于中国用纯蔗糖经高温纺成的棉花状糖，而是用蔗糖、水和明胶制成的松软糖球，烤后更好吃）穿成串，然后收集干树枝，折断它们，堆在一起，划燃火柴，点着树枝，再把棉花糖放在火上烤来吃。它很喜欢吃煎鸡蛋，而且想自己去煎鸡蛋，它会在计算机的触摸屏上用手指选择鸡蛋和佐料，包括洋葱、莴苣叶、葡萄和菠萝。

坎济使用符号词

坎济打制石器

坎济打造的石器

坎济收集树枝，准备生火

坎济划着火柴

坎济吃烤过的棉花糖

图13-10　倭黑猩猩坎济

它学会了制造石器，用左手握住一块石头，用右手握住的石头来敲击。它还发明了它自己制造石器的方法，即把卵石直接砸向坚硬的表面上来形成石片。在它完成的294件石器中，大多数是用它自己的方法制造的。这些切割器非常尖锐，可以划开兽皮，获取里面的食物。

最令人印象深刻的是它使用语言的能力。倭黑猩猩的呼吸道结构与人不同，不能像人那样发出复杂的声音，但是它能使用表示单词的符号来表达它想要说的词。当坎济听到某个单词的发音时，它能指出单词对应的符号。据统计，坎济至少掌握

384个单词。大部分时间坎济都把印有符号字的垫子带在身边，以便随时用符号字来表达它的意思。这些词中不仅有名词和动词，而且还有介词如 from、after 等，说明坎济理解"从……来""在……之后"的概念。Kanzi 也懂得"指"的意义，用指头指向它有所要求的人来完成它的愿望，如给它想要的东西。

哺乳动物智力的另一个例子是出生于美国旧金山动物园的雌性大猩猩可可（Koko）（图 13-11）。它也能使用语言，不过由于训练方法的不同，可可并不使用符号字，而是使用手语。它学会了 1000 多个表达意思的手语，懂得大约 2000 个单词的意义。例如，它的宠物小猫被汽车撞死，饲养员用手语告诉可可这个消息后，可可用手语表示"太糟了、伤心、太糟了"（bad, sad, bad）以及"皱眉、哭泣、皱眉、悲伤"（frown, cry, frown, sad）。

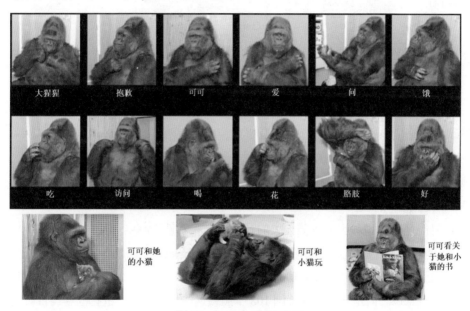

图13-11 大猩猩可可

第八节 意识产生于最原始的神经结构中

只有 302 个神经细胞的线虫就能有意识，而对于具有高度智力的人，意识又产生于什么地方？是产生于比较先进、用于思维的大脑皮质，还是脑中比较原始的结构如脑干？

科学家用正电子发射断层扫描技术观察了人从无意识的睡眠状态清醒过来时，脑中最先活跃起来的部分，结果发现丘脑和脑干的活动最先恢复（图13-12左）。用麻醉剂丙泊酚和右美托咪定全麻的志愿者从无意识状态恢复意识时（标志是志愿者能执行指令，如"睁开眼睛"），脑中最先活跃起来的区域也是脑干、丘脑和下丘脑。

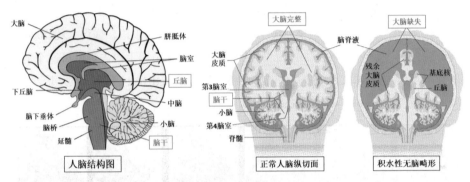

大脑
胼胝体
脑室
丘脑
下丘脑
脑下垂体
脑桥
延髓
脑干
中脑
小脑

人脑结构图

大脑完整
脑脊液
大脑皮质
第3脑室
脑干
小脑
第4脑室
脊髓

正常人脑纵切面

大脑缺失
残余大脑皮质
基底核
丘脑

积水性无脑畸形

图13-12　脑干、丘脑的位置和"积水性无脑畸形"

在对癫痫病人做脑部手术，切除脑的一些区域以缓解病情时，医生发现，切除大脑皮质的各个部分，甚至切除脑半球，病人仍然保有意识。在动物实验中，刺激脑干能使动物的大脑皮质活动全面增加，而损伤脑干则使动物进入昏睡状态，即丧失意识。脑干中的一些神经细胞向大脑皮质的各个部分发出长距离的轴突联系，向这些区域发送启动的信息，使动物恢复全面的思维状态。

最能证明意识和大脑皮质无关的是所谓的积水性无脑畸形的病人（图13-12右）。他们出生时基本上没有脑半球，也没有大脑皮质，而以脑脊液代之，但是丘脑、脑干和小脑完整并且具有功能。如果大脑皮质是产生意识的所在，这些患儿应该没有意识。但是科学家对美国108个照顾这些患儿的中心进行问卷调查后发现，这些患儿具有意识。例如，在这些患儿中，大约50%能移动他们的手，20%能与人拥抱，91%会哭泣，93%有听觉，96%能够发声，74%能感知周围的环境，22%懂得对他们说的话，14%能使用交流工具。

这些事实说明，高等动物的意识并不是由这些动物发达的大脑皮质、特别是新皮质产生的，而是由脑中最原始的脑干部分驱动的。这也和意识的产生不需要高级的神经结构的结论一致。从演化的角度看，这些结果就容易理解，因为意识是在感觉的基础上产生的，出现的时间应该和感觉出现的时间相似，也就是在神经系统出现之后。哺乳动物发达的大脑皮质，特别是新皮质，不是为了产生意识，而是为了更复杂高级的思维活动。

第九节　感觉和意识是特定神经细胞群集体电活动的产物

　　感觉显然是在神经系统里面产生的。各种感觉器官包括眼睛、耳朵、鼻子、舌头、皮肤，所发出的信号都通过神经细纤维传输到中枢神经系统里面，而不是传输到任何其他器官里面，说明加工这些信号，使之变为感觉，使我们有意识的地方就是神经系统。储存过去感觉的地方（即记忆）也是在神经系统中。我们可以换心、换肝、换肺、换肾、截肢、换皮肤、换角膜，这些都不会影响我们的记忆，但是大脑一些部位的损伤却会使记忆消失。

　　我们在睡眠或者被麻醉时，意识丧失，但是心脏、肝脏、肺脏、肾脏、脾脏等脏器的工作仍旧在进行，而且没有对应从清醒到意识丧失这两种状态的特征性变化，如睡眠时的心电图和清醒时的心电图就没有什么实质性的区别。但是睡眠和麻醉却会使脑电波发生特征性的变化。脑电波是用电极在人头皮上记录到的脑活动发出的电信号，表现为有大致振荡频率的复杂波形，而且随意识状态的不同而不同（图 13-13）。

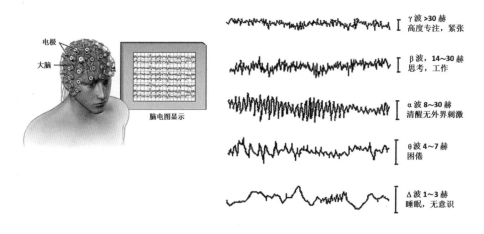

图13-13　人的脑电波

　　例如，人在深度睡眠，没有意识的状态下振荡频率 1~3 赫，叫 △ 波；困倦状态时振荡频率为 4~7 赫，叫 θ 波；清醒但无外界刺激时振荡频率为 8~13 赫，叫

α 波；思考时振荡频率为 14~30 赫，叫 β 波；高度专注和紧张时振荡频率高于 30 赫，叫 γ 波。人有意识时和无意识时脑电波的频率不同，直接表明意识与神经系统的电活动有关。

章鱼也有类似的脑电波。科学家把电极直接插到章鱼脑中，测到和人的脑电波类似的有节律的电信号，频率在 1~70 赫，主要电波的频率小于 25 赫。

神经电活动在总体上表现出节律性，即有一定的频率，说明意识可能是神经细胞群的电活动同步振荡的产物。如果神经细胞的电活动没有同步的部分，这些电信号就会相互抵消；如果这些同步电活动没有振荡，即没有周期性的高潮和低潮，脑电波也不会表现出有频率。电突触能使一个神经细胞的电信号几乎无延迟地进入另一个神经细胞（参见第六章第四节），因此这种同步电活动可能是通过神经细胞之间的电突触而实现的。

当然不是所有的细胞电活动都会产生意识。例如，所有的细胞（包括植物细胞）都有膜电位变化，而且把膜电位的改变作为传递信息的方式之一，但是这些电活动并不产生感觉。即使是神经细胞，许多信号传入和传出的过程也不产生感觉和意识。例如，运动神经元传输至肌肉让其收缩的电信号就不产生感觉；交感神经和副交感神经控制心跳快慢的神经信号也不产生感觉。如前所述，大脑中与意识直接有关的部位是脑干和丘脑，也许是这些部位中一些神经细胞群电活动的同步振荡才产生意识。同理，线虫的 302 个神经细胞也许不都与感觉和意识有关，而是其中一些神经细胞电活动的同步振荡产生了感觉和意识。

感觉和意识是部分神经细胞群集体电活动产物的想法也得到了麻醉剂作用的支持。麻醉剂可以使人的意识暂时丧失，可以用来研究意识产生的机制。在过去，麻醉剂的作用被认为是这些脂溶性（能够溶解在油性溶剂如汽油中）的化合物溶解于细胞膜中，改变细胞膜的体积、流动性和张力，从而改变细胞功能而实现的，主要根据是麻醉剂的脂溶性和麻醉性能关系的梅 - 欧假说，即在麻醉剂中，脂溶性越强的化合物，麻醉性越强。可是许多脂溶性很强的化合物却没有麻醉性能，而且在麻醉剂中，如果将分子增大，虽然可以使脂溶性更强，但是麻醉性能却消失。这说明麻醉剂作用的主要地方不是细胞膜，而是尺寸有限的口袋，这些口袋很可能是蛋白质分子表面上的一些亲脂部分。麻醉剂很可能结合在蛋白分子的这些亲脂口袋中，改变蛋白质的性质和功能。

近年来的研究证实，麻醉剂主要结合在一些离子通道上，提高神经细胞被激发的阈值，从而抑制神经细胞的电活动，导致意识消失。例如，异氟烷可以结合到 A 型 GABA 受体上，增加受体对氯离子的通透性，让更多的氯离子进入神经细胞，使神经细胞超级化，因而更不容易被激发。麻醉剂的作用机制说明，意识的存在与神经细胞被激活的阈值有关，支持意识是基于神经细胞的电活动的假说。

意识和神经细胞的电活动有关，也从对大脑的电刺激效果上得到证明。例如，医生在处理一位患癫痫症的妇女时，偶然发现用高频电流刺激脑中一个叫屏状核的结构时，这位妇女立即丧失意识，停止阅读，两眼无神，并且对用图像和声音发出的指令不再反应。当电刺激停止时，她又立即恢复知觉，并且对曾经发生的知觉丧失过程没有记忆（图 13-14）。一处电流刺激就可以使人的意识完全消失，说明电流刺激扰乱了脑中为意识形成所需要的电活动。

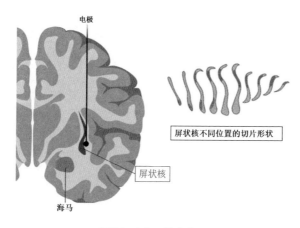

图13-14　屏状核

这些事实都说明，是神经系统中的特定神经细胞群协调一致的同步电活动产生了意识。这在人脑中是丘脑和脑干，在线虫中也许是中间神经元，即除去输入神经元和输出神经元的部分。

第十节　感觉和意识的神秘性

即使我们可以准确地知道是哪些神经细胞的电活动与意识的形成有关，也了解了这些电活动的特点，我们也只能证明意识是由神经细胞的电活动产生的，但是还不能知道意识是如何由这些电活动产生的。身体和细胞的构造无论怎样精巧复杂，总是由物质构成的，看得见，摸得着，也可以用各种方法来观察了解，而感觉和意识是虚无缥缈的东西，看不见，摸不着，并且具有以下特点。

感觉不可测量。对于身体，我们可以测量身高、体重、血糖、血压，但是我们无法测定感觉。我们可以测量与感觉和意识有关的指标，例如，脑电波的特点和动物对外界刺激的反应，但是我们无法直接测定感觉和意识本身。

感觉不可描述。我们知道什么是感觉，是因为我们亲身体验过。对于先天某种感觉缺失的人，我们是无法把感觉告诉他们的。例如，我们就无法向天生的盲人描述红色是一种什么样的感觉，无法向先天耳聋的人描述声音的感觉，也无法向先天痛觉缺失的人描述痛是一种什么样的感觉。

感觉的另一个奇妙之处是，产生感觉的地方是脑，但是感觉到的地方却是信号输入处。例如，手被火烧到了，被烧的感觉是在脑中形成的，但是脑自己并没有被火烧的感觉，而是在被火烧的手上。失去手臂的人有时还有手臂的感觉，甚至感到已经不存在的手臂在疼，也证明感觉是在脑中产生的。神经系统的这个功能是绝对必要的，可以使动物立即知道受伤的位置并且采取措施。如果手被烧而被烧的感觉在脑中，除了让动物知道身体有伤害以外，没有其他用处，也不能采取正确的措施。因此感觉一定是和身体的定位系统（即自我感觉）偶联的，这样才能把感觉呈现在信号输入处。但这是如何做到的，现在还完全是个谜。

感觉的再一个特点是它只能属于每个人中的那个"自我"，而无法与人分享。我们无法感觉别人看见的东西、闻到的气味、尝到的美食、伤害的痛苦，除非自己亲自去感觉。

正因为意识不可描述，也不可直接测量，所以意识也容易被许多人看成是独立于物质之外的精神，或者灵魂。例如，法国哲学家勒内·笛卡儿（Rene Discartes）的"二元论"就认为，精神和物质是两个彼此独立的实体，心灵能够思维，但是不占据空间；物质占据空间，但却不能思维，它们之间不能互相派生或转化。许多人也相信灵魂不灭，一个人死亡后，灵魂不会死亡，可以传给下一代的另一个个体（转世），或者暂时控制另一个人（附身）。但是越来越多的证据表明，意识是依赖于物质的，是神经细胞的综合电活动产生了意识，然而如何用神经活动解释感觉和意识的产生，是科学面临的最困难的任务之一。

高等动物已经具有相当高的智力，这种智力发展下去，就导致了人类的诞生。

第十四章　人类诞生

在第十三章中谈到的倭黑猩猩坎济、大猩猩可可、渡鸦和鹦鹉等鸟类都已经表现出令人印象深刻的智力，不过那是相对于其他智力较低的动物而言，一旦与人类相比，它们的智力就相形见绌了。人类才是动物中智力发展的最高代表。

第一节　人是智力最高的动物

猩猩和一些鸟类已经能使用甚至制造工具（参见第十三章），但是那些工具都是简单和原始的。人类不仅能制造工具，而且制造的工具也越来越复杂和先进。从石器、陶器、青铜器、铁器到现代冶金；从马车、独轮车到汽车、火车、飞机、轮船，甚至宇宙飞船；从人拉、肩扛到蒸汽机、内燃机、电动机；从用火照明到电灯；从人工传书到电报、电话再到视频通信，人类制造的工具极大地改变了人的生活方式，使其越来越方便、高效和舒适。人类发明的科学研究工具，如显微镜、望远镜、离心机、X射线衍射仪、各种光谱仪、质谱仪、磁共振仪、电子自旋共振仪等，都极大地扩展了人类认识世界的能力。

许多鸟类能给自己建窝，但是这些窝既不能挡日晒，也不能挡雨；最聪明的哺乳动物黑猩猩仍然居无定所。而人类不但能给自己建造长期居住的房屋，还发展到具有上下水、通电、带空调、通互联网的现代化住宅，并且发展出各种功能齐全的现代化城市，使人类生活在自己创造的环境中。

动物之间也可以通过声音来交换信息，但是声音信号数量不多，信号之间没有很多组合，而人类的语言不仅有成千上万个词汇，这些词汇之间还有复杂多变的组合，组成千变万化的句子，高效地传播和交流信息。

文字更是人类的发明。文字可以将语言记录下来，使人类的知识可以在大脑之外储存，积累成为一个整体并且不断丰富，成为人类的共同财富。每个人原则上都可以通过文字接触到人类过去积累的全部知识，大大加速人类社会的发展。

鸟和猩猩已经有抽象思维，人类的抽象思维则大大扩展，产生出宗教、哲学、科学。人类不但被这个世界所产生，还可以反过来研究和理解这个世界。

有些动物已经会舞蹈和歌唱，而人类的舞蹈和歌唱不仅复杂和丰富得多，人类还发明了乐器和组建乐队。绘画、雕塑、小说、电影、戏剧等，更是人类特有的文化艺术活动。

人类所有这些进步背后的原因，除了身体的改变演化出了做事情的手和发声器官外，就是人类智力发展。人类的智力不是凭空突然出现的，而是在已经具有相当智力的猿类动物的基础上发展出来的。

第二节　古代人类从非洲猿类演化而来

达尔文早就注意到人与猩猩的相似性，在 1871 年出版的《人类起源与性的选择》一书中，达尔文就认为在非洲生活的黑猩猩和大猩猩是和人亲缘关系最近的动物，并由此推断人类是从非洲这类动物演化出来的。在当时，还几乎没有早期人类的化石证据，更没有分子生物学的数据，但在随后的研究表明，达尔文的这两个推断完全正确。

分子生物学的研究表明，黑猩猩的 DNA 有 98% 与人类的相同，是所有动物中相似程度最高的，绝大部分基因也与人相同，因此是与人类关系最近的亲戚，大猩猩其次，在亚洲生活的长臂猿和红毛猩猩关系就更远了，证明了达尔文当初的推断。

黑猩猩、大猩猩、长臂猿和红毛猩猩都属于哺乳动物中灵长类动物里面的猿，体形较大，没有尾巴；另一类灵长类动物是猴，体形较小，身后有尾巴。它们的脑容量与体重的比例都超过其他哺乳动物两倍以上，也就是具有比较发达的大脑。

对灵长类动物 DNA 的分析表明，灵长类动物大约在 8500 年万以前与其他哺乳动物分开；大约 1500 万年前，非洲猿与亚洲猿分开；大约 800 万年前，大猩猩从非洲猿中分化出去；大约 750 万年前，黑猩猩又从非洲猿中分化出去，余下猿类则逐渐演化成为人类。

化石研究也支持人类起源于非洲猿类的结论（图 14-1）。迄今发现的最古老的、骨骼特征已经和猿类动物有明显区别的早期人类化石都在非洲，如在东非洲国家乍得发现的沙赫人（Sahelanthropus）的化石有大约 700 万年的历史。在肯尼亚北部发现的图根猿人（orrorin）化石有 600 万年的历史，在埃塞俄比亚发现的卡达巴地猿（Ardipithecus kaddaba）化石有大约 560 万年的历史，在埃塞俄比亚发现的露西（Lucy）化石有大约 320 万年的历史。露西的化石保留了大约 40% 的骨骼，其结构特点表明她是直立行走的。

黑猩猩　　　　　　　　　　沙赫人 （700 万年）

卡达巴地猿 （560 万年）　　　　　　露西 （320 万年）

德马尼西人 （180 万年）　　　　　蓝田人 （160 万年）

图14-1　一些古代人类的头部与黑猩猩比较

　　相比之下，非洲以外最早的人类遗迹只在 200 万年前左右，例如，在中国重庆市巫山县发现的巫山人是迄今为止在中国发现的最早的人类化石，有 214 万年的历史；在中国陕西省蓝田县公王岭发现的蓝田人化石有大约 160 万年的历史；在格鲁吉亚的德马尼西（Dmanisi）镇发现的人类化石有大约 180 万年的历史。当然不能完全排除非洲以外还会发现更早人类化石的可能性，但是从非洲大量出土的大约 700 万年前的人类化石，以及黑猩猩只生活在非洲来看，最大的可能性还是人类是从非洲黑猩猩类的动物演化而来的。

第三节　现代人类的诞生：走出非洲说和多地起源说

古代人类在非洲诞生的看法已经很少受到质疑，但是非洲以外人类的化石也有大约 200 万年的历史，是一个相当长的时期。现代人类是从非洲起源，再扩散到世界各地，取代那里更古老的人类，还是生活在各个地方的古人类一直繁衍，变为各地的现代人类，就是一个有争议的问题。

解决这个问题的一条途径是用分子生物学的方法，即用 DNA 序列的变化来追踪现代人类的演化史，主要根据的是线粒体 DNA、Y 染色体 DNA，以及一种叫作 Alu 重复序列在 DNA 的插入位置。另一条途径是根据化石来推断现代人类演化的历史。用这两种方法得到的结论并不完全一致。

线粒体是一种叫作变形菌的细菌进入古菌细胞后变成的一个细胞器，至今保留了一些原来变形菌的 DNA（参见第三章第一节和图 3-1）。动物在繁殖时，只有来自母亲卵细胞的线粒体遗传了后代，精子中的线粒体要么不能进入卵细胞，要么在受精后在卵细胞中被销毁。因此分析各种现代人群中线粒体 DNA 序列的变化状况，就可以追踪人类母系的遗传状况。

对线粒体 DNA 的分析表明，所有现代人类的线粒体 DNA 可以分为 6 个支系，为 L1~L6（图 14-2）。这 6 个支系都可以在非洲找到，但是在非洲以外只能找到

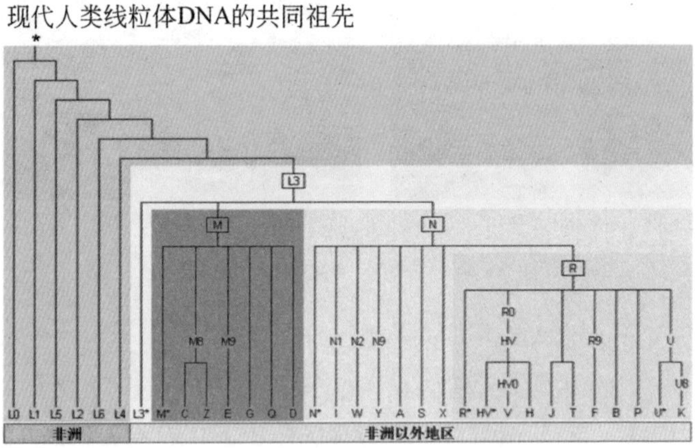

图14-2　线粒体 DNA 支系图

其中 L1、L2、L4、L5、L6 只存在于非洲，L3 支系则走出非洲。在非洲以外，L3 又分化为 M 和 N 两大支系，其中 N 支系中又分化出次支系，这些支系还进一步分化为各种小支系，以英文字母代表。

L3，说明只有 L3 这一支走出了非洲，因此所有的现代人应该都起源于非洲。所有这些支系都可以追溯到现代人类最古老的线粒体 DNA 祖先 L0，代表所有现代人类的母亲（也被称为线粒体夏娃），生活在大约 15 万年前的非洲。

Y 染色体只存在于男性中，所以只能从父亲传给儿子。分析全世界不同人群的 Y 染色体 DNA 序列，也可以分为许多支系，以英文字母命名（图 14-3）。其中最古老的 A 系和 B 系都在非洲，只有 CR 系（也叫 M168 系）走出非洲。这些支系也可以追溯到现代人类最古老的 Y 染色体形式，代表现在所有人类的父亲，叫作 Y 染色体亚当，生活在大约 20 万年前的非洲。

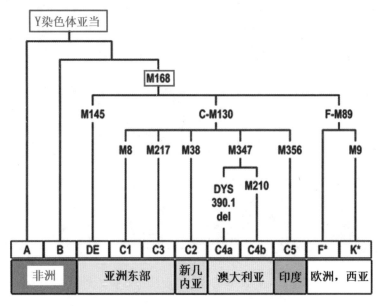

图14-3　现代人 Y 染色体 DNA 支系分布图

Alu 重复序列属于一类能够在 DNA 中通过转录和反转录而跳来跳去的 DNA 序列，被称为转座子，或者跳跃子。由于插入 DNA 中同样位置的概率极低，从 Alu 序列插入 DNA 中的位置，也可以追踪 DNA 演化过程。对全世界 16 个人群的 664 位个人的 Alu 插入状况的分析，也支持现代人类产生于非洲的说法。

按照这个"走出非洲"的理论，早年走出非洲的直立人在欧洲和西亚演化成为尼安德特人（Neaderthals），在亚洲东部演化成为丹尼索瓦人（Danisovans）。现代人产生于 15 万 ~20 万年前的非洲，在大约 10 万年前走出非洲，取代了世界各地的尼安德特人和丹尼索瓦人以及他们的后代。比较现代人与尼安德特人和丹尼索瓦人的 DNA，发现现代人的 DNA 中有百分之几来自他们，说明现代人和他们之间有过交配，但尼安德特人和丹尼索万人都不是现代人类的祖先。因此，10 万年前生活在非洲以外的所有人种，包括中国的北京人，都不是现代人类的祖先。

此外，在非洲以外发现的人类化石又表现出连续性，如在中国就有 170 万年前的元谋人、160 万年前的蓝田人、70 万年前的北京人、50 万年前的南京人、20万年前的金牛山人、10 万年前的许昌人、7 万年前的柳江人、4 万年前的田园洞人、3.5 万年前的资阳人、1 万多年前的山顶洞人等（图 14-4）。

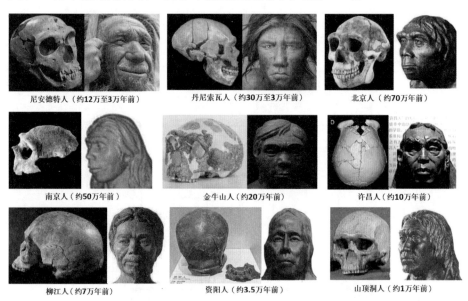

尼安德特人（约12万至3万年前）　　丹尼索瓦人（约30万至3万年前）　　北京人（约70万年前）

南京人（约50万年前）　　金牛山人（约20万年前）　　许昌人（约10万年前）

柳江人（约7万年前）　　资阳人（约3.5万年前）　　山顶洞人（约1万年前）

图14-4　中国出土的人类化石与尼安德特人和丹尼索瓦人比较

这些人类化石结构的特点有一定的连续性，而且类似现代的亚洲人，例如，北京人脸部扁平，颧骨突出，与东方人的头部特征相似，10 万年前的许昌人的结构特点也类似中国本土的古代人种。70 万年前在印度尼西亚生活的爪哇人，颧骨高而宽，又与附近澳大利亚土著人相似。从中国古代人制造的工具和其他物品（如陶器）看，也有一定的连续性。如果 10 万年前走出非洲的现代人取代了这些在中国生活的比较古代的人，这些工具和器物应该有比较突然的变化，但是在中国不同时期的人类遗址中，并没有发现这样的变化。这些事实似乎表明，现代的亚洲人包括中国人，是早就在这些地方生活的古人类的后代，其他地方的现代人也是由那些地方的古人类变来的，这种学说叫作多地区起源说。

多地区起源说难以解释世界各地人群之间线粒体 DNA、Y 染色体 DNA 和

Alu 插入位置的高度关联性，而且仅凭化石的结构特征也难以得出肯定的结论，而走出非洲说又难以解释中国地区人类化石和器物的连续性。因此关于现代人类起源问题的争论，还会持续很长的时间。

但是伴随着猿变成人过程中 DNA 和它里面所含基因的变化，却是可以追踪和研究的，而且已经取得了许多成果。

第四节　使猿变成人的 DNA 改变

人类从黑猩猩类的动物演化而来，之所以人类与黑猩猩现在有如此大的差别，是人类的 DNA 序列发生了人类特有的变化，改变了原来一些基因的表达方式，而且演化出了人类特有的基因。这些变化只占 DNA 序列的 2% 左右，却产生了极大的效果，使猿变成了人。

使猿变成人的一个重要方式是基因加倍，即同一基因的数量从一份变为两份。其中一份基因保持不变，执行原来的功能，这样动物原有的生理活动不至于受到影响；而另一份基因是多出来的，有变化的自由，可以通过结构变化产生新的功能。许多人类特有的基因就是这样产生的。

除了基因复制外，原来基因的启动子还可以发生变化，改变基因表达的强度和时间，产生不同的生理效果。

从猿到人不只是要增加新的基因，也可以通过使原来的一些基因失去功能，变为伪基因，在人类的演化过程中起到非常重要的作用。

因此从猿到人，DNA 的变化影响基因功能和表达状况的方式是多种多样的，有益于人类演化的改变就被保留和固定下来，成为现在我们身体里面的 DNA。下面就是一些具体的变化。

第五节　*CMAH* 基因的失活增强人的奔跑能力

猿类动物在变成直立行走的人的过程中具有先天优势：它们栖息在树上。由于树干主要是在竖直方向，使猿的躯干在大部分时间都处于竖直状态，就是在地面上时，它们也多取坐姿，而且所有的猿类都有一定程度的用后肢行走的能力。而在地面上食草的哺乳动物（如牛和羊），它们的躯干就一直处于水平状态，不会坐，也不会用后肢行走。

多次发生的干旱使非洲的森林逐渐变为草原，猿人也被迫从树上生活转变在草原上生活。原来在树上身体竖直的状态比较容易转变为在草地上身体直立的状态，而且由于不再需要爬树，猿人也从原来的四肢攀爬改为用两条后肢行走。

直立行走可以使头部的位置提高，在广阔的草原上获得更好的视野。后肢行走也使前肢解放出来，演化为可以做各种工作的手，因此直立行走是猿变人的一个重要标志。

从森林到草原，水果和嫩叶的来源大减，迫使猿人变为狩猎者，早期猿人居住地发现的大量动物骨骼就证明了这一点。跟踪和捕获动物都需要长途跋涉和奔跑，而肌肉不容易疲劳，具有更好奔跑耐力的猿人就拥有更好的生存优势。

这时 DNA 序列上的一个变化发生了。一个叫作 CMAH 的基因在为蛋白质编码的区域失去了 92 个碱基对，使这个基因变成伪基因，不再能够产生蛋白质。CMAH 蛋白的功能是生产一个叫作 N- 乙酰神经氨酸（Neu5Gc）的分子，这是一种非常古老的分子，在细菌的荚膜、分泌的糖蛋白以及动物细胞表面广泛存在。

这个基因的失活使人类不再生产 N- 乙酰神经氨酸，其生理效果就是人奔跑时耐力增加。将小鼠的 Cmah 基因敲除，小鼠的奔跑耐力也增加，肌肉中有更多的毛细血管，也更不容易疲劳。

黑猩猩仍然拥有完整的 CMAH 基因，说明是人类在演化过程中淘汰了这个古老的基因而改善自己的奔跑能力。人类是运动耐力最高的动物之一，马拉松比赛就证明了人类的奔跑能力。猎豹可以跑得很快，但那只是短时间的爆发力，不能持久。

第六节　体毛消失和肤色变化

在树林中生活的黑猩猩不用长途奔跑，也很少晒到太阳，身体散热不是问题，保温反而更重要，因此黑猩猩都有浓厚的体毛。但是到了草原上，阳光暴晒加上长途奔跑，都会使身体中有大量的热，再拥有体毛就会严重妨碍散热，因此早期人类解决散热问题的一个办法就是脱去大部分体毛。

脱去体毛后皮肤裸露，阳光中的紫外线直接照射到皮肤上，又会造成皮肤伤害甚至引起皮肤癌。为了减少紫外线造成的伤害，早期人类用黑色素来吸收阳光中的紫外线，因此早期人类的皮肤很可能是黑色的，而且一直持续到今天的非洲裔身上。

随着冰川期消失，人类扩散到非洲以外的地区，包括欧亚大陆的高纬度地区。这些地区日照时间短，阳光较弱。由于维生素D的合成需要阳光照射才能完成，深色的皮肤不利于吸收太阳光，于是高纬度地区的人类皮肤逐渐失去黑色素而颜色变浅，在这个过程中DNA序列的变化起了重要作用。

影响皮肤颜色的黑色素是在皮肤基底层中专门的黑色素细胞中生产的，可以大致分为两种，即真黑素和棕黑色素。真黑素的多少影响皮肤的黑白深浅，而棕黑色素的多少影响皮肤从棕色到黄色的变化。这两种色素不同量的结合就决定了皮肤的具体颜色，从黑色、棕色、黄色到白色。除了皮肤下层的黑色素细胞外，毛囊中也有黑色素细胞，影响毛发的颜色。

黑色素的合成是一个非常复杂的过程（图14-5）。细胞以氨基酸中的酪氨酸为原料，通过酪氨酸酶（TRY）的作用，再聚合而形成。合成哪种黑色素，合成多少，受许多因素影响，因此许多基因及其表达状况都可以影响人毛发和皮肤的颜色。

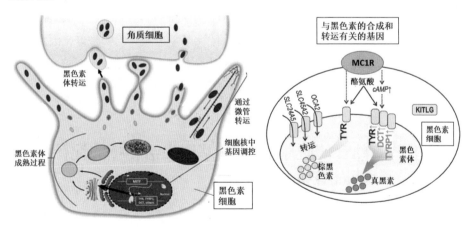

图14-5　黑色素的合成与调控

酪氨酸酶是催化黑色素合成的第一步。在40%~50%的欧洲人中，这个酶在第192位的氨基酸从丝氨酸变为酪氨酸，与这些欧洲人头发变为金色、皮肤颜色变浅有关。

位于黑色素细胞表面的黑皮质素受体（MC1R）决定细胞生产哪种黑色素。当 MC1R 受体未被激活时，黑色素细胞产生棕黑色素，而 MC1R 被激活时，则产生真黑素。MC1R 有 100 多个变种，其中已经有 3 种被发现与头发变红和皮肤变白有关，包括第 84 位的天冬氨酸变为谷氨酸，第 142 位精氨酸变为组氨酸，以及第 151 位的精氨酸变为半胱氨酸。在中国，第 163 位的精氨酸变为谷氨酰胺，与皮肤颜色变浅有关。

黑色素细胞产生于动物发育中的神经脊，再移动到皮肤和毛囊。黑色素被合成后，还会被转运到角质细胞内。*KITLG* 基因控制移动过程，也会影响毛发和皮肤的颜色。在北欧人中，控制这个基因表达的 DNA 序列中有一个 A 到 G 的突变，使头发变为金色，而这种突变在非洲和亚洲极为少见。在超过 80% 的欧洲人和亚洲人中，第 326 位的丙氨酸变为甘氨酸，与皮肤颜色变浅有关。

SLC24A5 基因的产物是一种离子交换通道，与黑色素的合成有关。在蛋白质第 111 位的丙氨酸变为苏氨酸后，黑色素的合成减少，与欧洲人的皮肤颜色变浅有关。

SLC45A2 基因的产物是一种转运蛋白，与黑色素前体酪氨酸的转运有关。其374 位的苯丙氨酸变为亮氨酸后，黑色素合成减少，皮肤变白。这个变种在欧洲人中极为普遍，但是在其他地区的人群中极为稀少。

细胞中生产黑色素的结构叫作黑色素体，里面的环境偏酸时生产棕黑色素，环境偏碱时生产真黑素。*OCA2* 基因的产物能调节黑色素体的酸碱度，因此也影响黑色素的合成。在亚洲东部和南部的人群中，包括中国的汉族人，第 615 位上的组氨酸变为精氨酸，与这些人群皮肤颜色变浅有关。

第七节　熟食使肌球蛋白 16 基因失活和唾液淀粉酶基因增加

干旱的气候也使火灾（多数由闪电引起）频发。猿人发现被烧过的动物和植物更好吃，火在晚上还可以用来照明，于是开始主动用火。烧过的土壤会变硬，导致陶器的出现，使猿人除了烤食物外，还可以煮食物，包括熬汤。

熟食使营养的消化和吸收大幅度改善，给大脑的扩张创造了条件，还可以消灭食物中的细菌和寄生虫，使猿人的健康状况也得到改善。晚上用火照明也改变猿人天黑即睡的生活方式，有更多的时间用于社交和发展语言，因此用火也是猿向人转变的又一个标志。

食物变熟后不再需要强大的咀嚼功能，使人类的咀嚼肌变少，下巴和脸部变小。比较人和黑猩猩的 DNA，发现人第 16 型肌球蛋白（MHY16）的基因中第 18 个外显子（为蛋白质编码的 DNA 片段，参见第三章第二节）中失去了两个碱基，使随后的三联码移位，产生错误的蛋白质，*MHY* 基因也由此失活，变成了伪基因。这是又一个在人类演化中基因失活的例子。

加热过的淀粉分子断为许多小片段成为糊精，可以被唾液淀粉酶消化，人类也发展出了多份唾液淀粉酶基因，在口腔中就开始对淀粉的消化。我们嚼馒头的时候会感觉到甜味，就是唾液淀粉酶作用的结果。

吃容易消化的熟食也使人的消化系统变小。由于消化食物是相当消耗能量的过程，消化系统的缩减也可以余出更多的能量用于大脑的扩张。

第八节　对高海拔地区的适应

人类在非洲产生后，又走出非洲，到世界各地安家，其中也包括高海拔地区，如中国的青藏高原和南美的安第斯山脉。在这些地方空气比较稀薄，所含的氧气也相应较少。

人从低海拔地区到高海拔地区时，为了保证身体得到足够的氧气，呼吸会变深加快，血液中血红蛋白增多，红细胞数量增加。如果不能很好地适应，就会出现高原病的症状。红细胞过多会导致血液黏稠，流动阻力增大，增大循环系统的负担。动脉压力增高和血管通透性的增加会导致血浆渗出，发生肺水肿和脑水肿。循环系统负担长期加大也会导致心力衰竭。怀孕的妇女身体中流过子宫的血液减少，增加流产的概率。

为了适应在高海拔地区的生活，居住在青藏高原和安第斯山的人 DNA 都发生了改变，导致基因类型和表达状况发生改变，但是这两个地区的人采取的策略不同。

在青藏高原生活的藏族人的适应方式是减少身体对缺氧的反应，防止红细胞增多症。在身体缺氧时，一种感受缺氧的蛋白质低氧诱导因子（HIF）增多。HIF是转录因子，能启动与缺氧反应有关基因的表达，因此要防止红细胞增多症，一个办法就是阻止在低氧条件下 HIF 增多。

在氧气供应正常的情况下，HIF 在一种叫作 EGLN1 的蛋白质的作用下不断被降解，因此被保持在低水平。在低氧状况下，EGLN1 活性降低，使 HIF 的浓度增加，启动缺氧反应。而在藏族人中，*EGLN1* 基因发生了突变，第 4 位的天冬氨酸变为谷氨酸，第 127 位的半胱氨酸变为丝氨酸。这些变化增加了 EGLN1 的活性，在低氧情况下仍然能使 HIF 降解。

HIF 本身是由 *EPAS1* 基因编码的。在藏族人中，*EPSA1* 基因的调控序列中有一个 T 到 A 的突变，使结合转录因子的能力降低，HIF 蛋白的合成减少。这些DNA 的变化使藏族人 HIF 的水平即使是在高海拔地区也不升高，避免了红细胞增多症的发生。

居住在安第斯山的人则采取了另一种策略，不是防止 HIF 浓度增高，而是改善循环系统，使缺氧对心血管系统的损害不致发生。他们特有的几个基因类型都与心血管系统有关。例如，基因 *BRINP3* 的产物就表达在动脉的平滑肌细胞中；*NOS2* 基因的产物是合成一氧化氮（NO）的酶，而一氧化氮有松弛血管的作用；*TBX5* 基因的产物是一个转录因子，与心脏的发育有关。

由于这些基因类型的变化，居住在安第斯山的人虽然血红蛋白的水平比较高，但是血液中与血液黏度有关的纤维蛋白原的水平却比较低，孕妇子宫中血液供应也非常充足。

第九节　人类与语言文字有关的基因

人类的语言文字要求有对听觉信号和视觉信号的转换和理解，以及对手（写字时）和发声器官（说话时）肌肉的精确控制。任何一种能力受到损害都会影响人类的语言文字能力。

与人类语言文字有关的基因主要是通过对有语言障碍的人的研究发现的，包括 *FOXP2* 基因、*KIAA319* 基因和 *ROBO1* 基因。

FOXP2 基因

在英国一个家族的三代人中，有 15 个人有语言障碍。比较这些人与正常人的 DNA，发现是一个叫 *FOXP2* 的基因发生了突变，第 533 位的精氨酸变成了组氨酸。

FOXP2 基因编码的是一个转录因子，能控制与语言有关的基因的表达。它影响脑中神经细胞之间的连接，对肌肉运动的控制起重要作用。刚出生的小鼠在把它们从母亲身边移开时，会发出人耳听不见的超声波叫声。敲除小鼠的 *FOXP2* 基因，这种叫声就大大减少。

比较人和黑猩猩的 *FOXP2* 基因，发现人类的 *FOXP2* 基因在第 7 个外显子中有两处改变，第 303 处的苏氨酸变为天冬酰胺，第 325 位的天冬氨酸变为丝氨酸。这些氨基酸的替换也改变 FOXP2 蛋白的功能，在人类的语言发展中起重要作用。

KIAA319 基因

有些学生有阅读障碍，包括不能快速阅读，拼写困难，尽管他们的智力并不差。对这些学生的 DNA 进行检查，发现一个叫作阅读障碍相关蛋白（KIAA319）的基因的调控序列发生的变化与症状有关。

KIAA319 基因的产物是一个膜蛋白，可能与大脑发育时神经细胞之间的粘连和移动有关。比较人类和黑猩猩的 DNA，发现 *KIAA319* 基因编码的蛋白质发生了两处人类特有的氨基酸序列变化，包括第 364 位的氨基酸变为天冬酰胺和第 865 位的氨基酸变为精氨酸，是人类特有的 *KIAA319* 基因形式。

ROBO1 基因

对一个芬兰家族中 21 位有阅读障碍症患者 DNA 的分析，还发现了一个叫 *ROBO1* 的基因被破坏，因此没有 ROBO1 蛋白的表达。*ROBO1* 基因的产物是位于细胞膜上的受体，在大脑发育过程中有引导轴突生长方向的作用，如连接左右脑半球。

语言文字已经是人类智力的表现，而人类的智力也是通过人类大脑的扩张而实现的。

第十节　人类与大脑发育有关的基因

人类从黑猩猩分化出来以后，智力提高，大脑的体积也不断增加。例如，黑猩猩的脑容量约为 337 毫升，320 万年前在埃塞俄比亚直立行走的露西，其脑容量在 375~500 毫升，生活在大约 165 万年前的非洲能人，脑容量增加到 600~650 毫升；在能人之后出现的直立人，脑容量更增加到 900~1000 毫升，接近现代人的 1350 毫升。

人类大脑容量的增大，与一系列 DNA 序列的改变有关。比较人和黑猩猩的 DNA 序列，发现有多个与此有关的基因变化。

NOTCH2NL 基因

NOTCH 基因编码的蛋白质是细胞表面的受体，在与邻近细胞上的蛋白质配体结合时，能使这两个细胞向不同的方向发展（参见第五章第四节），在神经系统的发育中起重要作用。在红毛猩猩分化出去以后，*NOTCH* 基因的一部分被复制，但是还没有功能，在今天的大猩猩和黑猩猩中仍然没有功能。但是在大约 300 万年前，黑猩猩分化出去以后，这部分基因被修理而变得有功能，为一个缩短了的 NOTCH 蛋白质编码。这样产生的蛋白质不再是细胞膜上的受体，而是增加 Notch 信号传递链的活性。这个在人类祖先中产生的新基因就叫作 *NOTCH2NL*。

NOTCH2NL 基因在人类大脑皮质中高度表达，它能延缓神经干细胞分化为神经细胞的速度，增加神经干细胞的数量，最后能生成更多的神经细胞。将 *NOTCH2NL* 基因表达在小鼠中，也能增加小鼠脑中神经干细胞的数量。

ARHGAP11B 基因

ARHGAP11B 基因从 *ARHGAP11A* 基因部分复制而来。它也能增加神经干细胞的数量，生成更多的神经细胞，并且在脑表面形成褶皱和沟回。如果表达在灵长类动物狨中，大脑会变得更大，而且表面有更多沟回（图 14-6）。它甚至能在小鼠的脑上产生沟回。

这个基因复制事件发生在大约在 500 万年前，在人与黑猩猩分开之后，因此是人类特有的基因。一个 C 到 G 的突变使 ARHGAP11B 蛋白有不同的羧基端，使它专门结合于线粒体，活化三羧酸循环中脱氢酶的活性，增加谷氨酰胺的代谢，促进神经细胞增殖。

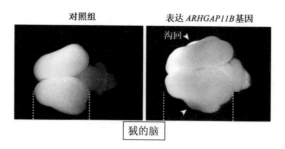

图14-6　在狨体内表达 *ARHGAP11B* 基因可以增大脑的体积并且出现脑沟回

SRGAP2C 基因

SRGAP2C 基因从 *SRGAP2A* 基因复制而来。它的基因产物能与 *SRGAP2A* 基因的产物结合，生成不溶于水的沉淀而使后者失去作用，促进神经细胞的迁移，增加神经细胞突触的数量。

这个基因复制也发生在人类与黑猩猩分开之后，因此是人类特有的基因。

HYDIN2 基因

HYDIN2 基因从 *HYDIN* 基因部分复制而来，而且从人类第 16 号染色体转移到第一号染色体上，同时失去了原来的启动子，在新的地方获得了新的启动子，使它的表达位置从 *HYDIN* 基因的呼吸道变为在神经系统中。

HYDIN2 不存在于其他灵长类动物中，因此也是人类特有的基因。

TBC1D3 基因

使组蛋白甲基化的酶 G9a 改变 DNA 的包装状况，抑制基因表达。*TBC1D3* 抑制 G9a 的活性，就能使受此影响的基因得到表达，增加神经干细胞的数量。在体外培养的状况下，*TBC1D3* 能使神经干细胞长成更大的类脑结构。

在小鼠中表达 *TBC1D3* 基因能使小鼠的大脑皮质扩张，并且在脑表面形成沟回，类似 *NOTCH2NL* 基因和 *ARHGAP11B* 基因的作用。

HAR1 基因

比较人类和黑猩猩的 DNA，还发现有若干区域在人类 DNA 中演化速度很快，叫作人类加速进化区（human accelerated region，HAR）。这些区域所含的一些人类特有的基因与人类神经系统的发育有关，HAR1 基因就是其中的一个例子。

HAR1 基因不是为蛋白质编码的，而是产生一个 RNA 分子，在人类胎儿发育的第 7~18 个星期在脑中有高度表达。HAR1 分子影响大脑发育过程中神经细胞的迁移，在新皮质上形成 6 层神经细胞，这就比古老皮质中的三层神经细胞层数加倍，大大提高神经系统处理信息的能力。

这些基因的作用不仅增加了人类大脑中神经细胞的数量，还对人类大脑的结构进行了优化，使它成为地球上最强大的信息处理结构。

人类大脑结构的优化

智力除了与神经细胞的数量有关外，还与信号在神经细胞之间传递的速度有关。这种传递的时间越短，大脑处理信息的效率就越高，智力也越发达。为了达到这个目的，人类大脑的结构主要在三方面进行了优化。

首先是在有限的空间内容纳尽可能多的神经细胞。其他动物在体形变大时，神经细胞的体积也随着增大，而灵长类动物的大脑有一个特点，就是脑随着身体变大了，但是神经细胞的体积基本上不变大，因而可以保持比较高的神经细胞密度。人每立方毫米的大脑皮质，也就大头针的针头那么大，却含有大约 10 万个神经细胞。用这种方式，人的大脑已经含有所有生物中最多数量的神经细胞，其中大脑皮质含有大约 120 亿个神经细胞，也是所有动物中最多的，而大脑的总体积仍然在人体可以接受的范围内。与此相反，大象和鲸大脑中神经细胞的尺寸就比较大，使它们的大脑比人的大得多，但是神经细胞的密度却比较低，信号在神经细胞之间的传递要花费更多时间，工作效率也比人的大脑要低。

其次是大脑的神经细胞多数集中到表层的 2~3 毫米的厚度中，叫作大脑皮质。这样可以使神经细胞之间的距离尽可能的短。数学分析表明，这种安排比起把神经细胞在大脑中平均分布再彼此联系更有效率。

人的大脑皮质分为新皮质、古皮质和旧皮质（图 14-7）。古皮质与旧皮质比较古老，只含有三层神经细胞，叫作爬行动物的大脑皮质。而从哺乳动物开始，新皮质出现。动物演化的程度越高，新皮质占的比例越大。像人的大脑皮质中，约有 96% 是新皮质，而且新皮质中的神经细胞的排布分为六层（参见本节 HAR1 基因），可以实现更高程度的皮质神经细胞的密集和更强大的处理信息的能力。

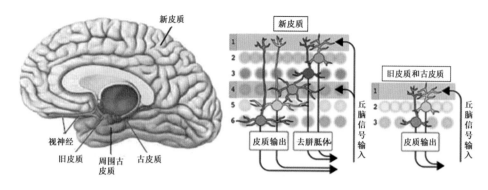

图14-7　人的大脑皮质和结构

最后是用不同的神经纤维完成不同的任务。神经细胞发出的、把信号传给其他细胞的纤维叫作轴突。一种轴突外面包有髓鞘，叫作有鞘纤维，传输信号的速度比较快，但是占的体积也比较大；另一种没有髓鞘，叫作无鞘纤维，传输速度比较慢，但是占的体积比较小（参见第六章第四节）。大脑皮质神经细胞之间的短途连接就使用无鞘纤维，以减少占用的空间，使神经细胞之间可以靠得更近，信号传输的时间更短。而比较长途的联系如大脑不同部位之间的联系，就用有鞘纤维以获得更高的传输速度。由于髓鞘是白色的，这部分脑组织就叫作白质。神经细胞高度密集的皮质由于轴突没有髓鞘，呈现灰色，叫灰质。白质和灰质的区分，说明大脑已经在减少体积和保持信号传输速度上尽量兼顾二者（图14-8）。

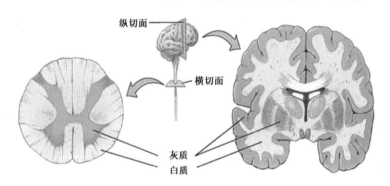

图14-8　脑和脊髓中的灰质和白质

这些优化过程完成的时间看来非常早，使人类的智力在几千年前就达到现在的水平。例如，在4700多年前建造的埃及胡夫金字塔，高146.5米，由230万块巨石堆砌而成，总重近700万吨，而且几何精度极高，就算是现代人用现代技术也难以取得那样的成就。在四川广汉三星堆出土的青铜器有4000~5000年的历史，其精美程度令人惊叹。2500 多年前成书的《孙子兵法》，至今仍是世界上许多军事院校的必读教材。它里面包含的思想和智慧已经超出军事的范畴，而被广泛地用于社会生活的各个方面。我们读古代的小说或演义，一点也不觉得里面的人物笨，把现代人放到当时的故事中去，行为和处理问题的方式未必比当时的人高明。之所以我们觉得现代人比古代人聪明，是把科学技术水平误认为是智力水平了。古代人发明用火，发明烧制陶器的方法，发明金属冶炼的方法，所需要的智力一点也不亚于现代人测定一个基因的序列或者编一个软件程序所需的智力。

现在的问题是，人类仍然在演化吗？

第十一节　人类仍然在演化

从许多证据看，人类仍然在演化，在过去的几千年中就发生了许多变化，而且新的变化还在发生。

成年人对乳糖的耐受

哺乳动物通过母乳给新生的下一代提供营养，其中一种重要的营养物质就是乳糖，由一个葡萄糖分子和一个半乳糖分子相连而成。这样的糖分子不能被动物的小肠直接吸收，而必须先被乳糖酶消化成为葡萄糖和半乳糖。在年幼动物断奶后，食物中不再有乳糖，就不再生产乳糖酶，也就是乳糖酶的基因被沉默了。

然而在大约一万年前，欧洲一些地方的人开始饲养家畜并且使用奶制品，这些人就逐渐发展出了在成年后仍然生产乳糖酶的能力，特别是在北欧国家。而世界许多地区的人包括中国人，并没有发展出这样的能力，因此成年人喝牛奶后会消化不良，肠道胀气，叫作对乳糖的不耐受。

研究发现，北欧地区的这些人中乳糖酶基因的序列发生了变化，其中位于 –13 910（负号表示基因转录点前面的位置）的 DNA 序列从 C 变成了 T。这个变化使这个基因的调控序列结合转录因子 Oct-1 的能力更强，同时也防止在这个 C 上发生使基因表达受抑制的甲基化，使有这个变化的成年人也能生产乳糖酶。

蓝色眼睛出现

人类眼珠的颜色（即虹膜的颜色）最初都是棕色的。但是大约一万年前，一些欧洲人发展出了蓝色的眼睛。蓝眼睛被一些人认为更具吸引力，因此是比较受欢迎的变异，在人类中出现的比例也逐渐增加，在一些地区高达 40% 的人具有蓝眼睛。

蓝眼睛的出现是因为虹膜中黑色素的合成基本消失（参见本章第六节），这又和一个叫作 OCA2 基因的变异有关。其 DNA 序列中有三个位置可以分别是 T 或 C、G 或 T、T 或 C，蓝眼睛的人 90% 在这三个位置有 TGT 组合，而棕色眼睛的人中有 TGT 组合的只有 9.5%，说明这些序列的差异与蓝眼睛的出现有关。

骨密度降低

美国科学家比较了黑猩猩、早期猿人、尼安德特人（参见本章第三节）和现代人的骨密度，发现现代人的骨密度显著降低。例如，掌骨的密度（骨质的体积与骨总体积之比）从黑猩猩的 0.32 到猿人的 0.339，降到尼安德特人的 0.244，再降到现代人的 0.189。

这种变化发生在大约一万年前，大致是人类从狩猎生活转变为畜牧和农耕的时候。生活方式的改变使人类对肌肉骨骼的要求降低。

失去智齿

人类吃熟食后，对咀嚼的要求降低，导致咀嚼肌中 CMAH16 基因失活（参见本章第五节）。在过去的一百多年中，人类的食物进一步精化，对咀嚼的要求进一步降低，智齿（离门齿最远的牙齿）的重要性也越来越低，现在已经有大约 35% 的人不再长智齿。

大脑在缩小

在本章第十节中，我们谈到人类智力的增长是伴随着大脑的扩大的。但是现代人类的脑并没有进一步扩大，而是在逐渐变小。古代人类的后裔尼安德特人和丹索瓦尼人（参见本章第三节）的脑容量都曾经高达 1500 毫升，但是现代人类的脑容量平均只有 1350 毫升，似乎与预期的相反。

这是因为智力不会永远随着大脑的变大而提高。在神经细胞数量比较少时，神经细胞数量的增加固然可以提高信息处理的能力，但是过大的大脑必然会增加神经细胞之间的距离，使得脑中信号传输耗费更长的时间，降低大脑处理信息的速度，更紧凑的大脑可以使工作效率更高。

爱因斯坦的脑只有1280毫升，明显低于人类1350毫升的平均值，但是他的大脑顶叶部位有一些特殊的山脊状和凹槽状结构。较小的大脑和特殊的沟回结构，也许使爱因斯坦进行思考时所使用的神经通路特别短和通畅，从而形成了他超人的智力。

前臂中有第三根动脉

在人胎儿的发育过程中，有三根动脉给发育中的手掌供应血液。但是在妊娠的第八个星期，中间那根动脉消失，因此成人的前臂只有两根主要的动脉，即尺动脉和桡动脉。它们分别位于前臂的两侧，其中桡动脉靠近手掌处就是中医用来号脉的地方（图14-9左）。

但是在过去的一百多年中，有越来越多的人中间那根动脉并不退化，而是一直保留，使这些人的前臂中多出一根动脉。拥有第三根动脉的人在19世纪80年代只占10%，但是到20世纪末已经占到30%。也许是人对手使用的要求越来越高，促使身体增加对手掌的血液供应（图14-9右）。

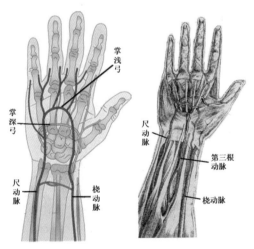

图14-9　前臂的动脉

体温降低

在过去的一百多年间，人的体温也降低了。科学家们分析了 1862—2017 年美国的 677 423 次体温记录，发现 19 世纪初至 20 世纪 90 年代，男人平均体温降低了 0.59 摄氏度，女性降低了 0.32 摄氏度。平均起来，成年人的体温从 37 摄氏度降到 36.6 摄氏度。

体温降低可能与许多因素有关，包括室内温度的变化、接触到的微生物的变化、食物的变化，以及生活方式的改变，包括体力活动越来越少。

这些事实表明，人类不仅有长时期的演化，包括从黑猩猩样的猿类演化为古代人，又从古代人演化成为现代人，还可以在几千年甚至几百年间发生明显的变化，说明人类的演化并未停止，而是在继续进行。既然如此，人们自然想知道，未来的人类会是什么样子的。

第十二节　将来的人类是什么样子的？

自然选择使能适应环境的物种生存下来，然而人类现在面临的选择，不仅有自然环境的选择（包括与其他生物的相互作用），还有人类特有的选择，那就是被人类自己创造的生活环境所选择。随着科学技术的高度发展，人类还能主动干涉演化的过程，使人类朝着自己希望的方向发展。

人类会长得更高

在过去的一百多年中，人类身高平均提高了 9~10 厘米。例如，在 1914 年，男性的世界平均身高为 162 厘米，女性世界平均身高为 151 厘米。到 2014 年，男性的世界平均身高提高到 171 厘米，女性的平均身高提高到 159 厘米。

中国的情形也相似。1876 年，中国男性平均身高为 161 厘米，女性平均身高为 150 厘米，到 1996 年，中国男性平均身高为 171 厘米，女性平均身高近 160 厘米。

由于高身材在求职和求偶竞争中的优势，随着营养条件的改善，人的身高估计还会继续增加。

肌肉会继续弱化，但是不会有大头小身子的人类

由于越来越多的体力活动被机器代替，对肌肉的要求也越来越低。熟食对咀嚼肌的影响已经使第 16 型的肌球蛋白基因失活（参见本章第七节），体力活动的降低也可能使更多的与肌肉有关的基因失活。肌肉减少使人变得更瘦，除非人类人为地增加体力活动。这样体力活动不再主要为生产物品，而是人日常生活的一部分。

有人设想更大的头会使人更聪明，但是就如本章第十一节中所说的，人类的头部实际上是在变小。更大的头不等于更聪明，因为头的尺寸越大，神经细胞之间的距离越大，传输信号所需要的时间越长，大脑的工作效率就越低。在神经细胞的数量增加到一定程度后，如何使脑的结构紧凑就是更重要的因素。

神经系统也是高度耗能的，人脑的重量是体重的约 2%，却消耗 20% 的能量。脑如果再大，对脑的能量供应就难以维持。

现在新生儿头的大小已经是身长的 1/4，使分娩成为困难和痛苦的事情。头再大，身子再小，母亲恐怕就无法把孩子生下来了，因此不会出现大头小身子的人类。

地球上的人类或许会合并为一个种族

生物的物种是由于地域隔绝而形成的，人也一样。而现在世界各地的人之间交往日趋频繁，不同种族之间的通婚也越来越普遍，而且这种趋势还在继续。中国的汉人就是由历史上多个民族融合而成的；拉丁美洲的人主要是由印第安人、欧洲人和非洲人混血形成的；美国的居民除了原住民印第安人，主要来自世界许多国家，种族间通婚也已经非常普遍，成为民族的大熔炉。

如果时间足够长，一些人数少的民族会逐渐消失，没有明显民族区分的人会越来越多，最后可能汇集成为一个种族。

语言的种类会减少

随着人交往的增加和经济活动的融合，使用主要语言的人会越来越多，少数人使用的语言会逐渐消失。

联合国目前使用的主要语言只有 6 种，分别为汉语、英语、法语、俄语、阿拉伯语与西班牙语。随着时间的推移，世界上也许只剩下少数语言还在被使用。

人类有可能分化为不同星球上居住的居民

如果实现了外星移民，就有可能在银河系的其他星球上建立人类的居住地。每个星球的具体环境不一样，因此到那里的人类也要逐渐适应那里的生活条件。如果在这些星球上居民又长期不大规模来往，就有可能逐渐分化为不同类型的人。例如，大的星球重力场也较强，在那里生活的人会发展出更强壮的骨骼系统，语言也会逐渐变得不同。

用基因工程技术纠正引起疾病的基因

人类的许多疾病是基因缺陷引起的，在对引起各种疾病的 DNA 序列变化都充分了解并且改变 DNA 序列的技术都成熟时，人们将可以通过基因工程技术消除那些危害人类健康的各种 DNA 序列变异，大幅降低各种疾病的发病率，使人可以普遍活到 120 岁。

用克隆技术替换人体几乎所有受损器官

现在人的器官损坏只能通过器官移植来救治，不仅器官来源受限，而且几乎不可能找到主要组织性相容抗原（MHC）完全匹配的器官（参见第十章第七节），因此在多数情况下都要终身服用免疫抑制剂。

干细胞技术成熟后，就可以利用病人自己的细胞，在体外培养出几乎所有的人体器官。不仅替补器官的来源不再受限制，也没有组织排斥的问题。

人机融合

随着技术的进步和对人生理过程、特别是对神经系统工作原理的深入了解，也许可以在人身上加上各种附件来增加人的功能。在科幻小说中，智慧生物使用功能强大的机器人外套，里面由这些生物控制，而这种前景将来有可能实现。例如，穿戴有这样机器人外套的人可以毫不费力地爬上高山，长途跋涉也不感到疲倦。

实现人的精神永生

当人类思想和记忆的机制被完全了解时，也许可以将人类的思想记忆下载到计算机中，实现人的思想在电子形式上的永生。

如果原来的大脑损坏，也可以在体外用干细胞技术培养出一个大脑，再把这些信息传输回去。通过这种方法，人也可以换脑。

人类反过来干预自己演化的过程

在过去，人类演化是通过 DNA 序列的随机变化再通过自然选择而实现的，人类无法干预。当人对 DNA 序列的意义完全了解和人为改变人类 DNA 技术成熟时，人类也许能主动控制自己的 DNA，不让有害的序列变化发生，在受精卵阶段就加以修正。

人类还可以对自己的 DNA 序列加以修改，添加人类原来没有的功能。例如，可以参照鹰眼形成的基因调控过程，修改控制人眼形成的程序，让人获得鹰那样敏锐的视力。也可以参照蜜蜂接收光信号的机制，让人能看见的光谱范围更宽，如看见紫外线。与许多动物相比，人的嗅觉已经大大退化，基因工程也可能增加嗅觉受体的数量，使人有更灵敏的嗅觉。

人还可以对自己的 DNA 进行设计，主动加入新的基因，以适应新环境下对人功能的新需求。

在了解人类控制寿命的具体机制后（参见第十一章第七节），还有可能对人类的 DNA 进行大规模改造，大幅提高人类的寿命。

地球上的生命通过自然过程产生，又通过 DNA 序列变异和自然选择演化出千千万万种生物，而其中的人类又能使用演化过程产生的智力，反过来控制生物的演化，变自然过程为人工过程，这是地球上生物演化的新阶段。

参 考 文 献

[1] COPI C J, SCHRAMM D N, TURNER M S. Big-Bang nucleosynthesis and the baryon density of the Universe[J]. Science, 1995, 267: 192-199.

[2] RING D, WOLMAN Y, FRIEDMANN N, et al. Prebiotic synthesis of hydrophobic and protein amino acids[J]. Proceedings of National Academy of Sciences U S A, 1972, 69(3): 765-768.

[3] CHEN I A, WALDE P. From self-assembled vesicles to protocells[J]. Cold Spring Harbor Perspectives in Biology, 2010, 2: a002170.

[4] EMELYANOV V V. Mitochondrial connection to the origin of the eukaryotic cell[J]. European Journal of Biochemistry, 2003, 270: 1599-1618.

[5] EUGENE V, KOONIN E V. The origin of introns and their role in eukaryogenesis: a compromise solution to the introns-early versus introns-late debate? [J]. Biology Direct, 2006, 1: 22.

[6] MCFADDEN G I. Chloroplast Origin and Integration[J]. Plant Physiology, 2001, 125: 50-53.

[7] KIRK D L. A twelve-step program for evolving multicellularity and a division of labor[J]. BioEssays, 2005, 27: 299-310.

[8] KNOLL A H. The Multiple Origins of Complex Multicellularity[J]. Annual Review of Earth and Planetary Sciences, 2011, 39: 217-239.

[9] BALDAUF S L, PALMER J D. Animals and fungi are each other's closest relatives: congruent evidence from multiple proteins[J]. Proceedings of National Academy of Sciences U S A, 1993, 90(24): 11558-11562.

[10] STEPNIAK E, RADICE G L, VASIOUKHIN V. Adhesive and Signaling Functions of Cadherins and Catenins in Vertebrate Development[J]. Cold Spring Harbor Perspectives Biology, 2009, 1: a002949.

[11] DEVENPORT D. The cell biology of planar cell polarity[J]. Cell Biology, 2014,

207(2): 171-179.

[12] TURING A M. The Chemical Basis of Morphogenesis[J]. Philosophical Transactions of the Royal Society of London. Series B, Biological Sciences, 1952, 237(641): 37-72.

[13] ROZE D. Disentangling the Benefits of Sex[J]. PloS Biology, 2012, 10(5): e1001321.

[14] BACHTROG D, MANK J E, CATHERINE L. et al. Sex Determination: Why so many ways of doing it? [J]. PLoS Biology, 2014, 12(7): e1001899.

[15] WUICHET K, ZHULIN I B. Origins and diversification of a complex signal transduction system in Prokaryotes[J]. Science Signaling, 2010, 3(128): ra50.

[16] VÖGLER O, BARCELÓ J M, RIBAS C, et al. Membrane interactions of G proteins and other related proteins[J]. Biochimica et Biophysica Acta, 2008, 1778: 1640-1652.

[17] FORTERRE P. Defining Life: The Virus Viewpoint[J]. Origin of Life and Evolution of Biospheres, 2010, 40: 151-160.

[18] TRAVIS J. On the origin of the immune system[J]. Science, 2009, 324(5927): 580-582.

[19] ROBINSON I, REDDY A B. Molecular mechanisms of the circadian clockwork in mammals[J]. FEBS Letters, 2014, 588(15): 2477-2483.

[20] ARENDT D. Evolution of eyes and photoreceptor cell types[J]. The International Journal of Developmental Biology, 2003, 47: 563-571.

[21] MARSHALL K L, LUMPKIN E A. The Molecular Basis of Mechanosensory Transduction[J]. Advances in Experimental Medicine and Biology, 2012, 739: 142-155.

[22] LING F, DAHANUKAR A, WEISS L A, et al. The Molecular and Cellular Basis of Taste Coding in the Legs of Drosophila[J]. The Journal of Neuroscience, 2014, 34(21): 7148-7164.

[23] BASBAUM A I, BAUTISTA D M, SCHERRER G, et al. Cellular and Molecular Mechanisms of Pain[J]. Cell, 2009, 139(2): 267-284.

[24] BARANIUK J N. Rise of the Sensors: Nociception and Pruritus[J]. Current Allergy and Asthma Reports, 2012, 12(2): 104-114.

[25] LOW P. The Cambridge Declaration on Consciousness [C]// Francis Crick Memorial Conference on consciousness in Human and nonhuman animals, Cambridge, 2012.

[26] KOLLER D, WENDT F R, PATHAK G A. Denisovan and Neanderthal archaic introgression differentially impacted the genetics of complex traits in modern populations[J]. BMC Biology, 2022, 20: 249.

[27] STOCK C T. Are humans still evolving? [J]. EMBO Reports, 2008, 9(Suppl 1): S51-S54.

[28] HAWKS J, WANG E T, COCHRAN G M，et al. Recent acceleration of human adaptive evolution[J]. Proceedings of National Academy of Sciences U S A, 2007, 104(52): 20753-20758.

本书部分参考资料来自美国国家生物技术信息中心（The National Center for Biotechnology Information）网站和维基百科（Wikipedia）。

书中图片来自原始研究文献以及微软必应（Microsoft Bing）。